6-28-01-14 国家职业技能培训教材

变电站运行值班员

国网黑龙江省电力有限公司　组编
梁　岩　解晓东　主编

中国电力出版社
CHINA ELECTRIC POWER PRESS

内 容 提 要

本书结合电力行业相关标准，按技能等级由低到高分章节编写，系统地讲述了变电站运行值班员需要掌握的技能知识。本书共8章，主要包括巡视、设备维护、故障处理等内容，对各等级从业者的技能水平做出明确而具体的要求。

本书为相关供电企业变电站运行值班员培训与职业鉴定提供针对性、实用性教材，可整体提升相关从业人员队伍的综合素质，有效提高电网企业生产岗位人员理论水平和技能操作能力。

图书在版编目（CIP）数据

变电站运行值班员 / 国网黑龙江省电力有限公司组编；梁岩，解晓东主编. —北京：中国电力出版社，2023.11

国家职业技能培训教材

ISBN 978-7-5198-8223-5

Ⅰ. ①变… Ⅱ. ①国… ②梁… ③解… Ⅲ. ①变电所–电力系统运行–技术培训–教材 Ⅳ. ①TM63

中国国家版本馆 CIP 数据核字（2023）第 199237 号

出版发行：中国电力出版社
地　　址：北京市东城区北京站西街 19 号（邮政编码 100005）
网　　址：http://www.cepp.sgcc.com.cn
责任编辑：薛　红（010-63412346）
责任校对：黄　蓓　李　楠
装帧设计：郝晓燕
责任印制：石　雷

印　　刷：北京雁林吉兆印刷有限公司
版　　次：2023 年 11 月第一版
印　　次：2023 年 11 月北京第一次印刷
开　　本：787 毫米×1092 毫米　16 开本
印　　张：21.25
字　　数：500 千字
定　　价：118.00 元

本书编委会

本书编写组

主　　编　梁　岩　解晓东

副 主 编　杨会民　张弘鲲　张慧琳　邓亚亮

编写人员　宁　锐　王　嵩　齐乾坤　姜传博　肖　云　柳贡强

李　童　肖增鹏　王学超　王庆利　刘朝阳　王　敏

侯秀梅　赵芃芃　王晓燕　寇太明　韩继明　马　南

刘　扬　赵淑芬　王建国　邢　维　司　薇　李天鹏

熊星星　鲜秀明　张爱国　岳雷刚　乔　木　王文利

郑博文　邹连宝　胡　刚　李云龙　陈世玉　张天龙

明　朗　王林峰　王跃鹏　贯　涛　王立滨　冯雪松

序

为推动电力行业技能等级评价工作，促进电力职业技能培训体系建设，中国电力教育协会电力职业技能培训专业委员会计划按照人力资源和社会保障部制定的国家职业技能标准以及电力行业职业技能评价标准，统一组织编写相关职业（工种）培训教材（以下简称《教材》），以适应电力行业培训评价的实际需求。

《教材》根据电力行业相关职业技能要求，按照职业范围和工作内容各自成册，于 2022 年陆续出版发行。

《教材》的出版兼具系统化与规范化，内容涵盖电力行业多个专业，对行业内开展技能培训、评价和考核工作起着重要的指导作用。《教材》以各专业职业技能标准规定的内容为依据，以实际操作技能为主线，按照能力等级要求，汇集了运维、管理人员实际工作中具有代表性和典型性的理论知识与操作技能，构成了各专业技能培训与评价的知识体系。在深度和广度上，《教材》力求涵盖职业技能标准所要求的全部内容，满足培训、评价和就业的需要。

《教材》的出版是规范电力行业职业培训、完善技能等级评价方面的探索和尝试。在编写的过程中，我们追求实用性，组织技术专家，结合现场案例进行理论分析，夯实理论基础和操作技能，真正做到了理论和实践相结合；追求有针对性，对各专业从业人员的职业活动内容进行规范细致描述，对各等级从业者应掌握的理论知识和操作技能进行详细解读；追求专业性和可操作性，根据不同专业的特点设置不同的内容大纲和编写体例，以提升专业技能、贴近工作实际为目的，为读者提供可实际应用的参考。

《教材》凝聚了全行业专家的经验和智慧，既可作为电力行业人员学习了解国家职业技能标准的参考文件和培训教学人员组织教学的指导书，也可助力运维、管理人员提高理论分析能力和操作技能，通过职业技能等级评价，开启电力行业职业技能标准配套教材的新篇章，实现全行业教育培训资源的共建共享。

当前社会，科学技术不断发展与进步，本套培训教材虽然经过认真编写、校订和审核，但仍然难免有疏漏和不足之处，需要不断地修订、补充和完善。欢迎广大同行和使用本套培训教材的读者提出宝贵意见和建议。

中国电力教育协会电力职业技能培训专业委员会
2022 年 10 月

前言

随着电力系统的不断发展，特别是近年来变电站、配电所新设备、新技术的广泛采用，智能站大量投入运行，供电的可靠性也得到了提高，为实现电网安全平稳运行奠定了基础。为了贯彻落实国网公司“十四五”建设高质量教育体系的规划，认真抓好变配电运行值班员的培训工作，全面提高变配电运行值班员的知识和操作技能水平，进一步做好变配电运行人员队伍建设，整体提升相关队伍的综合素质，为变电站、配电所的良好运行提供人才保障，同时也为基层供电企业开展变配电运行维护培训班提供针对性、实用性培训教材，国网黑龙江省电力公司根据电力国家职业技能标准、国家电网公司技能培训规范，结合生产实际，组织编写了这本变配电运行值班员国家职业技能标准配套教材。

本书在《国家职业技能标准·变配电运行值班员》的基础上，按初级工、中级工、高级工、技师和高级技师的顺序整合了各级工所要求的基本技能，密切结合生产实际，基本涵盖了当前生产现场的主要工作项目，既可作为变配电运行值班员技能鉴定指导书，也可作为各级变配电运行工作人员的培训教材。

本书介绍了变配电运行值班员技能鉴定五个等级的理论知识内容和技能操作项目，从培训目标、培训场所及设施、培训方式及时间、基础知识、技能培训步骤、技能等级认证标准（评分）六个方面展开描述。在编写中努力做到理论与实际相结合，确保内容深入浅出、通俗易懂，紧密联系生产实际，强调实践，旨在使广大变配电运行值班员了解和掌握本工种相关技术，有效提升履职能力，适应生产发展需要。

本书共有 8 章。第 1 章是职业概况，总领全文，整体阐述了本职业的定义、技能等级、环境条件、能力特征、技能鉴定要求等基本情况；第 2 章介绍了本工种需要了解的相关专业知识和规章制度等基础知识；第 3 章介绍五级工（初级工）需要掌握的基本技能，包括运行，变压器、断路器、隔离开关、互感器等巡视，倒闸操作，故障处理，设备维护及安全管理等相关技能；第 4 章介绍四级工（中级工）在运行，一次、二次设备巡视，倒闸操作，一次设备故障处理、设备维护及安全管理等方面的要求；第 5 章介绍三级工（高级工）要求掌握的变配电运行的技能；第 6 章介绍二级工（技师）要求掌握的变配电运行的技能，增加了设备验收及投运、技术管理及培训的相关内容；第 7 章介绍一级工（高级技师）需要掌握的变配电运行的技能，增加了设备评价相关内容；第 8 章介绍了变配电站所采用的一键顺控、远程智能巡检、五级五控等前沿技术。

由于编者水平有限，本书难免有疏漏之处，恳请各位读者提出宝贵意见和建议，我们会不断进行完善。

编　者

2023 年 9 月

目 录

第1章

职业概况

1.1 职业名称

变电站运行值班员。

1.2 职业编码

6-28-01-14。

1.3 职业定义

操作、巡视、监控并维护变电站设备的人员。

1.4 职业技能等级

变电站运行值班员设五个等级，分别为五级/初级工、四级/中级工、三级/高级工、二级/技师、一级/高级技师。

1.5 职业环境条件

室内、外，常温。

1.6 职业能力特征

具备一般智力、表达能力、计算能力，以及形体知觉、色觉、手指灵活、手臂灵活、动作协调等能力。

1.7 普通受教育程度

变电站运行值班员为初中毕业（或相当文化程度）。

1.8 职业技能鉴定要求

1.8.1 申报条件

1.8.1.1 五级/初级工

具备以下条件之一者，可申报五级/初级工：

（1）累计从事本职业或相关职业[1]工作 1 年（含）以上。

（2）本职业或相关职业学徒期满。

1.8.1.2 四级/中级工

具备以下条件之一者，可申报四级/中级工：

[1] 相关职业：变电设备检修工、电力电缆安装运维工、继电保护员，下同。

（1）取得本职业或相关职业五级/初级工职业资格证书（技能等级证书）后，累计从事本职业或相关职业工作 4 年（含）以上。

（2）累计从事本职业或相关职业工作 6 年（含）以上。

（3）取得技工学校本专业或相关专业[1]毕业证书（含尚未取得毕业证书的在校应届毕业生）；或取得经评估论证、以中级技能为培养目标的中等及以上职业学校本专业或相关专业毕业证书（含尚未取得毕业证书的在校应届毕业生）。

1.8.1.3 三级/高级工

具备以下条件之一者，可申报三级/高级工：

（1）取得本职业或相关职业四级/中级工职业资格证书（技能等级证书）后，累计从事本职业或相关职业工作 5 年（含）以上。

（2）取得本职业或相关职业四级/中级工职业资格证书（技能等级证书），并具有高级技工学校、技师学院毕业证书（含尚未取得毕业证书的在校应届毕业生）；或取得本职业或相关职业四级/中级工职业资格证书（技能等级证书），并具有经评估论证、以高级技能为培养目标的高等职业学校本专业或相关专业毕业证书（含尚未取得毕业证书的在校应届毕业生）。

（3）具有大专及以上本专业或相关专业毕业证书，并取得本职业或相关职业四级/中级工职业资格证书（技能等级证书）后，累计从事本职业或相关职业工作 2 年（含）以上。

1.8.1.4 二级/技师

具备以下条件之一者，可申报二级/技师：

（1）取得本职业或相关职业三级/高级工职业资格证书（技能等级证书）后，累计从事本职业或相关职业工作 4 年（含）以上。

（2）取得本职业或相关职业三级/高级工职业资格证书（技能等级证书）的高级技工学校、技师学院毕业生，累计从事本职业或相关职业工作 3 年（含）以上；或取得本职业或相关职业预备技师证书的技师学院毕业生，累计从事本职业或相关职业工作 2 年（含）以上。

1.8.1.5 一级/高级技师

具备以下条件者，可申报一级/高级技师：

取得本职业或相关职业二级/技师职业资格证书（技能等级证书）后，累计从事本职业或相关职业工作 4 年（含）以上。

1.8.2 鉴定方式

分为理论知识考试、技能考核以及综合评审。理论知识考试以笔试、机考等方式为主，主要考核从业人员从事本职业应掌握的基本要求和相关知识要求；技能考核主要采用现场操作、模拟操作等方式进行，主要考核从业人员从事本职业应具备的技能水平；综合评审主要针对技师和高级技师，通常采取审阅申报材料、答辩等方式进行全面评议和审查。

---

[1] 本专业或相关专业：变配电设备运行与维护、供用电技术、发电厂及变电站电气设备安装与检修、输配电线路施工运行与检修、电气工程及其自动化、电气工程、电力系统及其自动化、电力系统继电保护与自动化技术、电机与电器、电工理论、电力电子、发电厂及电力系统、电气自动化技术、继电保护及自动装置调试维护、输配电线路施工与运行、电力电缆施工与运行，下同。

理论知识考试、技能考核和综合评审均实行百分制，成绩皆达 60 分（含）以上者为合格。

1.8.3 监考人员、考评人员与考生配比

理论知识考试监考人员与考生配比为 1:15，每个标准教室不少于 2 名监考人员。

技能操作考核考评员与考生配比不少于 1:5，且考评人员为 3 人及以上单数；综合评审委员为 3 人及以上单数。

1.8.4 鉴定时间

理论知识考试时间不少于 90min。

技能考核时间：五级/初级工、四级/中级工、三级/高级工不少于 90min，二级/技师不少于 120min，一级/高级技师不少于 150min；综合评审不少于 15min。

1.8.5 鉴定场所及设备

理论知识考试在标准教室进行。技能操作考核在具有实际操作训练设备的实习场所进行。

第2章
基础知识

2.1 职业道德

2.1.1 职业道德基本知识

（1）通晓和严格执行安全运行，调度规程，现场规程及有关规定。

（2）熟知变电站的系统情况和可能的运行方式，掌握设备的规范及性能，掌握保护装置一般原理和运行规定。

（3）正确进行倒闸操作，严格执行倒闸操作制并正确迅速处理事故。

（4）能通过分析设备运行情况，及时找出设备隐患，掌握维修知识，做好设备维修，认真搞好设备与环境卫生，搞好运行管理工作。

（5）掌握用电负荷情况及最大需量，按要求执行限电压负荷，及时汇报调度。

（6）管好设备安全用具、消防用具、一般用品、备品备件，做好保密、保卫、防火、防汛工作。

2.1.2 职业守则

（1）爱岗敬业，忠于职守。

（2）按章操作，确保安全。

（3）认真负责，诚实守信。

（4）遵规守纪，着装规范。

（5）团结协作，相互尊重。

（6）节约成本，降耗增效。

（7）保护环境，文明生产。

（8）不断学习，努力创新。

（9）弘扬工匠精神，追求精益求精。

2.2 基础知识及法律法规

2.2.1 电工电子基础知识

2.2.1.1 电路结构及参数

1. 电路结构

将各种电气设备或元件按照一定的方式连接起来，构成电流的通路叫作电路。任何一个完整的实际电路，不论其结构和作用如何，通常总是由电源、负载和中间环节三个基本部分组成。

2. 电路参数

反映电路的参数主要有电流、电位、电压、电动势、电阻、电导、电功率、电能等。

2.2.1.2 电路基本定律及简单计算

1. 电路基本定律

（1）欧姆定律。

（2）基尔霍夫定律：

1）基尔霍夫电流定律（KCL）。

2）基尔霍夫电压定律（KVL）。

2. 电路计算

凡是可以用电阻串、并联方法对其进行等效化简的电路，称为简单电路。反之，不能用串、并联规则化简的电路叫作复杂电路。计算复杂电路的方法有很多，最常用的有支路电流法、节点电压法、回路电流法、电压源与电流源的等效互换、叠加定理、戴维南定理等。

2.2.1.3 电磁与电磁感应原理

1. 磁现象

（1）磁体与磁极。人们把具有吸引铁、镍、钴等物质的性质称为磁性，具有磁性的物体叫磁体。磁体两端磁性最强的区域称为磁极。用小磁针做实验，会发现小磁针转动静止时停留在南北方向上，指北的一端叫 N 极（北极），指南的一端叫 S 极（南极）。

（2）磁场。磁体周围存在磁力作用的空间称为磁场。磁场是在电流或者运动电荷周围空间存在着，能够对其他电流或运动电荷施以作用力的一种特殊形态的物质。

（3）通电导体产生的磁场。导体通入电流，周围空间就会产生磁场，通入电流越强，产生的磁场越强，反之越弱。电流方向改变，周围磁场方向也会随之改变。

2. 电磁感应

变化的磁场在导体中产生电动势的现象，叫作电磁感应。

2.2.1.4 三相交流电路

三相交流电路是由三相交流电源供电的电路。

1. 三相正弦交流电动势的产生

三相电动势一般是由三相交流发电机产生的。

2. 三相电源绕组的连接

三相电源绕组的连接方法有两种：星形连接和三角形连接。

3. 三相负载的连接

三相负载的连接与三相电源的连接一样，也分为星形和三角形两种连接方法。

2.2.1.5 整流电路

将交流电变换成同一极性的脉动电流称为整流。整流装置主要通过二极管的单相导电性来实现。

整流电路有单相半波整流、单相桥式整流、三相半波整流和三相桥式整流电路等。

2.2.1.6 数字电路基本概念

数字信号是指时间和幅值上都是断续变化的离散信号。传输、处理数字信号的电路称为数字电路。

2.2.2 识绘图基础知识

2.2.2.1 电气主接线图

电气主接线指的是发电厂、变电站中产生、传输、分配电能的电路，也称为一次接线。电气主接线图，就是用规定的图形与文字符号将发电机、变压器、母线、开关电器、输电线路等一次电气设备按照一定顺序连接而成的电路图。电气主接线图一般画成单线图，如图 2-1 所示，但对三相接线不完全相同的局部画面则画成三线图。

2.2.2.2 二次回路图

二次回路或二次接线是指二次设备按一定顺序连成的电路。二次回路通常包括用以采集一次系统电压、电流信号的交流电压回路、交流电流回路，用以对断路器、隔离开关等设备进行操作的控制回路，用以反映一、二次设备运行状态、异常及故障情况的信号回路，以及用以供二次设备工作的电源回路等。

为便于设计、制造、安装、调试及运行维护，通常在图纸上使用图形符号及文字符号按一定规则连接，用以对二次回路进行描述，这类图纸称为二次回路图。

按图纸的作用，二次回路的图纸可以分为原理图和安装图。原理图是体现二次回路工作原理的图纸，按其表现的形式又可分为归总式原理图及展开式原理图（如图 2-2 所示）。安装图按其作用又分为平面布置图及安装接线图。

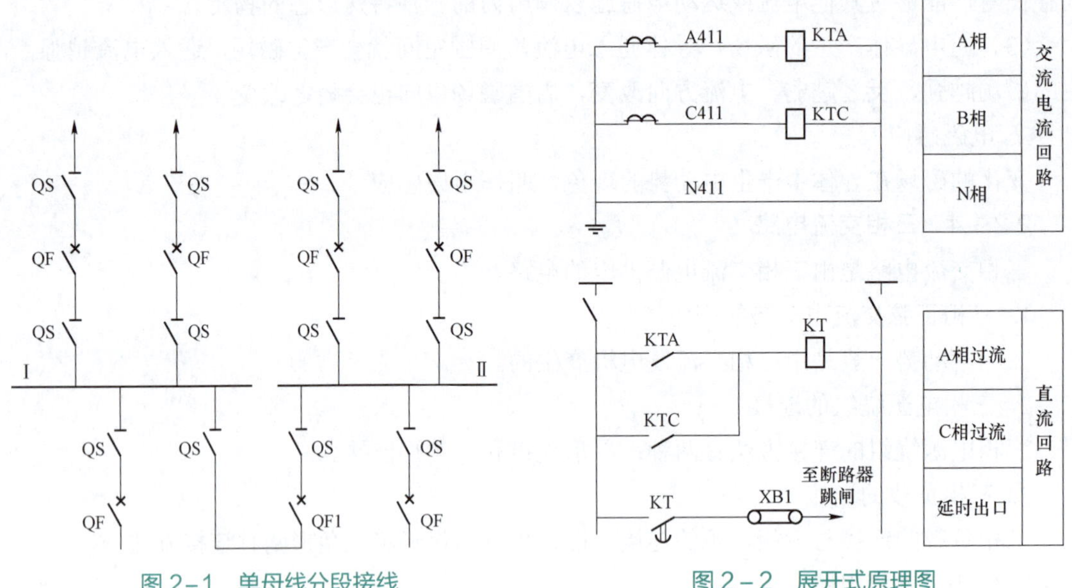

图 2-1 单母线分段接线

图 2-2 展开式原理图

2.2.3 电力系统基础知识

2.2.3.1 电力系统及电力网基本组成

电力系统：把发电、变电、输电、配电和用电等电气设备连接在一起的整体称为电力系统。

电力网：电力系统中去掉发电厂的电气部分和用电设备，剩余部分称为电力网。

电力网可按照不同的需要进行分类。为区别电压的高低，电力网按照电压等级可分为低压网（1kV 以下）、中压网（1～10kV）、高压网（35～220kV）、超高压网（330～750kV）、特高压网（1000kV 及以上）。为区别接线方式的不同，电力网还可以分为一端电源供电网、两端电源供电网、多电源供电网。一端电源供电网（又称为开式网）是指用户只能从一个方向得到电能的电力网，它具有界限简单、经济、运行方便、但供电可靠性较差的特点。两端电源供电网（包括环网）是指用户可以从两个方向得到电能的电力网，它具有接线较简单、运行灵活、供电可靠性较高的特点。多电源供电网（又称复杂网）是指用户可以从电网中三个或三个以上方向得到电能，它具有接线复杂、投资大、继电保护复杂、但供电可靠性高、运行灵活的特点。

2.2.3.2 变电站（所）作用和类型

变电站（所）是处在电力网中的线路连接点，用以变换电压、交换功率及汇集分配电能的场所。按照不同的划分方式，可分为不同的类型。

1. 按照变电站的地位和作用划分

按照变电站（所）在电力系统中的地位和作用可划分为枢纽变电站（所）、变电站（所）、变电站（所）和终端变电站（所）四类。

（1）枢纽变电站（所）。枢纽变电站（所）位于电力系统的枢纽点，它的电压是系统最高输电电压，目前电压等级有交流 1000、750、500、330、220kV，枢纽变电站连成环网，全站停电后，将引起系统解列，甚至整个系统瘫痪，因此对枢纽变电站的可靠性要求较高。枢纽变电站主变压器容量大，供电范围广。

（2）中间变电站（所）。中间变电站（所）坐落区域网络的纽带点，是与输电主网相连的区域受电端变电站，直接从主网受电，向本供电区域供电。全站停电后，可致使区域电网割裂，影响区域供电。电压等级一般选用 220kV 或 330kV。中间变电站主变压器容量较大，出线回路数较多，对供电的可靠性要求也比较高。

（3）地区变电站（所）。地区变电站（所）是一个地区的主要变电站，直接向本区域负荷供电，供电范围小，主变压器容量与台数依据电力负荷而定。电压等级一般采用 220、110、35kV。全站停电后，可引起地区电网瓦解，影响整个地区供电。

（4）终端变电站（所）。终端变电站（所）位于地区网络的末端，高压侧电压大多为 110kV，也有 220kV；中低压侧电压一般为 35kV 和 10kV；也有高压侧 110kV 或 220kV 直接降到 35kV 或 10kV。降压供电给附近的用户或企业使用。全站停电后，只影响附近的用户和企业，影响范围较小。

2. 按照变压器的使用功能划分

（1）升压变电站：升压变电站是把低电压变为高电压的变电站。例如在发电厂需要将发电机出口电压升高至系统电压，就是升压变电站。

（2）降压变电站：与升压变电站相反，降压变电站是把高电压变为低电压的变电站。在电力系统中，大多数的变电站是降压变电站。

3. 按照变电站的值班方式划分

根据变电站的值班方式，可分为无人值班变电站、少人值班变电站和有人值班变电站。

（1）有人值班变电站。大容量、重要的变电站大都采用有人值班。我国从 20 世纪 60 年代开始对无人值班变电站进行试点工作，80 年代开始推广，现在城网和农网甚至主网中已有相当数量、不同电压等级的变电站实现了无人值守。

（2）无人（少人）值班变电站。建设无人值班变电站的目的是减小变电站占地面积，减少常规变电站建设的配套设备。辅助设施方面的大量投资和运行维护费用的高额支出，减轻了企业面临的人员紧缺等压力，增加了企业的经济效益。另外，无人值守变电站实现自动化管理，具有工况优化软件和专家系统支持其运行业务，是集约化、智能化的管理方式，必然使电网运行的可靠性和经济性显著提高。

4. 按照变电站内部实现原理划分

（1）传统变电站。传统变电站是其信息采集来源于常规的电磁、电容式互感器，其二次设备多半是依赖足够多的电缆，再加以空触点的利用，以模拟信号为载体进行信息交换的变电站。该类变电站，设备之间相对独立，缺乏整体的协调和功能优化，输入信息不能共享，接线比较复杂，系统扩展难度大。

（2）数字化变电站。数字化变电站是由智能化一次设备（电子式互感器、智能化开关等）和网络化的二次设备分层（过程层、间隔层、站控层）构建，建立在 IEC 61850《电力自动化的通信网络和系统》通信规范的基础上，能够实现变电站传输和处理信息全数字化，站内智能电气设备间信息共享和互操作的现代化变电站。

5. 按照变电站的安装位置分类

根据变压器和主要高压电气设备的布置位置，一般可将变电站分为户外变电站、户内变电站和地下变电站。其中，户内变电站分为全户内变电站和半户内变电站，地下变电站分为全地下变电站和半地下变电站。

（1）户外变电站。主变压器及主要高压电气设备均布置在户外，这种布置方式占地面积大，电气装置和建筑物可以充分满足各类型的距离要求，如电气安全净距、防火间距等，运行维护和检修方便。适宜在城市郊区或者农村地区建设。

（2）全户内变电站。主变压器及全部高低压电气设备均布置在户内，该类型变电站减少了总占地面积，但对建筑物的内部布置要求更高，具有紧凑、高差大、层高要求不一等特点，易满足周边景观需求。适宜在市区居民密集地区，或位于海岸、盐湖、化工厂及其他空气污秽等级较高的地区建设。

（3）半户内变电站。主变压器或主要高压电气设备布置在户外，该方式结合了户内变电站节约占地面积、与四周环境协调美观、设备运行条件好和户外变电站造价相对较低的优点。适宜在经济较发达的小城镇，以及需要充分考虑环境协调性和经济技术指标的区域建设。

（4）全地下变电站。主建筑物建于地下，主变压器和其他主要电气设备均装设于地下建筑内，地上只建有变电站通风口和设备、人员出入口等少量建筑，以及有可能布置在地上的大型主变压器的冷却设备和主控制室等。适宜在建筑物密布、人口很密集的地区建设。

（5）半地下变电站。以地下建筑为主，主变压器或其他主要电气设备部分装设于地下建筑内。适宜在建筑物密布、人口很密集的地区建设。

2.2.3.3 电力系统中性点运行方式

电力系统中性点是指发电机或变压器三相绕组星形接线的公共连接点。

中性点的运行方式是指中性点的接地方式，即与大地的连接关系。我国电力系统常用的中性点运行方式（即中性点接地方式）可分为中性点非有效接地和中性点有效接地两大类。中性点非有效接地包括中性点不接地、中性点经消弧线圈接地或经高阻抗接地，也称为小电流接地方式。中性点有效接地包括中性点直接接地、中性点经低阻抗接地，也称为大电流接地方式。

2.2.3.4 电力系统有功、无功功率调节

1. 电力系统有功功率

将电能转换为机械能、化学能、光能、热能等其他形式能量的电功率，称为有功功率。

2. 电力系统有功功率调节

当负荷增加时，电力系统必须增加功率输出以弥补功率缺额。当负荷减少时，电力系统必须减少功率输出以平衡功率过剩。电力系统有功功率的调节除满足负荷需求外，还起到维持系统频率稳定的作用。

3. 电力系统无功功率

电力系统无功功率是指电气设备中电感、电容等元件工作时建立磁场所需的电功率，它主要用于电气设备内电场与磁场的能量交换而不对外做功，由发电机和无功补偿装置发出。

4. 电力系统无功功率的调节

在电力系统运行中，无功功率的调节除满足用电设备需求外，还对系统电压起到稳定作用。因此，电力系统的无功功率平衡和无功功率补偿，是保证电压质量的基本条件。有效的电压控制和合理的无功功率补偿，不仅能保证电压质量，还能提高电力系统运行的稳定性和安全性。

电力系统的无功电源不仅有发电机，还有同步调相机和电容器等无功补偿设备，因此，既要充分考虑利用发电机生产的无功功率，又要综合考虑在适当的地点配置无功补偿设备。

2.2.4 继电保护基础知识

2.2.4.1 继电保护的作用

继电保护，能反应电力系统中电气元件发生故障或异常运行状态，并作用于断路器跳闸或发出信号。它的作用如下：

（1）自动、迅速、有选择性地将故障元件从电力系统中切除，使故障元件免于继续遭到破坏，保证其他无故障部分迅速恢复正常运行。

（2）当电力系统出现异常运行状态时发出信号，运行人员根据继电保护装置发出的信号对异常运行状态进行处理，防止异常运行状态发展成故障而造成事故。

2.2.4.2 继电保护及自动装置原理

继电保护及自动装置的工作原理就是通过采集测量反映电气元件或电力系统运行状态的各种电气量、非电气量，并对所测量进行分析判别，以确定被保护对象是否处于正常运行状

态。当判别出被保护对象处于故障或异常运行状态时，按照事先设定的时限使断路器跳闸或者发出相应的信号。

2.2.4.3 继电保护装置要求

作为保障电力系统安全的重要部分，继电保护在技术上应满足四个基本要求，即选择性、速动性、灵敏性和可靠性，也就是继电保护常说的“四性”。

2.2.4.4 继电保护配置

1. 线路保护

各电压等级的输配电线路，根据所在变电站的性质、电压等级、供电负荷的重要性和本地区运行习惯等因素，选择的线路保护配置也有所不同。

（1）纵联保护。常用的纵联保护有高频相差保护、高频距离保护、零序保护、高频方向保护、光纤电流差动保护等。

（2）相间距离保护。相间距离保护一般装设三段，必要时也可采用四段。第Ⅰ段保护范围为线路全长的 80%～85%，其动作时间为保护的固有动作时间。第Ⅱ段按阶梯特性与相邻保护配合，动作时间一般为 0.5～1.5s，通常能够灵敏而快速地切除本线路全长范围内的故障。Ⅰ、Ⅱ段构成线路的主保护。第Ⅲ（Ⅳ）段也按阶梯特性与相邻保护配合，动作时间一般在 2s 以上，作为线路的后备保护。

（3）接地距离保护。接地距离保护为三段式，Ⅰ段定值按可靠躲过本线路对侧母线接地故障整定，动作时间为保护的固有动作时间。Ⅱ段定值按本线路末端发生金属性故障有足够灵敏度整定，并与相邻线路接地距离保护Ⅰ段配合。Ⅲ段定值按与相邻线路接地距离保护Ⅱ段配合整定，若配合有困难，可与相邻线路接地距离保护Ⅱ段配合整定。当本线路设有阶段式零序电流保护作为接地故障的基本保护时，接地距离保护Ⅲ段可退出运行。

接地距离保护Ⅰ段只能保护本线路全长的 70%左右；Ⅱ段能够保护本线路全长，并延伸到下一线路的一部分，但不超过下一线路接地距离保护Ⅰ段的保护范围；Ⅲ段用作本线路主保护的后备保护和下一线路保护或断路器拒绝动作的后备保护。

（4）零序电流保护。中性点直接接地系统发生接地故障时，将产生很大的零序电流和零序电压，利用这些特征电气量可构成零序电流方向保护，通常采用三段式或四段式。

（5）电流平衡（包括零序平衡）保护。电流平衡保护作为 35kV 及以上平行双回线路的主保护。当双回线的任一回线故障时，保护只切除故障线路，而保留非故障线路继续运行。

电流平衡保护不适用于单回线运行，因而保护的操作电源须经过双回线断路器的辅助触点闭锁或母线差动保护动作立即闭锁双回线电流平衡保护。

（6）横联差动（包括零序横联差动）保护。横联差动（方向）保护作为平行双回线路的主保护。保护装设在线路两侧，当双回线路的任一回线上发生故障时，保护只切除故障线路，而保留非故障线路继续运行。横联差动方向保护的缺点是存在死区和相继动作区。另外，横联差动方向保护同电流平衡保护一样也不适用于单回线运行。

（7）阶段式电流保护。阶段式电流保护采用三段式，即电流速断保护段、限时电流速断保护段和过电流保护段。

（8）线路重合闸。线路重合闸可分为单相重合闸、三相重合闸和综合重合闸三种。线路装设的综合重合闸装置，具有单重、三重、综重和停用四种方式。

2. 母线保护

通常母线保护的方式有两种：一是利用供电元件的保护兼作母线故障的保护；二是装设专用的母线保护。

微机型母线保护装置一般均设有母线差动保护、母联充电保护、母联过电流保护、母联非全相保护、母联死区保护及失灵保护、断路器失灵保护等功能。

3. 主变压器保护

根据故障类型和异常运行状态，变压器应装设下列保护：

（1）瓦斯保护。瓦斯保护反应于油箱内部所产生的气体或油流而动作，它可防御变压器油箱内的各种短路故障和油面的降低，且具有很高的灵敏度。瓦斯保护有重、轻之分，一般重瓦斯保护动作于跳开变压器各电源侧的断路器，轻瓦斯保护动作于信号。

（2）纵联差动保护和电流保护。纵联差动保护和电流保护可用于防御变压器绕组和引出线的各种相间短路故障、绕组的匝间短路故障以及中性点直接接地系统侧绕组和引出线的单相接地短路。

纵联差动保护不能反应绕组匝数很少的匝间短路故障、油面降低等，存在一定的保护死区，而瓦斯保护不能反应油箱外部的短路故障。因此，纵联差动保护和瓦斯保护共同构成变压器的主保护。当上述保护动作后，均应跳开变压器各电源侧断路器。

（3）反应外部相间短路故障的后备保护。对于外部相间短路引起的变压器过电流，同时作为变压器瓦斯保护、纵联差动保护的后备保护，可采用的保护有过电流保护、低电压启动的过电流保护、复合电压启动的过电流保护、负序电流及单相式低电压启动的过电流保护以及阻抗保护等。

（4）反应外部接地短路故障的后备保护。对中性点直接接地电力网，由外部接地短路引起过电流时，如变压器中性点接地运行应装设零序电流保护。零序电流保护可由两段组成，每段可各带两个时限，并均以较短的时限动作于缩小故障影响范围，或动作于本侧断路器，以较长的时限动作于跳开变压器各侧断路器。

对自耦变压器和高、中压侧中性点都直接接地的三绕组变压器，当有选择性要求时应增设零序方向元件。

当电网中仅有部分变压器中性点接地运行时，为防止发生接地短路时，中性点接地的变压器跳开后，中性点不接地的变压器（低压侧有电源）仍可能带接地故障继续运行，从而产生过电压，威胁绝缘，因此，应根据具体情况装设零序过电压保护、间隙零序电流保护等。

（5）过负荷保护。对于 400kVA 以上的变压器，当数台变压器并列运行，或单独运行并作为其他负荷的备用电源时，应根据可能过负荷的情况装设过负荷保护。过负荷保护经延时作用于信号。对于无人值守的变电站，必要时过负荷保护可动作于自动减负荷或跳闸。

（6）过励磁保护。超高压大型变压器需要装设过励磁保护，过励磁保护反应于实际工作磁密和额定工作磁密之比（称为过励磁倍数）而动作。在变压器允许的过励磁范围内，过励磁保护作用于信号，当过励磁超过允许值时可动作于跳闸。

（7）其他非电量保护。除了上述反应电气量特征的保护之外，变压器通常还装设反应油箱内油、气、温度等特征的非电量保护，主要包括变压器本体和有载调压部分的油温保护、变压器的压力释放保护、变压器带负荷后启动风冷的保护、过载闭锁带负荷调压的保护等。

4. 电容器保护配置及保护范围

电容器保护应能反应电容器内部和外部故障，并及时切除故障，防止事故扩大。

（1）限时电流速断和过电流保护，保护电容器组与电流互感器之间的引线、绝缘子、套管间的相间短路，或电容器内部故障保护拒动而发展成的相间短路。

（2）专门的熔断器保护，能识别出故障的电容器，并将其从运行的电容器组中切除，使故障限制在最小的范围之内，而无故障的电容器继续运行。

（3）单星形接线电容器组装设开口三角电压保护和电压差动保护或利用电桥原理的电流平衡保护，当部分电容器故障被切除，造成留下来继续运行的电容器过载或过电压时，起保护作用，在允许值时可作用于信号，超过允许值时保护应将整组电容器断开。

（4）双星形接线电容器组装设中性点电压或电流不平衡保护，当一台或多台故障电容器被切除时，两组之间的平衡被破坏，中性点间就有不平衡电压或不平衡电流，此时保护动作于跳闸。

（5）过电压保护，作为电容器组所在母线发生过电压时的保护，带时限动作于信号或跳闸。

（6）低电压保护，作为电容器组所在母线失电压时的保护，带时限动作于跳闸。

（7）单相接地保护，作为电容器组发生单相接地故障时的保护，可动作于跳闸或发信号。

5. 站用变压器保护配置及保护范围

为防止因站用变压器故障影响变电站的安全运行，站用工作电源和备用电源应从不同的母线引出且站用变压器应装设继电保护及自动装置。

（1）根据 GB/T 14285—2006《继电保护和安全自动装置技术规程》的要求，用电流速断保护作为站用变压器内部故障及引出线短路故障的主保护，用过电流保护作为后备保护。

（2）当油浸站用变压器容量在 400kVA 及以上时，应装设瓦斯保护作为油箱内部故障的保护。

（3）220kV 主变压器的低压侧绕组一般采用三角形接线，当站用变压器高压侧系统单相接地电容电流大于 10A 时，为降低间歇性弧光接地过电压水平和便于寻找接地故障点的情况，应装设高压侧接地保护。

（4）为防止站用变压器过负荷，可装设过负荷保护。

（5）站用变压器低压侧也可装设过电流保护，接入站用变压器低压侧电流互感器的二次电流回路，作为 380/220V 系统馈线故障的后备保护，保护带时限动作于站用变压器的低压侧断路器。

（6）站用变压器低压侧为直接接地系统，可装设接入中性线上电流互感器二次电流的零序过电流保护，作为 380/220V 系统单相接地故障的后备保护，保护带时限动作于站用变压器的高低压侧断路器。

2.2.5 计算机基础知识

2.2.5.1 计算机操作系统基本构成

计算机操作系统主要由四个基础部分组成：处理器、存储器、输入/输出（I/O）模块和系统总线。

2.2.5.2 关于计算机使用的安全要求

办公计算机严格执行“涉密不上网、上网不涉密”纪律。严禁将涉及国家秘密的计算机、存储设备与信息内外网和其他公共信息网络连接；严禁在信息内网计算机存储、处理国家秘密信息，严禁在连接互联网的计算机上处理、存储涉及国家秘密和企业秘密信息；严禁信息内网和信息外网计算机交叉使用；严禁普通移动存储介质和扫描仪、打印机等计算机外设在信息内网和信息外网上交叉使用。涉密计算机按照公司办公计算机保密管理规定进行管理。

2.2.6 安全基础知识

2.2.6.1 触电急救基本知识

触电急救应分秒必争，一经明确心跳、呼吸停止的，立即就地用心肺复苏法进行抢救，并坚持不断地进行，同时及早与医疗急救中心（医疗部门）联系，争取医务人员接替救治。在医务人员未接替救治前，不应放弃现场抢救，更不能只根据没有呼吸或脉搏的表现，擅自判定伤员死亡，放弃抢救。只有医生有权做出伤员死亡的诊断。

2.2.6.2 消防设施及用具基本知识

1. 基本规定

（1）用于控火、灭火的消防设施，应能有效地控制或扑救火灾；用于防护冷却或防火分隔的消防设施，应能在规定时间内阻止火灾蔓延。

（2）消防给水与灭火设施应具有在火灾时可靠动作，并按照设定要求持续运行的性能；与火灾自动报警系统联动的灭火设施，其火灾探测与联动控制系统应能联动灭火设施及时启动。

（3）消防给水与灭火设施的性能和防护措施应与防护对象、防护目的及应用环境条件相适应，满足消防给水与灭火设施稳定和可靠运行的要求。

（4）消防给水与灭火设施中位于爆炸危险性环境的供水管道及其他灭火介质输送管道和组件，应采取静电防护措施。

（5）消防设施的施工现场应满足施工的要求。消防设施的安装过程应进行质量控制，每道工序结束后应进行质量检查。隐蔽工程在隐蔽前应进行验收；其他工程在施工完成后，应对其安装质量、系统与设备的功能进行检查、测试。

（6）消防给水与灭火设施中的供水管道及其他灭火剂输送管道，在安装后应进行强度试验、严密性试验和冲洗。

（7）消防设施的安装工程应进行工程质量和消防设施功能验收，验收结果应有明确的合格与不合格的结论。

（8）消防设施施工、验收过程应有相应的记录，并应存档。

（9）消防设施投入使用后，应定期进行巡查、检查和维护，并应保证其处于正常运行或工作状态，不应擅自关停、拆改或移动。超过有效期的灭火介质、消防设施或经检验不符合继续使用要求的管道、组件和压力容器不应使用。

（10）消防设施上或附近应设置区别于环境的明显标识，说明文字应准确、清楚且易于识别，颜色、符号或标识应规范。手动操作按钮等装置处应采取防止误操作或被损坏的防护措施。

2. 变电站常备消防器材

变电站应配备的消防器材有干粉灭火器（灭火手推车）、二氧化碳灭火器、1211 灭火器、泡沫灭火器、消防栓、消防水龙带、消防沙及沙箱、消防桶、消防锹、消防斧等。

2.2.6.3 安全工器具基本知识

安全工器具是指为防止触电、灼烫、高处坠落、中毒和窒息、火灾、淹溺、机械伤害等事故或职业危害，保障工作人员人身安全的个体防护装备、绝缘安全工器具、登高工器具、安全围栏（网）和标识牌等专用工具和器具。

1. 安全工器具分类

安全工器具分为个体防护装备、绝缘安全工器具、登高工器具、安全围栏（网）和标识牌等四大类。

（1）个体防护装备。个体防护装备是指保护人体避免受到急性伤害而使用的安全用具，包括安全帽、防护眼镜、自吸过滤式防毒面具、正压式消防空气呼吸器、安全带、安全绳、连接器、速差自控器、导轨自锁器、缓冲器、安全网、静电防护服、防电弧服、耐酸服、SF_6 防护服、屏蔽服装、耐酸手套、耐酸靴、导电鞋（防静电鞋）、个人保安线、SF_6 气体检漏仪、含氧量测试仪及有害气体检测仪等。

（2）绝缘安全工器具。绝缘安全工器具分为基本绝缘安全工器具、带电作业绝缘安全工器具和辅助绝缘安全工器具。

（3）登高工器具。登高工器具是用于登高作业、临时性高处作业的工具，包括脚扣、升降板（登高板）、梯子、快装脚手架及检修平台等。

（4）安全围栏（网）和标识牌。安全围栏（网）包括用各种材料做成的安全围栏、安全围网和红布幔，标识牌包括各种安全警告牌、设备标识牌、锥形交通标、警示带等。

2. 安全工器具检查与使用要求

安全工器具检查分为出厂验收检查、试验检验检查和使用前检查，使用前应检查合格证和外观。

3. 安全工器具保管及存放要求

（1）橡胶塑料类安全工器具。橡胶塑料类安全工器具应存放在干燥、通风、避光的环境下，存放时离开地面和墙壁 20cm 以上，离开发热源 1m 以上，避免阳光、灯光或其他光源直射，避免雨雪浸淋，防止挤压、折叠和尖锐物体碰撞，严禁与油、酸、碱或其他腐蚀性物品存放在一起。

（2）环氧树脂类安全工器具。环氧树脂类安全工器具应置于通风良好、清洁干燥、避免阳光直晒、无腐蚀及有害物质的场所保存。

（3）纤维类安全工器具。纤维类安全工器具应放在干燥、通风、避免阳光直晒、无腐蚀及有害物质的位置，并与热源保持 1m 以上的距离。

（4）其他类安全工器具。钢绳索速差式防坠器，如钢丝绳浸过泥水等，应使用涂有少量机油的棉布对钢丝绳进行擦洗，以防锈蚀。安全围栏（网）应保持完整、清洁无污垢，成捆整齐存放。标识牌、警告牌等，应外观醒目，无弯折、无锈蚀，摆放整齐。

2.2.7 专业基础知识

2.2.7.1 变电站设备概念

变电站设备分为一次设备和二次设备和辅助设备。

（1）一次设备：直接生产、输送、分配和使用电能的设备，主要包括变压器、高压断路器、隔离开关、母线、电流互感器（TA）、电压互感器（TV）、避雷器、电容器、电抗器等。

（2）二次设备：对一次设备和系统的运行工况进行测量、监视、控制和保护的设备，主要包括继电保护装置、自动装置、防误闭锁装置、计量装置、自动化系统以及为二次设备提供电源的直流设备。

（3）辅助设备：包括环境监测设施、采暖设施、通风设施、制冷设施、除湿设施、消防设施、安防设施、防汛排水系统、照明设施、视频监控系统。

2.2.7.2 其他基础知识

（1）变压器结构、工作原理及参数。

（2）互感器结构、工作原理及参数。

（3）断路器结构、工作原理及参数。

（4）隔离开关结构、工作原理及参数。

（5）气体绝缘全封闭开关设备（GIS）、高压开关柜、低压组合电器（简称组合电器）的结构、工作原理及参数。

（6）绝缘子、母线作用及形式。

（7）电缆结构及参数。

（8）避雷器结构、工作原理及参数。

（9）电力电容器、电抗器、消弧线圈工作原理及参数。

（10）站用交直流系统组成及工作原理。

（11）继电保护及自动装置、二次设备组成及接线。

（12）变电站综合自动化系统、“五防”系统组成及工作原理。

注：“五防”即防止误分、合断路器，防止带负荷分、合隔离开关，防止带电挂（合）接地线（接地开关），防止带接地线（接地开关）合断路器，防止误入带电间隔。

（13）变电站通信系统的组成及作用。

（14）智能变电站概念。

2.2.8 法律法规

（1）《中华人民共和国电力法》有关知识。

（2）《中华人民共和国安全法》有关知识。

（3）《中华人民共和国安全生产法》有关知识。

（4）《中华人民共和国劳动法》有关知识。

（5）《中华人民共和国消防法》有关知识。

（6）《国家电网公司电力安全工作规程（变电部分）》有关知识。

（7）《生产安全事故报告和调查处理条例》有关知识。

第3章

五级工操作技能

3.1 运行监控

3.1.1 运行监视

3.1.1.1 培训目标

通过专业理论学习和技能操作训练，使学员了解并掌握运行监控工作的监视内容，变电站的主要设备、辅助设备的监视内容及要点，以及监控机使用的相关规定。

3.1.1.2 培训场所及设施

1. 培训场所

变电综合实训场地。

2. 培训设施

培训工具及器材如表 3-1 所示。

表 3-1 培训工具及器材（每个工位）

序号	名称	规格型号	单位	数量	备注
1	智能监控系统模拟服务器	—	台	1	—
2	不间断电源（UPS）模拟设备	—	台	1	—
3	计算机显示器	—	台	4	—
4	监控模拟工作站	—	台	1	—
5	智能调控系统	—	套	1	软件
6	集中遥视系统	—	套	1	软件
7	操作“五防”工作站	—	台	1	—
8	操作“五防”系统	—	套	1	软件
9	鼠标	—	个	3	—
10	键盘	—	个	3	—

3.1.1.3 培训方式及时间

1. 培训方式

现场讲解与实际操作相结合。

2. 培训与考核时间

（1）培训时间。

监控的定义及信息分类讲解：1h；

监控系统的登录及日常监视内容讲解及查阅：1h；

监控系统中各变电站内主接线方式及设备的监控要点及参数讲解及查阅：2h；

对站用交流及直流系统的接线方式、运行方式，以及监控工作中监视项目及标准讲解：1h；

合计：5h。

（2）考核时间：30min。

3.1.1.4 基础知识

(1) 一、二次系统设备状态、信号的运行监视。

(2) 站用电交直流系统的运行监视。

(3) 查看监控机通信状态、故障及异常信息。

3.1.1.5 技能培训步骤

1. 准备工作

(1) 工作现场准备。

(2) 智能监控系统模拟服务器、监控模拟工作站、操作"五防"工作站、UPS 模拟设备处于互联运行状态，外联设备完备。

2. 操作步骤

(1) 掌握监控基础知识、规定，进行监控系统的登录。

(2) 查看监控系统的显示器工作正常，检查受控站通道状态良好，测试警报、警铃声音正常。

(3) 检查各变电站遥控试验点的预置—返校—执行完毕。

(4) 查阅各变电站的主画面，判断电气主接线形式及特点，说明站用电交直流系统接线及正常运行方式，判断遥信、遥测异常信号。

3. 工作结束

(1) 整理归位。

(2) 清理现场，工作结束，离场。

3.1.1.6 技能等级认证标准（评分表）

运行监视项目考核评分记录表如表 3–2 所示。

表 3–2 运行监视项目考核评分记录表

姓名： 准考证号： 单位：

序号	项目	考核要点	配分	评分标准	得分	备注
1	工作准备					
2	工作过程					
2.1	基础知识	掌握"五遥"内容	5	遥信、遥测、遥控、遥调、遥视掌握不完整，每项扣 1 分		
2.2	基本工作	对监控机系统的登录	5	未登录系统，扣 5 分		
2.3	基础检查项目	检查监控系统通道状态；对监控机的警铃、警报进行测试	10	(1) 未发现受控站通道中断，扣 5 分； (2) 未对监控机的警铃、警报进行测试，扣 5 分		
2.4	监控工作	通道监视	5	未进行遥控试验点，扣 5 分		
		主画面监视	15	(1) 应正确表述受控站主画面的主接线方式，每错一处扣 2 分，最多扣 10 分； (2) 未正确表述画面里元件图形的设备双重名称，扣 5 分		
		遥测监视	30	(1) 未正确表述潮流方向的含义，扣 5 分； (2) 未正确表述各主接线系统的电压合格范围，扣 5 分；		

续表

序号	项目	考核要点	配分	评分标准	得分	备注
2.4	监控工作	遥测监视	30	（3）未正确表述主变压器容量，按冷却方式主变压器运行温度的规程规定值，扣5分； （4）未正确表述交直流系统的电压合格范围，扣5分； （5）未正确表述“遥测”越限分级，扣5分； （6）未正确表述小电流接地系统开口三角电压指示意义，扣5分		
		遥信告警监视	30	（1）未发现断路器、隔离开关位置与运行方式不对应，扣10分； （2）未及时确认信息窗里的信息，扣5分； （3）未按指定分类信息进行对应查阅，扣5分； （4）未正确进行告警信息分类，扣5分； （5）未正确表述站用电系统的监视内容，扣5分		
3	工作结束					
		总分	100	合计得分		

否定项说明：1. 违反电力安全工作规程相关规定；2. 违反职业技能鉴定考场纪律；3. 造成设备重大损坏；4. 发生人身伤害事故

考评员：　　　　　　　　　　　　　　　　年　　月　　日

3.1.2 运行日志、记录填写

3.1.2.1 培训目标

通过专业理论学习和技能操作训练，使学员学会查看变电站运行日志，查看日常运行维护项目和设备缺陷记录等核心业务记录，同时掌握各种表计数据的抄录方法。

3.1.2.2 培训场所及设施

1. 培训场所

变电综合实训场地。

2. 培训设施

培训工具及器材如表3-3所示。

表3-3 培训工具及器材（每个工位）

序号	名称	规格型号	单位	数量	备注
1	变电运维工作日志	—	本	1	—
2	避雷器动作及泄漏电流记录	—	本	1	—
3	设备测温记录	—	本	1	—
4	蓄电池检测记录	—	本	1	—
5	设备缺陷记录	—	本	1	—
6	SF_6气体压力表	—	个	1	—
7	开关液压机构压力表	—	个	1	—
8	避雷器泄漏电流表	—	个	1	—
9	避雷器动作计数器	—	个	1	—
10	主变压器温度表	—	个	1	—

3.1.2.3 培训方式及时间

1. 培训方式

现场讲解与实际操作相结合。

2. 培训与考核时间

（1）培训时间。

变电运维工作日志查阅：1h；

变电站日常运行维护项目、设备缺陷记录查阅：4h；

抄录各种表计数据：2h；

合计：7h。

（2）考核时间：30min。

3.1.2.4 基础知识

（1）查看运行日志。

（2）查看日常运行维护项目、设备缺陷记录。

（3）抄录各种表计数据。

3.1.2.5 技能培训步骤

1. 准备工作

（1）工作现场准备。布置现场工作间距不小于 2m，各工位之间用栅状遮栏隔离，场地清洁。各工位可以同时进行作业、无干扰。

（2）工具器材准备。对进场的仪表进行检查，确保能够正常使用，并整齐摆放于桌面上。

2. 操作步骤

（1）查看运行日志的内容，包括基本信息、运行方式、运行记事等。

（2）查看避雷器动作及泄漏电流记录、设备测温记录、蓄电池检测记录等日常维护项目具体内容，表述记录填写要求。

（3）查看设备缺陷记录内容，表述记录填写要求。

（4）正确识别仪表信息，抄录 SF_6 气体压力表、开关液压机构压力表、避雷器泄漏电流表、避雷器动作计数器、主变压器温度表数据，判断数据异常情况。

3. 工作结束

（1）整理归位。

（2）清理现场，工作结束，离场。

3.1.2.6 技能等级认证标准（评分表）

运行日志、记录填写项目考核评分记录表如表 3-4 所示。

表 3-4 运行日志、记录填写项目考核评分记录表

姓名： 准考证号： 单位：

序号	项目	考核要点	配分	评分标准	得分	备注
1	工作准备					
2	工作过程					

续表

序号	项目	考核要点	配分	评分标准	得分	备注
2.1	运行日志基本信息	运行基本信息	10	（1）未正确表述交班人员、接班人员，扣5分； （2）未准确说明交接班时间，扣5分		
2.2	运行方式	正常运行方式、特殊运行方式	5	未正确表述系统运行方式情况，扣5分		
2.3	运行记事	日常运维工作内容	15	（1）未正确表述巡视工作情况、安全天数，扣5分； （2）未正确表述本值设备维护工作情况，扣5分； （3）未正确表述下发文件、通知、要求、规定，扣5分		
		运检工作执行情况	25	（1）未正确表述调度指令和上级有关设备运行的通知和指示、设备倒闸操作、设备投运和停运情况，扣5分； （2）未正确表述设备检修、安全措施情况、站内接地线使用情况，扣5分； （3）未正确表述保护方式调整、自动装置及仪表情况，扣5分； （4）未正确表述受理工作票份数、内容及执行情况，扣5分； （5）未正确表述解锁钥匙使用情况，扣5分		
		故障处理情况	5	（1）未正确表述开关跳闸及事故处理经过，扣3分； （2）未正确表述设备故障情况和发现的设备缺陷，扣2分		
2.4	日常运行维护项目	日常运行维护项目周期及记录填写要求	10	（1）未正确表述各类维护项目的周期，扣5分； （2）未正确表述各类维护项目填写规范，扣5分		
2.5	设备缺陷记录	查看设备缺陷记录	5	未正确表述缺陷处理所处环节，扣5分		
2.6	表盘信息	正确识别表计类型、量程、刻度、异常区间	15	（1）未正确表述表计类型，扣5分； （2）未正确表述表计量程、最小刻度，扣5分； （3）未正确判断表计异常数据区间，扣5分		
2.7	表计数据	准确抄录数值	5	未准确抄录表计数值，扣5分		
2.8	异常判断	判断数据异常情况	5	未准确判断数据异常情况，扣5分		
3	工作结束					
总分			100	合计得分		

否定项说明：1. 违反电力安全工作规程相关规定；2. 违反职业技能鉴定考场纪律；3. 造成设备重大损坏；4. 发生人身伤害事故

考评员：　　　　　　　　　　　　　　　　　　　　　　　　年　　月　　日

3.2 巡视检查

3.2.1 变压器巡视检查

3.2.1.1 培训目标

通过专业理论学习和技能操作训练，使学员学会变压器的接线组别、运行规定，变压器分接开关、冷却系统运行方式，在线监测装置原理等知识，能够独立完成变压器及其附件日常巡视检查。

3.2.1.2 培训场所及设施

1. 培训场所

变电运维专业实训场地。

2. 培训设施

培训工具及器材如表 3–5 所示。

表 3–5 培训工具及器材（每个工位）

序号	名称	规格型号	单位	数量	备注
1	安全帽	—	顶	1	考生自备
2	全棉长袖工作服	—	套	1	考生自备
3	绝缘鞋	—	双	1	考生自备
4	板夹	—	个	1	现场准备
5	中性笔	黑色	支	1	现场准备
6	标准化作业指导卡	—	张	1	现场准备

3.2.1.3 培训方式及时间

1. 培训方式

教师现场讲解、示范，学员技能操作训练，培训结束后进行理论考核与技能测试。

2. 培训与考核时间

（1）培训时间。

变压器巡视检查相关专业知识：1h；

变压器本体及其附件巡视检查相关专业知识：0.5h；

标准化作业指导卡相关专业知识：0.5h；

技能训练：1h；

合计：3h。

（2）考核时间：30min。

3.2.1.4 基础知识

1. 变压器温度、油位、分接头位置、负荷日常巡视检查

（1）变压器运行规定。

（2）变压器分接开关、气体继电器附件及其作用。

2. 变压器本体及附件、在线监测装置日常巡视检查

（1）变压器绕组的接线组别。

（2）变压器及冷却系统运行方式。

（3）变压器在线监测装置原理。

3.2.1.5 技能培训步骤

1. 安全措施及风险点分析

（1）巡视时应严格遵守电力安全工作规程和相关规程制度的要求，巡视前针对巡视内容、设备运行状况等进行危险点分析。设备巡视过程中可能存在的危险点综合如下：

1）在变压器巡视时不按规定穿戴防护用品遭到意外伤害。

2）巡视过程变压器喷油或压力释放阀动作。

3）不按规定时间、路线巡视设备，巡视设备不认真到位。

（2）安全注意事项：

1）进入设备区，应戴安全帽，并按规定着装，巡视前检查所使用的安全工器具完好。

2）巡视过程注意勿在变压器喷油口或压力释放阀附近长时间停留。

3）巡视人员状态应良好，巡视过程中精神集中，不得谈论与巡视无关的事情。

2. 操作步骤

（1）工作准备。

1）场地准备：变压器运行状态良好，巡视场地清洁、无杂物，巡视路线清晰。

2）器材准备：正确佩戴安全帽，着装整齐，巡视标准作业卡齐全。

（2）工作过程（可用流程图，或直接分类列表）。

1）核对变压器间隔双重名称、设备铭牌等设备标识。

2）变压器温度、油位、分接头位置、负荷进行日常巡视检查。

① 后台运行监控信号、灯光指示、运行数据等均应正常。

② 变压器的油温和温度计应正常，储油柜的油位应与制造厂提供的油温、油位曲线相对应，温度计指示清晰。

③ 分接挡位指示与监控系统一致。三相分体式变压器分接挡位三相应置于相同挡位，且与监控系统一致。

④ 变压器的运行电压不应高于该运行分接电压的 105%，并且不得超过系统最高运行电压。对于特殊的使用情况（例如变压器的有功功率可以在任何方向流通），允许在不超过 110% 的额定电压下运行。

⑤ 检查电压、电流、负荷、频率、功率因数、环境温度有无异常，及时记录各种上限值。

3）变压器本体及附件、在线监测装置进行日常巡视检查。

① 变压器本体及套管：

a. 各部位无渗油、漏油。

b. 套管油位正常，套管外部无破损裂纹、严重油污、放电痕迹，防污闪涂料无起皮、脱落等异常现象。

c. 套管末屏无异常声音，接地引线固定良好，套管均压环无开裂、歪斜。

d. 变压器声响均匀、正常。

e. 引线接头、电缆应无发热迹象。

f. 外壳及箱沿应无异常发热，引线无散股、断股。

g. 变压器外壳、铁心和夹件接地良好。

h. 35kV 及以下接头及引线绝缘护套良好。

② 分接开关：

a. 机构箱电源指示正常，密封良好，加热、驱潮等装置运行正常。

b. 分接开关的油位、油色应正常。

c. 在线滤油装置工作方式设置正确，电源、压力表指示正常。

d. 在线滤油装置无渗漏油。

③ 冷却系统：

a. 各冷却器（散热器）的风扇、油泵、水泵运转正常，油流继电器工作正常。

b. 冷却系统及连接管道无渗漏油，特别注意冷却器潜油泵负压区出现渗漏油。

c. 冷却装置控制箱电源投切方式指示正常。

d. 水冷却器压差继电器、压力表、温度表、流量表的指示正常，指针无抖动现象。

e. 冷却塔外观完好，运行参数正常，各部件无锈蚀，管道无渗漏，阀门开启正确，电动机运转正常。

④ 非电量保护装置：

a. 温度计外观完好、指示正常，表盘密封良好，无进水、凝露，温度指示正常。

b. 压力释放阀、安全气道及防爆膜完好无损。

c. 气体继电器内无气体。气体继电器、油流速动继电器、温度计防雨措施完好。

⑤ 储油柜：

a. 本体及有载调压开关储油柜的油位应与制造厂提供的油温、油位曲线相对应。

b. 本体及有载调压开关吸湿器呼吸正常，外观完好，吸湿剂符合要求，油封油位正常。

⑥ 在线监测装置：

a. 控制箱内装置箱装置运行灯指示正常，无异常告警信息。

b. 在线监测装置氮气瓶气体压力指示正常。

c. 装置管路无折弯、生锈、破损情况。

⑦ 其他：

a. 各控制箱、端子箱和机构箱应密封良好，加热、驱潮等装置运行正常。

b. 变压器室通风设备应完好，温度正常。

c. 门窗、照明完好，房屋无漏水。

d. 电缆穿管端部封堵严密。

e. 各种标识应齐全明显。

f. 原存在的设备缺陷是否有发展。

g. 变压器导线、接头、母线上无异物。

4）按照规定的巡视路线、巡视指导书（卡）巡视顺序和项目，对变压器本体及其附件的各个部位逐项进行巡视，不得有遗漏。

5）巡视检查设备状态正常，则在标准化作业指导卡中对应检查项目逐项打“√”，发现异常及时记录。

3. 工作结束

（1）检查标准化作业指导卡是否填写完整，指导卡内所列工作内容是否均已巡视到位，并确认设备状态。

（2）清理现场，恢复原状态，离场。

3.2.1.6 技能等级认证标准（评分表）

变压器巡视检查项目考核评分记录表如表 3-6 所示。

表 3-6 变压器巡视检查项目考核评分记录表

姓名： 准考证号： 单位：

序号	项目	考核要点	配分	评分标准	得分	备注
1	工作准备					
1.1	着装穿戴	穿纯棉长袖工作服、绝缘鞋，戴安全帽	5	（1）未穿纯棉长袖工作服、绝缘鞋，未戴安全帽，缺少每项扣 2 分； （2）着装穿戴不规范，每处扣 1 分		
1.2	工作准备	使用标准化作业指导卡	5	未对标准化作业指导卡巡视项目进行检查，扣 5 分		
2	工作过程					
2.1	巡视开工	核对巡视变压器信息及巡视路线	10	（1）未核对变压器双重名称等信息，扣 5 分； （2）未核对巡视路线，扣 5 分		
2.2	变压器温度、油位、分接头位置、负荷巡视项目	按照变压器温度、油位、分接头位置、负荷巡视要点开展日常巡视	30	（1）未核对后台通信状态，扣 10 分； （2）检查错误每处扣 1 分，最多扣 5 分； （3）未检查每处扣 2 分，最多扣 10 分； （4）数据记录错误每项扣 2 分，最多扣 10 分		
2.3	变压器本体及附件、在线监测装置巡视项目	按照变压器本体及附件、在线监测装置巡视要点开展日常巡视	30	（1）巡视中未正确执行巡视项目，每项扣 5 分； （2）巡视项目不全面，每项扣 2 分，最多扣 10 分； （3）遗漏巡视项目，每项扣 5 分，最多扣 20 分		
2.4	巡视收工	标准化作业指导卡填写	10	（1）漏填、错填时间、作业人员签名，每项扣 1 分，最多扣 5 分； （2）未使用标准化作业指导卡，扣 10 分		
3	工作结束					
3.1	文明生产	汇报结束前，将现场恢复原状态	10	（1）出现不文明行为，扣 10 分； （2）现场未恢复扣 5 分，恢复不彻底扣 2 分		
总分			100	合计得分		
否定项说明：1. 违反电力安全工作规程相关规定；2. 违反职业技能鉴定考场纪律；3. 造成设备重大损坏；4. 发生人身伤害事故						

考评员： 年 月 日

3.2.2 断路器、负荷开关巡视检查

3.2.2.1 培训目标

通过专业理论学习和技能操作训练，使学员学会断路器、负荷开关运行规定，操动机构的结构和工作原理等知识。能够独立完成断路器、负荷开关及其操动机构的日常巡视检查。

3.2.2.2 培训场所及设施

1. 培训场所

变电运维专业实训场地。

2. 培训设施

培训工具及器材如表 3–7 所示。

表 3–7 培训工具及器材（每个工位）

序号	名称	规格型号	单位	数量	备注
1	安全帽	—	顶	1	考生自备
2	全棉长袖工作服	—	套	1	考生自备
3	绝缘鞋	—	双	1	考生自备
4	板夹	—	个	1	现场准备
5	中性笔	黑色	支	2	现场准备
6	标准化作业指导卡	—	张	1	现场准备

3.2.2.3 培训方式及时间

1. 培训方式

教师现场讲解、示范，学员技能操作训练，培训结束后进行理论考核与技能测试。

2. 培训与考核时间

（1）培训时间。

断路器、负荷开关巡视检查相关专业知识：1h；

操动机构日常巡视检查相关专业知识：1h；

标准化作业指导卡相关专业知识：0.5h；

技能训练：1h；

合计：3.5h。

（2）考核时间：30min。

3.2.2.4 基础知识

1. 断路器、负荷开关日常巡视检查

（1）断路器、负荷开关运行规定。

（2）断路器、负荷开关日常巡视项目及方法。

2. 操动机构日常巡视检查

断路器、负荷开关操动机构的结构、工作原理。

3.2.2.5 技能培训步骤

1. 安全措施及风险点分析

（1）巡视时应严格遵守电力安全工作规程和相关规程制度的要求，巡视前针对巡视内容、设备运行状况等进行危险点分析。设备巡视过程中可能存在的危险点综合如下：

1）在断路器、负荷开关巡视时不按规定穿戴防护用品遭到意外伤害。

2）巡视过程断路器、负荷开关严重漏气，造成人身伤害。

3）不按规定时间、路线巡视设备，巡视设备不认真到位。

（2）安全注意事项：

1）进入设备区，应戴安全帽，并按规定着装，巡视前检查所使用的安全工器具完好。

2）巡视过程若发生 SF_6 大量泄漏，应立即停止巡视。

3）巡视人员状态应良好，巡视过程中精神集中，不得谈论与巡视无关的事情。

2. 操作步骤

（1）工作准备。

1）场地准备：断路器、负荷开关运行状态良好，SF_6 表计指示正常。

2）器材准备：正确佩戴安全帽，着装整齐，巡视标准作业卡齐全。

（2）工作过程。

1）核对断路器、负荷开关间隔、编号、铭牌等设备标识。

2）断路器、负荷开关进行日常巡视检查。

① 外观清洁，无异物，无异常声响。

② 油断路器本体油位正常，无渗漏油现象，油位计清洁。

③ 断路器套管电流互感器无异常声响，外壳无变形，密封条无脱落。

④ 分、合闸指示正确，与实际位置相符；SF_6 密度继电器（压力表）指示正常，外观无破损或渗漏，防雨罩完好。

⑤ 外绝缘无裂纹、破损及放电现象；增爬伞裙黏接牢固、无变形；防污涂料完好，无脱落、起皮现象。

⑥ 引线弧垂满足要求，无散股、断股，两端线夹无松动、裂纹、变色现象。

⑦ 均压环安装牢固，无锈蚀、变形、破损。

⑧ 套管防雨帽无异物堵塞，无鸟巢、蜂窝等。

⑨ 金属法兰无裂痕，防水胶完好，连接螺栓无锈蚀、松动、脱落。

⑩ 传动部分无明显变形、锈蚀，轴销齐全。

3）操动机构进行日常巡视检查。

① 液压、气动操动机构压力表指示正常。

② 液压操动机构油位、油色正常。

③ 弹簧储能机构储能正常。

4）按照规定的巡视路线、巡视指导书（卡）巡视顺序和项目，对断路器、负荷开关及其操动机构的各个部位逐项进行巡视，不得有遗漏。

5）巡视检查设备状态正常，则在标准化作业指导卡中对应检查项目逐项打“√”，发现异常及时记录。

（3）工作结束。

1）检查标准化作业指导卡是否填写完整，指导卡内所列工作内容均已巡视到位并确认设备状态。

2）清理现场，恢复原状态，离场。

3.2.2.6 技能等级认证标准（评分表）

断路器、负荷开关巡视检查项目考核评分记录表如表 3–8 所示。

表 3–8 断路器、负荷开关巡视检查项目考核评分记录表

姓名： 准考证号： 单位：

序号	项目	考核要点	配分	评分标准	得分	备注
1	工作准备					
1.1	着装穿戴	穿纯棉长袖工作服、绝缘鞋，戴安全帽	5	（1）未穿纯棉长袖工作服、绝缘鞋，未戴安全帽，缺少每项扣 2 分； （2）着装穿戴不规范，每处扣 1 分		
1.2	工作准备	使用标准化作业指导卡	5	未对标准化作业指导卡巡视项目进行检查，扣 5 分		
2	工作过程					
2.1	巡视开工	核对巡视断路器、负荷开关信息及巡视路线	10	（1）未核对断路器、负荷开关双重名称等信息，扣 5 分； （2）未核对巡视路线，扣 5 分		
2.2	断路器、负荷开关巡视项目	按照断路器、负荷开关巡视相关要点开展日常巡视	40	（1）未进行断路器、负荷开关标识牌、铭牌核对即开始巡视，扣 20 分； （2）未对断路器类型进行判断，扣 5 分； （3）检查不全每处扣 1 分，最多扣 20 分； （4）未检查每处扣 5 分，最多扣 30 分		
2.3	操动机构巡视项目	按照断路器、负荷开关操动机构巡视相关要点开展日常巡视	20	（1）未正确判断操动机构类型，扣 10 分； （2）巡视中未正确执行巡视项目，每项扣 5 分； （3）巡视项目不全面，每项扣 2 分，最多扣 10 分； （4）遗漏巡视项目，每项扣 5 分，最多扣 20 分		
2.4	巡视收工	标准化作业指导卡填写	10	（1）漏填、错填时间、作业人员签名，每项扣 1 分，最多扣 5 分； （2）未使用标准化作业指导卡，扣 10 分		
3	工作结束					
3.1	文明生产	汇报结束前，将现场恢复原状态	10	（1）出现不文明行为，扣 10 分； （2）现场未恢复扣 5 分，恢复不彻底扣 2 分		
总分			100	合计得分		
否定项说明：1. 违反电力安全工作规程相关规定；2. 违反职业技能鉴定考场纪律；3. 造成设备重大损坏；4. 发生人身伤害事故						

考评员： 年 月 日

3.2.3 隔离开关巡视检查

3.2.3.1 培训目标

通过专业理论学习和技能操作训练，使学员学会隔离开关的运行规定、操动机构的结构和工作原理等知识，能够独立完成隔离开关及其操动机构的日常巡视检查。

3.2.3.2 培训场所及设施

1. 培训场所

变电运维专业实训场地。

2. 培训设施

培训工具及器材如表 3–9 所示。

表 3-9　培训工具及器材（每个工位）

序号	名称	规格型号	单位	数量	备注
1	安全帽	—	顶	1	考生自备
2	全棉长袖工作服	—	套	1	考生自备
3	绝缘鞋	—	双	1	考生自备
4	文件夹板	—	个	1	考生自备
5	中性笔	黑色	支	1	现场准备
6	标准化作业指导卡	—	张	1	现场准备

3.2.3.3　培训方式及时间

1. 培训方式

教师现场讲解、示范，学员进行技能操作训练，培训结束后进行理论考核与技能测试。

2. 培训与考核时间

（1）培训时间。

隔离开关巡视检查相关专业知识：1h；

隔离开关操动机构巡视检查相关专业知识：0.5h；

标准化作业指导卡相关专业知识：0.5h；

实操训练：1h；

合计：3h。

（2）考核时间：30min。

3.2.3.4　基础知识

1. 隔离开关日常巡视检查

（1）隔离开关运行规定。

（2）隔离开关日常巡视项目及方法。

2. 操动机构日常巡视检查

（1）设备状态查询。

（2）异常记录。

3.2.3.5　技能培训步骤

1. 安全措施及风险点分析

（1）巡视时应严格遵守电力安全工作规程和相关规程制度的要求，巡视前针对巡视内容、设备运行状况等进行危险点分析。设备巡视过程中可能存在的危险点综合如下：

1）在隔离开关巡视时不按规定穿戴防护用品遭到意外伤害。

2）巡视过程中绝缘子断裂，造成人身伤害。

3）不按规定时间、路线巡视设备，巡视设备不认真到位。

（2）安全注意事项：

1）进入设备区，应戴安全帽，并按规定着装，巡视前检查所使用的安全工器具完好。

2）做好绝缘子断裂风险预想，巡视过程中与带电设备保证足够的安全距离。

3）巡视人员状态应良好，巡视过程中精神集中，不得谈论与巡视无关的事情。

2. 操作步骤

（1）工作准备。

1）场地准备：隔离开关运行状态良好。

2）器材准备：正确佩戴安全帽，着装整齐，巡视标准作业卡齐全。

（2）工作过程。

1）核对隔离开关间隔、编号、铭牌等设备标识。

2）对隔离开关进行日常巡视检查。

① 导电部分：

a. 合闸状态的隔离开关触头接触良好，合闸角度符合要求；分闸状态的隔离开关触头间的距离或打开角度符合要求，操动机构的分、合闸指示与本体实际分、合闸位置相符。

b. 触头、触指（包括滑动触指）、压紧弹簧无损伤、变色、锈蚀、变形，导电臂（管）无损伤、变形现象。

c. 引线弧垂满足要求，无散股、断股，两端线夹无松动、裂纹、变色等现象。

d. 导电底座无变形、裂纹，连接螺栓无锈蚀、脱落现象。

e. 均压环安装牢固，表面光滑，无锈蚀、损伤、变形现象。

② 绝缘子：

a. 绝缘子外观清洁，无倾斜、破损、裂纹、放电痕迹或放电异声。

b. 金属法兰与瓷件的胶装部位完好，防水胶无开裂、起皮、脱落现象。

c. 金属法兰无裂痕，连接螺栓无锈蚀、松动、脱落现象。

③ 传动部分：

a. 传动连杆、拐臂、万向节无锈蚀、松动、变形现象。

b. 轴销无锈蚀、脱落现象，开口销齐全，螺栓无松动、移位现象。

c. 接地开关平衡弹簧无锈蚀、断裂现象，平衡锤牢固可靠；接地开关可动部件与其底座之间的软连接完好、牢固。

④ 基座、机械闭锁及限位部分：

a. 基座无裂纹、破损，连接螺栓无锈蚀、松动、脱落现象，其金属支架焊接牢固，无变形现象。

b. 机械闭锁位置正确，机械闭锁盘、闭锁板、闭锁销无锈蚀、变形、开裂现象，闭锁间隙符合要求。

c. 限位装置完好可靠。

⑤ 其他：

a. 名称、编号、铭牌齐全清晰，相序标识明显。

b. 机构箱无锈蚀、变形现象，机构箱锁具完好，接地连接线完好。

c.“五防”锁具无锈蚀、变形现象，锁具芯片无脱落、损坏现象。

3）对操动机构进行日常巡视检查。

① 隔离开关操动机构机械指示与隔离开关实际位置一致。

② 各部件无锈蚀、松动、脱落现象，连接轴销齐全。

4）按照规定的巡视路线、巡视指导书（卡）巡视顺序和项目，对隔离开关本体及操动机构的各个部位逐项进行巡视，不得有遗漏。

5）巡视检查设备状态正常，则在标准化作业指导卡中对应检查项目逐项打“√”，发现异常及时记录。

（3）工作结束。

1）检查标准化作业指导卡是否填写完整，指导卡内所列工作内容均已巡视到位并确认设备状态。

2）清理现场，恢复原状态，离场。

3.2.3.6 技能等级认证标准（评分表）

隔离开关巡视检查项目考核评分记录表如表 3-10 所示。

表 3-10 隔离开关巡视检查项目考核评分记录表

姓名： 准考证号： 单位：

序号	项目	考核要点	配分	评分标准	得分	备注
1	工作准备					
1.1	着装穿戴	穿纯棉长袖工作服、绝缘鞋，戴安全帽	5	未穿纯棉长袖工作服、绝缘鞋，未戴安全帽，缺少每项，扣 2 分		
1.2	工作准备	使用标准化作业指导卡	5	未对标准化作业指导卡巡视项目进行检查，缺少每项扣 1 分		
2	巡视过程					
2.1	巡视开工	核对巡视隔离开关信息及巡视路线	10	（1）未核对隔离开关双重名称等信息，扣 5 分； （2）未核对巡视路线，扣 5 分		
2.2	隔离开关巡视项目	按照隔离开关巡视相关要点开展日常巡视	40	（1）未核对隔离开关名称、电压等级即开始巡视，扣 10 分； （2）检查不全每处扣 1 分，最多扣 20 分； （3）未检查每处扣 5 分，最多扣 40 分； （4）检查隔离开关项目与实际隔离开关类型不符，扣 40 分		
2.3	操动机构巡视项目	按照隔离开关操动机构巡视相关要点开展日常巡视	20	（1）未核对隔离开关名称、电压等级即开始巡视，扣 10 分； （2）检查不全每处扣 1 分，最多扣 10 分； （3）未检查每处扣 4 分，最多扣 20 分； （4）检查隔离开关项目与实际隔离开关类型不符，扣 20 分		
2.4	巡视收工	标准化作业指导卡填写	10	（1）漏填、错填时间、作业人员签名每项扣 1 分，最多扣 5 分； （2）未使用标准化作业指导卡，扣 10 分		
3	作业结束					
3.1	文明生产	汇报结束前，将现场恢复原状态	10	（1）出现不文明行为，扣 10 分； （2）现场未恢复扣 5 分，恢复不彻底扣 2 分		
总分			100	合计得分		
否定项说明：1. 违反电力安全工作规程相关规定；2. 违反职业技能鉴定考场纪律；3. 造成设备重大损坏；4. 发生人身伤害事故						

考评员： 年 月 日

3.2.4 互感器巡视检查

3.2.4.1 培训目标

通过专业理论学习和技能操作训练，使学员学会互感器的运行规定，互感器结构、工作原理、接线、类型及特点等知识，能够独立完成互感器的日常巡视检查。

3.2.4.2 培训场所及设施

1. 培训场所

变电运维专业实训场地。

2. 培训设施

培训工具及器材如表 3－11 所示。

表 3－11 培训工具及器材（每个工位）

序号	名称	规格型号	单位	数量	备注
1	安全帽	—	顶	1	考生自备
2	全棉长袖工作服	—	套	1	考生自备
3	绝缘鞋	—	双	1	考生自备
4	文件夹板	—	个	1	考生自备
5	中性笔	黑色	支	1	现场准备
6	标准化作业指导卡	—	张	1	现场准备

3.2.4.3 培训方式及时间

1. 培训方式

教师现场讲解、示范，学员进行技能操作训练，培训结束后进行理论考核与技能测试。

2. 培训与考核时间

（1）培训时间。

电流互感器巡视检查相关专业知识：1h；

电压互感器巡视检查相关专业知识：1h；

标准化作业指导卡相关专业知识：0.5h；

实操训练：1h；

合计：3.5h。

（2）考核时间：30min。

3.2.4.4 基础知识

1. 电流互感器日常巡视检查

（1）电流互感器运行规定。

（2）电流互感器结构、工作原理、接线、类型及特点。

（3）电流互感器日常巡视项目及方法。

2. 电压互感器日常巡视检查

（1）电压互感器运行规定。

（2）电压互感器结构、工作原理、接线、类型及特点。

（3）电压互感器日常巡视项目及方法。

3.2.4.5 技能培训步骤

1. 安全措施及风险点分析

（1）巡视时应严格遵守电力安全工作规程和相关规程制度的要求，巡视前针对巡视内容、设备运行状况等进行危险点分析。设备巡视过程中可能存在的危险点综合如下：

1）在互感器巡视时不按规定穿戴防护用品遭到意外伤害。

2）系统接地，引起谐振过电压造成电压互感器爆炸。

3）电流互感器开路，造成爆炸伤人或产生高电压电击伤人。

4）不按规定时间、路线巡视设备，巡视设备不认真到位。

（2）安全注意事项：

1）进入设备区，应戴安全帽，并按规定着装，防止接地故障产生谐振引起电压互感器爆炸伤人。

2）做好互感器爆炸的风险预想，巡视过程中与带电设备保证足够的安全距离。

3）巡视人员状态应良好，巡视过程中精神集中，不得谈论与巡视无关的事情。

2. 操作步骤

（1）工作准备。

1）场地准备：电流互感器、电压互感器运行状态良好，无影响巡视的其他情况。

2）器材准备：正确佩戴安全帽，着装整齐，巡视标准作业卡齐全。

（2）工作过程。

1）核对电流互感器、电压互感器间隔、编号、铭牌等设备标识。

2）对电流互感器进行日常巡视检查。

① 各连接引线及接头无发热、变色迹象，引线无断股、散股。

② 外绝缘表面完整，无裂纹、放电痕迹、老化迹象，防污闪涂料完整、无脱落。

③ 金属部位无锈蚀，底座、支架、基础无倾斜变形。

④ 无异常振动、异常声响及异味；底座接地可靠，无锈蚀、脱焊现象，整体无倾斜。

⑤ 二次接线盒关闭紧密，电缆进出口密封良好。

⑥ 接地标识、出厂铭牌、设备标识牌、相序标识齐全、清晰。

⑦ 油浸电流互感器油位指示正常，各部位无渗漏油现象；吸湿器硅胶变色在规定范围内；金属膨胀器无变形，膨胀位置指示正常。

⑧ SF_6 电流互感器压力表指示在规定范围，无漏气现象，密度继电器正常，防爆膜无破裂。

⑨ 干式电流互感器外绝缘表面无粉蚀、开裂，无放电现象，外露铁心无锈蚀。

⑩ 原存在的设备缺陷是否有发展趋势。

⑪ 端子箱内各空气断路器投退正确，二次接线名称齐全，引接线端子无松动、过热、打火现象，接地牢固可靠。

⑫ 端子箱内孔洞封堵严密，照明完好；电缆标识牌齐全、完整。

⑬ 端子箱门开启灵活、关闭严密，无变形锈蚀，接地牢固，标识清晰。

⑭ 端子箱内部清洁，无异常气味，无受潮凝露现象；驱潮加热装置运行正常，加热器按季节和要求正确投退。

⑮ 记录并核查 SF_6 气体压力值，应无明显变化。

3）对电压互感器进行日常巡视检查。

① 外绝缘表面完整，无裂纹、放电痕迹、老化迹象，防污闪涂料完整无脱落。

② 各连接引线及接头无松动、发热、变色迹象，引线无断股、散股。

③ 金属部位无锈蚀；底座、支架、基础牢固，无倾斜变形。

④ 无异常振动、异常声响及异味。

⑤ 接地引下线无锈蚀、松动情况。

⑥ 二次接线盒关闭紧密，电缆进出口密封良好，端子箱门关闭良好。

⑦ 均压环完整、牢固，无异常可见电晕。

⑧ 油浸电压互感器油色、油位指示正常，各部位无渗漏油现象；吸湿器硅胶变色小于 2/3；金属膨胀器膨胀位置指示正常。

⑨ SF_6 电压互感器压力表指示在规定范围内，无漏气现象，密度继电器正常，防爆膜无破裂。

⑩ 电容式电压互感器的电容分压器及电磁单元无渗漏油。

⑪ 干式电压互感器外绝缘表面无粉蚀、开裂、凝露、放电现象，外露铁心无锈蚀。

⑫ 330kV 及以上电容式电压互感器电容分压器各节之间防晕罩连接可靠。

⑬ 接地标识、设备铭牌、设备标识牌、相序标识齐全、清晰。

⑭ 原存在的设备缺陷是否有发展趋势。

⑮ 端子箱内各二次空气断路器、隔离开关、切换把手、熔断器投退正确，二次接线名称齐全，引接线端子无松动、过热、打火现象，接地牢固可靠。

⑯ 端子箱内孔洞封堵严密，照明完好，电缆标识牌齐全完整。

⑰ 端子箱门开启灵活、关闭严密，无变形、锈蚀，接地牢固，标识清晰。

⑱ 端子箱内内部清洁，无异常气味，无受潮凝露现象；驱潮加热装置运行正常，加热器按要求正确投退。

⑲ 检查 SF_6 密度继电器压力正常，记录 SF_6 气体压力值。

4）按照规定的巡视路线、巡视指导书（卡）巡视顺序和项目，对电流互感器、电压互感器本体各个部位逐项进行巡视，不得有遗漏。

5）巡视检查设备状态正常，则在标准化作业指导卡中对应检查项目逐项打“√”，发现异常及时记录。

（3）工作结束。

1）检查标准化作业指导卡是否填写完整，指导卡内所列工作内容是否均已巡视到位，并确认设备状态。

2）清理现场，恢复原状态，离场。

3.2.4.6 技能等级认证标准（评分表）

互感器巡视检查项目考核评分记录表如表 3-12 所示。

表 3-12　互感器巡视检查项目考核评分记录表

姓名：　　　　　　　　　　　　准考证号：　　　　　　　　　　　　单位：

序号	项目	考核要点	配分	评分标准	得分	备注
1	工作准备					
1.1	着装穿戴	穿纯棉长袖工作服、绝缘鞋，戴安全帽	5	未穿纯棉长袖工作服、绝缘鞋，未戴安全帽，缺少每项扣 2 分		
1.2	工作准备	使用标准化作业指导卡	5	未对标准化作业指导卡巡视项目进行检查，缺少每项扣 1 分		
2	巡视过程					
2.1	巡视开工	核对巡视互感器信息及巡视路线	10	（1）未核对互感器双重名称等信息，扣 5 分； （2）未核对巡视路线，扣 5 分		
2.2	电流互感器巡视项目	按照电流互感器巡视相关要点开展日常巡视	30	（1）未核对电流互感器名称、电压等级即开始巡视，扣 10 分； （2）检查不全每处扣 1 分，最多扣 20 分； （3）未检查每处扣 5 分，最多扣 30 分； （4）检查电流互感器项目与实际电流互感器类型不符，扣 30 分		
2.3	电压互感器巡视项目	按照电压互感器巡视相关要点开展日常巡视	30	（1）未核对电压互感器名称、电压等级即开始巡视，扣 10 分； （2）检查不全每处扣 1 分，最多扣 20 分； （3）未检查每处扣 5 分，最多扣 30 分； （4）检查电压互感器项目与实际电压互感器类型不符，扣 30 分		
2.4	巡视收工	标准化作业指导卡填写	10	（1）漏填、错填时间、作业人员签名，每项扣 1 分，最多扣 5 分； （2）未使用标准化作业指导卡，扣 10 分		
3	作业结束					
3.1	文明生产	汇报结束前，将现场恢复原状态	10	（1）出现不文明行为，扣 10 分； （2）现场未恢复扣 5 分，恢复不彻底扣 2 分		
		总分	100	合计得分		
否定项说明：1. 违反电力安全工作规程相关规定；2. 违反职业技能鉴定考场纪律；3. 造成设备重大损坏；4. 发生人身伤害事故						

考评员：　　　　　　　　　　　　　　　　　　　　　　　　年　　月　　日

3.2.5 母线巡视检查

3.2.5.1 培训目标

通过专业理论学习和技能操作训练，使学员学会母线的运行规定等知识。能够独立完成母线及其绝缘子、金具的日常巡视检查。

3.2.5.2 培训场所及设施

1. 培训场所

变电运维专业实训场地。

2. 培训设施

培训工具及器材如表 3－13 所示。

表 3－13　培训工具及器材（每个工位）

序号	名称	规格型号	单位	数量	备注
1	安全帽	—	顶	1	考生自备
2	全棉长袖工作服	—	套	1	考生自备
3	绝缘鞋	—	双	1	考生自备
4	文件夹板	—	个	1	考生自备
5	中性笔	黑色	支	1	现场准备
6	标准化作业指导卡	—	张	1	现场准备

3.2.5.3　培训方式及时间

1. 培训方式

教师现场讲解、示范，学员进行技能训练，培训结束后进行理论考核与技能测试。

2. 培训与考核时间

（1）培训时间。

母线巡视检查相关专业知识：1h；

母线绝缘子、金具巡视检查相关专业知识：0.5h；

标准化作业指导卡相关专业知识：0.5h；

技能训练：1h；

合计：3h。

（2）考核时间：30min。

3.2.5.4　基础知识

1. 母线日常巡视检查

（1）母线运行规定。

（2）母线日常巡视项目及方法。

2. 母线绝缘子、金具日常巡视检查

（1）设备状态。

（2）巡视项目与路线。

3.2.5.5　技能培训步骤

1. 安全措施及风险点分析

（1）巡视时应严格遵守电力安全工作规程和相关规程制度的要求，巡视前针对巡视内容、设备运行状况等进行危险点分析。设备巡视过程中可能存在的危险点综合如下：

1）在母线巡视时不按规定穿戴防护用品遭到意外伤害。

2）不按规定时间、路线巡视设备，巡视设备不认真到位。

（2）安全注意事项：

1）进入设备区，应戴安全帽，并按规定着装，防止接地故障产生谐振引起电压互感器爆炸伤人。

2）巡视人员状态应良好，巡视过程中精神集中，不得谈论与巡视无关的事情。

2. 操作步骤

（1）工作准备。

1）场地准备：母线运行状态良好，无影响巡视的其他情况。

2）器材准备：正确佩戴安全帽，着装整齐，巡视标准作业卡齐全。

（2）工作过程。

1）核对母线间隔名称、编号等设备标识。

2）对母线进行日常巡视检查。

① 母线名称、电压等级、编号、相序等标识齐全、完好，清晰可辨。

② 母线无异物悬挂。

③ 母线外观完好，表面清洁，连接牢固。

④ 母线无异常振动和声响。

⑤ 软母线无断股、散股、绷紧或松弛现象，无腐蚀现象，表面光滑整洁。

⑥ 硬母线应平直，焊接面无开裂、脱焊，伸缩节应正常。

⑦ 绝缘母线表面绝缘包敷严密，无开裂、起层和变色现象。

⑧ 绝缘屏蔽母线屏蔽接地应接触良好。

3）对母线绝缘子、金具进行日常巡视检查。

① 软母线：

a. 母线绝缘子无裂缝、破损，无放电及闪络痕迹，外观清洁，导线和金具在晴天时无可见电晕。

b. 线夹接头应紧固，无发热、变色、锈蚀、移动和变形现象。

② 硬母线：

a. 母线支持绝缘子应无裂缝、破损，无放电及闪络痕迹，外观清洁。

b. 母线各连接处接头螺钉无松动，无发热、变色或示温蜡片熔化及相色漆变色等现象，伸缩节应完好，无断裂、过热现象。

c. 母线排夹头不松动，母线排无异常放电声及振动声。

d. 伸缩节无变形、散股及支撑螺杆脱出现象。

4）按照规定的巡视路线、巡视指导书（卡）巡视顺序和项目，对母线、母线绝缘子和金具各个部位逐项进行巡视，不得有遗漏。

5）巡视检查设备状态正常，则在标准化作业指导卡中对应检查项目逐项打“√”，发现异常及时记录。

（3）工作结束。

1）检查标准化作业指导卡是否填写完整，指导卡内所列工作内容均已巡视到位并确认设备状态。

2）清理现场，恢复原状态，离场。

3.2.5.6 技能等级认证标准（评分表）

母线巡视检查项目考核评分记录表如表3-14所示。

表3-14 母线巡视检查项目考核评分记录表

姓名： 准考证号： 单位：

序号	项目	考核要点	配分	评分标准	得分	备注
1	工作准备					
1.1	着装穿戴	穿纯棉长袖工作服、绝缘鞋，戴安全帽	5	未穿纯棉长袖工作服、绝缘鞋，未戴安全帽，缺少每项扣2分		
1.2	工作准备	使用标准化作业指导卡	5	未对标准化作业指导卡巡视项目进行检查，缺少每项扣1分		
2	巡视过程					
2.1	巡视开工	核对巡视母线信息及巡视路线	10	（1）未核对母线双重名称等信息，扣5分； （2）未核对巡视路线，扣5分		
2.2	母线巡视项目	按照母线巡视相关要点开展日常巡视	40	（1）未核对母线名称、电压等级即开始巡视，扣10分； （2）检查不全每处扣1分，最多扣20分； （3）未检查每处扣5分，最多扣30分； （4）检查母线项目与实际母线类型不符扣40分		
2.3	母线绝缘子、金具巡视项目	按照母线绝缘子、金具巡视相关要点开展日常巡视	20	（1）检查母线类型错误，扣60分； （2）检查不全每处扣1分，最多扣20分； （3）未检查每处扣5分，最多扣30分		
2.4	巡视收工	标准化作业指导卡填写	10	（1）漏填、错填时间、作业人员签名，每项扣1分，最多扣5分； （2）未使用标准化作业指导卡，扣10分		
3	工作结束					
3.1	文明生产	汇报结束前，将现场恢复原状态	10	（1）出现不文明行为，扣10分； （2）现场未恢复扣5分，恢复不彻底扣2分		
总分			100	合计得分		
否定项说明：1. 违反电力安全工作规程相关规定；2. 违反职业技能鉴定考场纪律；3. 造成设备重大损坏；4. 发生人身伤害事故						

考评员： 年 月 日

3.2.6 避雷器、消弧线圈、电容器、电抗器、组合电器及辅助设施日常巡视检查

3.2.6.1 培训目标

通过专业理论学习和技能操作训练，使学员学会避雷器、消弧线圈、电容器、电抗器、组合电器、辅助设施的结构、工作原理及其运行规定。能够独立完成避雷器、消弧线圈、电容器、电抗器、组合电器及辅助设施的日常巡视检查。

3.2.6.2 培训场所及设施

1. 培训场所

变电运维专业实训场地。

2. 培训设施

培训工具及器材如表3-15所示。

表 3-15　培训工具及器材（每个工位）

序号	名称	规格型号	单位	数量	备注
1	安全帽	—	顶	1	考生自备
2	全棉长袖工作服	—	套	1	考生自备
3	绝缘鞋	—	双	1	考生自备
4	文件夹板	—	个	1	考生自备
5	中性笔	黑色	支	1	现场准备
6	标准化作业指导卡	—	张	1	现场准备

3.2.6.3　培训方式及时间

1. 培训方式

教师现场讲解、示范，学员进行技能操作训练，培训结束后进行理论考核与技能测试。

2. 培训与考核时间

（1）培训时间。

避雷器巡视检查相关专业知识：1h；

消弧线圈巡视检查相关专业知识：0.5h；

电容器巡视检查相关专业知识：0.5h；

电抗器巡视检查相关专业知识：0.5h；

组合电器巡视检查相关专业知识：1h；

辅助设施巡视检查相关专业知识：1h；

标准化作业指导卡相关专业知识：0.5h；

技能训练：1h；

合计：6h。

（2）考核时间：60min。

3.2.6.4　基础知识

1. 避雷器日常巡视检查

（1）避雷器运行规定。

（2）避雷器结构、工作原理。

（3）避雷器日常巡视项目及方法。

2. 消弧线圈、电容器及电抗器日常巡视检查

（1）消弧线圈、电容器及电抗器运行规定。

（2）消弧线圈、电容器及电抗器的结构、工作原理。

（3）消弧线圈、电容器及电抗器日常巡视项目及方法。

3. 组合电器日常巡视检查

（1）组合电器运行规定。

（2）组合电器结构、工作原理。

（3）组合电器日常巡视项目及方法。

4. 消防、安防、防汛等辅助设施日常巡视检查

（1）辅助设施运行规定。

（2）辅助设施巡视项目及方法。

3.2.6.5 技能培训步骤

1. 安全措施及风险点分析

（1）巡视时应严格遵守电力安全工作规程和相关规程制度的要求，巡视前针对巡视内容、设备运行状况等进行危险点分析。设备巡视过程中可能存在的危险点综合如下：

1）在对避雷器、消弧线圈、电容器、电抗器、组合电器进行巡视时，不按规定穿戴防护用品遭到意外伤害。

2）不按规定时间、路线巡视设备，巡视设备不认真到位。

3）雷雨天气，接地电阻不合格，避雷器易产生大气过电压，人员靠近易造成触电。

4）高压室 SF_6 气体含量不合格，造成人员伤害。

（2）安全注意事项：

1）进入设备区，应戴安全帽，并按规定着装，防止接地故障产生谐振引起电压互感器爆炸伤人。

2）巡视人员状态应良好，巡视过程中精神集中，不得谈论与巡视无关的事情。

3）雷雨天气，接地电阻不合格，需要巡视高压室时，应穿绝缘靴，并不得靠近避雷器和避雷针。

4）进入 GIS 设备室前应先通风 15min，确认无报警信号，且空气中含氧量不小于 18%，空气中 SF_6 浓度不大于 1000μL/L 后方可进入。

2. 操作步骤

（1）工作准备。

1）场地准备：避雷器、消弧线圈、电容器、电抗器、组合电器、辅助设施运行状态良好，无影响巡视的其他情况。

2）器材准备：正确佩戴安全帽，着装整齐，巡视标准作业卡齐全。

（2）工作过程。

1）核对避雷器、消弧线圈、电容器、电抗器、组合电器、辅助设施间隔、编号、铭牌等设备标识。

2）对避雷器进行日常巡视检查。

① 引流线无松股、断股和弛度过紧及过松现象。

② 均压环无位移、变形、锈蚀现象，无放电痕迹。

③ 设备基础完好，无塌陷；底座固定牢固，整体无倾斜；绝缘底座表面无破损、积污。

④ 接地引下线连接可靠，无锈蚀、断裂。

⑤ 运行时无异常声响。

⑥ 监测装置外观完整、清洁，密封良好，连接紧固，表计指示正常，数值无超标；放电计数器完好，内部无受潮、进水。

⑦ 接地标识、设备铭牌、设备标识牌、相序标识齐全、清晰。

3）对消弧线圈进行日常巡视检查。

① 设备铭牌、运行编号标识清晰可见。

② 设备引线连接完好，无过热；接头无松动、变色现象。

③ 干式消弧线圈表面无裂纹及放电现象。

④ 干式消弧线圈无异味、异常振动、异常声音。

⑤ 油浸式消弧线圈各部位密封应良好、无渗漏。

⑥ 油浸式消弧线圈温度计外观完好、指示正常，储油柜的油位应与温度相对应。

⑦ 油浸式消弧线圈吸湿器呼吸正常，外观完好，吸湿剂符合要求，油封油位正常，各部位无渗油、漏油。

⑧ 油浸式消弧线圈压力释放阀应完好无损。

⑨ 各控制箱、端子箱应密封良好，加热、驱潮等装置运行正常。

⑩ 金属部位无锈蚀；底座、支架牢固，无倾斜变形。

⑪ 各表计指示准确。

4）对电容器进行日常巡视检查。

① 设备铭牌、运行编号标识、相序标识齐全、清晰。

② 母线及引线无过紧或过松、散股、断股，无异物缠绕。

③ 无异常振动或响声。

④ 电容器壳体无变色、膨胀变形；集合式电容器无渗漏油，油温、储油柜油位正常，吸湿器受潮硅胶不超过 2/3，阀门接合处无渗漏油现象；框架式电容器外熔断器完好。对于带有外熔断器的电容器，应检查外熔断器的运行工况。

⑤ 限流电抗器附近无磁性杂物存在，干式电抗器表面涂层无变色、龟裂、脱落或爬电痕迹，无放电及焦味，电抗器撑条无脱出现象，油电抗器无渗漏油。

⑥ 避雷器垂直和牢固，外绝缘无破损、裂纹及放电痕迹，运行中避雷器泄漏电流正常，无异响。

⑦ 设备的接地良好，接地引下线无锈蚀、断裂，标识完好。

⑧ 电缆穿管端部封堵严密。

⑨ 套管及支柱绝缘子完好，无破损裂纹及放电痕迹。

⑩ 围栏安装牢固，门关闭，无杂物，“五防”锁具完好。

⑪ 本体及支架上无杂物，支架无锈蚀、松动或变形。

5）对电抗器进行日常巡视检查。

① 设备铭牌、运行编号标识、相序标识齐全、清晰。

② 包封表面无裂纹、爬电、油漆脱落现象，防雨帽、防鸟罩完好，螺栓紧固。

③ 空心电抗器撑条无松动、位移、缺失等情况。

④ 铁心电抗器紧固件无松动，温度显示正常，风机工作正常。

⑤ 引线无散股、断股、扭曲，松弛度适中；连接金具接触良好，无裂纹。

⑥ 绝缘子无破损，金具完整；支柱绝缘子金属部位无锈蚀，支架牢固，无倾斜变形。

⑦ 运行中，无异常声响、振动及放电声。

⑧ 设备的接地良好，接地引下线无锈蚀、断裂，接地标识完好。

⑨ 电缆穿管端部封堵严密。

⑩ 围栏安装牢固，门关闭，无杂物，“五防”锁具完好，周边无异物。

⑪ 电抗器本体及支架上无杂物，室外布置应检查有无鸟窝等异物。

⑫ 设备基础构架无倾斜、下沉。

6）对组合电器进行日常巡视检查。

① 设备出厂铭牌齐全、清晰。

② 运行编号标识、相序标识清晰。

③ 外壳无锈蚀、损坏，漆膜无局部颜色加深或烧焦、起皮现象。

④ 伸缩节外观完好，无破损、变形、锈蚀。

⑤ 外壳间导流排外观完好，金属表面无锈蚀，连接无松动。

⑥ 盆式绝缘子分类标识清楚，可有效分辨通盆和隔盆，外观无损伤、裂纹。

⑦ 套管表面清洁，无开裂、放电痕迹及其他异常现象；金属法兰与瓷件胶装部位黏合应牢固，防水胶应完好。

⑧ 增爬措施（伞裙、防污涂料）完好，伞裙应无塌陷变形，表面无击穿，黏接面牢固；防污闪涂料涂层无剥离、破损。

⑨ 均压环外观完好，无锈蚀、变形、破损、倾斜脱落等现象。

⑩ 引线无散股、断股；引线连接部位接触良好，无裂纹、发热变色、变形。

⑪ 设备基础应无下沉、倾斜、破损、开裂。

⑫ 接地连接无锈蚀、松动、开断，无油漆剥落，接地螺栓压接良好。

⑬ 支架无锈蚀、松动或变形。

⑭ 对室内组合电器，进门前检查氧量仪和气体泄漏报警仪无异常。

⑮ 运行中组合电器无异味，重点检查机构箱中有无线圈烧焦气味。

⑯ 运行中组合电器无异常放电、振动声，内部及管路无异常声响。

⑰ SF_6 气体压力表或密度继电器外观完好，编号标识清晰完整，二次电缆无脱落，无破损或渗漏油，防雨罩完好。

⑱ 对于不带温度补偿的 SF_6 气体压力表或密度继电器，应对照制造厂提供的温度－压力曲线，并与相同环境温度下的历史数据进行比较，分析是否存在异常。

⑲ 压力释放装置（防爆膜）外观完好，无锈蚀、变形，防护罩无异常，其释放出口无积水（冰）、障碍物。

⑳ 开关设备机构油位计和压力表指示正常，无明显漏气、漏油。

㉑ 断路器、隔离开关、接地开关等位置指示正确，清晰可见，机械指示与电气指示一致，符合现场运行方式。

㉒ 断路器、油泵动作计数器指示值正常。

㉓ 机构箱、汇控柜等的防护门密封良好，平整，无变形、锈蚀。

㉔ 带电显示装置指示正常，清晰可见。

㉕ 各类配管及阀门应无损伤、变形、锈蚀，阀门开闭正确，管路法兰与支架完好。

㉖ 避雷器的动作计数器指示值正常，泄漏电流指示值正常。

㉗ 各部件的运行监控信号、灯光指示、运行信息显示等均应正常。

㉘ 智能柜散热冷却装置运行正常；智能终端/合并单元信号指示正确与设备运行方式一致，无异常告警信息；相应间隔内各气室的运行及告警信息显示正确。

7）对消防设施进行日常巡视检查。

① 防火重点部位禁止烟火的标识清晰，无破损、脱落；安全疏散指示标识清晰，无破损、脱落；安全疏散通道照明完好、充足。

② 消防通道畅通，无阻挡；消防设施周围无遮挡，无杂物堆放。

③ 灭火器外观完好、清洁，罐体无损伤、变形，配件无破损、松动、变形。

④ 消防箱、消防桶、消防铲、消防斧完好、清洁，无锈蚀、破损。

⑤ 消防沙池完好，无开裂、漏沙。

⑥ 消防室清洁，无渗漏雨；门窗完好，关闭严密。

⑦ 室内、外消火栓完好，无渗漏水；消防水带完好、无变色。

⑧ 火灾报警控制器各指示灯显示正常，无异常报警。

⑨ 火灾自动报警系统触发装置安装牢固，外观完好，工作指示灯正常。

8）对安防设施进行日常巡视检查。

① 视频显示主机运行正常、画面清晰，摄像机镜头清洁，摄像机控制灵活，传感器运行正常。

② 视频主机屏上各指示灯正常，网络连接完好，交换机（网桥）指示灯正常。

③ 视频主机屏内的设备运行情况良好，无发热、死机等现象。

④ 视频系统工作电源及设备正常，无影响运行的缺陷。

⑤ 摄像机安装牢固，外观完好，方位正常。

⑥ 围墙震动报警系统光缆完好。

⑦ 围墙震动报警系统主机运行情况良好，无发热、死机等现象。

⑧ 电子围栏报警主控制箱工作电源应正常，指示灯正常，无异常信号。

⑨ 电子围栏主导线架设正常，无松动、断线现象，主导线上悬挂的警示牌无掉落。

⑩ 围栏承立杆无倾斜、倒塌、破损。

⑪ 红外对射或激光对射报警主控制箱工作电源应正常，指示灯正常，无异常信号。

⑫ 红外对射或激光对射系统电源线、信号线连接牢固。

⑬ 红外探测器或激光探测器支架安装牢固，无倾斜、断裂，角度正常，外观完好，指示灯正常。

⑭ 红外探测器或激光探测器工作区间无影响报警系统正常工作的异物。

⑮ 读卡器或密码键盘防尘、防水盖完好，无破损、脱落。

⑯ 电源工作正常。

⑰ 开关门声音正常，无异常声响。

⑱ 电控锁指示灯正常。

⑲ 开门按钮正常，无卡涩、脱落。

⑳ 附件完好，无脱落、损坏。

9）对防汛设施进行日常巡视检查。

① 潜水泵、塑料布、塑料管、沙袋、铁锹完好。

② 应急灯处于良好状态，电源充足，外观无破损。

③ 站内地面排水畅通，无积水。

④ 站内外排水沟（管、渠）道应完好、畅通，无杂物堵塞。

⑤ 变电站各处房屋无渗漏，各处门窗完好，关闭严密。

⑥ 集水井（池）内无杂物、淤泥；雨水井盖板完整，无破损，安全标识齐全。

⑦ 防汛通信与交通工具完好。

⑧ 雨衣、雨靴外观完好。

⑨ 防汛器材检验不超周期，合格证齐全。

⑩ 变电站屋顶落水口无堵塞；落水管固定牢固，无破损。

⑪ 站内所有沟道、围墙无沉降、损坏。

⑫ 水泵运转正常（包括备用泵），主备电源手动/自动切换正常；控制回路及元器件无过热，指示正常；变电站内外围墙、挡墙和护坡无异常，无开裂、坍塌。

⑬ 变电站围墙排水孔护网完好，安装牢固。

10）按照规定的巡视路线、巡视指导书（卡）巡视顺序和项目，对避雷器、消弧线圈、电容器、电抗器、组合电器、辅助设施各个部位逐项进行巡视，不得有遗漏。

11）巡视检查设备状态正常，则在标准化作业指导卡中对应检查项目逐项打“√”，发现异常及时记录。

（3）工作结束。

1）检查标准化作业指导卡是否填写完整，指导卡内所列工作内容均已巡视到位并确认设备状态。

2）清理现场，恢复原状态，离场。

3.2.6.6 技能等级认证标准（评分表）

避雷器、消弧线圈、电容器、电抗器、组合电器、辅助设施巡视检查项目考核评分记录表如表 3–16 所示。

表 3–16 避雷器、消弧线圈、电容器、电抗器、组合电器、辅助设施巡视检查项目考核评分记录表

姓名： 准考证号： 单位：

序号	项目	考核要点	配分	评分标准	得分	备注
1	工作准备					
1.1	着装穿戴	穿纯棉长袖工作服、绝缘鞋，戴安全帽	2.5	未穿纯棉长袖工作服、绝缘鞋，未戴安全帽，缺少每项扣 0.5 分		
1.2	工作准备	使用标准化作业指导卡	2.5	未对标准化作业指导卡巡视项目进行检查，扣 2.5 分		

续表

序号	项目	考核要点	配分	评分标准	得分	备注
2	巡视过程					
2.1	巡视开工	核对巡视避雷器、消弧线圈、电容器、电抗器、组合电器、辅助设施信息及巡视路线	5	（1）未核对避雷器、消弧线圈、电容器、电抗器、组合电器、辅助设施双重名称等信息，扣2.5分； （2）未核对巡视路线，扣2.5分		
2.2	避雷器巡视项目	按照避雷器巡视相关要点开展日常巡视	10	（1）未核对避雷器名称、电压等级即开始巡视，扣5分； （2）检查不全每处扣1分，最多扣5分； （3）未检查每处扣2分，最多扣8分		
2.3	消弧线圈巡视项目	按照消弧线圈巡视相关要点开展日常巡视	10	（1）未核对消弧线圈名称、电压等级即开始巡视，扣5分； （2）检查不全每处扣1分，最多扣5分； （3）未检查每处扣2分，最多扣8分		
2.4	电容器巡视项目	按照电容器巡视相关要点开展日常巡视	10	（1）未核对电容器名称、电压等级即开始巡视，扣5分； （2）检查不全每处扣1分，最多扣5分； （3）未检查每处扣2分，最多扣8分		
2.5	电抗器巡视项目	按照电抗器巡视相关要点开展日常巡视	10	（1）未核对电抗器名称、电压等级即开始巡视，扣5分； （2）检查不全每处扣1分，最多扣5分； （3）未检查每处扣2分，最多扣8分		
2.6	组合电器巡视项目	按照组合电器巡视相关要点开展日常巡视	10	（1）未核对组合电器名称、电压等级即开始巡视，扣5分； （2）检查不全每处扣1分，最多扣5分； （3）未检查每处扣2分，最多扣8分		
2.7	消防设施巡视项目	按照消防设施巡视相关要点开展日常巡视	10	（1）检查不全每处扣1分，最多扣5分； （2）未检查每处扣2分，最多扣8分		
2.8	安防设施巡视项目	按照安防设施巡视相关要点开展日常巡视	10	（1）检查不全每处扣1分，最多扣5分； （2）未检查每处扣2分，最多扣8分		
2.9	防汛设施巡视项目	按照防汛设施巡视相关要点开展日常巡视	10	（1）检查不全每处扣1分，最多扣5分； （2）未检查每处扣2分，最多扣8分		
2.10	巡视收工	标准化作业指导卡填写	5	（1）漏填、错填时间、作业人员签名，每项扣1分，最多扣5分； （2）未使用标准化作业指导卡，扣5分		
3	作业结束					
3.1	文明生产	汇报结束前，将现场恢复原状态	5	（1）出现不文明行为，扣10分； （2）现场未恢复扣5分，恢复不彻底扣2分		
总分			100	合计得分		
否定项说明：1. 违反电力安全工作规程相关规定；2. 违反职业技能鉴定考场纪律；3. 造成设备重大损坏；4. 发生人身伤害事故						

考评员：　　　　　　　　　　　　　　　　　　　　年　　月　　日

3.3 倒闸操作

3.3.1 倒闸操作票填写

3.3.1.1 培训目标

通过专业理论学习，使学员了解电气设备运行方式，以及线路停、送电倒闸操作票填写原则，熟练掌握线路停、送电倒闸操作票填写内容。

3.3.1.2 培训场所及设施

1. 培训场所

培训教室。

2. 培训设施

培训工具及器材如表 3–17 所示。

表 3–17 培训工具及器材（每个工位）

序号	名称	规格型号	单位	数量	备注
1	计算机	—	台	1	现场准备
2	空白倒闸操作票	—	份	5	现场准备
3	中性笔	黑色	支	1	现场准备
4	系统图	—	份	1	现场准备
5	运行方式	—	份	1	现场准备
6	保护配置图	—	份	1	现场准备
7	急救箱	—	个	1	现场准备

3.3.1.3 培训方式及时间

1. 培训方式

教师理论讲解，学员练习，培训结束后进行考核测试。

2. 培训与考核时间

（1）培训时间。

电气设备运行方式讲解：1h；

线路倒闸操作的原则讲解：1h；

线路停电操作票理论讲解：2h；

线路送电操作票理论讲解：2h；

分组练习：2h；

合计：8h。

（2）考核时间：30min。

3.3.1.4 基础知识

（1）填写线路停电操作票。

（2）填写线路送电操作票。

3.3.1.5 技能培训步骤

1. 线路倒闸操作的原则及内容

（1）在线路停、送电操作中，若调度没有下令停投保护及重合闸装置，保护及重合闸应保持原状态。在任何情况下利用完整保护的断路器向线路送电过程中，其保护必须投入。

（2）停电拉闸操作应按照断路器（开关）—负荷侧隔离开关（刀闸）—电源侧隔离开关（刀闸）的顺序依次进行，送电合闸操作应按与上述相反的顺序进行。

（3）母线为 3/2 接线方式的线路停电时，一般应先拉开中断路器，后拉开边断路器，恢复送电时顺序相反。带有隔离开关的线路停役时，如断路器无工作，在利用断路器将线路停下并转冷备用后，应及时恢复完整串运行。

（4）验电时，应使用相应电压等级且合格的接触式验电器，在装设接地线或合接地开关（装置）处对各相分别验电。

（5）对无法进行直接验电的设备、高压直流输电设备和雨雪天气时的户外设备，可以进行间接验电，即通过设备的机械指示位置、电气指示、带电显示装置、仪表及各种遥测、遥信等信号的变化来判断。判断时，至少应有两个非同样原理或非同源的指示发生对应变化，且所有这些确定的指示均已同时发生对应变化，才能确认该设备已无电。

（6）当验明设备确已无电压后，应立即将检修设备接地并三相短路。电缆及电容器接地前应逐相充分放电，星形接线电容器的中性点应接地、串联电容器及与整组电容器脱离的电容器应逐个多次放电，装在绝缘支架上的电容器外壳也应放电。

2. 操作步骤（操作票填写步骤）

（1）登录仿真机学员账号。

（2）核对系统运行方式正确。

（3）明确操作任务。

（4）按照线路倒闸操作的原则及内容正确填写倒闸操作票。

（5）工作结束，恢复仿真机运行方式。

3.3.1.6 技能等级认证标准（评分表）

线路停、送电倒闸操作票填写考核评分记录表如表 3-18 所示。

表 3-18 线路停、送电倒闸操作票填写考核评分记录表

姓名： 准考证号： 单位：

序号	项目	考核要点	配分	评分标准	得分	备注
1	工作准备					
1.1	系统运行方式	核对系统运行方式正确	5	（1）核对不认真，扣 2 分； （2）未核对系统运行方式，不得分		
1.2	操作任务	明确操作任务	5	（1）未填写设备双重名称，扣 2 分； （2）操作任务不清楚，不得分		
2	操作票填写					
2.1	一次项操作	—	30	（1）未填写设备双重名称，扣 2 分； （2）漏项每处扣 2 分，最多扣 30 分； （3）操作项顺序错误每处扣 2 分，最多扣 30 分		
2.2	二次项操作	—	15	（1）未填写设备双重名称，扣 2 分； （2）漏项每处扣 2 分，最多扣 15 分； （3）操作项顺序错误每处扣 2 分，最多扣 15 分		
2.3	检查项操作	—	5	（1）未填写设备双重名称，扣 2 分； （2）漏项每处扣 2 分，最多扣 5 分； （3）操作项顺序错误每处扣 2 分，最多扣 5 分		
2.4	验电接地项操作	—	30	（1）未填写设备双重名称，扣 2 分； （2）漏项每处扣 2 分，最多扣 30 分； （3）操作项顺序错误每处扣 2 分，最多扣 30 分		

续表

序号	项目	考核要点	配分	评分标准	得分	备注
3	作业结束					
3.1	打印操作票	打印操作票	5	（1）操作票打印不完整、不清晰，扣 2 分； （2）未打印操作票，不得分		
3.2	文明生产	清理现场	5	（1）现场清理不干净，扣 2 分； （2）未清理现场，不得分		
总分			100	合计得分		

否定项说明：1. 违反电力安全工作规程相关规定；2. 违反职业技能鉴定考场纪律；3. 造成设备重大损坏；4. 发生人身伤害事故

考评员：　　　　　　　　　　　　　　　　　　　　　　年　　月　　日

3.3.2 倒闸操作

3.3.2.1 培训目标

通过专业理论和技能操作训练，使学员了解线路停、送电倒闸操作技术要领、注意事项及安全措施，以及防误闭锁装置的作用及使用方法，熟练掌握线路停、送电倒闸操作标准流程及规范。

3.3.2.2 培训场所及设施

1. 培训场所

变电综合实训场地。

2. 培训设施

培训工具及器材如表 3–19 所示。

表 3–19　培训工具及器材（每个工位）

序号	名称	规格型号	单位	数量	备注
1	操作票	—	份	1	现场准备
2	安全帽	—	顶	1	考生自备
3	全棉长袖工作服	—	套	1	考生自备
4	绝缘鞋	—	双	1	考生自备
5	绝缘操作杆	—	套	1	现场准备
6	验电器	—	套	1	现场准备
7	绝缘手套	—	副	1	现场准备
8	绝缘靴	—	双	1	现场准备
9	接地线	—	组	若干	现场准备
10	标识牌	—	块	若干	现场准备
11	线手套	—	副	1	考生自备
12	录音笔	—	个	1	现场准备
13	操作把手	—	个	1	现场准备

续表

序号	名称	规格型号	单位	数量	备注
14	活动扳手	—	个	1	现场准备
15	箱体钥匙	—	套	1	现场准备
16	照明灯具	—	个	1	现场准备
17	文件夹板	—	个	1	考生自备
18	中性笔	黑色	支	1	现场准备
19	中性笔	红色	支	1	现场准备
20	急救箱	—	个	1	现场准备

3.3.2.3 培训方式及时间

1. 培训方式

教师理论讲解、示范，学员进行技能操作训练，培训结束后进行理论考核与技能测试。

2. 培训与考核时间

（1）培训时间。

线路停电倒闸操作技术要领、注意事项及安全措施讲解：1h；

线路送电倒闸操作技术要领、注意事项及安全措施讲解：1h；

防误闭锁装置操作行为规范讲解：1h；

分组技能操作训练：3h；

合计：6h。

（2）考核时间：60min。

3.3.2.4 基础知识

（1）线路停、送电倒闸操作。

（2）正确使用防误闭锁装置。

3.3.2.5 技能培训步骤

1. 倒闸操作技术要领、注意事项及安全措施

（1）防止误拉、合断路器风险，操作前认真核对被操作设备名称、编号、位置和拉合方向，严禁就地操作断路器。

（2）防止带负荷拉、合隔离开关风险，操作隔离开关前应检查断路器在分位，现场操作时应戴绝缘手套。

（3）防止带合（挂）接地隔离开关（接地线）风险，合（挂）接地隔离开关（接地线）前应逐项进行验电，装、拆接地线或拉、合接地开关时应戴绝缘手套。

（4）防止误投、停保护压板风险，操作前认真核对被操作设备名称、编号、位置和操作方向，为防止触电应戴线手套。

2. 操作步骤

（1）现场准备。

1）个人着装检查：检查着装及安全帽。

2）安全工器具检查：安全工器具外观、声光、声响检查及检漏，试验周期核对，正确汇报检查结果。

（2）操作步骤。

1）操作票填写：正确填写操作票。

2）模拟预演：

① 模拟操作前应结合调控指令核对系统方式、设备名称、编号和位置。

② 模拟操作由监护人在模拟图（或微机防误装置、微机监控装置），按操作顺序逐项下令，由操作人复令执行。

③ 模拟操作后应再次核对新运行方式与调控指令相符。

④ 由操作人和监护人共同核对操作票后分别签名。

3）执行操作：

① 现场操作开始前，汇报调控中心监控人员，由监护人填写操作开始时间。

② 操作地点转移前，监护人应提示，转移过程中操作人在前、监护人在后，到达操作位置，应认真核对。

③ 远方操作一次设备前，应对现场人员发出提示信号，提醒现场人员远离操作设备。

④ 监护人唱诵操作内容，操作人用手指向被操作设备并复诵。

⑤ 电脑钥匙开锁前，操作人应核对电脑钥匙上的操作内容与现场锁具名称编号一致，开锁后做好操作准备。

⑥ 监护人确认无误后发出“正确、执行”动令，操作人立即进行操作。操作人和监护人应注视相应设备的动作过程或表计、信号装置。

⑦ 监护人所站位置应能监视操作人的动作以及被操作设备的状态变化。

⑧ 操作人、监护人共同核对地线编号。

⑨ 操作人验电前，在临近相同电压等级带电设备测试验电器，确认验电器合格，验电器的伸缩式绝缘棒长度应拉足，手握在手柄处不得超过护环，人体与验电设备应保持足够的安全距离。

⑩ 为防止存在验电死区，有条件时应采取同相多点验电的方式进行验电，即每相验电至少 3 个点间距在 10cm 以上。

⑪ 操作人逐相验明确无电压后唱诵“×相无电”，监护人确认无误并唱诵“正确”后，操作人方可移开验电器。

⑫ 当验明设备已无电压后，应立即将检修设备接地并三相短路。

⑬ 每步操作完毕，监护人应核实操作结果无误后立即在对应的操作项目后打“√”。

⑭ 全部操作结束后，操作人、监护人对操作票按操作顺序复查，仔细检查所有项目全部执行并已打“√”（逐项复查）。

⑮ 检查监控后台与“五防”画面设备位置确实对应变位。

⑯ 在操作票上填入操作结束时间，加盖“已执行”章。

⑰ 向值班调控人员汇报操作情况。

⑱ 操作完毕后将安全工器具、操作工具等归位。

⑲ 将操作票、录音归档管理。

4）清理现场，工作结束：

① 操作完毕后将工器具、材料整齐摆放在指定位置。

② 清理现场，工作结束，离场，向考评员汇报工作结束。

3.3.2.6 技能等级认证标准（评分表）

线路停、送电倒闸操作考核评分记录表如表 3-20 所示。

表 3-20 线路停、送电倒闸操作考核评分记录表

姓名： 准考证号： 单位：

序号	项目	考核要点	配分	评分标准	得分	备注
1	工作准备					
1.1	着装及防护	劳保服、安全帽、劳保鞋	3	（1）未穿工作服、绝缘鞋，未戴安全帽、线手套，缺少每项扣 1 分，最多扣 2 分； （2）着装穿戴不规范，每处扣 1 分		
1.2	申请操作	申请操作	1	（1）未报告考评员准备工作完成，扣 0.5 分； （2）未得到许可后到达指定工位，扣 0.5 分		
1.3	工器具和材料选用及检查	工器具和材料选用及检查	10	逐项对安全工器具进行检查，每漏一项扣 1 分，最多扣 10 分		
		材料选用及检查	1	未正确选用操作票、中性笔，扣 1 分		
1.4	模拟预演	模拟预演	5	逐项对操作项目进行模拟预演，每漏一项扣 1 分，最多扣 5 分		
2	倒闸操作					
2.1	操作步骤	接发调度令	5	（1）非有权受令的人员接受值班调度员操作指令，扣 1 分； （2）接受正式操作指令时，未在调度指令记录内实录操作指令内容，包括下令人和受令人姓名、操作任务、操作项目及序号、下达指令时间、令号栏内“具体指令号”或“口头令”，扣 1 分； （3）未向下令人复诵一遍，得到其同意后开始执行，扣 1 分； （4）接受调度指令未全程录音，扣 1 分； （5）对指令有疑问时未向发令人询问清楚无误后执行，扣 1 分		
		唱票复诵	5	（1）监护人唱票操作任务后，操作人未复诵操作任务，扣 2.5 分； （2）复诵时未说普通话，声音不洪亮，咬字不清楚、卡顿，扣 2.5 分		
		开关操作	15	（1）操作时，未首先核对操作回路或同一系统设备的实际状态，扣 2 分； （2）监护人唱票远方操作一次设备前，未对现场人员发出提示信号，提醒现场人员远离操作设备，扣 3 分； （3）操作时未按操作票的顺序依次进行操作，出现跳项、漏项、颠倒顺序、增减步骤、擅自更改操作顺序情况，扣 5 分； （4）传动机构拉合断路器未戴绝缘手套，扣 2 分； （5）拉开、合上断路器操作前后，未检查断路器实际位置、监控位置、测控位置和监控电流指示，扣 3 分		

续表

<table>
<tr><th>序号</th><th>项目</th><th>考核要点</th><th>配分</th><th>评分标准</th><th>得分</th><th>备注</th></tr>
<tr><td rowspan="4">2.1</td><td rowspan="4">操作步骤</td><td>倒闸操作</td><td>15</td><td>（1）用绝缘棒拉合隔离开关未戴绝缘手套，扣3分；
（2）停电拉闸操作未按照断路器—负荷侧隔离开关—电源侧隔离开关的顺序依次进行（送电合闸操作未按与上述相反顺序进行），或带负荷拉合隔离开关，扣3分；
（3）未检查断路器在开位后，就合上或拉开断路器两侧隔离开关，或未检查操作后的隔离开关位置，扣3分；
（4）就地操作隔离开关前，未检查断路器在开位，或断路器遥控出口压板未停用，或“远方/就地”方式把手未切换至“就地”位置就合上（拉开）断路器两侧隔离开关，扣3分；
（5）操作后未检查隔离开关实际位置，未检查其分闸后角度是否符合要求，对合上的隔离开关未检查其接触是否良好，扣3分</td><td></td><td></td></tr>
<tr><td>验电接地操作</td><td>15</td><td>（1）未正确使用验电器，对需要合接地开关或装设接地线位置时操作人、监护人未共同核对接地线编号，扣2分；
（2）装、拆接地线均未使用绝缘棒、戴绝缘手套，扣2分；
（3）在装设接地线导体端前，操作人和监护人未共同检查接地线接地端连接紧固，未检查接地线装设地点电气连接各侧有明显断开点，扣2分；
（4）操作人验电前，未在临近相同电压等级带电设备测试验电器（无法在有电设备上进行试验时，可用工频高压发生器），扣3分；
（5）操作人逐相验明确无电压后未唱诵“×相确无电压”，监护人未确认无误或唱诵“正确”，操作人就移开验电器，扣3分；
（6）当验明设备已无电压后，未立即将检修设备接地并三相短路，扣3分</td><td></td><td></td></tr>
<tr><td>检查设备操作</td><td>5</td><td>（1）操作时，未首先核对操作回路或同一系统设备的实际状态，操作中每一项未严格执行“四对照”（即对照设备名称、编号、位置和拉合方向），未确认符合后即执行操作，扣2分；
（2）操作结束后监护人和操作人未共同检查操作质量，扣1分；
（3）倒闸操作过程若因故中断，在恢复操作时运维人员未重新进行核对（核对设备名称、编号、实际位置），扣1分；
（4）电气设备操作后的位置检查未以设备各相实际位置为准，或无法看到实际位置时未通过间接方法核对设备位置，扣1分</td><td></td><td></td></tr>
<tr><td>防误闭锁装置操作</td><td>10</td><td>（1）电脑钥匙开锁前，操作人未核对电脑钥匙上的操作内容是否与现场锁具名称编号一致，扣3分；
（2）未对监控系统和微机“五防”系统进行人工置位，扣5分；
（3）回传电脑钥匙操作信息，未检查监控后台与“五防”画面设备位置确实对应变位，未确认监控后台是否无异常信息及报文，扣2分</td><td></td><td></td></tr>
<tr><td rowspan="3">2.2</td><td rowspan="3">其他要求</td><td rowspan="3">操作情况</td><td>2</td><td>操作人未正确穿戴绝缘鞋和绝缘手套，未使用绝缘操作棒，扣2分</td><td></td><td></td></tr>
<tr><td>2</td><td>操作项目完成后，未立即在对应栏内标注“√”，扣2分</td><td></td><td></td></tr>
<tr><td>2</td><td>操作过程中不熟悉操作步骤，动作不连贯、卡顿，扣2分</td><td></td><td></td></tr>
</table>

续表

序号	项目	考核要点	配分	评分标准	得分	备注
3	作业结束					
3.1	事后清理	清理现场	2	操作完毕后，未将工器具、材料整齐摆放在指定位置，扣2分		
3.2	结束报告	工作汇报	2	操作完毕后，未向考评员汇报工作结束，扣2分		
	总分		100	合计得分		

否定项说明：1. 违反电力安全工作规程相关规定；2. 违反职业技能鉴定考场纪律；3. 造成设备重大损坏；4. 发生人身伤害事故

考评员：　　　　　　　　　　　　　　　　　　　　　　　　年　　月　　日

3.4 异常及故障处理

3.4.1 异常发现

3.4.1.1 培训目标

通过专业理论学习和技能操作训练，使学员能够根据监控信息、巡视结果判断一次设备异常，掌握一次设备常见异常现象及判断方法。

3.4.1.2 培训场所及设施

1. 培训场所

实训室。

2. 培训设施

培训工具及器材如表3-21所示。

表3-21 培训工具及器材（每个工位）

序号	名称	规格型号	单位	数量	备注
1	安全帽	—	顶	1	考生自备
2	绝缘鞋	—	双	1	考生自备
3	录音笔	—	支	1	现场准备
4	红外测温仪	—	台	1	现场准备
5	望远镜	—	台	1	现场准备
6	监控主机	—	台	1	现场准备
7	桌子	—	张	1	现场准备
8	凳子	—	把	1	现场准备
9	纸	A4	张	若干	现场准备
10	签字笔	黑色	支	1	现场准备
11	巡视作业指导书（卡）	—	张	1	现场准备
12	历史压力抄录、测温数据	—	张	若干	现场准备

3.4.1.3 培训方式及时间

1. 培训方式

教师理论讲解，学员练习，培训结束后进行考核测试。

2. 培训和考核时间

（1）培训时间。

一次设备常见异常现象：2h；

一次设备常见异常分析判断：2h；

学员练习及答疑：2h；

合计：6h。

（2）考核时间：30min。

3.4.1.4 基础知识

（1）根据监控信息判断一次设备异常。

（2）根据巡视结果判断一次设备异常。

3.4.1.5 技能培训步骤

1. 工作准备

（1）场地准备：每个工位布置一次设备异常缺陷，已执行的巡视作业指导书（卡）、相关历史数据，以及与现场一致的监控后台异常信号、报文等。

（2）工具器材及使用材料准备：

1）对进场的仪器、工器具进行检查，确保能够正常使用，并整齐摆放。

2）工具器材要求质量合格、安全可靠、数量满足要求。

2. 工作过程

（1）正确着装，佩戴安全防护用品。

（2）携带巡视作业指导书（卡）、笔、相关仪器等辅助工具。

（3）对监控后台信号、报文进行检查，若存在异常信号、报文，应检查相应一次设备情况。

（4）对巡视作业指导书（卡）已发现的异常进行现场确认，正确使用安全工器具、红外测温仪、望远镜等设备，对异常情况全面、准确掌握。常见异常现象及分析如表 3-22 所示。

表 3-22 常见异常现象及分析

序号	常见异常现象	现象分析
1	后台异常	监控后台异常信息。后台运行监控信号、灯光指示、运行数据等均应正常
2	声音异常	正常运行中，变压器会发出均匀的嗡嗡声，其他大多数设备正常运行时处于无声状态，当发生各种异常或故障情况时，采用比较法，判断是否发出各类异声
3	油位异常	油面不可见时，需使用红外测温仪对真实油面进行确定。油面可见时发生油位过低或过高，是否满足油位曲线，是否随温度变化，是否有渗漏油，有渗漏油时需确定渗漏油速率。结合缺陷库定级
4	温度、温差异常	变压器类设备油温表指示油温高，温度表与监控后台油温温差大于 5℃，检查表计是否损坏，冷却器是否故障，环境温度、负荷是否过高。一次设备红外测温温度较高或温差较大，确定制热类型，确定过热点相对温差或温度，并结合缺陷库定级

续表

序号	常见异常现象	现象分析
5	SF_6压力异常	SF_6压力表指示低于额定压力或低于闭锁压力。结合历史抄录数据，判断压力降低速率，若速率较高，短时气压降低较快，需及时申请停电处理；若速率较低，具备带电补气条件，需及时联系专业人员处理

（5）结合异常缺陷相关历史数据，判断异常发展趋势、原因，并进行缺陷定级。

3. 工作结束

记录异常情况，需描述异常现象、异常缺陷定级、异常分析。汇报以上异常内容后，申请离场。

3.4.1.6 技能等级认证标准（评分表）

异常发现考核评分记录表如表 3–23 所示。

表 3–23 异常发现考核评分记录表

姓名： 准考证号： 单位：

序号	项目	考核要点	配分	评分标准	得分	备注
1	工作准备					
1.1	着装穿戴	穿纯棉长袖工作服、绝缘鞋，戴安全帽	5	未穿纯棉长袖工作服、绝缘鞋，未戴安全帽，缺少每项扣 2 分		
1.2	工器具检查	仪器、工器具合格、齐备	5	未对仪器、工器具进行检查，检查方法不规范，缺少每项扣 1 分		
2	工作过程					
2.1	异常发现	（1）检查巡视作业指导书（卡）； （2）检查后台运行监控信号、报文等	10	（1）未检查巡视作业指导书（卡），未发现巡视结果异常，每项扣 2 分； （2）未检查后台运行监控信号、报文等，未发现监控信息异常，每项扣 2 分		
2.2	异常判断	（1）核对后台监控信号、报文； （2）判断设备声音是否异常，记录异常声音； （3）对油面不可见设备进行测温，确定真实油面； （4）对油位过低设备进行渗漏油检查，确定渗漏油点位； （5）确定渗油速率，对渗油缺陷定级； （6）检查变压器温度表与监控后台温度差值是否满足要求； （7）检查过热设备相关负荷、环境温度、历史测温数据等； （8）确定一次设备红外测温异常制热类型、过热温度、相对温差； （9）对一次设备红外测温异常的过热设备缺陷定级； （10）检查历史压力抄录数据，确定压力降低速率	65	（1）未核对后台监控信号、报文，扣 10 分； （2）其余每处检查错误扣 5 分，每处抄录错误扣 5 分，数据计算错误扣 5 分		

续表

序号	项目	考核要点	配分	评分标准	得分	备注
2.3	异常记录	记录异常分析结果	5	（1）异常现象、异常缺陷定级未能记录，每项扣2分； （2）未能体现分析过程，扣1分		
3	工作结束					
3.1	文明生产	汇报结束前，将现场恢复原状态	10	（1）出现不文明行为，扣10分； （2）现场仪器、工器具未恢复扣5分，恢复不彻底扣2分		
总分			100	合计得分		
否定项说明：1. 违反电力安全工作规程相关规定；2. 违反职业技能鉴定考场纪律；3. 造成设备重大损坏；4. 发生人身伤害事故						

考评员： 年 月 日

3.4.2 异常处理

3.4.2.1 培训目标

通过专业理论学习和技能操作训练，使学员能针对发现的异常进行记录，按照异常汇报流程进行汇报。

3.4.2.2 培训场所及设施

1. 培训场所

实训室。

2. 培训设施

培训工具及器材如表3–24所示。

表3–24 培训工具及器材（每个工位）

序号	名称	规格型号	单位	数量	备注
1	安全帽	—	顶	1	考生自备
2	绝缘鞋	—	双	1	考生自备
3	录音笔	—	支	1	现场准备
4	红外测温仪	—	台	1	现场准备
5	望远镜	—	台	1	现场准备
6	监控主机	—	台	1	现场准备
7	桌子	—	张	1	现场准备
8	凳子	—	把	1	现场准备
9	纸	A4	张	若干	现场准备
10	签字笔	黑色	支	1	现场准备
11	巡视作业指导书（卡）	—	张	1	现场准备
12	历史压力抄录、测温数据	—	张	若干	现场准备
13	温湿度计	—	支	1	现场准备
14	电话	—	部	1	现场准备
15	SF_6检测仪	—	台	1	现场准备

3.4.2.3 培训方式及时间

1. 培训方式

教师理论讲解，学员练习，培训结束后进行考核测试。

2. 培训和考核时间

（1）培训时间。

设备异常记录要求：1h；

设备异常汇报流程：1h；

学员练习及答疑：1h；

合计：3h。

（2）考核时间：30min。

3.4.2.4 基础知识

（1）针对发现的异常进行记录。

（2）按照异常汇报流程汇报异常。

3.4.2.5 技能培训步骤

1. 工作准备

（1）场地准备：每个工位布置一次设备异常缺陷，已执行的巡视作业指导书（卡）、相关历史数据，以及与现场一致的监控后台异常信号、报文等。

（2）工具器材及使用材料准备：

1）对进场的仪器、工器具进行检查，确保能够正常使用，并整齐摆放。

2）工具器材要求质量合格、安全可靠、数量满足要求。

2. 工作过程

（1）现场检查：设备发生异常时，应对监控后台、保护装置、测控装置、智能装置、在线检测装置等进行检查。

（2）记录：记录各种信号、指示及动作情况，此外，还应对设备异常现象进行描述、定量。常见异常现象及记录要求如表 3-25 所示。

表 3-25 常见异常现象及记录要求

序号	常见异常现象	记录要求
1	声音异常	应仔细倾听，判明发出异常声音部位，并使用录音笔记录，同时检查设备运行电压、负荷电流、温度、油位、气室压力有无变化，并对设备以上信息进行记录
2	油位异常	应认真检查设备有无渗漏油，确定渗漏油速率、渗油范围，油位有数值时做好记录，同时对负荷电流进行检查记录，环境温度骤变引起油位异常时，还应记录环境温度
3	压力异常	应检查设备各相实际压力数值、同间隔其他气室压力数值、环境温度，若气室压力使用压力表监测，应将压力表指示数值在当时环境温度下折算到标准温度下（折算可按照温度-压力曲线查找），确定是否在规定范围内。还应记录气室的报警值、闭锁值等关键数值。若设备室内存在气室压力骤降，还应检测室内 SF_6 气体浓度及氧气浓度
4	发热异常	应留存好过热部位及其他相别相同部位精测图谱，记录过热温度、正常相对温度、环境温度、负荷电流，并计算出相对温差
5	其他异常	应准确描述设备异常现象，检查相关监视表计、信号指示，并做好记录

（3）统计分析：综合各类装置与后台信息、现场与历史数据、负荷与环境数据，分析遥测、遥信数据的真实性，全面、准确掌握一次设备异常情况，判明设备异常原因，预测异常发展趋势，初步分析设备异常对设备运行的影响。

（4）汇报：将一次设备异常情况及时汇报相关部门和单位，便于专业人员开展分析判断及应急处置，调度人员全面掌握异常情况，及时调整电网运行方式，指挥异常处理。

（5）处理：

1）设备可以坚持运行。对设备异常情况进行分析，若不影响设备运行，加强对设备异常巡视，根据巡视结果，缩短巡视周期，后续处理。

2）不停电处理。利用绝缘杆处理异物、调整隔离开关位置；利用万用表等检查测量相关低压回路；其他不需一次设备停电即可处理工作。

3）停电处理。根据调度命令和现场运行规程，将受影响的一、二次设备按最小停电范围快速隔离，并按照调度命令恢复正常设备的运行。按照检修范围做好安全措施，等待专业人员处理。

4）处理过程中，在保证人身安全前提下，加强对正常运行设备的巡视工作，重点关注压力、电压、频率、负荷、温度、油位等是否在正常变化范围内。

（6）记录总结：跟踪现场检查结果及处理进度，做好相关记录和沟通汇报。

3. 工作结束

（1）将记录的现场异常情况、处理情况、倒闸操作范围以及沟通汇报的内容等进行整理，并做好变电站有关记录。

（2）清扫现场，清点材料和工具有无破损、缺失等，并按照原位摆放整齐。

（3）将异常记录、异常汇报、处理情况汇报考官后，申请离场。

3.4.2.6 技能等级认证标准（评分表）

异常处理考核评分记录表如表 3–26 所示。

表 3–26 异常处理考核评分记录表

姓名： 准考证号： 单位：

序号	项目	考核要点	配分	评分标准	得分	备注
1	工作准备					
1.1	着装穿戴	穿纯棉长袖工作服、绝缘鞋，戴安全帽	5	未穿纯棉长袖工作服、绝缘鞋，未戴安全帽，缺少每项扣 2 分		
1.2	工器具检查	仪器、工器具合格、齐备	5	未对仪器、工器具进行检查，检查方法不规范，缺少每项扣 1 分		
2	工作过程					
2.1	异常记录	（1）记录监控后台异常报文、信号； （2）记录保护、自动化装置动作信息； （3）记录智能装置、在线检测装置异常信息； （4）记录一次设备表计相关数值； （5）记录一次设备异常现象，量化异常结果； （6）记录环境数据或参考值； （7）记录历史数据	14	每项数据未记录或错误扣 2 分，数据漏项扣 1 分		

续表

序号	项目	考核要点	配分	评分标准	得分	备注
2.2	异常汇报	（1）整理记录的数据，分析设备异常原因； （2）对异常缺陷定级，判断异常对设备运行的影响； （3）将一次设备异常情况、运行环境、异常分析汇报相关部门和单位； （4）若异常情况影响设备继续运行，对人身、电网、设备有严重威胁，随时可能造成事故，立即汇报调度，申请将异常设备切除	20	（1）未核对后台通信状态，扣 10 分； （2）检查错误每处扣 1 分，未检查每处扣 5 分		
2.3	异常处理	（1）设备可以坚持运行时，加强对设备异常巡视，根据巡视结果，缩短巡视周期； （2）利用绝缘杆处理异物、调整隔离开关位置，利用万用表等检查测量相关低压回路，其他不需一次设备停电即可处理工作； （3）根据调度命令和现场运行规程，将受影响的一、二次设备按最小停电范围快速隔离，并按照调度命令恢复正常设备的运行，按照检修范围做好安全措施，等待专业人员处理； （4）处理过程中，在保证人身安全前提下，加强对正常运行设备的巡视工作，重点关注压力、电压、频率、负荷、温度、油位等是否在正常变化范围内	40	（1）未对坚持运行设备加强巡视，扣 10 分； （2）未处理一次设备异物或调整隔离开关，扣 10 分； （3）未按调度指令快速隔离，未做好相应的停电安全措施，扣 15 分； （4）未对停电处理过程中正常运行设备加强巡视，扣 5 分		
2.4	异常总结	汇总异常记录、异常汇报、处理情况	6	未将异常记录、异常汇报、处理情况汇报考官，每处扣 2 分		
3	工作结束					
3.1	文明生产	汇报结束前，将现场恢复原状态	10	（1）出现不文明行为，扣 10 分； （2）现场未恢复扣 5 分，恢复不彻底扣 2 分		
总分			100	合计得分		
否定项说明：1. 违反电力安全工作规程相关规定；2. 违反职业技能鉴定考场纪律；3. 造成设备重大损坏；4. 发生人身伤害事故						

考评员：　　　　　　　　　　　　　　　　　　　　年　　月　　日

3.5 设备维护

3.5.1 常用仪器仪表使用及维护

3.5.1.1 培训目标

掌握变（配）电站内常用万用表、绝缘电阻表和钳形电流表的使用维护方法及注意事项，正确使用万用表测量低压交直流回路，使用绝缘电阻表测量一、二次回路绝缘参数，使用钳形电流表测量低压交流电流。

3.5.1.2 培训场所及设施

1. 培训场所

变电综合实训场。

2. 培训设施

培训工具及器材如表 3–27 所示。

表 3–27　培训工具及器材（每个工位）

序号	名称	规格型号	单位	数量	备注
1	万用表	—	个	1	现场准备
2	绝缘电阻表	500、1000、2500V	套	1	现场准备
3	钳形电流表	毫安级，宽口	套	1	现场准备
4	安全帽	—	顶	1	现场准备
5	绝缘手套	—	副	1	现场准备
6	中性笔	—	支	2	考生自备
7	工作服	—	套	1	考生自备
8	绝缘鞋	—	双	1	考生自备
9	线手套	—	副	1	考生自备
10	答题纸	A4	张	若干	现场准备

3.5.1.3　培训方式及时间

1. 培训方式

教师现场讲解、示范，学员技能操作训练，培训结束后进行理论考核与技能测试。

2. 培训与考核时间

（1）培训时间。

万用表使用维护方法及注意事项：0.5h；

绝缘电阻表使用维护方法及注意事项：0.5h；

钳形电流表使用维护方法及注意事项：0.5h；

分组技能操作训练：2h；

技能测试：2h；

合计：5.5h。

（2）考核时间：20min。

3.5.1.4　基础知识

（1）使用万用表测量低压交直流回路。

（2）使用绝缘电阻表测量一、二次回路绝缘参数。

（3）使用钳形电流表测量低压交流电流。

3.5.1.5　技能培训步骤

1. 准备工作

（1）交流插排（或交流空气断路器）、交流接触器等可测量的设施。

（2）根据测量需要准备合格的万用表、绝缘电阻表、钳形电流表。

（3）线手套、绝缘手套、安全帽。

2. 操作步骤

（1）使用万用表的主要步骤：

1）检查表计合格，正确选择挡位和量程。

2）正确使用表笔。

3）正确测量低压交流电压和交流电流，读取数值并准确记录。

4）关闭表计，定置管理。

（2）使用绝缘电阻表的主要步骤：

1）检查表计合格，正确选择合适的量程。

2）对表计本身进行短路和开路试验。

3）与被测设备正确连接。

4）由慢至快摇动手柄，达到并稳定在 120r/min，待表针稳定时读取数据，并判断设备绝缘是否良好（手摇式绝缘电阻表适用）。

5）测量后逐渐降速，表计未停止前不得拆除接线。

6）对被测设备及时放电，放电前严禁用手触及。

7）表计收回，定置管理。

（3）使用钳形电流表测量交流电流的主要步骤：

1）检查表计合格，正确选择量程。

2）被测导线应尽量放在钳口中部测量。

3）与带电部分保持安全距离正确记录数值。

4）测量后表计清洁保养。

3. 工作结束

（1）清理工作现场，做好记录。

（2）表计、工器具收回，定置管理。

（3）万用表、绝缘电阻表、钳形电流表使用过程中，应遵循国家标准中的使用方法及注意事项。

3.5.1.6 技能等级认证标准（评分表）

常用仪器仪表使用及维护考核评分记录表如表 3-28 所示。

表 3-28 常用仪器仪表使用及维护考核评分记录表

姓名： 准考证号： 单位：

序号	项目	考核要点	配分	评分标准	得分	备注
1	工作准备					
1.1	着装穿戴	穿工作服、绝缘鞋，戴安全帽、绝缘手套、线手套	3	（1）未穿工作服、绝缘鞋，未戴安全帽、绝缘手套、线手套，缺少每项扣 1 分； （2）着装穿戴不规范，每处扣 1 分，最多扣 2 分		
1.2	工器具检查	根据测量工作的需要取用合格的万用表、量程合适的绝缘电阻表（500、1000、2500V）和钳形电流表，并检查表计合格	5	（1）未检查万用表表计外观是否完好无损、表笔是否齐全，扣 2 分； （2）未检查绝缘电阻表表计是否外观完好无损，接线柱、线夹是否完好，扣 2 分； （3）未检查钳形电流表钳形铁心的橡胶绝缘是否完好无损，钳口是否清洁、无锈，闭合后有无明显缝隙，扣 2 分； （4）未检查各种表计是否在试验周期内、合格证是否齐全，扣 2 分		

续表

序号	项目	考核要点	配分	评分标准	得分	备注
2	工作过程					
2.1	使用万用表测量低压交直流回路					
2.1.1	打开表计	万用表电源开关置于 ON 位置，查看表计液晶屏显示正常，电量充足	2	（1）不能正确打开表计开关，扣 2 分； （2）在考评员提醒下才能正确打开表计开关的，扣 1 分		
2.1.2	挡位和量程选择	正确选择交流电压、交流电流挡位和量程	5	（1）未正确选择交流电压、交流电流测量挡位，扣 3 分； （2）不清楚被测交流电压、交流电流的大小时，应先选择最高量程挡，然后逐渐减小到合适的量程，缺少此步骤或意识的，扣 2 分； （3）挡位或量程选择错误，导致表计损坏的，扣 5 分		
2.1.3	插入表笔	正确使用表笔	5	出现两个表笔插入位置串位不规范的，视情况扣分		
2.1.4	电压测量	测量低压交流电压	8	（1）未将表笔与被测线路并联测量，扣 5 分； （2）未待表计显示数值稳定后读取电压数值，扣 3 分		
2.1.5	电流测量	测量低压交流电流	8	（1）未将表笔与被测线路串联测量，扣 5 分； （2）未待表计显示数值稳定后读取电流数值，扣 3 分		
2.1.6	关闭表计	万用表电源开关置于 OFF 位置，防止表计失电	2	（1）测量完成后未将电源开关置于 OFF 位置，扣 2 分； （2）在考评员提醒下才关闭表计开关，扣 1 分		
2.2	使用绝缘电阻表测量一、二次回路绝缘参数					
2.2.1	连接线夹	红线夹接在“L”端子，黑线夹接在“E”端子	5	（1）未正确连接表计线夹，扣 3 分； （2）线夹连接但位置互换不规范的，扣 2 分		
2.2.2	表计试验	检查表计本身是否漏电。将地线、线路两端短接时指针指示为零，开路时指针指示为无穷大。测量时，均匀摇动发电机手柄，一般要求 120r/min 左右待稳定后读数。试验表计合格	5	（1）未对选定的绝缘电阻表进行短路试验，扣 2.5 分； （2）未对选定的绝缘电阻表进行开路试验，扣 2.5 分		
2.2.3	测量绝缘	（1）将红线夹夹在线路上，黑线夹夹在中性线或地线上； （2）摇手柄的转速应由慢至快，应达到并稳定在 120r/min（手摇式绝缘电阻表适用）； （3）待表针稳定时再读数，此时读数才为正确	5	（1）未正确夹在被测设备上，扣 2 分； （2）摇手柄的转速未按由慢至快的方法（手摇式绝缘电阻表适用），扣 2 分； （3）未稳定在 120r/min 就读数，扣 2 分		
2.2.4	记录数值	表计稳定后正确记录所测数值，并根据测量时的温度、湿度等判断绝缘是否良好	5	（1）未正确记录数值，扣 3 分； （2）不会根据测量结果做判断，扣 2 分		
2.2.5	拆除测量接线	停止手柄转动绝缘电阻表测得读数之后，不宜立即停止手柄的转动，而应该逐渐降速（手摇式绝缘电阻表适用）。绝缘电阻表未停止转动之前或被测设备未放电之前，严禁用手触及。拆线时，也不要触及引线的金属部分	5	（1）测量完毕后立即拆线的，扣 3 分； （2）未采取逐渐降速的，扣 2 分（手摇式绝缘电阻表适用）； （3）拆线时用手触及引线的金属部分的，扣 2 分		

续表

序号	项目	考核要点	配分	评分标准	得分	备注
2.2.6	被测设备放电	测量完毕后，待表内发电机停止转动后再拆线，并将被测对象就地放电	5	未正确将被测设备及时就地放电的，扣5分		
2.3	使用钳形电流表测量低压交流电流					
2.3.1	量程选择	先估计被测电流大小，选择适当量程。若无法估计，可先选较大量程，然后逐挡降低，转换到合适的挡位。转换量程挡位时，必须在不带电情况下或者在钳口张开情况下进行，以免损坏仪表	7	（1）未按照从大到小减挡选择量程的，扣3分； （2）带电或者不张开钳口切换量程挡位的，扣3分； （3）损坏表计的，此项测量工作计0分		
2.3.2	测量交流电流	测量时，被测导线应尽量放在钳口中部，钳口的接合面如有杂声，应重新开合一次，仍有杂声，应处理接合面，以使读数准确。另外，不可同时钳住两根导线	8	（1）测量时同时钳住两根导线，扣3分； （2）测量时，钳口的接合面如有杂声未正确处理的，扣3分； （3）测量时未使表计垂直于被测线的，扣3分		
2.3.3	记录数值	观测表计时，要注意保持头部与带电部分的安全距离，准确记录表计数值	5	（1）观测表计时，未注意观察周围设备是否带电，未保持头部与带电部分的安全距离，扣2分； （2）未准确记录表计数值，扣3分		
2.3.4	清洁表计	测试完成后应清洁钳口、保养仪表	5	未清洁钳口、保养仪表的，扣5分		
3	工作结束					
3.1	数值整理分析	做好各种测量值的记录整理分析	4	（1）不会根据数值判断异常的，扣2分； （2）判断异常后未及时上报的，扣2分		
3.2	定置管理	将安全工器具、表计收回并定置摆放	3	未将安全工器具和表计收回并定置摆放的，扣3分		
		总分	100	合计得分		
否定项说明：1. 违反电力安全工作规程相关规定；2. 违反职业技能鉴定考场纪律；3. 造成设备重大损坏；4. 发生人身伤害事故						

考评员：　　　　　　　　　　　　　　　　　　　　　　年　　月　　日

3.5.2 蓄电池组电压测试

3.5.2.1 培训目标

通过掌握变（配）电站直流系统运行规定，学习蓄电池日常维护项目及方法，对蓄电池组进行清扫并正确使用万用表对蓄电池电压进行带电测试。

3.5.2.2 培训场所及设施

1. 培训场所

变电综合实训场。

2. 培训设施

培训工具及器材如表3–29所示。

表 3-29 培训工具及器材（每个工位）

序号	名称	规格型号	单位	数量	备注
1	万用表	—	个	1	现场准备
2	蓄电池组	—	套	1	现场准备
3	安全帽	—	顶	1	现场准备
4	中性笔	—	支	2	考生自备
5	工作服	—	套	1	考生自备
6	绝缘鞋	—	双	1	考生自备
7	线手套	—	副	1	考生自备
8	答题纸	A4	张	若干	现场准备
9	毛刷	干燥绝缘	个	若干	现场准备
10	清洁布	—	块	若干	现场准备
11	皮老虎	—	个	若干	现场准备
12	木凳	—	把	若干	现场准备
13	吸尘器	—	个	若干	现场准备

3.5.2.3 培训方式及时间

1. 培训方式

蓄电池室（柜）实训，教师现场讲解、示范，学员技能操作训练，培训结束后进行理论考核与技能测试。

2. 培训与考核时间

（1）培训时间。

直流系统运行规定：0.5h；

蓄电池的日常维护项目及方法：0.5h；

分组技能操作训练：2h；

技能测试：2h；

合计：5h。

（2）考核时间：20min。

3.5.2.4 基础知识

（1）使用万用表对蓄电池电压逐个进行带电测试。

（2）对蓄电池组进行清扫。

3.5.2.5 技能培训步骤

1. 基本要求

（1）直流系统一般由监控单元、充电单元、蓄电池组单元、配电单元和其他配套装置（交流进线单元、防雷保护电路、降压装置、放电装置等）构成，其运行规定如下：

1）充电装置和蓄电池组始终连接在直流母线上，充电装置在稳压状态下输出电压略高于蓄电池开路电压，以很低的充电率充分补偿蓄电池自放电，使蓄电池处在浮充电状态的同时带出配电单元负荷。

2）在满足安全的条件下每月对直流系统的设备进行一次清洁除尘，各装置的通风口应重点清扫。清扫运行设备时应认真仔细，防止振动、误碰，并使用绝缘工具（毛刷、除尘设备等）。

3）新安装或大修后的阀控蓄电池组，应进行全容量核对性放电试验，以后每 2 年至少进行 1 次核对性试验；运行了 4 年以后的阀控蓄电池组，应每年做 1 次容量核对性放电试验。

4）阀控蓄电池标称电压如表 3–30 所示。

表 3–30　阀控蓄电池标称电压

项目	标称电压		
	2V	6V	12V
运行中与平均电压的偏差值（V）	±0.05	±0.15	±0.3
蓄电池间的开路电压最大差值（V）	0.03	0.04	0.06
放电终止电压（V）	1.8	5.4	10.8
正常浮充电压（V）	2.23～2.28	6.70～6.84	13.50～13.80
正常均充电压（V）	2.30～2.35	6.90～7.05	13.80～14.10
基准环境温度为 25℃，蓄电池温度每变化 1℃时的充电装置浮充电压补偿值（mV）	±（3～5）×N （N 为电池数量）	±（9～15）×N	±（18～30）×N

（2）蓄电池的日常维护方法及注意事项：

1）蓄电池室（柜）内的蓄电池应按由正极引线开始顺序编号，依次编至最末一只蓄电池。

2）蓄电池室（柜）应设置温度测量显示装置，蓄电池组安装处的温度范围不应超过 5～30℃，宜保持在 25℃左右。

3）检查蓄电池室门窗关闭是否严密，房屋有无渗、漏水现象。

4）检查蓄电池极柱与安全阀周围是否有酸雾溢出（结霜现象），蓄电池极柱是否有松动、发热和腐蚀现象。

5）每月普测 1 次单体蓄电池的电压，对单只蓄电池的电压值、直流输出的电压值、正负母线对地的绝缘（电压）值、蓄电池充电电流等进行实测并做好记录。

6）每月检查蓄电池室排气通风和空气温度调节装置工作正常。

2. 准备工作

（1）万用表，蓄电池记录簿。

（2）干燥绝缘毛刷、清洁布、皮老虎、木凳、吸尘器等清扫用具。

3. 操作步骤

（1）蓄电池室（柜）排气通风，记录并调节环境温度在合格范围（5～30℃）内。

（2）确认蓄电池在浮充状态，直流母线电压在合格范围［额定电压×（1±10%）］内。

（3）正确使用万用表按照蓄电池编号进行单只电池电压测量并记录数值。

（4）对整组蓄电池逐一进行测量并正确记录，对落后电池及测试电压不合格电池的节数及电池编号要记录到结论中并及时汇报。

（5）测量蓄电池组直流正、负极对地电压。

（6）蓄电池检查维护。

（7）遵守“从上到下”“横平竖直”的清扫方法，清扫蓄电池。

4. 工作结束

（1）现场清理，正确记录。

（3）使用的表计、清扫工具等定置管理。

3.5.2.6 技能等级认证标准（评分表）

蓄电池电压测试考核评分记录表如表 3-31 所示。

表 3-31 蓄电池电压测试考核评分记录表

姓名： 准考证号： 单位：

序号	项目	考核要点	配分	评分标准	得分	备注
1	工作准备					
1.1	着装	穿工作服、绝缘鞋，戴安全帽、线手套	5	（1）未穿工作服、绝缘鞋，未戴安全帽、线手套，缺少每项扣 1 分； （2）着装穿戴不规范，每处扣 1 分，最多扣 2 分		
1.2	工器具检查	（1）取用合格的万用表； （2）清扫用的毛刷等用具应保持干燥，严禁使用金属工具或带有金属的工具，工具有金属部分应采取绝缘包扎； （3）吸尘器使用时电源合格	5	（1）未检查万用表表计外观是否完好无损、表笔是否齐全、是否在试验周期内、合格证是否齐全等，每项扣 1 分； （2）使用金属工具或带有金属的工具，或工具金属部分未采取绝缘包扎的，扣 2 分； （3）吸尘器电源不合格的，扣 2 分		
2	工作过程					
2.1	排气通风	（1）对电池室进行排气通风后再进入开展工作； （2）记录电池室（柜）内温度要在合格范围（5～30℃）内，否则进行温度调节	5	（1）未对蓄电池室进行排气通风，扣 2 分； （2）未检查蓄电池所在环境温度是否合格，扣 2 分； （3）检查蓄电池所在环境温度不合格后未采取措施调节温度的，扣 1 分		
2.2	确认直流方式	检查蓄电池充电机屏柜及充电装置确认蓄电池在浮充状态，直流母线电压在合格范围内	5	（1）未检查确认蓄电池是否在浮充状态，扣 3 分； （2）未检查直流母线电压是否在合格范围内，扣 3 分		
2.3	选择挡位和量程	万用表转至直流电压挡位，电压量程不得低于所要测量蓄电池最大电压。如果被测电池电压为 2V，将量程开关拨至 DCV（直流）20V 的量程	5	（1）未正确选择直流电压挡位，扣 2 分； （2）不清楚被测直流电压的大小时，应先选择最高量程挡，然后逐渐减小到合适的量程，缺少此步骤或意识的，扣 2 分； （3）挡位或量程选择不当，导致表计损坏的，不得分		
2.4	单只电池电压测量	（1）红表笔插入测量直流电压 V/Ω 孔，黑表笔插入 COM 孔； （2）将红、黑表笔分别与被测单只电池的正、负极相连，与被测单只电池形成并联； （3）读数稳定后显示数值即为该只电池电压，读取并做好记录	10	（1）红、黑表笔插入位置不规范，扣 2 分； （2）未与被测电池并联测量的，扣 4 分； （3）未待表计显示稳定后读数，扣 2 分； （4）未正确记录蓄电池电压，扣 2 分		

续表

序号	项目	考核要点	配分	评分标准	得分	备注
2.5	蓄电池组普测	（1）按蓄电池编号顺序逐一进行测量，完成整组普测； （2）做好电池电压记录； （3）对落后电池及测试电压不合格电池的节数及电池编号记录到结论中并汇报当值值班长，影响直流系统运行的异常要及时上报处理	15	（1）未正确记录蓄电池电压，扣8分； （2）电压异常的电池未正确记入结论，扣2分； （3）影响直流系统运行的异常未及时上报的，扣5分		
2.6	直流正、负极电压测量	根据正、负极对地电压在110V左右，重新选择万用表量程。将红表笔与电池组正极（负极）接线柱相连，黑表笔与地相连，分别测得蓄电池组正（负）极对地电压值	10	（1）未重新正确选择测量量程，扣5分； （2）未正确测量蓄电池组正（负）极对地电压，扣5分		
2.7	蓄电池维护	（1）检查蓄电池本体完好、清洁无渗漏； （2）检查蓄电池上盖不应有杂物、上盖密封良好； （3）检查蓄电池接线端子无松动、接触良好； （4）检查蓄电池端子无氧化、腐蚀、过热	10	（1）未检查蓄电池本体是否完好且清洁、有无渗漏，扣3分； （2）未检查蓄电池上盖有无杂物、上盖密封是否良好，扣3分； （3）未检查蓄电池接线端子有无松动、接触是否良好，扣3分； （4）未检查蓄电池端子有无氧化、腐蚀、过热，扣3分		
2.8	清扫工作	（1）遵守“从上到下”“横平竖直”的方法，严禁用水洗或湿布擦洗； （2）清扫时严禁用力过猛或振动，防止连接端子松动，脱落； （3）清扫蓄电池（柜）内高于人头以上的电池时，必须站在牢固的木凳或支持板上； （4）清理蓄电池极性柱周围时，防止造成直流接地； （5）从上到下清扫下来的灰尘严禁积留在底部角落，应统一用吸尘器清除； （6）使用擦布清理干净电池外壳、支架、室（柜）门窗等	20	（1）清扫时乱扫，灰尘飞扬或者用水洗或湿布擦洗接线端子的，扣5分； （2）因清扫用力过猛或振动导致连接端子松动、脱落的，扣5分； （3）清扫蓄电池（柜）内高于人头以上的电池时，未站在牢固的木凳或支持板上进行危险作业的，扣5分； （4）清理蓄电池极性柱周围时，未有效防止从而造成直流接地的，扣5分； （5）灰尘未清除干净的，扣5分		
3	工作结束					
3.1	关闭表计	测量完成后将挡位调至交流电压最大挡位或空挡后，将电源开关置于OFF位置，防止表计失电	5	（1）测量完成后未将挡位调至交流电压最大挡位或空挡，扣3分； （2）未将电源开关置于OFF位置，扣3分		
3.2	现场清理	测试完毕后，检查清理现场，检查有无遗留物，并关好蓄电池室（屏）门	2	未清理现场，未关好蓄电池室（屏）门，扣2分		
3.3	定置管理	将表计、清扫用具收回并定置摆放	3	（1）未将万用表及清扫用具收回，扣2分； （2）未定置管理，扣1分		
总分			100	合计得分		
否定项说明：1. 违反电力安全工作规程相关规定；2. 违反职业技能鉴定考场纪律；3. 造成设备重大损坏；4. 发生人身伤害事故						

考评员：　　　　　　　　　　　　　　　　　　年　　月　　日

3.6 安全管理

3.6.1 紧急救护

3.6.1.1 培训目标

通过标准的急救技能培训和实操来提高学员的自救和互救能力，使学员了解有关紧急救护的基本理论知识和操作方法，能够运用心肺复苏法进行触电急救，可以在事故现场及时、规范、熟练、迅速地进行徒手抢救或紧急救护。

3.6.1.2 培训场所及设施

1. 培训场所

紧急救护实训场。

2. 培训设施

培训工具及器材如表 3–32 所示。

表 3–32 培训工具及器材（每个工位）

序号	名称	规格型号	单位	数量	备注
1	模拟电源	—	个	1	现场准备
2	模拟导线	—	卷	1	现场准备
3	绝缘木棍	—	根	1	现场准备
4	绳子	10m	捆	1	现场准备
5	斧头	—	把	1	现场准备
6	安全绳	—	套	1	现场准备
7	纱布	5cm × 600cm	卷	1	现场准备
8	绑带	—	条	4	现场准备
9	绷带	—	卷	3	现场准备
10	医用手套	橡胶	盒	1	现场准备
11	医用酒精	75%	瓶	1	现场准备
12	安全帽	电绝缘	顶	1	自行准备
13	绝缘鞋	—	双	1	自行准备
14	秒表	—	个	1	现场准备
15	担架	—	个	1	现场准备
16	急救箱	配备急救用品	个	1	现场准备
17	心肺复苏模拟人	—	具	1	现场准备

3.6.1.3 培训方式及时间

1. 培训方式

培训师现场进行理论和紧急救护方法演示，学员根据指导分组进行实操训练，培训师全程纠正学员间存在的不规范、不正确的方式、方法，最后对学员进行理论和实操技能考核评价。

2. 培训与考核时间

（1）培训时间。

触电急救基本理论及实操示范：1h；

创伤急救基本理论及实操示范：0.5h；

有害气体中毒急救基本理论及实操示范：0.5h；

学员分组进行实操训练：1h；

理论及实操技能考核评价：1h；

合计：4h。

（2）考核时间：30min。

3.6.1.4　基础知识

1. 紧急救护基本方法

（1）使触电者脱离电源的方法。

（2）基本的创伤急救方法及注意事项。

（3）有害气体中毒的急救方法及其注意事项。

2. 运用心肺复苏法进行触电急救

（1）利用心肺复苏法进行触电急救的主要方法及流程。

（2）心肺复苏法的注意事项。

3.6.1.5　技能培训步骤

1. 安全措施及危险点分析

（1）触电急救的注意事项：

1）当触电地点附近没有电源开关或者插座（头）时，应使用带有绝缘柄的电工钳或者带有干燥木柄的斧头切开电线，以断开电源。注意所切断电线的位置，并做好警示措施，以免带电端再次伤害在场其他人员。

2）当电线搭落在触电者身上或者被触电者压在身下时，宜用干燥的衣服、手套、绳索、皮带、木棍等绝缘物作为急救工具，拉开触电者或者挑开电线，进而使触电者脱离电源。

3）触电者的衣服干燥且没有因高压贴附在皮肤上时，可以用一只手抓住他的衣服，迅速拉离电源。但要随时注意不得接触触电者的皮肤和鞋，有触电危险。

4）当触电者在低压带电的架空线路上或者是配电台架、进户线上发生触电时，可以切断电源的则应立即断开电源，随后施救者迅速登杆或者到可靠地方，在做好自身及触电者的防触电措施、防坠落措施后，用带有绝缘柄的、干燥的绝缘物体将触电者脱离电源。

5）当触电者在电缆沟道以及隧道内发生触电时，并且不能立即断开电源开关时，应该采取抖动电缆的方式使触电者脱离电源。发生因电缆绝缘损坏而触电的情况时，不得采取直接破坏电缆的方式断电，以防止相间短路起火，扩大伤害或者影响救护，但仅有单根电缆的情况下可以直接破坏电缆。

（2）心肺复苏法的注意事项：

1）人工呼吸时，每次的吹气量不要太大，以正常呼气量为主或者胸部有明显抬升即可。

在进行人工呼吸时也不要进行胸外心脏按压，人工呼吸应与胸外心脏按压交替进行。

2）判断脉搏时，不应用力过大，以免推移颈动脉，进而影响判断，也不应两侧同时触摸，否则易造成伤员头部供血中断，检查时间也不要超过 10s。当伤员为婴幼儿不易通过颈动脉判断时，可通过肱动脉判断脉搏。肱动脉位于上臂内侧腋窝和肘关节之间的中点，用食指和中指轻压在内侧，即可感觉到脉搏。

3）胸外心脏按压时，要有节律地进行，不可用力过猛，不可间断。按压的放松过程中定位的手掌根部不要离开胸骨定位点，但应尽量放松，不让胸骨受到任何压力。按压点必须准确，最好由 2～3 人轮流进行，以免因一人体力不支造成急救姿势不标准，从而影响抢救效率。

4）心肺复苏尽量在现场就地进行，抢救中断不应超过 10s。移动伤员或将伤员转送医院时，除使伤员平躺在硬质担架上外，条件允许继续坚持心肺复苏，注意保护颈椎，并做好保暖。

2. 操作步骤

（1）工作准备。

1）现场准备：现场要求全部学员均可清晰明确地看到示范，可采用阶梯教室进行或者必要时采用实时视频的方式，保障效率和质量。

2）模型及紧急救护设备准备：对模型以及紧急救护设备进行检查，确保均可正常使用。现场应配备不少于三套的模型及紧急救护设备，以供学员进行实操演练和后备作用。

（2）紧急救护基本方法。

1）使触电者脱离电源的方法。低压触电时，触电地点附近有电源开关或插座（头）时，第一时间把开关拉开或者拔出插头，以断开电源；高压触电时，应立即联系相关部门或用户进行停电，穿戴好绝缘防护用品，用相应电压等级的绝缘工具依次拉开电源开关或熔断器以及隔离开关；杆塔上或高处触电时，应争取时间及早抢救，登高时随身携带必要的绝缘工具及牢固的绳索等，并紧急呼救，确认触电伤员已脱离电源，且施救者本身所涉环境安全距离内无危险电源时方能接触伤员进行抢救，并注意防止发生高处坠落；触电者脱离电源后应进行意识判断、脉搏和呼吸判断等紧急处理。将触电者从高处营救至地面的具体方法如图 3-1 所示。

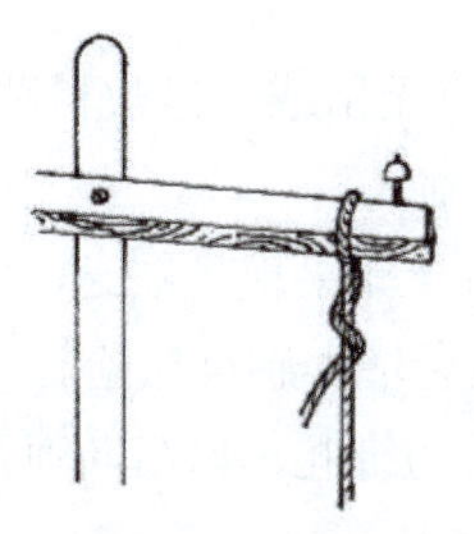

图 3-1　高处营救方法（单人营救法、双人营救法、多人铁塔营救法）（一）

图 3-1　高处营救方法（单人营救法、双人营救法、多人铁塔营救法）（二）

2）基本的创伤急救方法。

① 止血处理：

a. 指压止血法，如图 3-2 所示。

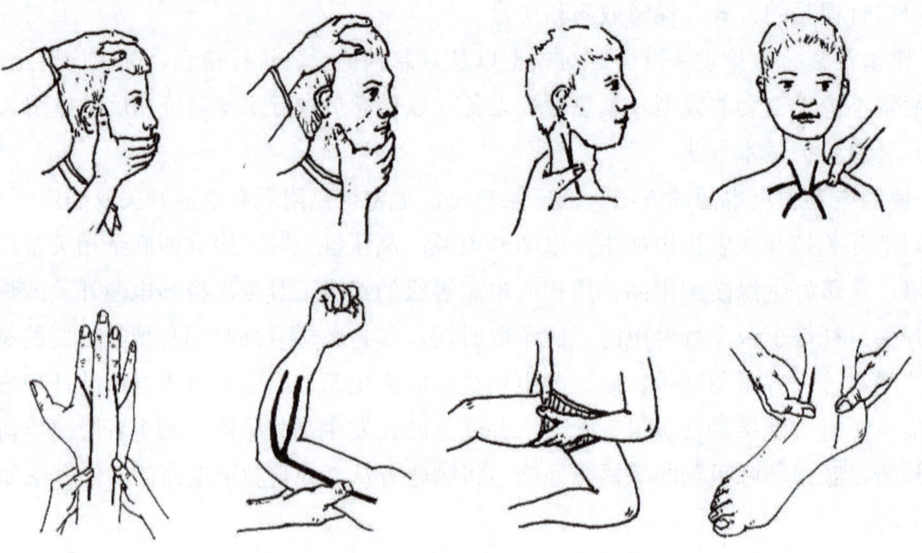

图 3-2　指压止血法

b. 加压包扎止血法。一般小动脉和静脉损伤出血宜用此法。将无菌或干净敷料覆盖伤口，外加敷料垫，再以绷带加压包扎，包扎后将伤肢抬高，以减少出血。

c. 填塞止血法。用于肌肉、骨端的渗血。用无菌或干净敷料（如果现场缺乏，宜用干净的布料替代）填塞在伤口内，再加压包扎。此法止血不彻底，且会增大感染风险。

d. 止血带止血法。用止血带在出血部位的近心端，将肢体用力绑扎，以阻断血流，从而达到止血的目的，如图 3-3 所示。

e. 高处落、撞击、挤压等外伤可致腹部内脏破裂出血，此时伤员外观检查可能无出血，但应迅速使伤员躺平，下肢抬高 15° ～20° （如图 3-4 所示），注意保温，迅速送医院救治。若转送医院路途较远，可给伤员饮少量盐水或糖盐水。

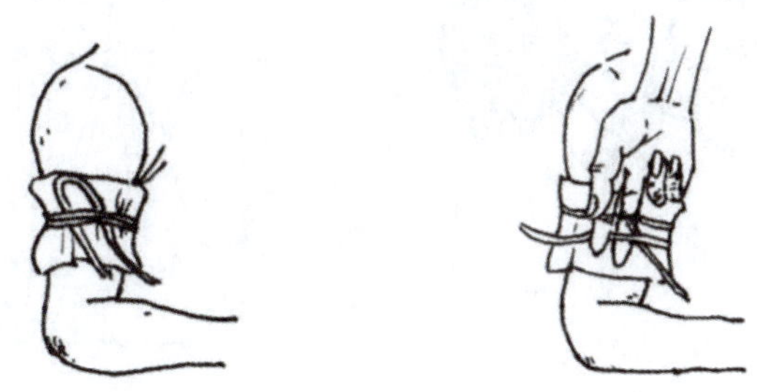

图 3-3 止血带止血法

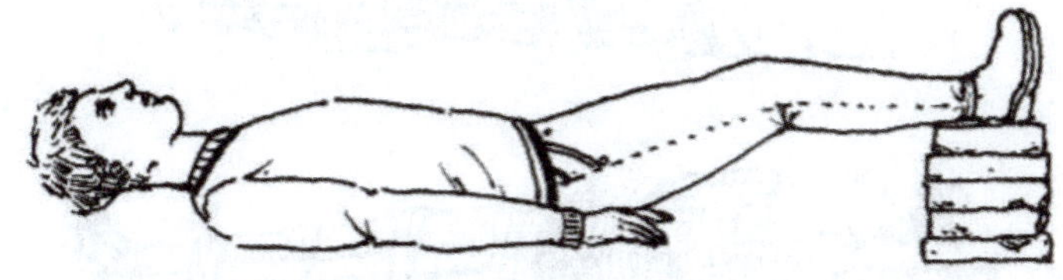

图 3-4 抬高下肢

② 包扎：包扎最常用的材料是绷带和三角巾，也可就地取材用干净毛巾、包袱布、手绢、衣服等替代。绷带包扎方法有环形包扎、螺旋包扎、8 字包扎和帽式包扎等，适用不同部位的创伤包扎。包扎时应松紧适宜、牢固，既要保证敷料固定和压迫止血，又不影响血液循环。包扎敷料应超过伤口边缘 5～10cm。

③ 骨折急救处理：固定是骨折急救处理中重要的一环。固定可用夹板、木板、木棍、硬树枝、硬纸板等。当骨折合并出血时，应优先止血，止血后再进行固定处理，但如若骨折端已经戳出伤口，施救者不可将其复位。当存在断肢或断指情况时，应先将断面用无菌敷料包扎，而后将离体断肢或断指用无菌敷料包裹，并置于塑料袋中密封，低温 4℃下保存，并尽快同伤员送至医院，切记不可用任何液体浸泡。

当伤员存在颈椎或脊柱损伤时，易发生呼吸、心跳骤停，应及时做心肺复苏，在心肺复苏过程中不得转动或移动伤员颈椎或脊柱。恢复体征后应及时采取如图 3-5 所示的方式固定伤员，以免加重伤情导致截瘫或死亡。

3）有害气体中毒急救方法。怀疑可能存在有害气体时，应设法利用一切通风设施排除有害气体，将有关人员迅速撤离现场，转移到上风口空气新鲜处，安静休息；抢救人员应戴好防护工具，使用正压自给式呼吸器、化学安全防护眼镜、橡胶手套；对已昏迷中毒的伤员应保持气道通畅，不断清除口鼻腔内分泌物，解开领扣、松解裤带，注意保温或防暑，有条件时给予氧气吸入。呼吸、心跳停止者应立即进行心肺复苏，并联系医院抢救；迅速查明有害气体的名称，供医院及早对因治疗；护送中毒伤员要取平卧位，头稍低，并偏向一侧，避免呕吐物误入气管。

4）利用心肺复苏法进行触电急救的主要流程及方法。

① 判断意识：施救者应轻轻拍打伤员肩部，高声呼喊其姓名，并询问其具体状况。如伤

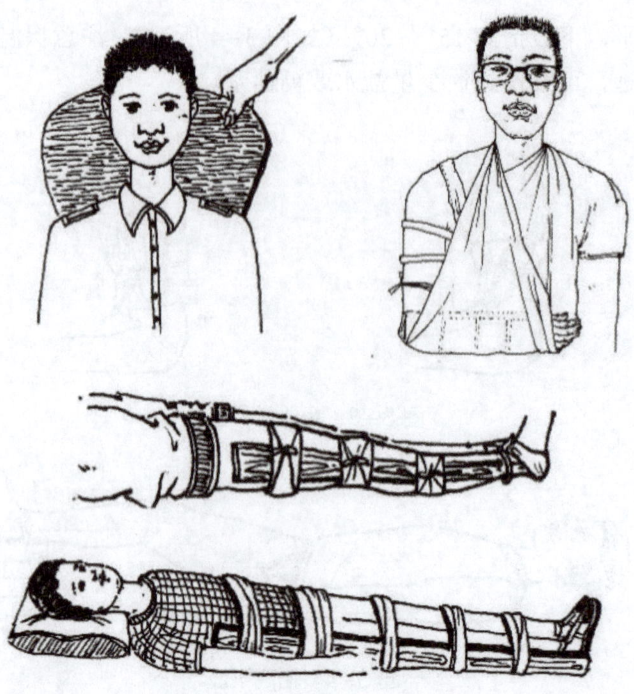

图 3–5　骨折固定方法

者有意识，施救者应迅速联系急救部门送伤员至医院。如伤者眼球固定，瞳孔放大，应用手指甲掐压人中穴、合谷穴约 5s。整个意识判断的过程尽量不超过 10s，并且拍打肩部的力度不应过大。

② 呼救。大声呼喊寻求帮助，施救者人数为 2～3 人时，可以大大提高伤员急救的效率。

③ 伤员体位调整。伤员的正确急救姿势是仰卧位，全身无扭曲，双手放于两侧。在调整伤员体位过程中，尽可能保护伤员的颈椎和脊柱，不要造成二次伤害，一般情况下，施救者可以手托伤员头部来调整伤员体位。

④ 畅通气道和判断呼吸。用仰头抬颌手法开放气道，如图 3–6 所示。怀疑有颈椎外伤者则双手托下颌保持气道通畅，用双手将下颌骨向上方托起并用双拇指向下打开口腔（如图 3–7 所示），严禁用枕头或其他物品垫在伤员头下，以免影响气道通畅及大脑供血。

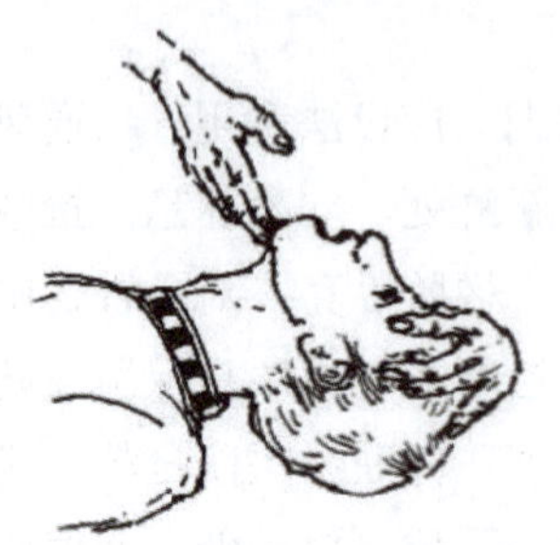

图 3–6　仰头抬下颌方法

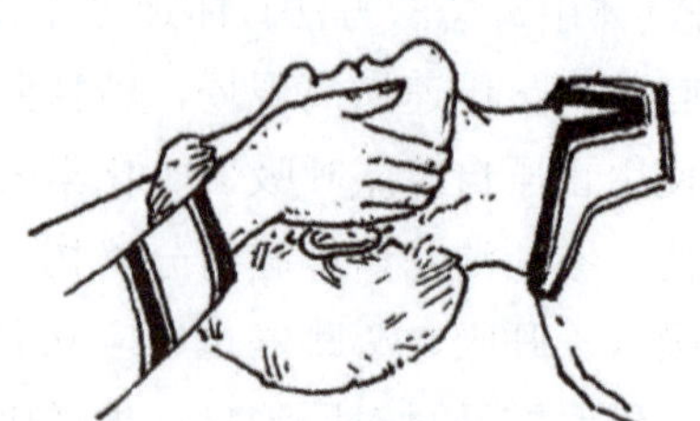

图 3–7　双手托下颌方法

⑤ 畅通气道后，通过看、听、试的方法判断伤员是否有呼吸。“看”就是看伤员的胸、腹壁有无呼吸起伏。“听”是耳朵贴近伤员口鼻处，听有无呼吸声。“试”指的是用颜面部的

感觉测试伤员口鼻部有无呼吸气流。当确定伤员无呼吸后，立即对伤员进行 2 次人工呼吸。

⑥ 口对口（鼻）人工呼吸方法。在保持伤员气道通畅的同时，施救者用放在伤员额上的手捏住伤员鼻翼，施救者平静吸气后，与伤员口对口紧合，在不漏气的情况下，先连续以正常呼吸气量吹气 2 次。口对口人工呼吸方法如图 3-8 所示。

每次吹气时间 1s 以上，在吹气时应避免过快、过强。触电伤员牙关紧闭，可口对鼻人工呼吸，口对鼻人工呼吸吹气时，要将伤员嘴唇紧闭，防止漏气。如有条件，可用简易呼吸面罩、呼吸隔膜进行人工呼吸，以避免直接接触引起交叉感染。

⑦ 脉搏判断。在检查伤员的意识、呼吸、气道后，应检查伤员的脉搏，判断心脏跳动情况，一般情况下，若伤员无意识、无呼吸、无脉搏，可在第一次人工呼吸后，立即进行胸外心脏按压。

⑧ 成人胸外心脏按压，如图 3-9 所示。

图 3-8　人工呼吸方法

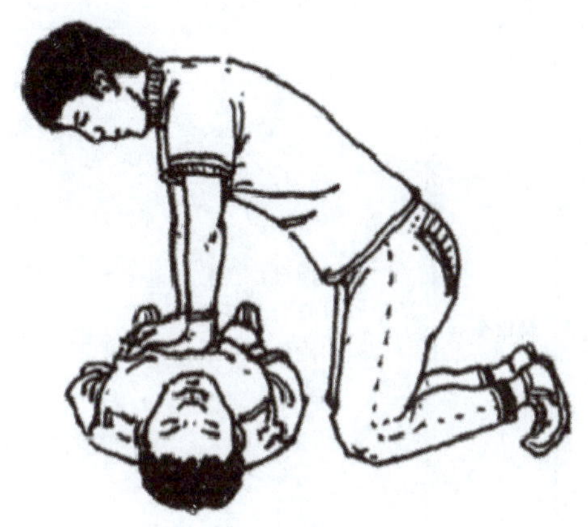

图 3-9　成人胸外心脏按压姿势

步骤一：使触电伤员仰卧在平硬的地方，施救者站立或跪在伤员一侧胸旁，施救者的两肩位于伤员胸骨正上方，两臂伸直，肘关节固定伸直，两手掌根相重叠，手指翘起，将下面手的掌根部置于伤员心脏按压位置上。

步骤二：以肘关节为支点，利用上身的重力，垂直将正常成人胸骨压陷 5～6cm，未成年人的按压深度一般为 2～3cm。

步骤三：以足够的速率和幅度进行按压，保证每次按压后胸廓充分回弹，按压间歇避免双手依靠在伤员胸壁，尽可能减少按压中断并避免过度通气。

按压操作频率要求：胸外心脏按压要以均匀速度进行，每分钟 100～120 次，每次按压和放松的时间相等。胸外心脏按压与口对口（鼻）人工呼吸比例：单人抢救时，每按压 30 次，吹气 2 次（30:2），反复进行；双人抢救时，每按压 30 次后由另一人吹气 2 次（30:2），反复进行。双人或多人抢救时应每 2min（5 组按压吹气循环）交换角色，以避免胸外按压者疲劳而致胸外按压质量和频率削减，在交换角色时，其抢救操作中断时间不应超过 10s。

⑨ 抢救过程的终止及转移。按压吹气 2min 后（相当于 5 组 30:2 按压吹气循环以上），观察伤员的意识、呼吸、肤色，在 5～10s 内完成对伤员呼吸心跳是否恢复的再判断。若判定呼吸心跳未恢复，则继续坚持用心肺复苏法抢救。在医务人员未接替抢救前，现场抢救人员

不要轻易放弃抢救。

（3）工作结束。

1）工器具、仪表、设备整理归位。

2）清理现场，工作结束，离场。

3.6.1.6 技能等级认证标准（评分表）

紧急救护考核评分记录表如表 3–33 所示。

表 3–33 紧急救护考核评分记录表

姓名： 准考证号： 单位：

序号	项目	考核要点	配分	评分标准	得分	备注
1	工作准备					
1.1	着装穿戴	穿工作服，着装整洁	5	着装不整洁、穿戴不规范的，扣 5 分		
2	考核过程					
2.1	触电急救	（1）掌握触电急救的基本救护原则以及急救危险点； （2）明确使伤员脱离电源的方法	20	（1）在施救过程未正确佩戴个人防护用具，每项扣 2 分； （2）施救过程与触电者发生肢体接触、触摸触电者绝缘鞋，每项扣 3 分； （3）在高处施救过程中未做好个人及触电者的防坠落措施，扣 5 分； （4）在施救过程中，方法、姿势不准确、不标准，扣 3 分； （5）使触电者脱离电源方法不恰当、不合适，造成触电者二次伤害，一次扣 5 分； （6）救护不及时，动作不迅速，扣 2 分； （7）未判断伤员已经恢复意识便停止急救，扣 5 分		
2.2	创伤急救	（1）明确创伤急救的基本要求； （2）掌握基本的创伤急救方法及注意事项	15	（1）抢救过程中没有按照“先抢救、后固定、再搬运”的流程进行抢救的，扣 3 分； （2）止血处理时，指压点不准确的，扣 2 分； （3）止血带止血时，操作流程不正确的，扣 2 分； （4）止血处理时，对伤员伤情判断不准确的，扣 2 分； （5）包扎方法不标准、松紧不适宜的，扣 2 分； （6）骨折处理时，对伤员造成二次伤害的，扣 4 分； （7）烧烫伤急救过程中，将伤员的衣物直接脱下的，扣 4 分； （8）颅脑外伤急救过程中，对伤员伤口填塞、摇动、破坏的，扣 4 分； （9）挤压伤处理过程中，对伤员进行肢体抬高、按摩热敷的，扣 2 分		
2.3	有害气体中毒急救	了解有害气体中毒急救的注意事项及其急救方法	5	（1）没有正确佩戴防护工具，或佩戴防护工具不合格的，扣 2 分； （2）没有采取有效措施进行通风的，扣 2 分； （3）没有查明有害气体名称的，扣 2 分		
2.4	判断意识并放好伤员	（1）正确判断伤员意识； （2）调整伤员体位，将伤员放好	5	（1）意识判断过程不标准，时间过长的，扣 2 分； （2）在调整伤员体位过程中，没有合理保护伤员颈椎和脊椎的，扣 3 分		

续表

序号	项目	考核要点	配分	评分标准	得分	备注
2.5	通畅气道并判断伤员呼吸	采用仰头举颌法通畅伤员气道；检查伤员口腔、鼻腔有无异物，通过“看、听、试”判断伤员呼吸	15	（1）在畅通气道的过程中，姿势不标准、不规范，尤其造成伤员二次伤害的，最多扣 10 分； （2）在畅通气道过程中，清理口鼻腔异物时，将异物推进咽喉深部的，扣 3 分； （3）在判断呼吸过程中，没有正确采用“看、听、试”方法的，扣 3 分		
2.6	人工呼吸	确认伤员无呼吸后，立即进行两次人工呼吸	10	（1）人工呼吸过程中，吹气量过大或者吹气量过小的，扣 3 分； （2）人工呼吸过程中，姿势不准确、不规范，吹气时间不超过 1s 的，每项扣 3 分； （3）口对鼻人工呼吸过程中，没有将触电伤员嘴唇紧闭的，扣 2 分		
2.7	判断伤员脉搏	正确判断伤员脉搏，检查时间在 5～10s 内	5	（1）判断脉搏时，位置掌握不准确的，扣 2 分； （2）判断脉搏时，力度不合适的，扣 3 分		
2.8	胸外心脏按压	正确进行胸外心脏按压，按压位置、姿势、用力方式、频率符合要求	15	（1）胸外心脏按压位置掌握不准确的，扣 2 分； （2）胸外心脏按压姿势不标准、不规范的，每处扣 2 分，最多扣 10 分； （3）胸外心脏按压时，按压深度、按压频率不符合标准的，扣 3 分； （4）胸外心脏按压结合人工呼吸抢救中，同时进行的，扣 4 分； （5）胸外心脏按压和人工呼吸轮换间断超过 10s 的，扣 5 分； （6）胸外心脏按压双人操作时，轮换间断超过 10s 的，扣 5 分； （7）在抢救过程中，擅自移动伤员位置的，扣 5 分； （8）胸外心脏按压过程中，摇晃式按压或者前后式按压的，扣 5 分		
3	工作结束					
3.1	演示区域整理	在完成相关紧急救护项目后，对使用的相关用具进行归位，对现场进行清理	5	（1）相关用具未恢复原始状态的，扣 5 分； （2）现场清理不到位、残余垃圾的，扣 5 分		
总分			100	合计得分		
否定项说明：1.违反电力安全工作规程相关规定；2. 违反职业技能鉴定考场纪律；3. 因救护不当造成人员二次伤亡						

考评员：　　　　　　　　　　　　　　年　　月　　日

3.6.2 安全工器具使用

3.6.2.1 培训目标

通过培训使学员掌握安全工器具完整性检查、校验周期、使用方法等基础知识，提升安全技术技能，结合实践操作使学员能够对安全工器具进行正确检查，掌握安全注意事项，能够正确使用安全工器具，保障人身安全。

3.6.2.2 培训场所及设施

1. 培训场所

安全工器具室。

2. 培训设施

培训工具及器材如表 3-34 所示。

表 3-34 培训工具及器材（每个工位）

序号	名称	规格型号	单位	数量	备注
1	安全帽	电绝缘	顶	1	现场准备
2	护目眼镜	—	副	1	现场准备
3	安全带	—	条	1	现场准备
4	防毒面具	过滤式	个	1	现场准备
5	电容型验电器	—	支	1	现场准备
6	携带型短路接地线	—	组	1	现场准备
7	绝缘杆	—	组	1	现场准备
8	核相器	—	台	1	现场准备
9	绝缘遮蔽罩	—	个	1	现场准备
10	绝缘隔板	—	张	1	现场准备
11	绝缘垫	—	条	1	现场准备
12	绝缘夹钳	—	把	1	现场准备
13	绝缘靴	—	双	1	现场准备
14	绝缘手套	—	副	1	现场准备
15	绝缘绳	—	卷	1	现场准备
16	中性笔	黑色	支	2	考生自备
17	工作服	纯棉	套	1	考生自备
18	线手套	—	副	1	考生自备

3.6.2.3 培训方式及时间

1. 培训方式

教师现场讲解、示范，学员技能操作训练，培训结束后进行理论考核与技能测试。

2. 培训与考核时间

（1）培训时间。

安全工器具相关知识：1h；

安全工器具检查和正确使用方法理论讲解：1h；

分组技能操作训练：1h；

技能测试：1h；

合计：4h。

（2）考核时间：30min。

3.6.2.4 基础知识

（1）对安全工器具进行正确检查。

（2）使用安全工器具保障人身安全。

3.6.2.5 技能培训步骤

1. 工作准备

（1）工作现场准备：配备若干工位，可以同时进行作业的室内场地。布置现场工作间距不小于 3m，场地清洁，无干扰。

（2）工具器材及使用材料准备：对所使用的安全工器具整齐摆放。工具器材要求质量合格、安全可靠、数量满足需要。

2. 工作过程

（1）安全工器具的检查要求如表 3–35 所示。

表 3–35 安全工器具的检查要求

序号	安全工器具	具体检查要求
1	安全帽	（1）永久标识和产品说明等标识清晰完整，安全帽的帽壳、帽衬（帽箍、吸汗带、缓冲垫及衬带）、帽箍扣、下颏带等组件完好无缺失； （2）帽壳内外表面应平整光滑，无划痕、裂缝和孔洞，无灼伤、冲击痕迹； （3）帽衬与帽壳连接牢固，后箍、锁紧卡等开闭调节灵活，卡位牢固
2	自吸过滤式防毒面具	（1）面罩及过滤件上的标识应清晰完整，无破损； （2）使用前应检查面具的完整性和气密性，面罩密合框应与佩戴者颜面密合，无明显压痛感
3	安全带	（1）商标、合格证和检验证等标识清晰完整，各部件完整无缺失、无伤残破损。 （2）腰带、围杆带、肩带、腿带等带体无灼伤、脆裂及霉变，表面不应有明显磨损及切口；围杆绳、安全绳无灼伤、脆裂、断股及霉变，各股松紧一致，绳子应无扭结；护腰带接触腰的部分应垫有柔软材料，边缘圆滑无角。 （3）织带折头连接应使用缝线，不应使用铆钉、胶黏、热合等工艺，缝线颜色与织带应有区分。 （4）金属配件表面光洁，无裂纹、严重锈蚀和目测可见的变形，配件边缘应呈圆弧形；金属环类零件不允许使用焊接，不应留有开口。 （5）金属挂钩等连接器应有熔断器装置，应在两个及以上明确的动作下才能打开，且操作灵活。钩体和钩舌的咬口必须完整，两者不得偏斜。各调节装置应灵活可靠
4	电容型验电器	（1）额定电压或额定电压范围、额定频率（或频率范围）、生产厂名和商标、出厂编号、生产年份、适用气候类型（C、N 或 W）、检验日期等标识清晰完整。 （2）各部件，包括手柄、护手环、绝缘元件、限度标记（在绝缘杆上标注的一种醒目标识，向使用者指明应防止标识以下部分插入带电设备中或接触带电体）和接触电极、指示器和绝缘杆等均应无明显损伤。 （3）绝缘杆应清洁、光滑，绝缘部分应无气泡、皱纹、裂纹、划痕、硬伤、绝缘层脱落、严重的机械或电灼伤痕。伸缩型绝缘杆各节配合合理，拉伸后不应自动回缩。 （4）指示器应密封完好，表面应光滑、平整。 （5）手柄与绝缘杆、绝缘杆与指示器的连接应紧密牢固。 （6）自检三次，指示器均应有视觉和听觉信号出现
5	携带型短路接地线	（1）接地线的厂家名称或商标、产品的型号或类别、接地线横截面积（mm^2）、生产年份等标识清晰完整。 （2）接地线的多股软铜线截面积不得小于 $25mm^2$。 （3）接地操作杆同绝缘杆的要求。 （4）线夹完整、无损坏，与操作杆连接牢固，有防止松动、滑动和转动的措施。应操作方便，安装后应有自锁功能。线夹与电力设备及接地体的接触面无毛刺，紧固力应不致损坏设备导线或固定接地点
6	绝缘杆	（1）型号规格、制造厂名、制造日期、电压等级等标识清晰完整； （2）接头不管是固定式的还是拆卸式的，连接都应紧密牢固，无松动、锈蚀和断裂等现象； （3）应光滑，绝缘部分应无气泡、皱纹、裂纹、绝缘层脱落、严重的机械或电灼伤痕，玻璃纤维布与树脂间黏接完好、不得开胶； （4）手持部分护套与操作杆连接紧密、无破损，不产生相对滑动或转动

续表

序号	安全工器具	具体检查要求
7	绝缘隔板	（1）标识清晰完整，隔板无老化、裂纹或孔隙； （2）绝缘隔板一般用环氧玻璃丝板制成，用于 10kV 电压等级的绝缘隔板厚度不应小于 3mm，用于 35kV 电压等级的绝缘隔板厚度不应小于 4mm
8	绝缘夹钳	（1）型号规格、制造厂名、制造日期、电压等级等标识清晰完整。 （2）绝缘部分应无气泡、皱纹、裂纹、绝缘层脱落、严重的机械或电灼伤痕，玻璃纤维布与树脂间黏接完好、不得开胶。握手部分护套与绝缘部分连接紧密、无破损，不产生相对滑动或转动。 （3）钳口动作灵活，无卡阻现象
9	绝缘手套	（1）电压等级、制造厂名、制造年月等标识清晰完整； （2）质地柔软良好，内外表面均应平滑、完好无损，无划痕、裂缝、折缝和孔洞； （3）用卷曲法或充气法检查手套有无漏气现象
10	绝缘靴（鞋）	（1）鞋帮或鞋底上的鞋号、生产年月、标准号、电绝缘字样（或英文 EH）、闪电标记、耐电压数值、制造商名称、产品名称、电绝缘性能出厂检验合格印章等标识清晰完整。 （2）应无破损，宜采用平跟，鞋底应有防滑花纹，鞋底（跟）磨损不超过 1/2。鞋底不应出现防滑齿磨平、外底磨露出绝缘层等现象
11	绝缘胶垫	（1）等级和制造厂名等标识清晰完整； （2）上下表面不应存在有害的不规则性，即破坏均匀性、损坏表面光滑轮廓的缺陷，如小孔、裂缝、局部隆起、切口、夹杂导电异物、折缝、空隙、凹凸波纹及铸造标识等

（2）安全工器具的正确使用方法如表 3-36 所示。

表 3-36　安全工器具的正确使用方法

序号	安全工器具	具体使用方法
1	安全帽	（1）任何人员进入生产、施工现场必须正确佩戴安全帽，针对不同的生产场所，根据安全帽产品说明选择适用的安全帽； （2）安全帽戴好后，应将帽箍扣调整到合适的位置，锁紧下颏带，防止工作中前倾后仰或其他原因造成滑落
2	自吸过滤式防毒面具	（1）空气中氧气浓度不得低于 18%，温度为-30～45℃，不能用于槽、罐等密闭容器环境； （2）应根据其面型尺寸选配适宜的面罩号码
3	安全带	（1）围杆作业安全带一般使用期限为 3 年，区域限制安全带和坠落悬挂安全带使用期限为 5 年，如发生坠落事故，则应由专人进行检查，如有影响性能的损伤，则应立即更换； （2）应正确选用安全带，其功能应符合现场作业要求，如需多种条件下使用，在保证安全前提下，可选用组合式安全带（区域限制安全带、围杆作业安全带、坠落悬挂安全带等的组合）； （3）穿戴好后应仔细检查连接扣或调节扣，确保各处绳扣连接牢固； （4）2m 及以上的高处作业应使用安全带； （5）在坝顶、陡坡、屋顶、悬崖、杆塔、吊桥以及其他危险的边沿进行工作，临空一面应装设安全网或防护栏杆，否则，作业人员应使用安全带； （6）在没有脚手架或者在没有栏杆的脚手架上工作，高度超过 1.5m 时，应使用安全带
4	电容型验电器	（1）验电器的规格必须符合被操作设备的电压等级，使用验电器时，应轻拿轻放。 （2）操作时，应戴绝缘手套，穿绝缘靴。使用抽拉式电容型验电器时，绝缘杆应完全拉开。人体应与带电设备保持足够的安全距离，操作者的手握部位不得越过护环，以保持有效的绝缘长度。 （3）非雨雪型电容型验电器不得在雷、雨、雪等恶劣天气时使用。 （4）使用操作前，应自检一次，声光报警信号应无异常

续表

序号	安全工器具	具体使用方法
5	携带型短路接地线	（1）接地线的截面积应满足装设地点短路电流的要求，长度应满足工作现场需要； （2）经验明确无电压后，应立即装设接地线并三相短路（直流线路两极接地线分别直接接地），利用铁塔接地或与杆塔接地装置电气上直接相连的横担接地时，允许每相分别接地，对于无接地引下线的杆塔，可采用临时接地体； （3）装设接地线时，应先接接地端，后接导线端，接地线应接触良好、连接应可靠，拆除接地线的顺序与此相反，人体不准碰触未接地的导线； （4）装、拆接地线均应使用满足安全长度要求的绝缘棒或专用的绝缘绳； （5）禁止使用其他导线作接地线或短路线，禁止用缠绕的方法进行接地或短路； （6）设备检修时模拟屏（盘）上所挂接地线的数量、位置和接地线编号，应与工作票和操作票所列内容一致，与现场所装设的接地线一致
6	绝缘杆	（1）规格必须符合被操作设备的电压等级，切不可任意取用。 （2）操作前，表面应用清洁的干布擦拭干净，使表面干燥、清洁。 （3）操作时，应戴绝缘手套；人体应与带电设备保持足够的安全距离，操作者的手握部位不得越过护环，以保持有效的绝缘长度，并注意防止绝缘操作杆被人体或设备短接。 （4）雨天在户外操作电气设备时，绝缘操作杆的绝缘部分应有防雨罩，防雨罩的上口应与绝缘部分紧密结合，无渗漏现象
7	绝缘隔板	（1）装拆绝缘隔板时应与带电部分保持一定距离（符合安全规程的要求），或者使用绝缘工具进行装拆。 （2）使用绝缘隔板前，应先擦净绝缘隔板的表面，保持表面洁净。 （3）现场放置绝缘隔板时，应戴绝缘手套；如在隔离开关动、静触头之间放置绝缘隔板时，应使用绝缘棒
8	绝缘夹钳	（1）规格应与被操作线路的电压等级相符合。 （2）操作前，表面应用清洁的干布擦拭干净，使表面干燥、清洁。 （3）操作时，应穿戴护目眼镜、绝缘手套和绝缘鞋或站在绝缘台（垫）上，精神集中，保持身体平衡，握紧绝缘夹钳不使其滑脱落下。人体应与带电设备保持足够的安全距离，操作者的手握部位不得越过护环，以保持有效的绝缘长度，并注意防止绝缘夹钳被人体或设备短接。 （4）严禁装接地线，以免接地线在空中摆动触碰带电部分造成接地短路和触电事故。在潮湿天气，应使用专用的防雨绝缘夹钳
9	绝缘手套	（1）辅助型绝缘手套应根据使用电压的高低、不同防护条件来选择； （2）作业时，应将上衣袖口套入绝缘手套筒口内； （3）按照电力安全工作规程有关要求进行设备验电、倒闸操作、装拆接地线等工作时应戴绝缘手套
10	绝缘靴（鞋）	（1）辅助型绝缘靴（鞋）应根据使用电压的高低、不同防护条件来选择。 （2）穿用电绝缘皮鞋和电绝缘布面胶鞋时，其工作环境应能保持鞋面干燥。在各类高压电气设备上工作时，使用电绝缘鞋，可配合基本安全用具（如绝缘棒、绝缘夹钳）触及带电部分，并要防护跨步电压所引起的电击伤害。在潮湿、有蒸汽、冷凝液体、导电灰尘或易发生危险的场所，尤其应注意配备合适的电绝缘鞋，应按标准规定的使用范围正确使用。 （3）应将裤管套入靴筒内；应避免接触锐器、高温、腐蚀性和酸碱油类物质，防止电绝缘鞋受到损伤而影响电绝缘性能。防穿刺型、耐油型及防砸型绝缘鞋除外
11	绝缘胶垫	（1）应根据使用电压的高低等条件来选择； （2）操作时，应避免不必要地暴露在高温、阳光下，也要尽量避免和机油、油脂、变压器油、工业乙醇以及强酸接触，应避免尖锐物体刺、划

3. 工作结束

（1）所有物品摆放整齐，无不规范行为。

（2）清理现场：将资料整理整齐，桌面恢复原状。

3.6.2.6 技能等级认证标准（评分表）

安全工器具的使用考核评分记录表如表 3-37 所示。

表 3-37　安全工器具的使用考核评分记录表

姓名：　　　　　　　　　　　　　准考证号：　　　　　　　　　　　单位：

序号	项目	考核要点	配分	评分标准	得分	备注
1	工作准备					
1.1	着装穿戴	穿工作服、绝缘鞋，戴安全帽、线手套	5	未正确穿工作服、绝缘鞋，未佩戴安全帽、线手套，或着装不规范的，扣 5 分		
2	工作过程					
2.1	个体防护装备类工器具的选择检查	选择个体防护装备（安全帽、防护眼镜、防毒面具），进行正确检查，并报告检验周期及检查结果	15	（1）漏选一项，扣 2 分。 （2）检查安全帽标识、说明是否清晰完整，安全帽的组件是否完好无缺失，合格证是否在有效期内；检查帽壳内外表面是否平整光滑，帽衬与帽壳连接是否牢固，后箍、锁紧卡等开闭是否调节灵活，卡位是否牢固。漏选、错检每项扣 1 分。 （3）检查防护眼镜的标识是否清晰完整；检查眼镜表面是否光滑，有无气泡、杂质，镜架是否平滑，镜片与镜架衔接是否牢固。漏选、错检每项扣 1 分。 （4）检查防毒面具及过滤件上的标识是否清晰完整，有无破损；检查面具的完整性和气密性，面罩观察眼窗是否视物真实。漏选、错检每项扣 1 分		
2.2	辅助绝缘安全工器具的选择检查	选择辅助绝缘安全工器具（绝缘靴、绝缘鞋、绝缘手套、绝缘垫），进行正确检查，并报告检查结果	15	（1）检查绝缘手套的标识是否清晰完整，检查手套质地是否柔软良好，内外表面是否平滑，有无破损；用卷曲法或充气法检查手套有无漏气现象。漏选、错检每项扣 1 分。 （2）检查绝缘靴（鞋）的鞋帮或鞋底上的标识是否清晰完整；检查绝缘靴（鞋）有无破损，鞋底有无防滑花纹，鞋底（跟）磨损是否超过 1/2，是否出现防滑齿磨平、外底磨露出绝缘层等现象。漏选、错检每项扣 1 分。 （3）检查绝缘胶垫的等级和制造厂名等标识是否清晰完整；检查绝缘垫上下表面是否存在有害的不规则性。漏选、错检每项扣 1 分。 （4）未正确报告检查结果或检查结果错误的，扣 5 分		
2.3	基本绝缘安全工器具的选择检查	选择基本绝缘安全工器具（绝缘杆、验电器、接地线），进行正确检查，并报告检验周期及检查结果	15	（1）检查绝缘杆的型号规格、制造厂名、制造日期、电压等级是否符合要求；检查绝缘杆的接头连接是否紧密牢固，杆体是否光滑，绝缘部分有无气泡、皱纹、裂纹等；检查手持部分护套与操作杆连接是否紧密，有无破损，有无产生相对滑动或转动。漏选、错检每项扣 1 分。 （2）检查验电器的标识是否清晰完整；检查验电器的各部件有无明显损伤；检查绝缘杆外观是否清洁、光滑，绝缘部分是否完好、无破损，伸缩型绝缘杆各节配合是否合理，拉伸后有无自动回缩；检查指示器密封是否完好，表面是否光滑、平整；检查手柄与绝缘杆、绝缘杆与指示器的连接是否紧密牢固；自检三次，指示器有无视觉和听觉信号出现。漏选、错检每项扣 2 分。 （3）检查接地线的标识是否清晰完整；检查线夹是否完整、无损坏，与操作杆连接是否牢固，有无防止松动、滑动和转动的措施；是否操作方便，安装后是否有自锁功能；检查线夹与电力设备及接地体的接触面有无毛刺，紧固力会不会损坏设备导线或固定接地点。漏选、错检每项扣 1 分。 （4）未正确报告检查结果或结果错误的，扣 5 分		

续表

序号	项目	考核要点	配分	评分标准	得分	备注
2.4	个体防护装备类工器具的选择使用	选择个体防护装备（安全帽、防护眼镜、防毒面具），进行正确使用	15	（1）未将帽箍扣调整到合适的位置并锁紧下颏带的，扣5分； （2）透明防护眼镜在佩戴前应能用干净的布擦拭镜片，戴好防护眼镜后应收紧防护眼镜镜腿（带），未按标准操作的，每项扣3分； （3）防毒面具佩戴完成后应进行气密性检查，未检查的扣5分		
2.5	辅助绝缘安全工器具的选择使用	选择辅助绝缘安全工器具（绝缘靴、绝缘手套、绝缘垫），进行正确使用	15	（1）绝缘靴电压等级选择不正确的，扣5分； （2）绝缘手套电压等级选择不正确，穿戴后能未将上衣袖口套入绝缘手套筒口内的，扣5分； （3）绝缘垫电压等级选择不正确的，扣5分		
2.6	基础绝缘安全工器具的选择使用	选择基本绝缘安全工器具（绝缘杆、验电器、接地线），进行正确使用	15	（1）选择验电器与被操作设备的电压等级相符；用清洁的干布将验电器杆表面擦拭干净；使用操作前进行自检并在有电设备上进行试验，确认验电器良好；操作时戴绝缘手套，穿绝缘靴；人体应与带电设备保持足够的安全距离或操作者的手握部位不越过护环。漏选、错检每项扣2分。 （2）接地线选择时，截面积满足装设地点短路电流的要求，长度满足工作现场需要。验明确无电压装设接地线；装设或拆解接地线时，接地端与导线端顺序连接正确；操作过程中人体禁止碰触未接地的导线。漏选、错检每项扣2分。 （3）选择的绝缘杆规格符合被操作设备的电压等级；用清洁的干布将杆体表面擦拭干净。操作时，人体应与带电设备保持足够的安全距离。漏选、错检每项扣2分		
3	工作终结验收					
3.1	安全文明生产	工作结束前，所选工器具放回原位，摆放整齐；无损坏工具；恢复现场；无不安全行为	5	（1）出现不安全行为，扣5分； （2）作业完毕，现场未清理恢复彻底，损坏工器具的，扣5分		
总分			100	合计得分		
否定项说明：1. 违反电力安全工作规程相关规定；2. 违反职业技能鉴定考场纪律；3. 发生人身伤害事故						

考评员：　　　　　　　　　　　　　　　　　　年　　月　　日

第 4 章 四级工操作技能

4.1 运行监控

4.1.1 运行监视

4.1.1.1 培训目标

通过专业理论学习和技能操作训练，使学员了解监控系统中各变电站主接线方式、各电压系统的运行特性、站用交流系统的运行方式及主要构成元件，以及直流系统的运行中监控重点及异常情况下的处理方法，通过学习能独立判断监控信号的性质，检查“五防”机及监控机通信状态。

4.1.1.2 培训场所及设施

1. 培训场所

变电综合实训场地。

2. 培训设施

培训工具及器材如表 4–1 所示。

表 4–1 培训工具及器材（每个工位）

序号	名称	规格型号	单位	数量	备注
1	智能监控系统模拟服务器	—	台	1	
2	UPS 模拟设备	—	台	1	
3	计算机显示器	—	台	4	
4	监控模拟工作站	—	台	1	
5	智能调控系统	—	套	1	软件
6	集中遥视系统	—	套	1	软件
7	操作“五防”工作站	—	台	1	
8	操作“五防”系统	—	套	1	软件
9	鼠标	—	个	3	
10	键盘	—	个	3	

4.1.1.3 培训方式及时间

1. 培训方式

现场讲解与实际操作相结合。

2. 培训与考核时间

（1）培训时间。

监控信息的分类及信号源讲解：1h；

监控系统的异常信号的原因、性质、影响讲解及查阅：1h；

监控系统中发生站内交直流系统异常时的信号及查阅方法讲解及查阅：2h；

监控工作站软、硬件运行中维护的有关规定讲解：1h；

监控机与遥控“五防”机连接方式及工作原理讲解、操作：1h；

合计：6h。

（2）考核时间：30min。

4.1.1.4 基础知识

（1）对电气主接线、站用电交流系统、直流系统的运行方式进行分析。

（2）判断监控机及“五防”机的通信状态。

4.1.1.5 技能培训步骤

1. 准备工作

（1）工作现场准备。

（2）智能监控系统模拟服务器、监控模拟工作站、现场视频监控模拟、工作站操作“五防”工作站、UPS 模拟设备处于互联运行状态，外联设备完备。

2. 操作步骤

（1）掌握监控系统使用维护方法，进行监控系统、“五防”工作站、现场视频监控系统的登录。

（2）查看监控系统的显示器工作正常，检查受控站通道状态良好，测试警报、警铃声响正常。

（3）检查各变电站遥控试验点的预置—返校—执行完好。

（4）查阅各变电站的主画面，掌握站用电交直流系统特殊运行方式。

（5）明确各类监控信号的作用、类型及意义，对监控系统发出的异常信号，了解其原因、性质及处理流程。

3. 工作结束

（1）整理归位。

（2）清理现场，工作结束，离场。

4.1.1.6 技能等级认证标准（评分表）

运行监控考核评分记录表如表 4-2 所示。

表 4-2 运行监控考核评分记录表

姓名：　　　　　　　　　　　　准考证号：　　　　　　　　　　　　单位：

序号	项目	考核要点	配分	评分标准	得分	备注
1	工作准备					
1.1	正确指出工位智能监控系统模拟服务器、监控模拟工作站、操作五防工作站、UPS 模拟设备，且处于互联状态		5	每缺少一项扣 1 分		
2	工作过程					
2.1	基础知识	掌握“五遥”内容	5	遥信、遥测、遥控、遥调、遥视，掌握不完整每项扣 1 分		
2.2	基本工作	对监控机、“五防”机、现场视频监控机登录	5	未正确登录系统，扣 5 分		
2.3	基础检查项目	检查监控系统通道状态；对监控机的警铃、警报进行测试	5	（1）未发现受控站通道中断，扣 2 分； （2）未对监控机的警铃、警报进行测试，扣 3 分		

续表

序号	项目	考核要点	配分	评分标准	得分	备注
2.4	监控工作	通道监视	10	（1）未正确表述遥控试验点的基本作用及原理，扣 5 分； （2）未进行遥控试验点，扣 5 分		
		站用交直流运行监视	25	（1）未正确表述站用交直流系统的接线及特殊运行方式，扣 5 分； （2）未发现站用交直流系统接地，扣 10 分； （3）应正确表述站用交直流系统接地处理方法，每错一项扣 2 分，最多扣 10 分		
		遥测监视	25	（1）未判断出电压越限扣 2 分，未能正确表述处理方法扣 3 分； （2）未判断出主变压器运行温度越限扣 5 分，未能正确表述处理方法扣 5 分； （3）未正确表述遥测越限分级及其性质，扣 5 分； （4）未正确表述小电流接地系统开口三角电压有指示的原因及规定限值，扣 5 分		
		遥信告警监视	15	（1）未发现断路器、隔离开关位置与运行方式不对应，每处扣 2 分，最多扣 10 分； （2）未正确表述处理方法，扣 5 分		
3	工作结束					
3.1	整理归位，工作结束，离场		5	未能恢复初始状态，扣 5 分		
	总分		100	合计得分		

否定项说明：1. 违反电力安全工作规程相关规定；2. 违反职业技能鉴定考场纪律；3. 造成设备重大损坏；4. 发生人身伤害事故

考评员：　　　　　　　　　　　　　　　　　　年　　月　　日

4.1.2 运行日志、记录填写

4.1.2.1 培训目标

通过专业理论学习和技能操作训练，使学员学会填写运行日志和报表、日常运行维护项目、设备缺陷和异常、故障记录等核心业务记录。

4.1.2.2 培训场所及设施

1. 培训场所

变电综合实训场地。

2. 培训设施

培训工具及器材如表 4–3 所示。

表 4–3　培训工具及器材（每个工位）

序号	名称	规格型号	单位	数量	备注
1	变电运维工作日志	—	份	1	
2	电量月度报表	—	份	1	
3	避雷器动作及泄漏电流记录	—	份	1	
4	设备测温记录	—	份	1	

续表

序号	名称	规格型号	单位	数量	备注
5	蓄电池检测记录	—	份	1	
6	设备缺陷记录	—	份	1	
7	断路器跳闸记录	—	份	1	

4.1.2.3 培训方式及时间

1. 培训方式

现场讲解与实际操作相结合。

2. 培训与考核时间

（1）培训时间。

变电运维工作日志、电量报表填写：3h；

变电站日常运行维护项目、设备缺陷和异常、故障记录填写：5h；

合计：8h。

（2）考核时间：40min。

4.1.2.4 基础知识

（1）填写运行日志、报表。

（2）填写日常运行维护项目、设备缺陷和异常、故障记录。

4.1.2.5 技能培训步骤

1. 准备工作

（1）工作现场准备：布置现场工作间距不小于2m，各工位之间用栅状遮栏隔离，场地清洁。各工位可以同时进行作业、无干扰。

（2）工具器材准备：对进场的仪表进行检查，确保能够正常使用，并整齐摆放于桌面上。

2. 操作步骤

（1）填写变电运维工作日志，重点记录基本信息、运行方式、日常运维工作、运检工作执行等内容。

（2）填写电量报表，重点关注站用电和工业用电，确保母线电量平衡率准确。

（3）填写避雷器动作及泄漏电流记录、设备测温记录、蓄电池检测记录，根据表计数据准确填写。

（4）填写设备缺陷记录，根据缺陷处理流程所处环节及时记录。

（5）填写断路器跳闸记录，准确填写跳闸断路器双重名称、动作次数、故障信息等。

3. 工作结束

（1）整理归位。

（2）清理现场，工作结束，离场。

4.1.2.6 技能等级认证标准（评分表）

运行日志、记录填写考核评分记录表如表4-4所示。

表 4–4　运行日志、记录填写考核评分记录表

序号	项目	考核要点	配分	评分标准	得分	备注
1	工作准备					
1.1	对工位摆放的仪表进行外观检查，确保能够正常使用		5	未能识别出外观破损仪表，每项扣 1 分		
2	工作过程					
2.1	基本信息	填写基本信息	6	（1）未准确填写交班人员、接班人员，扣 3 分； （2）未准确填写交接班时间，扣 3 分		
2.2	运行方式	填写正常运行方式、特殊运行方式	4	未准确填写系统运行方式情况，扣 4 分		
2.3	运行记事	日常运维工作内容	6	（1）未准确填写巡视工作情况、安全天数，扣 3 分； （2）未准确表述下发文件、通知、要求、规定，扣 3 分		
		运检工作执行情况	25	（1）未准确填写调度指令和上级有关设备运行的通知和指示、设备倒闸操作、设备投运和停运情况，扣 5 分； （2）未准确填写设备检修、安全措施情况、站内接地线使用情况，扣 5 分； （3）未准确填写保护方式调整、自动装置及仪表情况，扣 5 分； （4）未准确填写受理工作票份数、内容及执行情况，扣 5 分； （5）未准确填写解锁钥匙使用情况，扣 5 分		
		故障处理情况	10	（1）未准确填写断路器跳闸及事故处理经过，扣 5 分； （2）未准确填写设备故障情况及异常现象，扣 3 分； （3）未准确填写发现的设备缺陷，扣 2 分		
2.4	电量报表	抄录电量	8	应正确填写正向有功、反向有功、正向无功、反向无功电量，每错一项扣 2 分		
2.5	日常运行维护项目	填写日常运行维护记录	21	（1）未准确填写避雷器动作及泄漏电流记录，每错一处扣 1 分，最多扣 7 分； （2）未准确填写设备测温记录，每错一处扣 1 分，最多扣 7 分； （3）未准确填写蓄电池检测记录，每错一处扣 1 分，最多扣 7 分		
2.6	设备缺陷记录	填写设备缺陷记录	6	未准确填写设备缺陷记录，每错一处扣 1 分，最多扣 6 分		
2.7	异常及故障记录	断路器跳闸记录	6	未准确填写断路器跳闸记录，每错一处扣 1 分，最多扣 6 分		
3	工作结束					
3.1	整理归位，工作结束，离场		3	未能恢复初始状态扣 3 分		
	总分		100	合计得分		
否定项说明：1. 违反电力安全工作规程相关规定；2. 违反职业技能鉴定考场纪律；3. 发生人身伤害事故						

考评员：　　　　　　　　　　　　　　　　　　　　年　　月　　日

4.2 巡视检查

4.2.1 一次设备特殊巡视检查

通过专业理论学习和技能操作训练，使学员学会红外测温设备的使用方法及注意事项，学会变压器、断路器、组合电器、互感器、避雷器等一次设备特殊巡视的检查项目等知识，能够完成一次设备特殊巡视、异常天气条件下的巡视检查项目。

4.2.1.1 培训目标

变电运维专业实训场地。

4.2.1.2 培训设施

培训工具及器材如表 4–5 所示。

表 4–5 培训工具及器材（每个工位）

序号	名称	规格型号	单位	数量	备注
1	安全帽	—	顶	1	考生自备
2	全棉长袖工作服	—	套	1	考生自备
3	绝缘鞋	—	双	1	考生自备
4	文件夹板	—	个	1	考生自备
5	中性笔	黑色	支	1	现场准备
6	标准化作业指导卡	—	张	1	现场准备
7	红外测温设备	—	套	1	现场准备

4.2.1.3 培训方式及时间

1. 培训方式

教师现场讲解、示范，学员进行技能操作训练，培训结束后进行理论考核与技能测试。

2. 培训与考核时间

（1）培训时间。

变压器及其附件特殊巡视检查相关专业知识：1h；

断路器、负荷开关特殊巡视检查相关专业知识：1h；

电流互感器特殊巡视检查相关专业知识：0.5h；

电压互感器特殊巡视检查相关专业知识：0.5h；

避雷器巡视检查相关专业知识：1h；

组合电器巡视检查相关专业知识：0.5h；

标准化作业指导卡相关专业知识：0.5h；

红外测温设备检查、使用知识：1h；

技能训练：1h；

合计：7h。

（2）考核时间：60min。

4.2.1.4 基础知识

（1）变压器本体及附件特殊巡视检查。

（2）断路器、负荷开关特殊巡视检查。

（3）电流互感器特殊巡视检查。

（4）电压互感器特殊巡视检查。

（5）避雷器特殊巡视检查。

（6）组合电器特殊巡视检查。

（7）红外测温设备使用。

4.2.1.5 技能培训步骤

1. 准备工作

（1）场地准备：现场一次设备运行良好，巡视路线清晰，无影响巡视的情况存在。

（2）器材准备：

1）正确佩戴安全帽，着装整齐，巡视标准作业卡齐全。

2）红外测温设备电量充足，状态良好，可正常进行测温。

2. 操作步骤

（1）检查红外测温设备正常，开机，正确设置测量参数。

（2）核对现场一次设备铭牌标识信息，确认现场设备运行正常。

（3）红外测温设备设置：

1）开启红外测温设备电源开关，预热设备至图像稳定。

2）测量环境风速并记录。

3）选择合适检测点，测量与被测设备之间距离并记录。

4）测量环境温湿度并记录。

5）打开仪器菜单依次键入并确认被测设备的辐射率、目标距离、大气温度、相对湿度、反射温度（如被测设备周围无明显热源，将反射温度设为大气温度）。

（4）红外测温设备检测方法：

1）调整焦距，使被测设备图像清晰、边缘清楚，选择铁红调色板。

2）手动调节温宽，温宽设置宜不超过 6K，正常部位颜色显示为紫红色。

3）对被测设备外部引线接头、瓷柱、底座等进行检测，从设备不同方向和角度进行检测。

4）对异常发热部位进行重点检测，结合数值测温手段，如热点跟踪、区域温度跟踪等手段进行检测，以达到最佳检测效果。

5）保存图谱，每相要站在同一距离拍摄，遇遮挡时尽量取遮挡少的角度拍摄，尽量让三相母线在同一张图像中完整体现，应能看到变压器外部引线接头、瓷柱、底座。

（5）变压器特殊巡视项目：

1）气温骤变时，检查储油柜油位和瓷套管油位是否有明显变化，各侧连接引线是否受力，是否存在断股或者接头部位、部件发热现象。各密封部位、部件是否有渗漏油现象。

2）浓雾、小雨、雾霾天气时，检查瓷套管有无沿表面闪络和放电，各接头部位、部件在小雨中不应有水蒸气上升现象。

3）下雪天气时，应根据接头部位积雪融化迹象检查是否发热。检查导引线积雪累积厚度情况，为了防止套管因积雪过多引发套管破裂和渗漏油等，应及时清除导引线上的积雪和形成的冰柱。

4）高温天气时，应特别检查油温、油位、油色，以及冷却器运行是否正常。必要时，可以启动备用冷却器。

5）大风、雷雨、冰雹天气过后，检查导引线摆动幅度，以及导引线有无断股迹象，设备上有无飘落积存杂物，瓷套管有无放电痕迹及破裂现象。

6）覆冰天气时，观察外绝缘的覆冰厚度及冰凌桥接程度，覆冰厚度不应超过 10mm，冰凌桥接长度不宜超过干弧距离的 1/3，放电不应超过第二伞裙，不应出现中部伞裙放电现象。

（6）断路器特殊巡视项目：

1）大风天气时，检查引线摆动情况，有无断股、散股，均压环及绝缘子是否倾斜、断裂，各部件上有无搭挂杂物。

2）雷雨天气后，检查外绝缘有无放电现象或放电痕迹。

3）大雨后、连阴雨天气时，检查机构箱、端子箱、汇控柜等有无进水，加热驱潮装置工作是否正常。

4）冰雪天气时，检查导电部分是否有冰雪立即融化现象，大雪时还应检查设备积雪情况，及时处理过多的积雪和悬挂的冰柱。

5）覆冰天气时，观察外绝缘的覆冰厚度及冰凌桥接程度，覆冰厚度不应超过 10mm，冰凌桥接长度不宜超过干弧距离的 1/3，爬电不应超过第二伞裙，不应出现中部伞裙爬电现象。

6）冰雹天气后，检查引线有无断股、散股，绝缘子表面有无破损现象。

7）大雾、重度雾霾天气时，检查外绝缘有无异常电晕现象，重点检查污秽部分。

8）温度骤变时，检查断路器油位、压力变化情况，以及有无渗漏现象；加热驱潮装置工作是否正常。

9）高温天气时，检查引线、线夹有无过热现象。

10）故障跳闸后巡视：

① 断路器外观是否完好。

② 断路器的位置是否正确。

③ 外绝缘、接地装置有无放电现象、放电痕迹。

④ 断路器内部有无异声。

⑤ SF_6 密度继电器（压力表）指示是否正常，操动机构压力是否正常，弹簧机构储能是否正常。

⑥ 油断路器有无喷油，油色及油位是否正常。

⑦ 各附件有无变形，引线、线夹有无过热、松动现象。

⑧ 保护动作情况及故障电流情况。

（7）电流互感器特殊巡视项目：

1）大负荷运行期间检查接头有无发热、本体有无异常声响、异味。必要时用红外热像仪检查电流互感器本体、引线接头的发热情况。检查 SF_6 气体压力指示或油位指示是否正常。

2）异常天气时气温骤变时，检查一次引线接头有无异常受力，引线接头部位有无发热现象；各密封部位有无漏气、渗漏油现象，SF_6气体压力指示及油位指示是否正常；端子箱内有无受潮凝露。

3）大风、雷雨、冰雹天气过后，检查导引线有无断股迹象，设备上有无飘落积存杂物，外绝缘有无闪络放电痕迹及破裂现象。

4）雾霾、大雾、毛毛雨天气时，检查外绝缘有无沿表面闪络和放电，重点监视瓷质污秽部分，必要时夜间熄灯检查。

5）高温及严寒天气时，检查油位指示是否正常，SF_6气体压力是否正常。

6）覆冰天气时，检查外绝缘覆冰情况及冰凌桥接程度，覆冰厚度不应超过 10mm，冰凌桥接长度不宜超过干弧距离的 1/3，放电不应超过第二伞裙，不应出现中部伞裙放电现象。

7）故障跳闸后的巡视，故障范围内的电流互感器重点检查油位、气体压力是否正常，有无喷油、漏气，导线有无烧伤、断股，绝缘子有无闪络、破损等现象。

8）除上述内容外，应注意下列情况：① 大负荷期间，用红外测温设备检查电流互感器内部、引线接头发热情况；② 大风扬尘、雾天、雨天天气下，外绝缘有无闪络；③ 冰雪、冰雹天气下，外绝缘有无损伤。

（8）电压互感器特殊巡视项目：

1）异常天气，气温骤变时，检查引线有无异常受力，是否存在断股，接头部位有无发热现象；各密封部位有无漏气、渗漏油现象，SF_6气体压力指示及油位指示是否正常；端子箱有无凝露现象。

2）大风、雷雨、冰雹天气过后，检查导引线有无断股、散股迹象，设备上有无飘落积存杂物，外绝缘有无闪络放电痕迹及破裂现象。

3）雾霾、大雾、毛毛雨天气时，检查外绝缘有无沿表面闪络和放电，重点监视瓷质污秽部分，必要时夜间熄灯检查。

4）高温天气时，检查油位指示是否正常，SF_6气体压力是否正常。

5）覆冰天气时，检查外绝缘覆冰情况及冰凌桥接程度，覆冰厚度不应超过 10mm，冰凌桥接长度不宜超过干弧距离的 1/3，放电不应超过第二伞裙，不应出现中部伞裙放电现象。

6）大雪天气时，应根据接头部位积雪融化迹象检查是否发热，及时清除导引线上的积雪和形成的冰柱。

7）故障跳闸后的巡视，故障范围内的电压互感器重点检查导线有无烧伤、断股，油位、油色、气体压力等是否正常，有无喷油、漏气等异常情况，绝缘子有无污闪、破损现象。

8）除上述内容外，应注意下列情况：① 大负荷期间，用红外测温设备检查电压互感器内部、引线接头发热情况；② 大风扬尘、雾天、雨天天气时，外绝缘有无闪络；③ 冰雪、冰雹天气时，外绝缘有无损伤。

（9）避雷器特殊巡视项目：

1）接头有无松动、发热或变色等现象。

2）瓷套部分有无裂纹、破损、放电现象，防污闪涂层有无破裂、起皱、鼓泡、脱落；硅橡胶复合绝缘外套伞裙有无破损、变形、电蚀痕迹。

3）压力释放装置封闭是否完好，有无异物。

4）引下线支持小套管是否清洁、有无碎裂，螺栓是否紧固。

5）原存在的设备缺陷是否有发展趋势。

6）大风、沙尘、冰雹天气后，检查引线连接是否良好，有无异常声响，垂直安装的避雷器有无严重晃动，户外设备区域有无杂物、飘浮物等。

7）雾霾、大雾、毛毛雨天气时，检查避雷器有无电晕放电情况，重点监视污秽瓷质部分，必要时夜间熄灯检查。

8）覆冰天气时，检查外绝缘覆冰情况及冰凌桥接程度，覆冰厚度不应超过10mm，冰凌桥接长度不宜超过干弧距离的1/3，放电不应超过第二伞裙，不应出现中部伞裙放电现象。

9）大雪天气时，检查引线积雪情况，为防止套管因过度受力引起套管破裂等现象，应及时处理引线积雪和冰柱。

（10）组合电器特殊巡视项目：

1)新设备或大修后投入运行72h内应开展不少于3次特殊巡视,重点检查设备有无异声、压力变化、红外检测罐体及引线接头等有无异常发热。

2）严寒季节时，检查设备SF_6气体压力是否过低，管道有无冻裂，加热保温装置是否正确投入。

3）气温骤变时，检查加热器投运、压力表计变化、液压机构设备有无渗漏油等情况；检查本体有无异常位移、伸缩节有无异常。

4）大风、雷雨、冰雹天气过后，检查导引线位移、金具固定情况及有无断股迹象，设备上有无杂物，套管有无放电痕迹及破裂现象。

5）浓雾、重度雾霾、毛毛雨天气时，检查套管有无表面闪络和放电，各接头部位在小雨中出现水蒸气上升现象时，应进行红外测温。

6）冰雪天气时，检查设备积雪、覆冰厚度情况，及时清除外绝缘上形成的冰柱。

7）高温天气时，增加巡视次数，监视设备温度，检查引线接头有无过热现象，设备有无异常声音。

（11）按照规定的巡视路线、巡视指导书（卡）巡视顺序和项目，对一次设备各个部位逐项进行巡视，不得有遗漏。

（12）巡视检查设备状态正常，则在标准化作业指导卡中对应检查项目逐项打“√”，发现异常及时记录。

3. 工作结束

（1）检查标准化作业指导卡是否填写完整，指导卡内所列工作内容均已巡视到位并确认设备状态。

（2）归还测温仪，恢复原状态，离场。

4.2.1.6 技能等级认证标准（评分表）

一次设备特殊巡视检查项目考核评分记录表如表4-6所示。

表 4–6　一次设备特殊巡视检查项目考核评分记录表

姓名：　　　　　　　　　　　　　　准考证号：　　　　　　　　　　　单位：

序号	项目	考核要点	配分	评分标准	得分	备注
1	工作准备					
1.1	着装穿戴	穿纯棉长袖工作服、绝缘鞋，戴安全帽	5	未穿纯棉长袖工作服、绝缘鞋，未戴安全帽，每项扣 2 分		
1.2	检查红外测温设备	检查红外测温设备电量、外观、镜头清洁完好；存储卡容量充足；在合格试验周期内，配件齐全	5	（1）使用无合格证或未在试验周期内的红外测温设备，扣 5 分； （2）未检查设备电量、外观，镜头是否完好，存储卡容量是否充足，缺少每项扣 2 分		
1.3	指导卡检查	使用标准化作业指导卡	5	（1）未对标准化作业指导卡巡视项目进行检查，缺少每项扣 1 分； （2）未正确判断特殊巡视类型，扣 5 分		
2	工作过程					
2.1	巡视开工	标准化作业指导卡填写	5	（1）漏填、错填时间、作业人员签名，每项扣 2 分； （2）未使用标准化作业指导卡，扣 5 分		
2.2	红外测温设备设置	正确设置红外测温设备参数	5	（1）未预热设备，扣 2 分； （2）未检测环境温度、湿度、风速，每项扣 2 分； （3）检测后未记录，扣 2 分； （4）未设置仪器参数即开展测温工作，扣 2 分		
2.3	红外测温设备检测	正确进行红外测温	5	（1）未调整焦距即进行检测，扣 2 分； （2）未调节温宽即进行检测，扣 2 分； （3）对被测设备检查涵盖不全，缺少每项扣 2 分； （4）检测后未保存图像，缺少每项扣 2 分		
2.4	变压器特殊巡视项目	按照变压器巡视相关要点开展特殊巡视	10	（1）针对不同的恶劣天气，巡视重点检查项目选取错误，扣 5 分； （2）巡视检查不全每处扣 1 分，最多扣 5 分		
2.5	断路器特殊巡视项目	按照断路器巡视相关要点开展特殊巡视	10	（1）针对不同的恶劣天气，巡视重点检查项目选取错误，扣 5 分； （2）巡视检查不全每处扣 1 分，最多扣 5 分		
2.6	电流互感器特殊巡视项目	按照电流互感器巡视相关要点开展特殊巡视	10	（1）针对不同的恶劣天气，巡视重点检查项目选取错误，扣 5 分； （2）巡视检查不全每处扣 1 分，最多扣 5 分		
2.7	电压互感器特殊巡视项目	按照电压互感器巡视相关要点开展特殊巡视	10	（1）针对不同的恶劣天气，巡视重点检查项目选取错误，扣 5 分； （2）巡视检查不全每处扣 1 分，最多扣 5 分		
2.8	避雷器特殊巡视项目	按照避雷器巡视相关要点开展特殊巡视	10	（1）针对不同的恶劣天气，巡视重点检查项目选取错误，扣 5 分； （2）巡视检查不全每处扣 1 分，最多扣 5 分		
2.9	组合电器	按照组合电器巡视相关要点开展特殊巡视	10	（1）未核对校组合电器名称、电压等级即开始巡视，扣 5 分； （2）检查不全每处扣 1 分，最多扣 5 分； （3）未检查每处扣 2 分，最多扣 10 分； （4）不同天气条件下，未采取针对性检查措施扣 5 分，检查不全每项扣 1 分		
2.10	巡视收工	标准化作业指导卡填写	10	（1）漏填、错填时间、作业人员签名，每项扣 1 分，最多扣 5 分； （2）未使用标准化作业指导卡，扣 10 分		
3	工作结束					
3.1	文明生产	汇报结束前，将现场恢复原状态	5	（1）出现不文明行为，扣 5 分； （2）现场未恢复扣 2 分，恢复不彻底扣 2 分		
		总分	100	合计得分		

否定项说明：1. 违反电力安全工作规程相关规定；2. 违反职业技能鉴定考场纪律；3. 造成设备重大损坏；4. 发生人身伤害事故

考评员：　　　　　　　　　　　　　　　　　　　　　　　　年　　月　　日

4.2.2 二次设备巡视检查

4.2.2.1 培训目标

通过专业理论学习和技能操作训练，使学员学会红外测温设备的使用方法及注意事项，学会直流系统、蓄电池、继电保护、自动装置的日常及特殊巡视检查项目，在能够完成二次设备日常及特殊巡视的同时掌握标准化作业指导卡的使用与填写。

4.2.2.2 培训场所及设施

1. 培训场所

变电运维专业实训场地。

2. 培训设施

培训工具及器材如表 4–7 所示。

表 4–7 培训工具及器材（每个工位）

序号	名称	规格型号	单位	数量	备注
1	安全帽	—	顶	1	考生自备
2	全棉长袖工作服	—	套	1	考生自备
3	绝缘鞋	—	双	1	考生自备
4	文件夹板	—	个	1	考生自备
5	中性笔	黑色	支	1	现场准备
6	标准化作业指导卡	—	张	1	现场准备
7	红外测温设备	—	套	1	现场准备

4.2.2.3 培训方式及时间

1. 培训方式

教师现场讲解、示范，学员进行技能操作训练，培训结束后进行理论考核与技能测试。

2. 培训与考核时间

（1）培训时间。

直流系统、蓄电池巡视检查相关专业知识：2h；

继电保护、自动装置巡视检查相关专业知识：2h；

红外测温设备使用知识：1h；

标准化作业指导卡相关专业知识：1h；

技能训练：1h；

合计：7h。

（2）考核时间：60min。

4.2.2.4 基础知识

（1）直流系统、蓄电池、继电保护、自动装置二次设备日常巡视检查的巡视项目及方法。

（2）直流系统、蓄电池、继电保护、自动装置二次设备特殊巡视检查的巡视项目及方法。

4.2.2.5 技能培训步骤

1. 工作准备

（1）场地准备：现场直流系统、蓄电池、继电保护装置等二次设备运行良好。

（2）器材准备：

1）正确佩戴安全帽，着装整齐，巡视标准化作业指导卡齐全。

2）红外测温仪电量充足，状态良好，可正常进行测温。

2. 操作步骤

（1）检查红外测温仪正常，开机，正确设置测量参数。

（2）核对直流系统、蓄电池、继电保护装置标识信息，确认现场设备运行正常。

（3）二次设备日常巡视项目及方法。

1）充电装置：

① 监控装置运行正常，无其他异常及告警信号。

② 充电装置交流输入电压、直流输出电压、电流正常。

③ 充电模块运行正常，无报警信号，风扇正常运转，无明显噪声或异常发热。

④ 直流控制母线、动力（合闸）母线电压、蓄电池组浮充电压值在规定范围内，浮充电流值符合规定。

⑤ 各元件标识正确，断路器、操作把手位置正确。

2）馈电屏：

① 绝缘监测装置运行正常，直流系统的绝缘状况良好。

② 各支路直流断路器位置正确、指示正常，监视信号完好。

③ 各元件标识正确，直流断路器、操作把手位置正确。

3）事故照明屏：

① 交、直流电压正常，表计指示正确。

② 交直流断路器及接触器位置正确。

③ 屏柜（前、后）门接地可靠，柜体上各元件标识正确可靠。

4）蓄电池：

① 蓄电池组外观清洁，无短路、接地。

② 蓄电池组总熔断器运行正常。

③ 蓄电池壳体无渗漏、变形，连接条无腐蚀、松动，构架、护管接地良好。

④ 蓄电池电压在合格范围内。

⑤ 蓄电池编号完整。

⑥ 蓄电池巡检采集单元运行正常。

⑦ 蓄电池室温度、湿度、通风正常，照明及消防设备完好，无易燃、易爆物品。

⑧ 蓄电池室门窗严密，房屋无渗、漏水。

5）继电保护、自动装置二次设备：

①“运行”灯亮。

② 装置重合闸投入时“充电完成”灯亮。

③“TV 断线”“通道 1 异常”“通道 2 异常”“报警”灯不亮。

④ 装置未动作时，“A 相跳闸”“B 相跳闸”“C 相跳闸”“重合闸”灯不亮。

⑤ 检查保护投入状态、定值区与现场运行交代一致、调度令一致。

⑥ 对保护装置打印设备进行检查，检查电源是否正常，打印纸、色带是否充足，有无卡纸现象。

⑦ 核对微机保护装置和保护信息管理系统的时钟。

⑧ 检查监控系统中保护装置软压板，智能柜硬压板应与现场运行交代及调度令一致。

⑨ 检查监控系统中的继电保护系统运行状态、告警信息、通信状态。

⑩ 检查室外智能控制柜（箱）密闭良好，柜内温度应控制在 –10～50℃、湿度保持在 90% 以下，对温湿度进行测量并记录。

⑪ 检查光纤接头应可靠连接，尾纤弯曲内径满足相关标准要求。光纤无破损、松动，防尘帽密封良好。

（4）二次设备特殊巡视项目及方法。

1）变电站站用电停电或全站交流电源失电，直流电源蓄电池带全站直流电源负荷期间特殊巡视检查：

① 蓄电池带负荷时间严格控制在规程要求的时间范围内。

② 直流控制母线、动力母线电压、蓄电池组电压值在规定范围内。

③ 各支路直流断路器位置正确。

④ 各支路的运行监视信号完好、指示正常。

⑤ 交流电源恢复后，应检查直流电源运行工况，直到直流电源恢复到浮充方式运行，方可结束特殊巡视工作。

2）出现直流断路器脱扣、熔断器熔断等异常现象后，应巡视保护范围内各直流回路元件有无过热、损坏和明显故障现象。

（5）按照规定的巡视路线、巡视指导书（卡）巡视顺序和项目，对二次设备各个部位逐项进行巡视，不得有遗漏。

（6）巡视检查设备状态正常，则在标准化作业指导卡中对应检查项目逐项打“√”，发现异常及时记录。

3. 工作结束

（1）检查标准化作业指导卡是否填写完整，指导卡内所列工作内容均已巡视到位并确认设备状态。

（2）归还测温仪，恢复原状态。

4.2.2.6 技能等级认证标准（评分表）

二次设备巡视检查项目考核评分记录表如表 4–8 所示。

表 4-8　二次设备巡视检查项目考核评分记录表

姓名：　　　　　　　　　　　　准考证号：　　　　　　　　　　单位：

序号	项目	考核要点	配分	评分标准	得分	备注
1	工作准备					
1.1	着装穿戴	穿纯棉长袖工作服、绝缘鞋，戴安全帽	5	未穿纯棉长袖工作服、绝缘鞋，未戴安全帽，每项扣 2 分		
1.2	检查红外测温设备	检查红外测温设备电量、外观、镜头清洁完好；存储卡容量充足；在合格试验周期内，配件齐全	5	（1）使用无合格证或未在试验周期内的红外测温设备，扣 2 分； （2）未检查设备电量、外观，镜头是否完好，存储卡容量是否充足，每少一项扣 2 分		
1.3	工作准备	使用标准化作业指导卡	5	未对标准化作业指导卡巡视项目进行检查，缺少每项扣 1 分		
2	巡视过程					
2.1	巡视开工	标准化作业指导卡填写	5	（1）漏填、错填时间、作业人员签名，每项扣 2 分； （2）未使用标准化作业指导卡，扣 10 分		
2.2	红外测温设备设置	正确设置红外测温设备参数	5	（1）未预热设备，扣 2 分； （2）未检测环境温度、湿度，每项扣 1 分； （3）检测后未记录，扣 2 分； （4）未设置仪器参数即开展测温工作，扣 2 分		
2.3	红外测温设备检测	正确进行红外测温	5	（1）未调整焦距即进行检测，扣 2 分； （2）未调节温宽即进行检测，扣 2 分； （3）未对蓄电池组、充电装置、馈电屏及事故照明屏分别检测，缺少每项扣 1 分； （4）未对每节蓄电池连接片、每组充电模块、屏内各连接引线分别检测，缺少每项扣 2 分； （5）检测后未保存图像，缺少每项扣 1 分，最多扣 3 分		
2.4	二次设备日常巡视项目	按照二次设备日常巡视相关要点开展日常巡视	30	（1）未按巡视要点进行巡视，每处扣 1 分，最多 10 分； （2）巡视检查不全，每处扣 2 分，最多扣 30 分		
2.5	二次设备特殊巡视项目	按照二次设备特殊巡视相关要点开展特殊巡视	30	（1）未按巡视要点进行巡视，每处扣 1 分，最多 10 分； （2）巡视检查不全，每处扣 2 分，最多扣 30 分		
2.6	巡视收工	标准化作业指导卡填写	5	（1）漏填、错填时间，每项扣 2 分； （2）发现巡视异常未记录，每项扣 2 分		
3	作业结束					
3.1	文明生产	汇报结束前，将现场恢复原状态	5	（1）出现不文明行为，扣 5 分； （2）现场未恢复扣 2 分，恢复不彻底扣 2 分		
		总分	100	合计得分		

否定项说明：1. 违反电力安全工作规程相关规定；2. 违反职业技能鉴定考场纪律；3. 造成设备重大损坏；4. 发生人身伤害事故

考评员：　　　　　　　　　　　　　　　　　　　　年　　月　　日

4.3 倒闸操作

4.3.1 倒闸操作票填写

4.3.1.1 培训目标

通过专业理论学习，使学员了解电气设备运行方式，变压器及母线停、送电倒闸操作票，站用交直流系统倒闸操作票，电容器、电抗器及消弧线圈倒闸操作票填写原则，熟练掌握上述设备停、送电倒闸操作票填写内容。

4.3.1.2 培训场所及设施

1. 培训场所

培训教室。

2. 培训设施

培训工具及器材如表 4-9 所示。

表 4-9 培训工具及器材（每个工位）

序号	名称	规格型号	单位	数量	备注
1	计算机	—	台	1	现场准备
2	空白倒闸操作票	—	份	5	现场准备
3	中性笔	黑色	支	1	现场准备
4	系统图	—	份	1	现场准备
5	运行方式	—	份	1	现场准备
6	保护配置图	—	份	1	现场准备
7	急救箱	—	个	1	现场准备

4.3.1.3 培训方式及时间

1. 培训方式

教师理论讲解，学员练习，培训结束后进行考核测试。

2. 培训与考核时间

（1）培训时间。

变压器及母线停、送电倒闸操作的原则讲解：1h；

站用交直流系统倒闸操作的原则讲解：1h；

电容器、电抗器及消弧线圈倒闸操作的原则讲解：1h；

一次设备倒闸操作时继电保护、自动装置的配合及有关注意事项讲解：0.5h；

变压器及母线停、送电倒闸操作票理论讲解：1.5h；

站用交直流系统倒闸操作票理论讲解：0.5h；

电容器、电抗器及消弧线圈倒闸操作票理论讲解：0.5h；

分组练习：2h；

合计：8h。

（2）考核时间：60min。

4.3.1.4 基础知识

（1）填写变压器及母线停、送电倒闸操作票。

（2）填写站用交直流系统倒闸操作票。

（3）填写电容器、电抗器及消弧线圈倒闸操作票。

4.3.1.5 技能培训步骤

1. 变压器倒闸操作的原则及内容

（1）变压器送电前，应检查送电侧母线电压及变压器分接头位置（大、中型变压器，分接开关是按相设置的，故三相必须在同一分接位置运行），保证送电后各侧电压不超过其相应分接头电压的 5%。

（2）在 110kV 及以上中性点直接接地系统中，变压器停、送电及经变压器向母线充电时，在操作前必须将变压器中性点接地开关合上，操作完毕后根据系统方式的要求决定拉开与否。

（3）变压器送电时，应先从电源侧充电，再送负荷侧，当两侧或三侧均有电源时，应先从高压侧充电，再送低压侧，并按继电保护的要求调整变压器中性点接地方式。在停电操作时，应先停负荷侧，后停电源侧；当两侧或三侧均有电源时，应先停低压侧，后停高压侧。对于中、低压侧具有电源的发电厂、变电站，至少应有一台变压器中性点接地。

（4）运行中的 110kV 或 220kV 双绕组及三绕组变压器，若需一侧断路器断开，如该侧为中性点直接接地系统，则该侧的中性点接地开关应先合上。变压器零序保护的调整由现场按整定书要求自行操作，调度不发令。

（5）220kV 变压器中性点零序保护和间隙保护投停的顺序：若间隙保护用电流互感器接于变压器中性点放电间隙与接地点之间，当变压器中性点由经间隙接地改为直接接地时，零序保护应在接地开关合上前投入，间隙保护应在接地开关合上后停用；当变压器中性点由直接接地改为经间隙接地时，间隙保护应在接地开关拉开前投入，零序保护应在接地开关拉开后停用。若间隙保护电流取自变压器中性点套管电流互感器，则合上中性点接地开关前先投入零序保护，退出间隙保护；拉开中性点接地开关后，投入间隙保护，停用零序保护。

（6）新投运或大修后的变压器应进行核相，确认无误后方可并列运行。新投运的变压器一般冲击合闸 5 次，大修后的冲击合闸 3 次。

2. 母线倒闸操作的原则及内容

（1）运行中的双母线，当将一组母线上的部分或全部断路器（包括热备用）倒至另一组母线时（冷倒除外），应确保母联断路器及其隔离开关在合闸状态。

（2）对于母线上热备用的线路，当需要将热备用线路由一组母线倒至另一组母线时，应先将该线路由热备用转为冷备用，然后再操作调整至另一组母线上热备用，即遵循“先拉、后合”的原则。

（3）运行中的双母线并列、解列操作必须用断路器来完成。倒母线应考虑各组母线的负荷与电源分布的合理性。一组运行母线及母联断路器停电，应在倒母线操作结束后，拉开母联断路器，再拉开停电母线侧隔离开关，最后拉开运行母线侧隔离开关。

（4）双母线双母联带分段断路器接线方式倒母线操作时，应逐段进行。一段操作完毕，再进行另一段的倒母线操作。不得将与操作无关的母联、分段断路器改非自动。

（5）单母线停电时，应先拉开停电母线上所有负荷断路器，后拉开电源断路器，再将所有间隔设备（含母线电压互感器、站用变压器等）转冷备用、最后将母线三相短路接地。恢复时顺序相反。

（6）有电容器组运行的母线停电操作时，应先停运电容器组，再停运母线上的其他元件；

母线投运时，先投运母线上的其他元件，最后投运电容器组。

3. 消弧线圈倒闸操作的原则及内容

（1）带有消弧线圈的变压器停电前，必须先将消弧线圈断开后再停电，不得将两台变压器的中性点同时接到一台消弧线圈上。必要时，可用变压器电源开关断开消弧线圈。

（2）消弧线圈装置运行中从一台变压器的中性点切换到另一台时，必须先将消弧线圈断开后再切换。不得将两台变压器的中性点同时接到一台消弧线圈上。

（3）中性点接有消弧线圈的主变压器在停电时，应先拉开消弧线圈的隔离开关，再停主变压器，送电时相反。

（4）消弧线圈投运时应先投控制器，再投一次设备；停电顺序与此相反。

（5）母线送电时，宜先投入消弧线圈，再送馈线；停电操作顺序与此相反。

4. 电容器、电抗器倒闸操作的原则及内容

（1）电容器、电抗器停电时，先断开断路器，后拉开元件侧隔离开关，再拉开母线侧隔离开关。送电时，先合上母线侧隔离开关，后合上元件侧隔离开关，最后合上断路器。

（2）电容器停用时应经放电线圈充分放电后才可合接地开关，其放电时间不得少于5min。

5. 站用交流系统倒闸操作的原则及内容

（1）站用变压器送电时，应先送电源侧（高压侧），后送负荷侧（低压侧）；站用变压器停电时，应先停负荷侧，后停电源侧。

（2）两台站用变压器均运行时，由于二次存在电压差以及所接电源可能不同，为避免电磁环网，低压侧原则上不能并列运行，故只能采用停电倒负荷的方式；若两台站用变压器满足并列运行的条件，且高压侧在并列运行或高压侧为同一个电源时，可采用不停电倒负荷的方式。

（3）站用电系统正常运行时，低压Ⅰ、Ⅱ段母线分列运行。在两台站用变压器高压侧未并列时，严禁合上低压母联断路器（或隔离开关）；同样在低压母联断路器（或隔离开关）未合上时，严禁将分别接自站用电不同母线段的出线并列。

（4）对于采用外来电源的站用变压器，由于和站内电源的站用变压器相位不同，不得并列运行。

（5）采用停电倒负荷方式的站用变压器停电后，应检查相应站用电屏上的电压表，确认无指示后才能合上另一台站用变压器的低压断路器（或放上熔断器）或低压母联断路器（或隔离开关）。在站用变压器转检修后，应做好防止倒送电的安全措施。

6. 站用直流系统倒闸操作的原则及内容

（1）两组蓄电池组的直流系统，应满足在运行中二段母线切换时不中断供电的要求，切换过程中允许两组蓄电池短时并联运行，禁止在两系统都存在接地故障情况下进行切换。

（2）直流母线在正常运行和改变运行方式的操作中，严禁出现直流母线无蓄电池组的运行方式。

（3）投入或停用直流控制电源（或熔断器）时，应考虑对继电保护及自动装置的影响；必要时应征得所属调度同意，短时停用。

（4）运行中的继电保护及自动装置需停用直流电源时，应先停用保护出口压板，再停用直流电源。恢复时投入直流电源后，应先检查整个继电保护及自动装置运行是否正常，并使用高内阻电压表测量出口压板两端对地无异极性电压后，再投入出口压板。

7. 操作步骤（操作票填写步骤）

（1）登录仿真机学员账号。

（2）核对系统运行方式正确。

（3）明确操作任务。

（4）根据操作任务及操作原则正确填写倒闸操作票。

（5）工作结束，恢复仿真机运行方式。

4.3.1.6 技能等级认证标准（评分表）

变压器、母线、站用交直流系统、电容器、电抗器、消弧线圈停送电倒闸操作票填写考核评分记录表如表 4–10 所示。

表 4–10 倒闸操作票填写考核评分记录表

序号	项目	考核要点	配分	评分标准	得分	备注
1	工作准备					
1.1	系统运行方式	核对系统运行方式正确	5	（1）核对不认真，扣 2 分； （2）未核对系统运行方式，不得分		
1.2	操作任务	明确操作任务	5	（1）未填写设备双重名称，扣 2 分； （2）操作任务不清楚，不得分		
2	工作过程					
2.1	操作项目	一次项操作	30	（1）未填写设备双重名称，扣 2 分； （2）漏项，每处扣 2 分，最多扣 30 分； （3）操作项顺序错误，每处扣 2 分，最多扣 30 分		
		二次项操作	15	（1）未填写设备双重名称，扣 2 分； （2）漏项，每处扣 2 分，最多扣 15 分； （3）操作项顺序错误，每处扣 2 分，最多扣 15 分		
		检查项操作	5	（1）未填写设备双重名称，扣 2 分； （2）漏项，每处扣 2 分，最多扣 5 分； （3）操作项顺序错误，每处扣 2 分，最多扣 5 分		
		验电接地项操作	30	（1）未填写设备双重名称，扣 2 分； （2）漏项，每处扣 2 分，最多扣 30 分； （3）操作项顺序错误，每处扣 2 分，最多扣 30 分		
3	工作结束					
3.1	打印操作票	打印操作票	5	（1）操作票打印不完整、不清晰，扣 2 分； （2）未打印操作票，不得分		
3.2	文明生产	清理现场	5	（1）现场清理不干净，扣 2 分； （2）未清理现场，不得分		
		总分	100	合计得分		
否定项说明：1. 违反电力安全工作规程相关规定；2. 违反职业技能鉴定考场纪律；3. 造成设备重大损坏；4. 发生人身伤害事故						

考评员：　　　　　　　　　　　　　　　　　　　　年　　月　　日

4.3.2 倒闸操作

4.3.2.1 培训目标

通过专业理论和技能操作训练，使学员了解变压器及母线停、送电倒闸操作，站用交直流系统倒闸操作，电容器、电抗器及消弧线圈倒闸操作技术要领、注意事项及安全措施，以及防误闭锁装置的作用及使用方法；熟练掌握上述设备倒闸操作标准流程及规范。

4.3.2.2 培训场所及设施

1. 培训场所

变电综合实训场地。

2. 培训设施

培训工具及器材如表 4-11 所示。

表 4-11 培训工具及器材（每个工位）

序号	名称	规格型号	单位	数量	备注
1	操作票	—	份	1	现场准备
2	安全帽	—	顶	1	考生自备
3	全棉长袖工作服	—	套	1	考生自备
4	绝缘鞋	—	双	1	考生自备
5	绝缘操作杆	—	套	1	现场准备
6	验电器	—	套	1	现场准备
7	绝缘手套	—	副	1	现场准备
8	绝缘靴	—	双	1	现场准备
9	接地线	—	组	若干	现场准备
10	标识牌	—	块	若干	现场准备
11	线手套	—	副	1	考生自备
12	录音笔	—	个	1	现场准备
13	操作把手	—	个	1	现场准备
14	活动扳手	—	个	1	现场准备
15	箱体钥匙	—	套	1	现场准备
16	照明灯具	—	个	1	现场准备
17	文件夹板	—	个	1	考生自备
18	中性笔	黑色	支	1	现场准备
19	中性笔	红色	支	1	现场准备
20	急救箱	—	个	1	现场准备

4.3.2.3 培训方式及时间

1. 培训方式

教师理论讲解、示范，学员进行技能操作训练，培训结束后进行理论考核与技能测试。

2. 培训与考核时间

（1）培训时间。

变电器及母线停、送电倒闸操作技术要领、注意事项及安全措施讲解：2h；

站用交直流系统倒闸操作技术要领、注意事项及安全措施讲解：1h；

电容器、电抗器及消弧线圈倒闸操作技术要领、注意事项及安全措施讲解：1h；

监护倒闸操作注意事项及安全措施讲解：1h；

分组技能操作训练：2h；

合计：7h。

（2）考核时间：60min。

4.3.2.4 基础知识

（1）变压器及母线停、送电倒闸操作。

（2）站用交直流系统倒闸操作。

（3）电容器、电抗器及消弧线圈倒闸操作。

（4）监护倒闸操作并纠正操作人不正确操作行为。

4.3.2.5 技能培训步骤

1. 变压器及母线停、送电倒闸操作技术要领、注意事项及安全措施

（1）变压器中性点接地方式为经小电抗接地时，允许变压器在中性点经小电抗接地的情况下，进行变压器停、送电操作。在送电操作前应特别检查变压器中性点经小电抗可靠接地。

（2）主变压器停电前，应先行调整好站用电运行方式。

（3）充电前应仔细检查充电侧母线电压，保证充电后各侧电压不超过规定值。检查主变压器保护及相关保护压板投退位置正确，无异常动作信号。

（4）变压器充电后，检查变压器无异常声音，遥测、遥信指示应正常，开关位置指示及信号应正常，无异常告警信号。

（5）母线停电前应检查停电母线上所有负荷确已转移，同时应防止电压互感器反送电。

（6）冷倒（热备用断路器）切换母线隔离开关，应“先拉、后合”。

（7）母线停电前，有站用变压器接于停电母线上的，应先做好站用电的调整。

2. 站用交直流系统倒闸操作技术要领、注意事项及安全措施

（1）两路不同站用变电源供电的负荷回路不得并列运行，站用交流环网严禁合环运行。

（2）两组蓄电池组的直流系统，切换过程中允许两组蓄电池短时并联运行，禁止在两系统都存在接地故障情况下进行切换。

（3）直流母线在正常运行和改变运行方式的操作中，严禁发生直流母线无蓄电池组的运行方式。

3. 电容器、电抗器及消弧线圈倒闸操作技术要领、注意事项及安全措施

（1）对于装设有自动投切装置的电容器，在停复电操作前，应确保自动投切装置已退出，复电操作完后，再按要求进行投入。

（2）分组电容器投切时，不得发生谐振（尽量在轻载荷时切出）。

（3）某条母线停役时应先切除该母线上电容器，然后拉开该母线上的各出线回路，母线复役时则应先合上母线上的各出线回路断路器，后合上电容器断路器。

（4）电容器切除后，须经充分放电后（必须在 5min 以上），才能再次合闸。因此在操作时，若出现断路器合不上或跳跃等情况时，不可连续合闸，以免电容器损坏。

（5）正常操作中不得用总断路器对并联电抗器进行投切。

4. 监护倒闸操作注意事项及安全措施

操作中应认真执行监护复诵制度（单人操作时也应高声唱票），宜全过程录音。操作过程中应按操作票填写的顺序逐项操作。每操作完一步，应检查无误后做一个“√”记号，全部操作完毕后进行复查。

5. 操作步骤（操作票填写步骤）

（1）个人着装检查，检查着装及安全帽。

（2）安全工器具检查，安全工器具外观、声光、声响检查及检漏，试验周期核对，正确汇报检查结果。

（3）操作票填写，正确填写操作票。

（4）模拟预演，按照正规的模拟预演流程进行预演。

（5）执行操作，按照正规的倒闸操作流程进行操作。

（6）清理现场、工作结束，操作完毕后将工器具、材料整齐摆放在指定位置。清理现场，工作结束，离场，向考评员汇报工作结束。

4.3.2.6 技能等级认证标准（评分表）

变压器、母线、站用交直流系统、电容器、电抗器、消弧线圈停送电倒闸操作考核评分记录表如表 4–12 所示。

表 4–12 倒闸操作考核评分记录表

序号	项目	考核要点	配分	评分标准	得分	备注
1	工作准备					
1.1	着装及防护	劳保服、安全帽、劳保鞋	3	（1）未穿工作服、绝缘鞋，未戴安全帽、线手套，缺少每项扣 1 分，最多扣 2 分； （2）着装穿戴不规范，每处扣 1 分		
1.2	申请操作	申请操作	1	（1）未报告考评员准备工作完成，扣 0.5 分； （2）未得到许可后到达指定工位，扣 0.5 分		
1.3	工器具和材料选用及检查	工器具和材料选用及检查	10	逐项对安全工器具进行检查，每漏一项扣 1 分，最多扣 10 分		
		材料选用及检查	1	未正确选用操作票、中性笔，扣 1 分		
1.4	模拟预演	模拟预演	5	逐项对操作项目进行模拟预演，每漏一项扣 1 分，最多扣 5 分		

续表

序号	项目	考核要点	配分	评分标准	得分	备注
2	工作过程					
2.1	操作步骤	接发调度令	5	（1）非有权受令的人员接受值班调度员操作指令，扣1分； （2）接受正式操作指令时，未在调度指令记录内实录操作指令内容，包括下令人和受令人姓名、操作任务、操作项目及序号、下达指令时间，令号栏内未写明“具体指令号”或“口头令”，扣1分； （3）未向下令人复诵一遍并得到其同意后开始执行，扣1分； （4）接受调度指令未全程录音，扣1分； （5）对指令有疑问时，未向发令人询问清楚无误后执行，扣1分		
		唱票复诵	5	（1）监护人唱票操作任务后，操作人未复诵操作任务，扣2.5分； （2）复诵时未说普通话，声音不洪亮，咬字不清楚、卡顿，扣2.5分		
		开关操作	15	（1）操作时，未首先核对操作回路或同一系统设备的实际状态，扣2分； （2）监护人唱票远方操作一次设备前，未对现场人员发出提示信号，提醒现场人员远离操作设备，扣3分； （3）操作时未按操作票的顺序依次进行操作，出现跳项、漏项、颠倒顺序、增减步骤、擅自更改操作顺序情况，扣5分； （4）传动机构拉合断路器未戴绝缘手套，扣2分； （5）拉开、合上断路器操作前后，未检查断路器实际位置、监控位置、测控位置和监控电流指示，扣3分		
		隔离开关操作	15	（1）用绝缘棒拉合隔离开关未戴绝缘手套，扣3分； （2）停电拉闸操作未按照断路器—负荷侧隔离开关—电源侧隔离开关的顺序（送电合闸操作顺序与之相反）依次进行，或带负荷拉合隔离开关，扣3分； （3）未检查断路器在开位后就进行合上或拉开断路器两侧隔离开关的操作，或未检查操作后的隔离开关位置，扣3分； （4）就地操作隔离开关前，未检查断路器在开位，且断路器遥控出口压板必须停用或“远方/就地”方式把手切至“就地”位置，方可进行合上或拉开断路器两侧隔离开关的操作扣3分； （5）操作后未检查隔离开关实际位置，未检查其分闸后角度是否符合要求，未检查合上的隔离开关其接触是否良好，扣3分		
		验电接地操作	15	（1）未正确使用验电器，操作人、监护人未对需要合接地开关或装设接地线位置共同核对接地线编号，扣2分； （2）装、拆接地线均未使用绝缘棒，未戴绝缘手套，扣2分； （3）在装设接地线导体端前，操作人和监护人未共同检查接地线接地端连接紧固，并未检查接地线装设地点电气连接各侧有明显断开点，扣2分； （4）操作人验电前，未在临近相同电压等级带电设备测试验电器（无法在有电设备上进行试验时，可用工频高压发生器），扣3分； （5）操作人逐相验明确无电压后未唱诵“×相确无电压”，监护人未确认无误并唱诵“正确”，操作人就移开验电器，扣3分； （6）当验明设备已无电压后，未立即将检修设备接地并三相短路，扣3分		

续表

序号	项目	考核要点	配分	评分标准	得分	备注
2.1	操作步骤	检查设备操作	5	(1)操作时未首先核对操作回路或同一系统设备的实际状态，操作中未严格执行"四对照"(即对照设备名称、编号、位置和拉合方向)，扣2分； (2)操作结束后监护人和操作人未共同检查操作质量，扣1分； (3)倒闸操作过程若因故中断，在恢复操作时运维人员未重新进行核对(核对设备名称、编号、实际位置)，扣1分； (4)电气设备操作后的位置检查应以设备各相实际位置为准，无法看到实际位置时，未通过间接方法核对设备位置，扣1分		
		防误闭锁装置操作	10	(1)电脑钥匙开锁前，操作人未核对电脑钥匙上的操作内容与现场锁具名称编号一致，扣3分； (2)未对监控系统和微机"五防"系统进行人工置位，扣5分； (3)回传电脑钥匙操作信息，未检查监控后台与"五防"画面设备位置确实对应变位，未确认监控后台无异常信息及报文，扣2分		
2.2	其他要求	操作情况	2	操作人未正确穿戴绝缘鞋和绝缘手套，未使用绝缘操作棒，扣2分		
			2	操作项目完成后，未立即在对应栏内标注"√"，扣2分		
			2	操作过程中不熟悉操作步骤，动作不连贯、卡顿，扣2分		
3	工作结束					
3.1	事后清理	清理现场	2	操作完毕后，未将工器具、材料整齐摆放在指定位置，扣2分		
3.2	结束报告	工作汇报	2	操作完毕后，未向考评员汇报工作结束，扣2分		
		总分	100	合计得分		

否定项说明：1. 违反电力安全工作规程相关规定；2. 违反职业技能鉴定考场纪律；3. 造成设备重大损坏；4. 发生人身伤害事故

考评员：　　　　　　　　　　　　　　　　　　年　　月　　日

4.4 异常及故障处理

4.4.1 一次设备一般性异常处理

4.4.1.1 培训目标

通过职业技能培训，以实际技能操作为主线，使学员掌握变电站一次设备一般性异常处理的基础知识，能够准确判断异常点位，在保证人身安全的前提下，根据设备异常情况及时采取措施，避免异常情况扩大，演变成事故。

4.4.1.2 培训场所及设施

1. 培训场所

实训室。

2. 培训设施

培训工具及器材如表 4–13 所示。

表 4–13 培训工具及器材（每个工位）

序号	名称	规格型号	单位	数量	备注
1	安全帽	—	顶	1	考生自备
2	绝缘鞋	—	双	1	考生自备
3	录音笔	—	支	1	现场准备
4	红外测温仪	—	台	1	现场准备
5	望远镜	—	台	1	现场准备
6	监控主机	—	台	1	现场准备
7	桌子	—	张	1	现场准备
8	凳子	—	把	1	现场准备
9	纸	A4	张	若干	现场准备
10	签字笔	黑色	支	1	现场准备
11	历史压力抄录、测温数据	—	张	若干	现场准备
12	温湿度计	—	支	1	现场准备
13	电话	—	部	1	现场准备
14	SF_6 检测仪	—	部	1	现场准备

4.4.1.3 培训方式及时间

1. 培训方式

教师现场讲解、示范，学员进行实际操作训练，培训结束后进行现场异常点位判断，根据异常情况采取的相关措施等进行技能考核与测试。

2. 培训和考核时间

（1）培训时间。

发热、声音异常处理方法：1h；

油位、渗漏油异常处理方法：1h；

气压、液压异常处理方法：1h；

合计：3h。

（2）考核时间：60min。

4.4.1.4 基础知识

（1）处理一次设备接触不良、断股、发热异常。

（2）处理一次设备油位、渗漏油异常。

（3）处理一次设备绝缘污秽、破损、裂纹异常。

（4）处理一次设备气压、液压异常。

（5）处理一次设备运行声音异常。

4.4.1.5 技能培训步骤

1. 工作准备

（1）场地准备：每个工位布置一次设备接触不良、断股、发热异常，油位、渗漏油异常，绝缘污秽、破损、裂纹异常，气压、液压异常，运行声音异常等缺陷。

（2）工具器材及使用材料准备：

1）对进场的仪器、工器具进行检查，确保能够正常使用，并整齐摆放。

2）工具器材要求质量合格、安全可靠、数量满足要求。

2. 工作过程

（1）现场检查：发现现场一次设备异常情况，并正确使用绝缘工器具、各类仪器等设备。

（2）记录：一次设备红外检测温度、负荷、表计压力、油位指示、渗漏油及声响等异常情况，一次设备现场、监控系统等异常报警现象。

（3）统计分析：根据异常点位、异常现象及检测结果，初步判断设备异常原因。收集设备基础资料，如设备额定压力、报警压力、闭锁压力、油位曲线、红外温度对比等参数的统计。分析影响范围，如断路器 SF_6 压力异常，可能导致断路器分合闸闭锁，应该在确认实际压力值后，通过补气或者一次设备停电隔离故障设备；引线断股、声音异常影响的一次设备或二次设备等。

（4）汇报：将一次设备红外检测温度、负荷、压力、渗漏油等异常情况和统计的基础资料及时汇报相关部门和单位，便于专业人员现场判断或调度人员及时、全面地掌握异常情况，并进一步分析判断。

（5）处理：一次设备一般性异常处理方法如表 4－14 所示。

表 4－14　一般性异常处理方法

序号	一般性异常	处理方法
1	一次设备接触不良、断股、发热异常	（1）对于一般过热缺陷，记录在案，加强监视，注意观察其缺陷的发展。当发热点温升值小于 15K 时，对于负荷率小、温升小但相对温差大的设备，可在增大负荷电流后进行复测。 （2）对于严重过热缺陷，若为电流致热型设备，应加强监测，必要时申请倒换运行方式或转移负荷；若为电压致热型设备，应加强监测并安排其他测试手段，缺陷性质确认后，立即采取措施消缺。 （3）对于危急过热缺陷，应立即安排处理。若为电流致热型设备，应立即向值班调控人员申请降低负荷电流或停电消缺；若为电压致热型设备，应立即申请停电消缺
2	一次设备油位、渗漏油异常	（1）检查设备是否存在严重渗漏缺陷。 （2）利用红外测温装置检测设备真实油面。 （3）检查油位信号回路是否正确发信。 （4）若渗漏油造成油位下降，应立即采取措施制止渗漏油。若不能制止渗漏油，且油位计指示低于下限时，应立即向值班调控人员申请停运处理。 （5）若无渗漏油现象，油温和油位偏差超过标准曲线，或油位超过极限位置上下限，联系检修人员处理。 （6）若假油位导致油位异常，应联系检修人员处理
3	一次设备绝缘污秽、破损、裂纹异常	（1）若绝缘子有破损，应联系检修人员到现场进行分析，加强监视，并增加红外测温次数； （2）若绝缘子严重破损且伴有放电声或严重电晕，立即向值班调控人员申请停运； （3）若隔离开关绝缘子有裂纹，应立即停止操作，立即向值班调控人员申请停运

续表

序号	一般性异常	处理方法
4	一次设备气压、液压异常	（1）检查 SF_6 密度继电器（压力表）指示是否正常，气体管路阀门是否正确开启； （2）严寒地区检查断路器本体保温措施是否完好； （3）若 SF_6 气体压力降至告警值，但未降至压力闭锁值，联系检修人员，在保证安全的前提下进行补气，必要时对断路器本体及管路进行检漏； （4）若运行中 SF_6 气体压力降至闭锁值以下，立即汇报值班调控人员，断开断路器操作电源，按照值班调控人员指令隔离该断路器； （5）检查人员应按规定使用防护用品，若需进入室内，应开启所有排风机强制排风 15min，并用检漏仪测量 SF_6 气体合格，用仪器检测含氧量合格，室外应从上风侧接近断路器进行检查
5	一次设备运行声音异常	（1）伴有电火花、爆裂声时，立即向值班调控人员申请停运处理； （2）伴有放电的“啪啪”声时，检查本体内部是否存在局部放电，汇报值班调控人员并联系检修人员进一步检查； （3）声响比平常增大而均匀时，检查是否为过电压、过负荷、铁磁共振、谐波或直流偏磁作用引起，汇报值班调控人员并联系检修人员进一步检查； （4）伴有放电的“吱吱”声时，检查本体或套管外表面是否有局部放电或电晕，可使用紫外成像仪协助判断，必要时联系检修人员处理； （5）主变压器伴有水的沸腾声时，检查保护是否报警、充氮灭火装置是否漏气，必要时联系检修人员处理； （6）主变压器伴有连续的、有规律的撞击或摩擦声时，检查冷却器、风扇等附件是否存在不平衡引起的振动，必要时联系检修人员处理； （7）组合电器伴有振动声时，检查外壳及接地紧固螺栓有无松动，必要时联系检修人员处理

（6）记录总结：跟踪现场处理进度，做好相关记录和汇报。

3. 工作结束

（1）将现场异常情况、处理情况、倒闸操作范围以及沟通汇报的内容等进行整理，并做好变电站有关记录。

（2）清扫现场，清点材料和工具无破损、缺失等，并按照原位摆放整齐。

（3）将异常记录、异常汇报、处理情况汇报考官后，申请离场。

4.4.1.6 技能等级认证标准（评分表）

一次设备一般性异常处理考核评分记录表如表 4-15 所示。

表 4-15　一次设备一般性异常处理考核评分记录表

序号	项目	考核要点	配分	评分标准	得分	备注
1	工作准备					
1.1	着装穿戴	穿纯棉长袖工作服、绝缘鞋，戴安全帽	5	未穿纯棉长袖工作服、绝缘鞋，未戴安全帽，每项扣 2 分		
1.2	工器具检查	仪器、工器具合格、齐备	5	未对仪器、工器具进行检查，检查方法不规范，每项扣 1 分		
2	工作过程					
2.1	异常发现	发现一次设备异常情况，异常情况描述全面、准确	10	（1）过热缺陷未准确描述过热类型、发热部位、负荷电流、环境温度、相对温差，每项扣 1 分； （2）油位异常缺陷未准确描述真实油面、渗油部位、渗油速率、监控后台信号，每项扣 1 分； （3）绝缘异常缺陷未准确描述损坏绝缘子现象、受损层数、天气环境，每项扣 1 分； （4）气压、液压异常缺陷未准确描述额定值、报警值、启泵值、停泵值、闭锁值，每项扣 1 分		

续表

序号	项目	考核要点	配分	评分标准	得分	备注
2.2	异常记录	（1）正确记录监控后台、保护及自动化装置、一次设备表计、红外测温等信息； （2）记录一次设备异常现象，量化异常结果； （3）记录环境数据或历史数据	15	（1）检查错误、未检查，每项扣 2 分； （2）未量化异常结果，扣 5 分		
2.3	异常汇报	（1）整理记录的数据，分析设备异常原因； （2）对异常缺陷定级，判断异常对设备运行的影响，联系专业人员分析判断； （3）将一次设备异常情况、运行环境、异常分析汇报相关部门和单位； （4）若异常情况影响设备继续运行，对人身、电网、设备有严重威胁，随时可能造成事故，立即汇报调度，申请将异常设备切除	15	（1）未分析设备异常原因，扣 3 分； （2）未判断对正常设备的影响，扣 2 分； （3）未正确汇报相关部门和单位或汇报内容缺项，扣 5 分； （4）未对随时可能发生事故的设备申请切除，扣 5 分		
2.4	异常处理	（1）正确对缺陷定级，若为一般缺陷，设备可以坚持运行，加强对设备异常巡视，根据巡视结果，缩短巡视周期。 （2）若为严重缺陷，设备需尽快处理；若为危急缺陷，应立即停电处理。 （3）根据调度命令和现场运行规程，将受影响的一、二次设备的范围快速隔离，按照停电范围做好安全措施，等待专业人员处理	40	（1）对于负荷率小、温升小但相对温差大的设备，未在增大负荷电流后进行复测，扣 5 分； （2）对于电流致热缺陷，未加强监测，或申请倒换运行方式、转移负荷，扣 5 分； （3）对于电压致热缺陷，未立即采取措施消缺或进行停电处理，扣 5 分； （4）隔离开关绝缘子有裂纹，未采取禁止操作措施，扣 5 分； （5）断路器 SF_6 气体压力降至闭锁值以下，未断开操作电源，扣 5 分； （6）检查人员未按规定使用防护用品，进入室内未进行相应的气体检测或排风措施，扣 5 分； （7）未对严重、危急缺陷采取停电处理措施，扣 5 分； （8）未正确将缺陷设备转检修，或扩大停电范围，扣 15 分		
2.5	异常总结	掌握现场处理进度，做好相关记录和汇报	5	未将异常处理全过程汇报考官，扣 5 分		
3	工作结束					
3.1	文明生产	汇报结束前，将现场恢复原状态	5	（1）出现不文明行为扣 5 分； （2）现场未恢复扣 5 分，恢复不彻底扣 2 分		
		总分	100	合计得分		

否定项说明：1. 违反电力安全工作规程相关规定；2. 违反职业技能鉴定考场纪律；3. 造成设备重大损坏；4. 发生人身伤害事故

考评员：　　　　　　　　　　　　　　　　　　　年　　月　　日

4.4.2 站用电交直流系统异常及故障处理

4.4.2.1 培训目标

通过职业技能培训，以实际技能操作为主线，使学员掌握变电站站用电交直流系统异常及故障处理，能够准确判断异常点位，在保证人身安全的前提下，根据设备异常情况及时采取措施，避免异常情况扩大，演变成事故。

4.4.2.2 培训场所及设施

1. 培训场所

实训室。

2. 培训设施

培训工具及器材如表4-16所示。

表4-16 培训工具及器材（每个工位）

序号	名称	规格型号	单位	数量	备注
1	红外测温仪	—	台	1	现场准备
2	万用表	—	台	1	现场准备
3	组合工具等	—	套	1	现场准备
4	桌子	—	张	1	现场准备
5	凳子	—	把	1	现场准备
6	答题纸	A4	张	若干	现场准备
7	签字笔	黑色	支	1	现场准备

4.4.2.3 培训方式及时间

1. 培训方式

教师现场讲解、示范，学员进行实际操作训练，培训结束后进行现场异常点位判断，根据异常情况采取的相关措施等进行技能考核与测试。

2. 培训与考核时间

（1）培训时间。

站用电接头、套管发热、渗漏油、交流失压、熔丝熔断异常及故障处理方法：2h；

直流系统异常及故障处理方法：2h；

合计：4h。

（2）考核时间：60min。

4.4.2.4 基础知识

（1）处理站用电接头、套管发热、渗漏油、交流失压、熔丝熔断异常。

（2）处理常见直流母线电压异常。

（3）进行站用电交直流故障处理。

4.4.2.5 技能培训步骤

1. 工作准备

（1）现场准备：每个工位布置站用电接头或套管发热、低压母线失压或熔丝熔断、直流母线或支路接地等异常及故障，检查相关表计及遥测、遥信信号相应变化。

（2）工具器材及使用材料准备：

1）对进场的仪器、工器具进行检查，确保能够正常使用，并整齐摆放。

2）工具器材要求质量合格、安全可靠、数量满足要求。

2. 工作过程

（1）现场检查：检查后台异常光字信息，如开关变位情况、站用电源三相电压、电流消失，UPS、直流充电机等失去交流电或充电机故障，Ⅰ段或Ⅱ段直流故障等，检查现场站用电低压侧、高压侧开关实际位置，低压备用电源自动投入装置（简称备自投装置）是否正确动作，站用变压器是否正常，直流设备运行是否正常，直流母线电压、单只蓄电池电压及温度等。

（2）记录：记录故障范围内的一、二次异常情况，受影响设备的运行情况，如交流一段母线失电的情况，另一段母线电压运行情况，重要负荷电源自动投切情况，手动投切的重要负荷运行方式，直流、UPS 等运行情况等。

（3）分析：根据异常点位、异常现象及检测结果，初步判断设备异常原因，如低压受电总开关跳闸，导致一段母线失压；或某段低压母线出线原因，造成母线失电等。

（4）汇报：将后台光字信息和现场检查情况（如开关位置、开关电流及低压母线电压，因低压失电造成的电源失电信息，备自投装置运行状况，直流母线电压、充电机工作、接地或者绝缘能力降低等运行情况），汇报相关部门和单位。

（5）处理：

1）若检查现场无异常，根据跳闸情况试合开关，若试合失败，应通知专业人员处理。

2）若站用变压器高压侧同时失电，造成低压母线失电，检查低压备自投装置动作情况或手动将低压分段合入，并检查恢复后的低压母线上出线开关是否有偷跳的，主变压器风扇、充电机、UPS 等重要负荷是否恢复正常运行。

3）当站用电源全部失电，密切监视蓄电池的放电情况，关闭非必要的直流负荷（如事故照明等）。如果有备用第三电源，可以用备用电源送电，并做好应急电源接入的准备。

4）当直流充电机故障时，应检查备用充电机是否正常投入，对应直流母线电压是否正常。

（6）记录总结：跟踪现场检查结果及处理进度，做好相关记录和汇报。

3. 工作结束

（1）将现场异常及故障情况、处理情况、倒闸操作范围以及沟通汇报的内容等进行整理，并做好变电站有关记录。

（2）清扫现场，清点材料和工具无破损、缺失等，并按照原位摆放整齐。

（3）将异常记录、异常汇报、处理情况汇报考官后，申请离场。

4.4.2.6 技能等级认证标准（评分表）

站用电交直流系统异常及故障处理考核评分记录表如表 4－17 所示。

表 4－17 站用电交直流系统异常及故障处理考核评分记录表

序号	项目	考核要点	配分	评分标准	得分	备注
1	工作准备					
1.1	着装穿戴	穿纯棉长袖工作服、绝缘鞋，戴安全帽	5	未穿纯棉长袖工作服、绝缘鞋，未戴安全帽，每项扣 2 分		

续表

序号	项目	考核要点	配分	评分标准	得分	备注
1.2	工器具检查	仪器、工器具合格、齐备	5	未对仪器、工器具进行检查，检查方法不规范，每项扣 1 分		
2	工作过程					
2.1	异常检查	检查后台、现场异常信息、设备动作情况	10	（1）未检查后台或现场低压、直流系统情况，扣 5 分； （2）未检查低压受电总开关、UPS、风冷、直流等重要支路负荷及备自投装置动作情况，扣 5 分		
2.2	异常分析	根据异常信息判断站用变压器失电、持续运行情况	10	（1）未对接头、套管过热、渗漏油等缺陷定性，每项扣 2 分； （2）未判断交流失压原因，扣 2 分； （3）未判断站内负荷情况持续运行情况，扣 2 分		
2.3	异常处理	（1）按缺陷定级，正确汇报异常情况，加强巡视 （2）查明交流失压原因，若为熔丝损坏，更换熔丝；若为低压受电总开关跳闸，查找故障支路。 （3）检查直流母线正负对地电压，若通信异常导致母线电压异常，缺陷定级汇报；若发生母线电压接地，应查找直流接地	30	（1）未正确对缺陷定级，扣 5 分； （2）熔丝更换时，未选择原容量大小熔丝，扣 5 分； （3）支路故障时未按重要性、先户外再户内顺序查找拉路，扣 5 分； （4）直流母线接地时，未确定接地范围，造成扩大停电范围，扣 5 分； （5）未正确处理异常，可酌情扣 1～10 分		
2.4	故障处理	（1）低压系统支路发生故障时，将故障支路抽屉拉出，恢复低压受电总开关、母联断路器正常方式运行； （2）低压母线及进线侧发生故障时，将相应站用变压器间隔或母线停电处理； （3）直流母线发生接地故障时，应将相应直流母线及馈线停电处理	30	（1）未正确将故障点隔离，扣 5～10 分； （2）未将无故障支路、母线、受电总开关恢复，扣 5 分； （3）母线故障，造成重要支路无电时，未采取临时供电措施，扣 5 分； （4）直流异常后，未停用所带保护装置，扣 5～10 分		
2.5	异常及故障总结	掌握现场处理进度，做好相关记录和汇报	5	未将处理全过程汇报考官，扣 5 分		
3	工作结束					
3.1	文明生产	汇报结束前，将现场恢复原状态	5	（1）出现不文明行为扣 5 分； （2）现场未恢复扣 5 分，恢复不彻底扣 2 分		
	总分		100	合计得分		

否定项说明：1. 违反电力安全工作规程相关规定；2. 违反职业技能鉴定考场纪律；3. 造成设备重大损坏；4. 发生人身伤害事故

考评员：　　　　　　　　　　　　　　　　　　　　年　　月　　日

4.4.3 一次设备故障处理

4.4.3.1 培训目标

通过职业技能培训，以实际技能操作为主线，使学员掌握变电站线路、电容器、电抗器等站内设备的故障处理，以及变压器、母线故障时的查找方法，能够准确判断异常点位，在保证人身安全的前提下，根据设备异常情况及时采取措施，避免异常情况扩大，演变成事故。

4.4.3.2 培训场所及设施

1. 培训场所

实训室。

2. 培训设施

培训工具及器材如表 4-18 所示。

表 4-18 培训工具及器材（每个工位）

序号	名称	规格型号	单位	数量	备注
1	仿真系统	—	套	1	现场准备
2	凳子	—	把	1	现场准备
3	桌子	—	张	1	现场准备
4	答题纸	A4	张	若干	现场准备
5	水性笔	黑色	支	1	现场准备
6	复写纸	A4	张	1	现场准备

4.4.3.3 培训方式及时间

1. 培训方式

教师现场讲解、示范，学员进行仿真系统实际操作训练，培训结束后教师在仿真系统进行故障预置，学员进行技能考核与测试。

2. 培训与考核时间

（1）培训时间。

线路故障处理方法：1h；

电容器、电抗器故障处理方法：1h；

消弧线圈故障处理方法：0.5h；

变压器、母线故障查找方法：1h；

合计：3.5h。

（2）考核时间：60min。

4.4.3.4 基础知识

（1）进行线路故障处理。

（2）进行电容器、电抗器及消弧线圈故障处理。

（3）进行变压器、母线故障查找。

4.4.3.5 技能培训步骤

1. 工作准备

每个工位布置变电站仿真培训系统，并在仿真系统设置线路故障，电容器、电抗器及消弧线圈故障，以及变压器、母线故障。

2. 工作过程

（1）检查：一次设备故障检查内容如表4–19所示。

表4–19　故障检查内容

序号	故障	故障检查内容
1	线路	后台报文、开关变位、线路保护及重合闸动作情况，一、二次设备动作情况及故障信息。检查线路保护范围内的一次设备有无异常情况（如放电、接地、短路及油位、压力、外观异常等）
2	电容器、电抗器	后台报文、开关变位、所在母线电压、无功设备保护动作情况，一、二次设备动作情况及故障信息。检查无功设备保护范围内的一次设备有无异常情况（如放电、接地、短路及油位、熔丝熔断、外观异常等）
3	变压器	后台报文、开关变位、主变压器差动保护动作、瓦斯保护动作情况，一、二次设备动作情况及故障信息。若差动保护动作，检查差动保护范围内的一次设备有无异常情况（如放电、接地、短路及油位、压力、外观异常等）；若瓦斯保护动作，检查主变压器有无异常情况（如放电、接地、短路及油位、压力、外观异常等），在线检测装置数据有无异常
4	母线	后台报文、开关变位、母线差动保护动作、失灵保护动作情况，一、二次设备动作情况及故障信息。若仅差动保护动作，检查差动保护范围内的一次设备有无异常情况（如放电、接地、短路及油位、压力、外观异常等）；若母线差动、失灵保护动作，检查母线所带断路器有无拒动异常情况，该断路器所在线路有无异常情况（如放电、接地、短路及油位、压力、外观异常等）

（2）记录：记录故障范围内的一、二次异常情况，如开关变位、保护及自动装置动作信息等。

（3）分析：根据检查结果分析故障范围，并根据故障范围检查一次设备的状态。线路保护主保护动作，重点检查站内电流互感器至线路出口的设备有无故障；主变压器瓦斯保护动作，原因为主变压器内部故障，重点检查主变压器瓦斯、渗漏油、油位、温度等；母线差动保护动作，在确认该母线上的断路器全部跳开后，对故障母线及连接于母线上的设备进行认真检查，若故障母线上留有未跳断路器，考虑该断路器所属线路、设备故障而断路器拒动造成越级跳闸的可能。

（4）汇报：将后台光字信息，现场一、二次检查情况（如时间、一次设备外观、开关位置、遥测信息、测距、重合闸、油位、压力、温度等），汇报相关部门和单位。

（5）处理：

1）提前准备好将故障设备隔离的操作票，并考虑二次设备的运行方式。

2）根据调度命令，隔离故障点：无功设备、线路故障，可以按照线路、无功设备转检修隔离故障点。

（6）记录总结：做好断路器故障跳闸登记，核对断路器故障跳闸次数。

3. 工作结束

（1）将现场异常及故障情况、处理情况、倒闸操作范围以及沟通汇报的内容等进行整理，并做好变电站有关记录。

（2）故障处理结束，汇报考官后，申请离场。

4.4.3.6　技能等级认证标准（评分表）

一次设备故障处理考核评分记录表如表4–20所示。

表 4-20　一次设备故障处理考核评分记录表

序号	项目	考核要点	配分	评分标准	得分	备注
1	工作准备					
1.1	着装穿戴	穿纯棉长袖工作服、绝缘鞋，戴安全帽	5	未穿纯棉长袖工作服、绝缘鞋，未戴安全帽，每项扣2分		
1.2	工器具检查	仪器、工器具合格、齐备	5	未对仪器、工器具进行检查，检查方法不规范，每项扣1分		
2	工作过程					
2.1	故障检查	检查后台报文信息、保护及自动装置动作信息、故障录波器录波信息，检查现场一次设备实际动作情况	10	（1）未检查监控系统告警信息（保护动作、自动装置动作、断路器变位），扣2分； （2）未检查保护及自动装置、故障录波装置故障信息（故障类型、动作保护、动作值、故障选相、测距等），扣5分； （3）未检查一次设备实际情况（断路器位置），扣3分		
2.2	故障第一次汇报	将检查信息及时汇报调度	5	未准确、及时地将检查信息汇报调度，扣5分		
2.3	故障分析查找	（1）综合故障信息、保护定值，判断一、二次设备动作是否正确； （2）结合一、二次设备动作情况，确定故障点范围； （3）现场检查故障点范围内有无明显接地或短路等异常	30	（1）未检查保护是否按定值正确动作，扣5分； （2）未检查断路器动作情况是否符合保护出口信息，扣5分； （3）未能确定无功设备过电流、欠电压、过电压、不平衡保护范围或故障点范围，扣5分； （4）未能确定主变压器差动保护、瓦斯保护、后备保护范围或故障点范围，扣5分； （5）未能确定母线差动保护范围或故障点范围，扣5分； （6）未检查是否存在故障越级情况，扣5分； （7）未正确判断故障点范围，扣10分； （8）未在故障点范围内查找到故障点，扣20分		
2.4	故障第二次汇报	将故障点信息汇报调度，并申请隔离故障，恢复无故障设备送电	5	（1）未向调度汇报故障点信息，扣2分； （2）未申请隔离故障，恢复无故障设备送电，扣3分		
2.5	故障处理	（1）自行恢复站内低压； （2）调整各电压等级中性点运行方式，满足系统接地要求； （3）结合保护及自动装置动作情况，调整备自投保护、母线差动保护、失灵保护等运行方式； （4）按最小检修范围，隔离故障点； （5）恢复无故障设备送电； （6）在需检修设备周围设置安全措施	30	（1）未恢复站内低压，扣5分； （2）未调整中性点运行方式，扣5分； （3）未调整备自投保护、母线差动保护、失灵保护运行方式，扣5分； （4）未正确将故障点隔离，扣5分； （5）未将无故障设备恢复送电，扣5分； （6）未正确布置安全措施，扣5分； （7）故障处理过程中造成误操作，或扩大事故范围，扣30分		
2.6	故障第三次汇报	将故障处理情况整理，做好相关记录和汇报	5	未将处理全过程汇报考官，扣5分		
3	工作结束					
3.1	文明生产	汇报结束前，将现场恢复原状态	5	（1）出现不文明行为，扣3分； （2）现场未恢复扣5分，恢复不彻底，扣2分		
		总分	100	合计得分		
否定项说明：1. 违反电力安全工作规程相关规定；2. 违反职业技能鉴定考场纪律；3. 造成设备重大损坏；4. 发生人身伤害事故						

考评员：　　　　　　　　　　　　　　　　　　　　年　　月　　日

4.5 设备维护

4.5.1 红外测温仪使用

4.5.1.1 培训目标

掌握红外测温仪的使用维护方法及注意事项，完成对电气设备的红外测温。

4.5.1.2 培训场所及设施

1. 培训场所

变电综合实训场。

2. 培训设施

培训工具及器材如表 4–21 所示。

表 4–21 培训工具及器材（每个工位）

序号	名称	规格型号	单位	数量	备注
1	红外测温仪	分辨率为 0.1℃，测量范围为–50～1000℃，发射率为 0.1～1	套	2	现场准备
2	安全帽	—	顶	1	现场准备
3	中性笔	—	支	2	考生自备
4	工作服	—	套	1	考生自备
5	绝缘鞋	—	双	1	考生自备
6	答题纸	A4	张	若干	现场准备

4.5.1.3 培训方式及时间

1. 培训方式

教师现场讲解、示范，学员技能操作训练，培训结束后进行理论考核与技能测试。

2. 培训与考核时间

（1）培训时间。

红外检测的要求：0.5h；

分组技能操作训练：2h；

技能测试：2h；

合计：4.5h。

（2）考核时间：20min。

4.5.1.4 基础知识

使用红外测温仪对电气设备进行测温。

4.5.1.5 技能培训步骤

1. 维护方法及注意事项

现场红外检测分为一般检测和精确检测两种方式。检测时需要两人进行，一人操作，一人监护，检测时要与带电部位保持足够的安全距离，检测过程中禁止攀爬。夜间检测时，监护人要随时监护检测人员的行走安全，夜间检测应配好强光手电筒和木棍，工作人员应正确着装，防止蚊虫叮咬或毒蛇咬伤。

（1）现场检测要求：

1）检测期间天气为阴天、多云天气、夜间或晴天日落后 2h，不应在有雷、雨、雾、雪的情况下进行。

2）检测时环境温度一般不低于 5℃、空气湿度不大于 85%。

3）风速一般不大于 0.5m/s。

4）室外或白天检测时，要避开阳光直接照射或被摄物反射进仪器镜头。在室内或夜间检测，要避开灯光直接照射或反射入镜，宜闭灯检测。被检测设备周围应具有均衡的背景辐射，应尽量避开附近热辐射源的干扰，某些设备被检测时还应避开人体热源等的红外辐射。

（2）待测设备要求：

1）待测设备处于运行状态。

2）精确测温时，待测设备连续通电时间不小于 6h，最好在 24h 以上。

3）待测设备上无其他外部作业。

4）检测电流致热的设备，宜在设备负荷高峰状态下进行，一般在不低于额定负荷 30% 的情况下测温，同时应充分考虑小负荷电流对测试结果的影响。

2. 准备工作

（1）人员着装合格。

（2）在试验周期内合格的红外测温仪，环境温度和风速等符合测试条件。

（3）被测设备处于运行状态且设备上无其他外部作业。

3. 操作步骤

（1）仪器开机，进行内部温度校准，待图像稳定后对仪器的参数进行设置。

（2）根据被测设备的材料设置辐射率：一般检测，被测设备的辐射率一般取 0.9 左右；精确检测，特别要考虑金属材料表面氧化对辐射率选取的影响。

（3）仪器的色标温度量程一般宜设置在环境温度加 10～20K 的温升范围。精确检测要将大气温度、相对湿度、测量距离等补偿参数输入，进行必要修正。

（4）开始测温，远距离对所有被测设备进行全面扫描，宜选择彩色显示方式，调节图像使其具有清晰的温度层次显示，并结合数值测温手段，如热点跟踪、区域温度跟踪等进行检测。应充分利用仪器的有关功能，如图像平均、自动跟踪等，以达到最佳检测效果。

（5）在满足设备最小安全距离的条件下，测温仪器宜尽量靠近被测设备，使被测设备（或目标）尽量充满整个仪器的视场，以提高仪器对被测设备表面细节的分辨能力及测温准确度，必要时，可使用中、长焦距镜头。

（6）发现有异常后，有针对性地近距离对异常部位和重点被测设备进行精确检测。环境温度发生较大变化时，应重新对仪器进行内部温度校准。

（7）记录被检设备的实际负荷电流、额定电流、运行电压，以及被检物体温度及环境参照体的温度值等，初步判断设备测温结果。

4. 工作结束

（1）根据工作需要完成红外图谱库的编制，以供今后复测时提高互比性。

（2）红外测温仪、安全帽等定置管理。

4.5.1.6 技能等级认证标准（评分表）

红外测温仪使用考核评分记录表如表 4–22 所示。

表 4–22 红外测温仪使用考核评分记录表

姓名： 准考证号： 单位：

序号	项目	考核要点	配分	评分标准	得分	备注
1	工作准备					
1.1	着装	穿工作服、绝缘鞋，戴安全帽	5	（1）未穿工作服、绝缘鞋，未戴安全帽，每项扣 1 分； （2）着装穿戴不规范，每处扣 1 分，最多扣 2 分		
1.2	检查被测设备	（1）确认被检测设备处于运行状态； （2）如果是开展精确测温，待测设备连续通电时间不小于 6h，最好在 24h 以上； （3）被测设备上无其他外部作业	5	每项检查不到位，扣 2 分		
2	工作过程					
2.1	开启仪器	开启红外测温仪电源开关，预热设备至图像稳定	10	（1）未正确开启设备，扣 5 分； （2）未预热设备到图像稳定，扣 5 分		
2.2	参数设置	（1）辐射率一般取 0.9 左右； （2）调色板设置为铁红模式； （3）环境温度、发射率、调色板、测量距离、湿度温度、反射温度等参数设置； （4）色标温度量程，一般宜设置在环境温度加 10～20K 的温升范围	10	（1）辐射率设置不合格，扣 2 分； （2）调色板设置不合格，扣 2 分； （3）其他参数设置不合格，每项扣 1 分		
2.3	红外测温工作	开始测温，远距离对所有被测设备进行全面扫描，宜选择彩色显示方式，调节图像使其具有清晰的温度层次显示，并结合数值测温手段，如热点跟踪、区域温度跟踪等进行检测。应充分利用仪器的有关功能，如图像平均、自动跟踪等，以达到最佳检测效果	10	（1）未进行全面扫描的，扣 5 分； （2）检测效果不佳的，扣 5 分		
2.4	检测安全	在安全距离允许的条件下，红外测温仪宜尽量靠近被测设备，使被测设备（或目标）尽量充满整个仪器的视场，以提高仪器对被测设备表面细节的分辨能力及测温准确度，必要时，可使用中、长焦距镜头	10	（1）检测分辨能力不佳的，扣 5 分； （2）测温准确度不良的，扣 5 分		
2.5	检测实施	检测电气设备单元及进、出线电气连接处检测断口及断口并联元件、引线接头、绝缘子等	15	对电气设备本体、电气设备间的连接点逐一进行红外检测，每漏检测一处扣 2 分		

续表

序号	项目	考核要点	配分	评分标准	得分	备注
2.6	异常处理	发现有异常后，有针对性地近距离对异常部位和重点被测设备进行精确检测。环境温度发生较大变化时，应对仪器重新进行内部温度校准	10	（1）环境温度发生较大变化时，未重新进行温度校准，扣5分； （2）未对测温异常部位进行再次核查，扣5分		
2.7	记录填写	（1）记录被检设备的实际负荷电流、额定电流、运行电压，以及被检物体温度及环境参照体的温度值，给出检测结论； （2）按“保存”按钮保存图像，如有检测数据异常，及时上报相关运维管理单位	10	（1）未能准确填写红外检测工作记录的，扣2分； （2）未保存红外图像的，扣2分； （3）数据异常引起的一般缺陷未及时判断并上报的，扣5分； （4）严重和危急缺陷未能及时上报的，不得分		
3	工作结束					
3.1	编制红外图谱	使用USB线缆将红外测温仪连接到计算机，将图像导出，并创建检测报告（或建立红外图谱库）	10	（1）不能正确导出图像的，扣3分； （2）创建的红外图谱不合格的，扣5分，		
3.2	定置管理	工作结束，将红外测温仪和工器具收回并定置摆放	5	（1）未能及时收回红外测温仪和工器具的，扣3分； （2）未定置管理的，扣2分		
总分			100	合计得分		
否定项说明：1. 违反电力安全工作规程相关规定；2. 违反职业技能鉴定考场纪律；3. 造成设备重大损坏；4. 发生人身伤害事故						

考评员：　　　　　　　　　　　　　　　　　　年　　月　　日

4.5.2 箱、柜、屏类设备维护

4.5.2.1 培训目标

了解箱、柜、屏类设备清扫方法、安全措施及注意事项，掌握清扫低压电源箱、端子箱、保护装置、自动装置、交直流低压屏柜及开关柜二次（隔离高压）部分的技能。

4.5.2.2 培训场所及设施

1. 培训场所

变电综合实训场。

2. 培训设施

培训工具及器材如表4-23所示。

表4-23 培训工具及器材（每个工位）

序号	名称	规格型号	单位	数量	备注
1	安全帽	—	顶	1	现场准备
2	中性笔	—	支	2	考生自备
3	工作服	—	套	1	考生自备

续表

序号	名称	规格型号	单位	数量	备注
4	绝缘鞋	—	双	1	考生自备
5	线手套	—	副	1	考生自备
6	答题纸	A4	张	若干	现场准备
7	毛刷	干燥绝缘	个	若干	现场准备
8	清洁布	—	块	若干	现场准备
9	皮老虎	—	个	若干	现场准备
10	木凳	—	把	若干	现场准备
11	吸尘器	—	个	若干	现场准备

4.5.2.3 培训方式及时间

1. 培训方式

教师现场讲解、示范，学员技能操作训练，培训结束后进行理论考核与技能测试。

2. 培训与考核时间

（1）培训时间。

箱、柜、屏类设备清扫方法、安全措施及注意事项：0.5h；

分组技能操作训练：1.5h；

技能测试：1.5h；

合计：3.5h。

（2）考核时间：20min。

4.5.2.4 基础知识

（1）清扫低压电源箱、端子箱。

（2）清扫保护、自动装置及交直流低压屏柜。

（3）清扫开关柜二次（隔离高压）部分。

4.5.2.5 技能培训步骤

1. 箱、柜、屏类设备清扫方法、安全措施及注意事项

（1）箱、柜、屏类设备有清扫作业时，应戴线手套，使用经处理过的绝缘毛刷等工具进行设备清扫。

（2）遵守“从上到下”“横平竖直”“先交流后直流”的方法，严禁用水洗或湿布擦洗。

（3）清扫时要小心谨慎，不要用力过猛，以免损坏箱、柜、屏内设备元件或碰断线头。

（4）清扫高于人头以上的设备时，必须站在牢固的支持板或绝缘木凳上，以免跌倒触动箱、柜、屏内继电器引起误动。

（5）从上到下清扫下来的灰尘严禁积留在底部角落，应统一用吸尘器清除。

（6）清扫时，至少应有两人一起工作，并有熟悉运行设备的人员监护。

2. 准备工作

（1）准备清扫用的绝缘毛刷、皮老虎、吸尘器、清洁布、线手套、木凳等。

（2）开关柜上柜门内二次部分清扫前要将中、下柜门锁好或者做好与中、下柜带电部分的隔离。

3. 操作步骤

（1）确认要清扫的箱、柜、屏设备运行方式，逐个打开待清扫的箱、柜、屏门。

（2）检查箱、柜、屏内需清扫设备外观，确认外观无异常，发现异常应立即停下手中工作，按要求进行汇报。

（3）使用绝缘毛刷轻轻清扫箱、柜、屏内装置、继电器、空气断路器、端子排、二次接线等部位，防止装置发生短路或误动。

（4）使用擦布清理箱、柜、屏外部灰尘。

（5）使用吸尘设备统一清除扫落的灰尘。

（6）清扫工作中发现设备异常，立即停止工作查找原因并处理，防止造成电网或设备事故。

4. 工作结束

（1）清理现场，检查有无遗留物，关（锁）好清扫的箱、柜、屏门，确认清扫前后二次设备运行方式不变。

（2）做好清扫记录，并及时将使用的清扫用具定置管理。

4.5.2.6 技能等级认证标准（评分表）

箱、柜、屏类设备维护考核评分记录表如表 4-24 所示。

表 4-24 箱、柜、屏类设备维护考核评分记录表

姓名： 准考证号： 单位：

序号	项目	考核要点	配分	评分标准	得分	备注
1	工作准备					
1.1	着装	穿工作服、绝缘鞋，戴安全帽、线手套	5	（1）未穿工作服、绝缘鞋，未戴安全帽、线手套，每项扣 1 分； （2）着装穿戴不规范，每处扣 1 分，最多扣 2 分		
1.2	准备清扫工具	（1）清扫用的毛刷、清洁布、皮老虎、木凳、吸尘器等用具准备齐全，并保持干燥； （2）吸尘器使用电源合格； （3）开关柜上柜部分清扫前要将中、下柜门锁好或者做好与中、下柜带电部分的隔离，防止误触误碰带电部分	10	（1）未准备清扫用具，扣 3 分； （2）吸尘器电源不合格的，扣 3 分； （3）未确认待清扫设备与一次带电设备间隔离措施完善性，扣 4 分		
2	工作过程					
2.1	工具包扎	严禁使用金属工具或带有金属的工具，工具有金属部分应采取绝缘包扎	5	使用金属工具或带有金属的工具，且工具金属部分未采取绝缘包扎的，扣 5 分		

续表

序号	项目	考核要点	配分	评分标准	得分	备注
2.2	清扫箱、屏、柜	（1）确认要清扫的箱、柜、屏设备运行方式，逐个打开待清扫的箱、柜、屏门； （2）检查箱、柜、屏内需清扫设备外观，确认外观无异常，发现异常应立即停下手上工作，按要求进行汇报； （3）使用绝缘毛刷轻轻清扫箱、柜、屏内装置、继电器、空气断路器、端子排、二次接线等部位，防止装置发生短路或误动； （4）使用擦布清理箱、柜、屏外部灰尘； （5）使用吸尘设备统一清除扫落的灰尘； （6）清扫工作中发现设备异常，立即停止工作查找原因并处理，防止造成电网或设备事故	50	（1）清扫时乱扫，灰尘飞扬或者用水洗或湿布擦洗接线端子的，扣 10 分； （2）清扫时严禁用力过猛或振动，导致连接端子松动、脱落，扣 15 分； （3）清扫时造成空气断路器误分、误合，扣 10 分； （4）清扫时造成接地或短路的，扣 15 分； （5）从上到下清扫下来的灰尘未清除干净的扣 10 分		
2.3	异常处理	（1）清扫过程中导致封堵材料脱落要及时采取措施进行封堵； （2）导致交直流接地或故障跳闸的，要立即停止工作，处理故障后方可再次进行工作	10	出现问题未及时处理的，按照造成后果严重程度扣分，导致设备损坏或电网停电事故的，此次清扫工作不得分		
2.4	工作安全	清扫时，至少应有两人一起工作，并有熟悉运行设备的人员监护	10	单人脱离监护独自违规工作的，扣 10 分		
3	工作结束					
3.1	现场清理	清扫完毕后，检查清理现场，检查有无遗留物，清扫前后二次设备运行方式不变，关（锁）好箱、屏、柜门	5	（1）现场遗留清洁布、毛刷等用具的，扣 1 分； （2）清扫后未及时门关（锁）好箱、屏、柜门，扣 2 分； （3）未确认清扫前后二次设备运行方式不变的，扣 2 分		
3.2	工具定置管理	将工具按照定置管理要求放回原处，并做好清扫工作记录	5	（1）未将毛刷、清洁布、吸尘器、皮老虎、木凳等清扫工具收回的，扣 3 分； （2）未定置摆放的，扣 3 分		
总分			100	合计得分		
否定项说明：1. 违反电力安全工作规程相关规定；2. 违反职业技能鉴定考场纪律；3. 造成设备重大损坏；4. 发生人身伤害事故						

考评员：　　　　　　　　　　　　　　　　年　　月　　日

4.5.3 设备定期试验、轮换

4.5.3.1 培训目标

掌握设备定期试验和轮换制度、变压器风冷和站用电运行方式、通风系统运行规定，完成定期轮换变压器风冷运行方式、试验事故照明电源、切换站用电交流系统备自投装置和通风系统备用风机。

4.5.3.2　培训场所及设施

1. 培训场所

变电综合实训场。

2. 培训设施

培训工具及器材如表 4-25 所示。

表 4-25　培训工具及器材（每个工位）

序号	名称	规格型号	单位	数量	备注
1	风冷变压器	—	台	2	现场准备
2	事故照明电源	—	套	1	现场准备
3	站用电交流系统	具有备自投装置	套	1	现场准备
4	通风系统	具有备用风机	套	1	现场准备
5	安全帽	—	顶	1	现场准备
6	中性笔	—	支	2	考生自备
7	工作服	—	套	1	考生自备
8	绝缘鞋	—	双	1	考生自备
9	线手套	—	副	1	考生自备
10	答题纸	A4	张	若干	现场准备

4.5.3.3　培训方式及时间

1. 培训方式

教师现场讲解、示范，学员技能操作训练，培训结束后进行理论考核与技能测试。

2. 培训时间

（1）培训时间。

设备定期试验、轮换制度：0.5h；

分组技能操作训练：2h；

技能测试：2h；

合计：4.5h。

（2）考核时间：30min。

4.5.3.4　基础知识

（1）定期轮换变压器风冷运行方式。

（2）定期试验事故照明电源。

（3）定期切换站用电交流系统备自投装置。

（4）定期切换通风系统备用风机。

4.5.3.5 技能培训步骤

1. 变电站设备定期试验、轮换制度

（1）主变压器冷却电源自投功能每季度试验检查 1 次。

（2）变电站事故照明系统每季度试验检查 1 次。

（3）站用交流电源系统的备自投装置每季度切换检查 1 次。

（4）通风系统的备用风机与工作风机每季轮换运行 1 次。

（5）变压器风冷一般由工作冷却器运行带变压器风冷装置，达到变压器冷却效果。备用和辅助冷却器不运行，当变压器负荷达到额定负荷的 75%或温升 55K 时按照需要投入备用和辅助冷却器。

（6）变电站事故照明由交流系统供电，当交流照明电源消失时，应能自动投入到直流母线上供电。

（7）带负荷的站用变压器故障后，自动切换到另一台热备用站用变压器带全站负荷。

2. 准备工作

（1）带好风冷切换工作需要使用的箱门钥匙，戴好线手套、安全帽。

（2）将事故照明用备件、工器具运至工作现场。

（3）准备好干燥绝缘毛刷、清洁布、皮老虎、木凳、吸尘器等清扫用具。

3. 操作步骤

（1）查看图纸，现场检查变压器冷却器切换开关，确认具备轮换条件。

（2）将备用/运行/辅助冷却器切换至运行/辅助/备用方式，实现变压器冷却器运行方式切换。检查冷却器运行正常。

（3）进行事故照明试验，无问题后恢复事故照明交流系统供电。

（4）配电屏内手动/自动切换拨片由“自动”位置切换至“手动”位置后，切换站用电交流系统备自投装置。

（5）切换通风系统备用风机/备用空调。

4. 工作结束

（1）清理现场，检查有无遗留物。

（2）将检查情况及时记录到相应记录中，发现问题及时填报缺陷。

4.5.3.6 技能等级认证标准（评分表）

设备定期试验、轮换考核评分记录表如表 4–26 所示。

表 4–26 设备定期试验、轮换考核评分记录表

姓名： 准考证号： 单位：

序号	项目	考核要点	配分	评分标准	得分	备注
1	工作准备					
1.1	着装	穿工作服、绝缘鞋，戴安全帽、线手套	5	（1）未穿工作服、绝缘鞋，未戴安全帽、线手套，每项扣 1 分； （2）着装穿戴不规范，每处扣 1 分，最多扣 2 分		

续表

序号	项目	考核要点	配分	评分标准	得分	备注
1.2	人员分工	（1）至少2人开展工作，人员分工明确，任务落实到人； （2）注意与带电设备保持安全距离	5	（1）设备定期试验、轮换前人员分工不明确的，扣2分； （2）工作过程中未与带电设备保持安全距离、存在安全隐患的，扣3分		
1.3	检查安全措施	核对工作设备名称正确，检查现场符合定期试验、轮换条件	5	（1）未核对工作设备名称，扣3分； （2）未确认是否符合定期试验、轮换条件，扣2分		
2	工作过程					
2.1	轮换变压器风冷	（1）将备用/运行/辅助冷却器切换至运行/辅助/备用方式； （2）检查冷却器运行正常	20	（1）未正确将备用/运行/辅助冷却器分别切换至运行/辅助/备用方式的，每项扣5分； （2）冷却器轮换后及时检查运行是否正常，每漏查一项扣5分		
2.2	事故照明试验	（1）合上所有事故照明开关，检查各室内事故照明灯亮，灯罩、灯具存在破损或裂纹时，更换相同型号的灯罩、灯具； （2）切断事故照明交流电源进线空气断路器，而后间隔1～3min再进行合闸操作，以免接触器接触不到位，保证设备切换至直流供电； （3）检查各室内事故照明灯由“熄灭”至“亮”； （4）合上事故照明电源交流电源进线空气断路器，设备恢复至交流供电	20	（1）未认真检查事故照明灯在切换过程由“熄灭”至“亮”、灯是否工作正常的，扣5分； （2）切换过程中，导致接触器接触不到位的，扣5分； （3）未正确更换照明灯罩、灯具的，扣5分； （4）试验后未恢复交流供电的，扣5分		
2.3	切换站用电交流系统备自投装置	（1）配电屏内手动自动切换拨片由“自动”位置切换至“手动”位置； （2）进入配电屏二级界面选择“试验”并按“确认”键； （3）查配电屏合×号站用变压器指示灯亮； （4）查配电屏合×号站用变压器指示灯确已熄灭； （5）查380V母线×段母线电压正常，各馈线工作正常； （6）24h后，配电屏内手动自动切换拨片由“手动”位置切换至“自动”位置（间隔2s左右自动切回至×号站用变压器带）； （7）查配电屏合×号站用变压器指示灯亮； （8）查配电屏合×号站用变压器指示灯确已熄灭； （9）查380V母线×段母线电压正常，各馈线工作正常	15	（1）切换时未将自动切换拨片由“自动”位置切换至“手动”位置，扣3分； （2）切换过程中未检查切换的站用变压器指示灯，扣3分； （3）切换试验少于24h的，扣3分； （4）切换试验后未转回正常运行方式的，扣3分； （5）转回正常运行方式后未检查380V各段母线电压正常，各馈线工作正常的，扣3分		

续表

序号	项目	考核要点	配分	评分标准	得分	备注
2.4	切换通风系统备用风机	（1）检查工作风机运转正常、无异常声响、风口通畅无异物； （2）断开工作风机电源，合上备用风机电源； （3）检查备用风机运转正常、无异常声响、风口通畅无异物； （4）检查工作空调开启正常、排水通畅、滤网无堵塞； （5）断开工作空调电源，合上备用空调电源； （6）检查备用空调开启正常、排水通畅、滤网无堵塞	20	（1）未检查工作风机运转情况，扣 5 分； （2）切换后未检查备用风机运转情况，扣 5 分； （3）未检查工作空调运转情况，扣 5 分； （4）切换后未检查备用空调运转情况，扣 5 分		
3	工作结束					
3.1	清理现场	工作结束后，检查有无遗留物，认真进行现场清扫	5	（1）事故照明试验更换灯具、灯罩后未及时清理现场的，扣 3 分； （2）风机轮换后未及时清理因风机轮转引起的尘土和杂物等，扣 3 分		
3.2	现场记录	将检查情况及时记录到相应记录中，发现问题及时填报缺陷	5	（1）未正确记录设备定期试验、轮换情况的，扣 2 分； （2）发现问题未及时填报缺陷并上报的，扣 3 分		
总分			100	合计得分		
否定项说明：1. 违反电力安全工作规程相关规定；2. 违反职业技能鉴定考场纪律；3. 造成设备重大损坏；4. 发生人身伤害事故						

考评员：　　　　　　　　　　　　　　　　　　　　年　　月　　日

4.6 安全管理

4.6.1 安全工器具维护

4.6.1.1 培训目标

通过培训使学员掌握变电站安全工器具日常管理的基础知识，能够规范管理安全工器具，了解安全工器具购置、验收、试验规定，熟知安全工器具的定期维护制度，能够对安全工器具进行日常维护。

4.6.1.2 培训场所及设施

1. 培训场所

安全工器具室。

2. 培训设施

培训工具及器材如表 4–27 所示。

表 4–27 培训工具及器材（每个工位）

序号	名称	规格型号	单位	数量	备注
1	安全帽	电绝缘	顶	1	现场准备
2	护目眼镜	—	副	1	现场准备

续表

序号	名称	规格型号	单位	数量	备注
3	安全带	—	条	1	现场准备
4	防毒面具	过滤式	个	1	现场准备
5	电容型验电器	—	支	1	现场准备
6	携带型短路接地线	—	组	1	现场准备
7	绝缘杆	—	组	1	现场准备
8	核相器	—	台	1	现场准备
9	绝缘遮蔽罩	—	个	1	现场准备
10	绝缘隔板	—	张	1	现场准备
11	绝缘垫	—	条	1	现场准备
12	绝缘夹钳	—	把	1	现场准备
13	绝缘靴	—	双	1	现场准备
14	绝缘手套	—	副	1	现场准备
15	绝缘绳	—	卷	1	现场准备
16	中性笔	黑色	支	2	考生自备
17	工作服	纯棉	套	1	考生自备
18	线手套	—	副	1	考生自备
19	答题纸	A4	张	若干	现场准备

4.6.1.3 培训方式及时间

1. 培训方式

教师现场讲解、示范，学员技能操作训练，培训结束后进行理论考核与技能测试。

2. 培训与考核时间

（1）培训时间。

安全工器具购置、验收、试验规定以及定期维护制度基础知识：2h；

理论技能测试：1h；

合计：3h。

（2）考核时间：20min。

4.6.1.4 基础知识

（1）安全工器具的规范管理。

（2）安全工器具的日常维护。

4.6.1.5 技能培训步骤

1. 工作准备

（1）工作现场准备：配备 n 个工位，可以同时进行作业的室内场地。布置现场工作间距不小于 3m，场地清洁，无干扰。

（2）工具器材及使用材料准备：要求质量合格、安全可靠、数量满足需要，整齐摆放。

2. 工作过程

（1）安全工器具的规范管理。

1）必须符合国家和行业有关安全工器具的法律、行政法规、规章、强制性标准及技术规程的要求。

2）对电力安全工器具实行入围制度：

① 电力工业电力安全工器具质量监督检验测试中心每年公布一次电力安全工器具生产厂家检验合格的产品名单。

② 各公司每年在电力工业电力安全工器具质量监督检验测试中心公布的电力安全工器具生产厂家检验合格的产品名单中，采取招标的方式确定公司系统内可以采购的电力安全工器具入围产品，并予以公布。对于没有使用经验的新型安全工器具，在小范围试用基础上，组织有关专家评价后，方可参与招标入围。

③ 基层单位对入围产品，若发现质量、售后服务等问题，应及时向上级安监部门反映，查实后，将取消该产品入围资格，并向电力工业电力安全工器具质量监督检验测试中心通报。

3）基层单位必须在上级公布的入围产品名单中，选择业绩优秀、质量优良、服务优质且在本公司系统内具有一定使用经验、使用情况良好的产品，采取招标的方式购置所需的电力安全工器具。

4）采购安全工器具必须签订采购合同，并在合同中明确生产厂家的责任：

① 必须对制造的安全工器具的质量和安全技术性能负责。

② 负责对用户做好产品使用、维护的培训工作。

③ 负责对有质量问题的产品，及时、无偿更换或退货。

④ 根据用户需要，向用户提供安全工器具的备品、备件。

⑤ 因产品质量问题造成的不良后果，由产品生产厂家承担相应的责任，并取消其同类产品的推荐资格。

5）电力安全工器具必须严格履行验收手续，由采购部门负责组织验收，安监部门派人参加，并在验收单上签字确认。合格者方可入库或交使用单位，不合格者坚决予以退货。

6）绝缘安全工器具试验项目、周期和要求，如表 4–28 所示。

表 4–28　绝缘安全工器具试验项目、周期和要求

<table>
<tr><th>序号</th><th>器具</th><th>项目</th><th>周期</th><th>要求</th><th>说明</th></tr>
<tr><td rowspan="2">1</td><td rowspan="2">电容型验电器</td><td>启动电压试验</td><td>1 年</td><td>启动电压值不高于额定电压的 40%，不低于额定电压的 15%</td><td>试验时接触电极应与试验电极相接触</td></tr>
<tr><td>工频耐压试验</td><td>1 年</td><td>
<table>
<tr><td rowspan="2">额定电压（kV）</td><td rowspan="2">试验长度（m）</td><td colspan="2">工频耐压（kV）</td></tr>
<tr><td>1min</td><td>5min</td></tr>
<tr><td>10</td><td>0.7</td><td>45</td><td>—</td></tr>
<tr><td>35</td><td>0.9</td><td>95</td><td>—</td></tr>
<tr><td>66</td><td>1.0</td><td>175</td><td>—</td></tr>
<tr><td>110</td><td>1.3</td><td>220</td><td>—</td></tr>
<tr><td>220</td><td>2.1</td><td>440</td><td>—</td></tr>
<tr><td>330</td><td>3.2</td><td>—</td><td>380</td></tr>
<tr><td>500</td><td>4.1</td><td>—</td><td>580</td></tr>
</table>
</td><td>—</td></tr>
</table>

续表

<table>
<tr><th>序号</th><th>器具</th><th>项目</th><th>周期</th><th>要求</th><th>说明</th></tr>
<tr><td rowspan="2">2</td><td rowspan="2">携带型短路接地线</td><td>成组直流电阻试验</td><td>不超过5年</td><td>在各接线鼻之间测量直流电阻，对于25、35、50、70、95、120mm²的各种截面积，平均每米的电阻值应分别小于0.79、0.56、0.40、0.28、0.21、0.16mΩ</td><td>同一批次抽测，不少于2条，接线鼻与软导线压接的应做该试验</td></tr>
<tr><td>操作棒的工频耐压试验</td><td>5年</td><td>
<table>
<tr><th rowspan="2">额定电压（kV）</th><th rowspan="2">试验长度（m）</th><th colspan="2">工频耐压（kV）</th></tr>
<tr><th>1min</th><th>5min</th></tr>
<tr><td>10</td><td>0.7</td><td>45</td><td>—</td></tr>
<tr><td>35</td><td>0.9</td><td>95</td><td>—</td></tr>
<tr><td>66</td><td>1.0</td><td>175</td><td>—</td></tr>
<tr><td>110</td><td>1.3</td><td>220</td><td>—</td></tr>
<tr><td>220</td><td>2.1</td><td>440</td><td>—</td></tr>
<tr><td>330</td><td>3.2</td><td>—</td><td>380</td></tr>
<tr><td>500</td><td>4.1</td><td>—</td><td>580</td></tr>
</table>
</td><td>试验电压加在护环与紧固头之间</td></tr>
<tr><td>3</td><td>绝缘杆</td><td>工频耐压试验</td><td>1年</td><td>
<table>
<tr><th rowspan="2">额定电压（kV）</th><th rowspan="2">试验长度（m）</th><th colspan="2">工频耐压（kV）</th></tr>
<tr><th>1min</th><th>5min</th></tr>
<tr><td>10</td><td>0.7</td><td>45</td><td>—</td></tr>
<tr><td>35</td><td>0.9</td><td>95</td><td>—</td></tr>
<tr><td>66</td><td>1.0</td><td>175</td><td>—</td></tr>
<tr><td>110</td><td>1.3</td><td>220</td><td>—</td></tr>
<tr><td>220</td><td>2.1</td><td>440</td><td>—</td></tr>
<tr><td>330</td><td>3.2</td><td>—</td><td>380</td></tr>
<tr><td>500</td><td>4.1</td><td>—</td><td>580</td></tr>
</table>
</td><td>—</td></tr>
<tr><td rowspan="4">4</td><td rowspan="4">核相器</td><td>连接导线绝缘强度试验</td><td>必要时</td><td>
<table>
<tr><th>额定电压（kV）</th><th>工频耐压（kV）</th><th>持续时间（min）</th></tr>
<tr><td>10</td><td>8</td><td>5</td></tr>
<tr><td>35</td><td>28</td><td>5</td></tr>
</table>
</td><td>浸在电阻率小于100Ω·m的水中</td></tr>
<tr><td>绝缘部分工频耐压试验</td><td>1年</td><td>
<table>
<tr><th>额定电压（kV）</th><th>试验长度（m）</th><th>工频耐压（kV）</th><th>持续时间（min）</th></tr>
<tr><td>10</td><td>0.7</td><td>45</td><td>1</td></tr>
<tr><td>35</td><td>0.9</td><td>95</td><td>1</td></tr>
</table>
</td><td>—</td></tr>
<tr><td>电阻管泄漏电流试验</td><td>半年</td><td>
<table>
<tr><th>额定电压（kV）</th><th>工频耐压（kV）</th><th>持续时间（min）</th><th>泄漏电流（mA）</th></tr>
<tr><td>10</td><td>10</td><td>1</td><td>≤2</td></tr>
<tr><td>35</td><td>35</td><td>1</td><td>≤2</td></tr>
</table>
</td><td>—</td></tr>
<tr><td>动作电压试验</td><td>1年</td><td>最低动作电压应达0.25倍额定电压</td><td>—</td></tr>
</table>

续表

<table>
<tr><th>序号</th><th>器具</th><th>项目</th><th>周期</th><th>要求</th><th>说明</th></tr>
<tr><td>5</td><td>绝缘罩</td><td>工频耐压试验</td><td>1 年</td><td><table><tr><td>额定电压（kV）</td><td>工频耐压（kV）</td><td>持续时间（min）</td></tr><tr><td>6～10</td><td>30</td><td>1</td></tr><tr><td>35</td><td>80</td><td>1</td></tr></table></td><td>—</td></tr>
<tr><td rowspan="2">6</td><td rowspan="2">绝缘隔板</td><td>表面工频耐压试验</td><td>1 年</td><td><table><tr><td>额定电压（kV）</td><td>工频耐压（kV）</td><td>持续时间（min）</td></tr><tr><td>6～35</td><td>60</td><td>1</td></tr></table></td><td>电极间距离 300mm</td></tr>
<tr><td>工频耐压试验</td><td>1 年</td><td><table><tr><td>额定电压（kV）</td><td>工频耐压（kV）</td><td>持续时间（min）</td></tr><tr><td>6～10</td><td>30</td><td>1</td></tr><tr><td>35</td><td>80</td><td>1</td></tr></table></td><td>—</td></tr>
<tr><td>7</td><td>绝缘胶垫</td><td>工频耐压试验</td><td>1 年</td><td><table><tr><td>电压等级</td><td>工频耐压（kV）</td><td>持续时间（min）</td></tr><tr><td>高压</td><td>15</td><td>1</td></tr><tr><td>低压</td><td>3.5</td><td>1</td></tr></table></td><td>使用于带电设备区域</td></tr>
<tr><td>8</td><td>绝缘靴</td><td>工频耐压试验</td><td>半年</td><td><table><tr><td>工频耐压（kV）</td><td>持续时间（min）</td><td>泄漏电流（mA）</td></tr><tr><td>15</td><td>1</td><td>≤7.5</td></tr></table></td><td>—</td></tr>
<tr><td>9</td><td>绝缘手套</td><td>工频耐压试验</td><td>半年</td><td><table><tr><td>电压等级</td><td>工频耐压（kV）</td><td>持续时间（min）</td><td>泄漏电流（mA）</td></tr><tr><td>高压</td><td>8</td><td>1</td><td>≤9</td></tr><tr><td>低压</td><td>2.5</td><td>1</td><td>≤2.5</td></tr></table></td><td>—</td></tr>
<tr><td>10</td><td>安全带</td><td>静负荷试验</td><td>1 年</td><td><table><tr><td>种类</td><td>试验静拉力（N）</td><td>载荷时间（min）</td></tr><tr><td>围杆带</td><td>2205</td><td>5</td></tr><tr><td>围杆绳</td><td>2205</td><td>5</td></tr><tr><td>护腰带</td><td>1470</td><td>5</td></tr><tr><td>安全绳</td><td>2205</td><td>5</td></tr></table></td><td>牛皮带试验周期为半年</td></tr>
<tr><td>11</td><td>安全帽</td><td>冲击性能试验</td><td>按规定期限</td><td>冲击力小于 4900N</td><td>从制造之日起，塑料帽使用不超过 2.5 年，玻璃钢帽使用不超过 3.5 年</td></tr>
</table>

（2）安全工器具的日常维护。

1）安全工器具的存放：

① 必须满足国家和行业标准及产品说明书要求。

② 应统一分类编号，定置存放，存放在温度－15～35℃，相对湿度 5%～80%的干燥通

风的工具室（柜）内。

③ 绝缘杆应架在支架上或悬挂起来，且不得贴墙放置。绝缘隔板应放置在干燥通风的地方或垂直放在专用的支架上。

④ 绝缘罩使用后擦拭干净，装入包装袋内，放置于清洁、干燥通风的架子或专用柜内。

⑤ 验电器应存放在防潮盒或绝缘安全工器具存放柜内，置于通风干燥处。

⑥ 核相器应存放在干燥通风的专用支架上或者专用包装盒内。

⑦ 橡胶类绝缘安全工器具应存放在封闭的柜内或支架上，上面不得堆压任何物件，更不得接触酸、碱、油、化学药品或在太阳下暴晒，并应保持干燥、清洁。防毒面具应存放在干燥、通风，无酸、碱、溶剂等物质的库房内，严禁重压。

⑧ 防毒面具的滤毒罐（盒）的贮存期为 5 年（3 年）。

⑨ 遮栏绳、网应保持完整、清洁无污垢，成捆整齐存放在安全工具柜内，不得严重磨损、断裂、霉变、连接部位松脱等。遮栏杆外观醒目，无弯曲、锈蚀，摆放整齐。

2）安全工器具的定期检查如表 4–29 所示。

表 4–29　安全工器具的定期检查

序号	检查项目	检查要求
1	验电器	（1）声光器按压试验良好，音量足够，指示灯醒目，合格证完好； （2）绝缘杆完整，无划损、裂纹，伸缩型绝缘杆应能完全拉开
2	接地线及保安线	（1）绝缘杆完整，无划损、裂纹、受潮，伸缩型绝缘杆应能完全拉开； （2）线夹紧固可靠，转动灵活，无锈蚀； （3）线夹与软铜线连接螺栓紧固，无丢失、锈蚀； （4）软铜线结构紧密，无断股、磨损；护套无破损、老化； （5）接地操作棒各端接头封固、组合连接完好，握手部分和工作部分有护环或明显标识，合格证完好
3	绝缘手套、绝缘靴	（1）表面无损伤、磨损或划伤、破漏等； （2）将绝缘手套、绝缘靴封住端口卷曲，压缩内部空气，增大压力，整体鼓起不漏气为良好，如发现有发黏、裂纹、破口（漏气）、气泡、发脆等损坏时禁止使用，合格证完好
4	绝缘棒	（1）电压等级相符； （2）检查绝缘棒表面，必须光滑，无裂缝、损伤，棒身应直顺，各部分的连接应牢靠，金属端紧固、完整，无断裂、锈蚀，整体组合连接牢固，按周期试验合格，合格证完好
5	梯具	（1）无严重变形，连接牢固可靠，防滑装置（橡胶套）齐全可靠； （2）梯阶的距离不应大于 40cm，无断裂，人字梯铰链牢固，限制开度拉链齐全，限高标识符合规定
6	防毒面具	（1）面具密封性良好，无老化、损伤、划痕；眼罩无损伤、划痕，且视物清晰不模糊。 （2）检查滤毒罐有无过期（五年）。 （3）面具与滤毒罐导管无老化、损伤、划痕，各卡口连接正常

3）安全工器具的报废：

① 安全工器具符合下列条件之一者，即予以报废：经试验或检验不符合国家或行业标准的；超过有效使用期限，不能达到有效防护功能指标的；外观检查明显损坏或零部件缺失的。

② 报废的安全工器具应及时清理，不得与合格的安全工器具存放在一起，严禁使用报废的安全工器具。

③ 安全工器具报废，由使用保管单位（部门）提出处置申请，并提供相关佐证材料（试验不合格报告书、外观损坏照片、生产日期等），经本单位安监部门审核确认履行相关审批手

续后，由物资部门按有关规定进行处置。

④ 报废的安全工器具应去除合格证、电子标签等标识，并将安全工器具及可单独使用的部件进行破坏性处理，确保无法使用。

⑤ 安全工器具报废情况应纳入管理台账做好记录，报备存档。

3. 工作结束

（1）所有物品摆放整齐，无不规范行为。

（2）清理现场：将资料整理整齐，桌面恢复原状。

4.6.1.6 技能等级认证标准（评分表）

安全工器具维护考核评分记录表如表 4–30 所示。

表 4–30 安全工器具维护考核评分记录表

姓名：　　　　　　　　　　　　　　准考证号：　　　　　　　　　　　单位：

序号	项目	考核要点	配分	评分标准	得分	备注
1	工作准备					
1.1	着装穿戴	穿工作服、绝缘鞋，戴安全帽、线手套	5	未正确穿工作服、绝缘鞋，未佩戴安全帽、线手套，着装穿戴不规范的，扣 5 分		
1.2	工器具检查	材料及工器具准备齐全，检查所需的工器具	5	（1）工器具不齐全，每项扣 2 分； （2）工具未检查试验，扣 2 分		
2	工作过程					
2.1	安全工器具购置标准阐述	安全工器具的购置需符合国家和行业有关安全工器具的法律、行政法规/规章、强制性标准及技术规程的要求，并对电力安全工器具实行入围制度阐述正确	20	（1）安全工器具购置标准阐述不正确，每项扣 2 分； （2）安全工器具购置标准阐述不全面，每项扣 2 分； （3）电力安全工器具入围制度阐述不正确，每项扣 2 分； （4）电力安全工器具入围制度阐述不全面，每项扣 2 分		
2.2	验收标准阐述	对采购合同中的生产厂家的责任、验收手续阐述正确	15	（1）采购合同中的生产厂家的责任阐述不正确、不全面，每项扣 2 分； （2）验收手续阐述不正确、不全面，每项扣 2 分		
2.3	试验项目阐述	抽签选择 3 种安全工器具，正确阐述其试验过程及试验周期等	20	（1）试验过程阐述不正确、不全面，每项扣 3 分； （2）试验周期阐述不正确，每项扣 3 分		
2.4	安全工器具正确存放	正确将现场安全工器具正确放置在相应柜内，并完整阐述其存放要点	25	（1）安全工器具存放位置以及摆放方式不正确，每项扣 3 分； （2）漏放安全工器具的，每项扣 10 分； （3）阐述存放要点不正确、不完整，每项扣 3 分		
3	工作结束					
3.1	安全文明生产	汇报结束前，所选工器具放回原位，摆放整齐；无损坏元件、工具；恢复现场；无不安全行为	10	（1）出现不安全行为的，扣 10 分； （2）作业完毕，现场未清理恢复原状，扣 5 分； （3）损坏工器具的，扣 10 分		
总分			100	合计得分		
否定项说明：1. 违反电力安全工作规程相关规定；2. 违反职业技能鉴定考场纪律；3. 造成设备重大损坏；4. 发生人身伤害事故						

考评员：　　　　　　　　　　　　　　　　　　　　　　　　　年　　月　　日

4.6.2 消防安全检查

4.6.2.1 培训目标

了解消防设备设施的工作原理；学会消防设备设施运行规定及日常巡视检查项目，正确进行现场消防设备设施检查；学习火灾事故的现场处置基本知识，实训火灾事故的现场处置技能方法，正确进行火灾事故的现场处置。

4.6.2.2 培训场所及设施

1. 培训场所

消防演练实训场。

2. 培训设施

培训工具及器材如表 4－31 所示。

表 4－31 培训工具及器材（每个工位）

序号	名称	规格型号	单位	数量	备注
1	火灾自动报警系统	—	套	1	现场准备
2	自动喷水灭火系统	—	套	1	现场准备
3	消防防烟排烟系统	—	套	1	现场准备
4	电气火灾监控系统	—	套	1	现场准备
5	可燃气体探测报警系统	—	套	1	现场准备
6	消防设备末端电源箱	—	套	1	现场准备
7	消防泵组及供水增压装置	—	组	1	现场准备
8	消防栓及消防供水系统、消防泵组及加压设施	—	套	1	现场准备
9	消防电话	—	部	1	现场准备
10	消防应急广播	—	套	1	现场准备
11	防火卷帘	特级、垂直式	面	1	现场准备
12	防火门	常开式	面	1	现场准备
13	消防应急照明及疏散指示	—	处	若干	现场准备
14	消防演练穿戴装束	包含靴帽手套	套	1	现场准备
15	卷尺	—	卷	1	现场准备
16	秒表	—	块	1	现场准备
17	声波流量计	—	支	1	现场准备
18	照度计	—	支	1	现场准备
19	风速计	—	支	1	现场准备
20	微压计	—	支	1	现场准备
21	消防设备设施巡维检查记录	含纸笔	份	1	现场准备
22	水枪	—	支	1	现场准备

续表

序号	名称	规格型号	单位	数量	备注
23	水带	—	卷	1	现场准备
24	手持对讲机	—	部	2	现场准备
25	手持应急灯	防爆充电式	台	6	现场准备
26	破拆工具（含消防斧等）	—	套	1	现场准备
27	灭火器（包含多种灭火剂）	水基型、干粉型、二氧化碳、7150	支	若干	现场准备
28	防毒面具	过滤式	个	1	现场准备
29	隔绝式呼吸器	正压式	套	1	现场准备
30	急救箱	配备外伤急救用品	个	1	现场准备

4.6.2.3 培训方式及时间

1. 培训方式

教师讲解消防设备设施的工作原理与巡维保养要点、并现场示范消防设备设施检查测试方法；讲解火灾事故现场处置基本知识、并现场示范火灾事故现场处置技能方法。学员技能操作实训，培训结束后进行理论考核与技能测试。

2. 培训与考核时间

（1）培训时间。

消防设备设施的工作原理与巡维保养要点：0.5h；

火灾基本知识：0.5h；

火灾事故现场处置基本知识：0.5h；

消防设备设施检查测试方法：1.5h；

火灾事故现场处置技能方法：1.5h；

分组技能操作训练：3.5h；

合计：8h。

（2）考核时间：60min。

4.6.2.4 基础知识

（1）现场消防设备设施检查。

（2）火灾事故的现场处置。

4.6.2.5 技能培训步骤

1. 安全措施及风险点分析

（1）防触电伤害。学员检查消防设备末端配电箱时，应避免触碰引线裸露部分，以免触电。检查双电源自动转换功能时，如开关在自动状态，严禁用手柄操作，以防触电。学员检查与测试供电功能时应全程有考官监护。

（2）防止设备或仪器损坏。不得频繁启停火灾自动报警系统，防止联动消防设施如防火卷帘和防火门频繁启动等导致电机烧损。不得频繁启停防烟排烟风道，防止大风紊流损坏烟道。不得频繁启停消防供水系统中的泵体与加压设备，防止流量堆积及过压损坏接合部位或阀门，或出现渗漏。测量前，测试仪表水平放置，先检查表是否合格，是否在试验有效期内，以及外观是否完好。测量消防栓压力时，开启阀门不应过快，防止瞬时冲压损坏检测仪器。

（3）防止机械伤害。测试防火卷帘或防火门时，设施关闭行程上禁止站人，防止出现机械伤害。

（4）消防设施复位。学员每次操作测试消防设施功能后，应及时复位，以避免消防设施出现异常状况。

（5）防烧伤伤害。急救箱常备烧伤药品和急救用品。

（6）防消防工具及消防设施损坏。搬运和使用灭火器时不得撞击，防止损坏。消防工具如消防斧应检查手柄与斧体连接是否完好。

（7）防止火灾物证损坏、现场破坏、社会面人员进入火灾现场从事无关工作。重要关键物证应遮盖，不得暴露在火场复杂环境中。模拟火灾后现场应设专人看守。

2. 操作步骤

（1）工作准备。

1）工作现场准备：场地中以幅带式围栏围成巡视通道，保证学员能够按照固定巡视路线排队依次检查消防设备设施。每一处消防设备设施设有立式标识牌，提示学员在此进行消防设备设施的检查。检查现场人员疏散通道、疏散门无杂物封堵，可以保证人员快速疏散。

2）工具器材及使用材料准备：对带入进场的测试工具、仪器仪表、消防工具等进行检查，仪器仪表确保能够正常使用，接线及功能良好。

（2）工作过程。

1）火灾自动报警系统的组成和原理：

火灾自动报警系统分为火灾探测报警与消防联动控制系统两部分。

火灾探测报警系统主要由多种火灾探测器、手动报警按钮、火灾声光警报器及消防控制（显示）器组成，探测器根据探测保护区内热能、火焰及烟雾的存在情况发出报警，主要报警方式为声、光报警，通过声光警报器发出。手动火灾报警按钮可以手动按下。火灾自动报警系统又分为区域报警系统、集中报警系统、控制中心报警系统。集中报警系统相较于区域报警系统，额外包含消防联动控制系统。多个集中报警系统可采用控制中心报警系统。

消防联动控制系统的作用是当消防告警发出时，控制消防供水系统、排烟通风系统、防火卷帘门、消防电梯等消防设施自动启动，执行预设的消防功能。

2）火灾相关设施检查：

① 每组学员对消防设备设施巡维检查测试工具和仪表进行外观检查。

② 检查火灾自动报警系统并测试。

③ 检查防烟排烟系统并测试。

④ 检查防火卷帘、防火门并测试。

⑤ 检查并测试消防电话。

⑥ 检查并测试消防应急广播。

⑦ 检查消防栓和消防供水系统并测试。

⑧ 检查消防应急照明和疏散指示并测试。

⑨ 检查消防末端电源箱并测试。

⑩ 每组学员对消防工具和灭火器材进行检查后，一同携带的有通信设备及消防应急灯，在考官指引带领下有序进入消防演练实训场。

3）火灾事故的现场处置：

① 发现火情并启动火灾报警。

② 火场紧急疏散：人员疏散组按照消防广播及预先编制好的消防应急预案的指示有序疏散火场人员，优先疏散着火层。疏散路径应选择不止一条，保证场所消防指示图中示意出的疏散通道及疏散门畅通，若有可移置的杂物，应立即挪开；若疏散用防火门关闭，应立即打开。不可阻塞人员的快速疏散。

③ 消防报警联动启动消防设施。

④ 火灾扑救：灭火组根据火灾事故现场情况，以及火灾种类和已起火物件，正确选取相应种类及规格的灭火器，选取好站位。

⑤ 火灾现场保护：除安全原因外，不要挪动、搬动或放倒，以利于之后的火灾事故调查认定取证。

（3）工作结束。消防设施巡视检查工作后，考试学员在检查确认实训场内无遗留消防设施未复位情况下，携带消防设施巡维检查记录及测试工具仪表，在考官带领下有序退出实训场地。经简单汇报后将测试工具仪表放回原处，并签字上交考试所填写的消防设施巡维检查记录。火灾事故现场处置工作结束后，有序撤离消防演练场，放回灭火器及消防工具，恢复消防设施的伺服状态，复位消防报警及消防广播播报系统。

4.6.2.6 技能等级认证标准（评分表）

消防设备设施检查考核评分记录表如表4-32所示。

表4-32 消防设备设施检查考核评分记录表

姓名： 准考证号： 单位：

序号	项目	考核要点	配分	评分标准	得分	备注
1	工作准备					
1.1	着装与携带检查记录	正确穿戴消防演练装束（包含靴帽手套）；正确携带消防设备设施巡维检查记录（含纸笔）；正确携带测试仪器仪表	5	（1）未穿消防服、消防靴，未戴消防帽、消防手套（填写记录时可以摘下）进入演练场，着装穿戴不规范，扣5分； （2）未携带多种消防设备设施检查检测仪器仪表和消防设备设施巡维检查记录表进入演练场，扣5分		
1.2	工器具检查	便携式消防工具、灭火器、通信设备、照明灯等检查与携带	5	未携带火灾现场处置工器具，工器具未检查试验合格，扣5分		

续表

序号	项目	考核要点	配分	评分标准	得分	备注
2	工作过程					
2.1	现场消防设备设施检查	根据指示灯判断火灾自动报警系统工作状态，测试现场消防设备设施的安全性及可用性	40	（1）未检查火灾自动报警系统工作指示灯，或未填写记录，扣10分； （2）未测试紧急手/自切换功能，扣10分； （3）未检查历史信息，扣10分； （4）未检查系统组件，或未填写记录，扣10分； （5）未测试火灾报警系统组件功能，扣10分； （6）未测试火灾报警系统联动功能，扣10分		
2.2	火灾事故的现场处置	检查自动喷水灭火系统各组件的安装情况和组件状态；根据组件状态判断自动喷水灭火系统工作状态；测试自动灭火系统组件功能；测试自动灭火系统现行流量及压力；测试自动灭火系统联动功能	40	（1）未立即报警的，或报警错误的，扣10分； （2）现场紧急疏散过程混乱，扣5分； （3）紧急疏散过程错误，可能造成人员二次伤亡的，扣20分； （4）未及时启动现场消防安全设备设施的，扣10分； （5）火灾现场未扑救，或者扑救方法错误，或扑救结果不理想的，扣10分； （6）未保护现场的，扣10分		
3	工作终结验收					
3.1	安全文明生产	汇报结束前，检查表放回原位，摆放整齐；恢复现场；无不安全行为	5	有不安全行为的，每处扣2分		
3.2	撤离现场并恢复	有序撤离消防演练场，放回灭火器及消防工具，恢复消防设施的伺服状态，复位消防报警及消防广播通报系统	5	（1）未放回灭火器及消防工具，扣3分； （2）任一消防系统或设施未复位，扣3分		
总分			100	合计得分		

否定项说明：1. 违反电网设备消防管理规定；2. 违反职业技能鉴定考场纪律；3. 造成设备设施重大损坏；4. 发生人身伤害事故

考评员：　　　　　　　　　　　　　　　　　　　　　　　年　　月　　日

第 5 章

三级工操作技能

5.1 巡视检查

5.1.1 设备异常定性

5.1.1.1 培训目标

通过专业理论学习和技能训练，使学员学会一、二次设备异常缺陷现象的分类和定性分析方法，能够独立完成设备异常定性分析。

5.1.1.2 培训场所及设施

1. 培训场所

变电运维专业实训场地。

2. 培训设施

培训工具及器材如表 5–1 所示。

表 5–1 培训工具及器材（每个工位）

序号	名称	规格型号	单位	数量	备注
1	安全帽	—	个	1	考生自备
2	全棉长袖工作服	—	套	1	考生自备
3	绝缘鞋	—	双	1	考生自备
4	文件夹板	—	个	1	考生自备
5	中性笔	黑色	支	1	现场准备
6	标准化作业指导卡	—	张	1	现场准备

5.1.1.3 培训方式及时间

1. 培训方式

教师现场讲解、示范，学员进行技能操作训练，培训结束后进行理论考核与技能测试。

2. 培训与考核时间

（1）培训时间。

一、二次设备常见异常缺陷现象相关专业知识：1h；

一、二次设备异常缺陷分类相关专业知识：2h；

实操训练：1h；

合计：4h。

（2）考核时间：60min。

5.1.1.4 基础知识

定性分析发现的设备异常。

5.1.1.5 技能培训步骤

1. 准备工作

（1）缺陷分类：按照设备异常缺陷对电网运行的影响程度，将缺陷划分为危急、严重和一般缺陷三类。

（2）缺陷分类原则。

1）危急缺陷：设备或建筑物发生了直接威胁安全运行并需立即处理的缺陷，否则，随时可能造成设备损坏、人身伤亡、大面积停电、火灾等事故。

2）严重缺陷：对人身或设备有重要威胁，暂时尚能坚持运行但需尽快处理的缺陷。

3）一般缺陷：危急、严重缺陷以外的设备缺陷，指性质一般、情况较轻、对安全运行影响不大的缺陷。

（3）缺陷定性分析。

1）危急缺陷：无法继续运行的，定为危急缺陷，危急缺陷消缺时间不超过 24h。

2）严重缺陷：影响设备运行但可短期维持运行，定为严重缺陷，严重缺陷消缺时间不超过 72h。

3）一般缺陷：试验数据超标，但仍可以运行，定为一般缺陷，一般缺陷消缺时间不宜超过一个月。

（4）高压开关、变压器、高压母线、互感器、防雷设备、站用交直流系统、二次回路、继电保护装置、综合自动化系统、补偿装置、小电流接地系统常见异常缺陷及定性分析。

1）高压开关类设备异常现象和原因分析。通过现象描述和原因讲解，能够熟悉断路器、隔离开关、GIS 等常见异常的特征，能够定性分析发现断路器、隔离开关、GIS 等常见异常。

2）变压器异常现象和原因分析。通过现象描述和原因讲解，能够熟悉变压器声音异常、油位异常、油温异常等常见异常的特征，能够定性分析发现变压器声音异常、油位异常、油温异常等常见异常。

3）高压母线异常现象和原因分析。通过现象描述和原因讲解，能够熟悉高压母线常见异常的特征，能够定性分析发现高压母线常见异常的处理方法。

4）互感器异常现象和原因分析。通过现象描述和原因讲解，能够熟悉电压互感器、电流互感器常见异常的特征，能够定性分析发现电压互感器、电流互感器二次短路、开路等异常。

5）防雷设备异常现象和原因分析。通过现象描述和原因讲解，能够熟悉防雷设备常见异常的特征，能够定性分析发现避雷器泄漏电流超标、引线松脱等常见异常。

6）站用交直流系统异常现象和原因分析。通过现象描述和原因讲解，能够熟悉站用交流消失、直流接地等常见异常的特征，能够定性分析发现站用交流消失、直流接地等常见异常。

7）二次设备异常现象和原因分析。通过现象描述和原因讲解，能够熟悉二次回路、继电保护装置、综合自动化系统常见异常的特征，能够定性分析发现二次回路、继电保护装置、综合自动化系统常见异常。

8）补偿装置的常见异常。通过原理讲解、要点归纳，了解电容器、电抗器常见异常现象和产生的原因，定性分析发现电容器、电抗器异常。

9）小电流接地系统常见异常。通过现象描述、原理讲解，了解小电流接地系统常见异常现象和产生的原因，定性分析发现小电流接地系统单相接地、缺相运行等异常。

2. 操作步骤

（1）记录时间、复归声响信号。

（2）在后台监控机上，检查表计、一次设备、继电保护和自动装置动作情况（后台监控机：检查并记录开关跳闸情况及故障间隔和母线电流、电压、有功变化情况，事故告警窗内保护动作信息），做好记录，在监控机确认告警信号并复归信号。

（3）迅速将检查情况（跳闸的开关、保护和自动装置动作情况，事故的主要特征等）初步汇报调度和主管部门负责人准确、简明扼要。

（4）详细检查保护范围内的一、二次设备动作情况，根据保护反映的事故信息及设备外部现象特征正确分析和判断事故。

3. 工作结束

清理现场，恢复原状态，离场。

5.1.1.6 技能等级认证标准（评分表）

定性分析发现的设备异常检查项目考核评分记录表如表 5-2 所示。

表 5-2　定性分析发现的设备异常检查项目考核评分记录表

姓名：　　　　　　　　　　　　准考证号：　　　　　　　　　　　单位：

序号	项目	考核要点	配分	评分标准	得分	备注
1	工作准备					
1.1	着装穿戴	穿纯棉长袖工作服、绝缘鞋，戴安全帽	5	未穿纯棉长袖工作服、绝缘鞋，未戴安全帽，每项扣 2 分		
1.2	工作准备	标准化作业指导卡	5	未按要求选取相应的标准化作业指导卡，扣 5 分		
2	工作过程					
2.1	缺陷划分	正确进行缺陷划分	30	（1）发现缺陷后，对缺陷标准库未包含的缺陷，根据实际情况进行定性，并将缺陷内容记录清楚。定性错误扣 20 分。 （2）对可能会改变一、二次设备运行方式或影响集中监控的危急、严重缺陷情况应向相应调控人员汇报。缺陷未消除前，应加强设备巡视。未能完成扣 10 分		
2.2	定性分析发现的设备异常	能够定性分析不同类设备异常缺陷	50	根据异常现象分析发现的设备异常，并正确定性。每处定性判断错误扣 10 分		
3	作业结束					
3.1	文明生产	汇报结束前，将现场恢复原状态	10	（1）出现不文明行为，扣 10 分； （2）现场未恢复扣 5 分，恢复不彻底扣 2 分		
		总分	100	合计得分		
否定项说明：1. 违反电力安全工作规程相关规定；2. 违反职业技能鉴定考场纪律；3. 造成设备重大损坏；4. 发生人身伤害事故						

考评员：　　　　　　　　　　　　　　　　　　　　　　　　年　　月　　日

5.1.2 设备巡视管理

5.1.2.1 培训目标

通过专业理论学习和技能操作训练，使学员学会标准化作业指导书（卡）的编制依据、一、二次设备巡视要求等知识，能够独立完成各类巡视作业指导书（卡）的编制，掌握日常、特殊及异常天气下的巡视依据，按巡视要求组织开展各类巡视工作。

5.1.2.2 培训场所及设施

1. 培训场所

变电运维专业实训场地。

2. 培训设施

培训工具及器材如表 5-3 所示。

表 5-3 培训工具及器材（每个工位）

序号	名称	规格型号	单位	数量	备注
1	安全帽	—	顶	1	考生自备
2	全棉长袖工作服	—	套	1	考生自备
3	绝缘鞋	—	双	1	考生自备
4	文件夹板	—	个	1	考生自备
5	中性笔	黑色	支	1	现场准备
6	标准化作业指导卡	—	张	1	现场准备
7	标准化作业指导卡模板	—	张	1	现场准备
8	笔记本计算机	—	台	1	现场准备
9	打印机	—	台	1	现场准备

5.1.2.3 培训方式及时间

1. 培训方式

教师现场讲解、示范，学员进行技能操作训练，培训结束后进行理论考核与技能测试。

2. 培训与考核时间

（1）培训时间。

各类作业指导书（卡）编制：2h；

组织实施各类巡视工作：2h；

实操训练：2h；

合计：6h。

（2）考核时间：60min。

5.1.2.4 基础知识

（1）编制各类巡视作业指导书（卡）。

（2）组织开展各类巡视工作。

5.1.2.5　技能培训步骤

1. 准备工作（巡视卡编制及组织工作）

（1）场地准备：每个工位之间独立，场地清洁、无杂物。

（2）器材准备：笔记本计算机及打印机运行正常，无影响培训的故障。

2. 操作步骤

（1）工作前准备。

1）正确着装。

2）按照变电站分类及巡视作业类型确定巡视作业指导书（卡）的编制模板。

（2）工作过程。

1）编制标准作业卡前，根据作业内容开展现场勘察。

2）按照巡视作业指导书（卡）的编制模板完成本次巡视作业的巡视作业指导书（卡）。

① 变电站分类：

a. 一类变电站是指交流特高压站，直流换流站，核电、大型能源基地（300 万 kW 及以上）外送及跨大区（华北、华中、华东、东北、西北）联络 750/500/330kV 变电站。

b. 二类变电站是指除一类变电站以外的其他 750/500/330kV 变电站，电厂外送变电站（100 万 kW 及以上、300 万 kW 以下）及跨省联络 220kV 变电站，主变压器或母线停运、开关拒动造成四级及以上电网事件的变电站。

c. 三类变电站是指除二类以外的 220kV 变电站，电厂外送变电站（30 万 kW 及以上、100 万 kW 以下），主变压器或母线停运、开关拒动造成五级电网事件的变电站，为一级及以上重要用户直接供电的变电站。

d. 四类变电站是指除一、二、三类以外的 35kV 及以上变电站。

② 巡视分类：变电站的设备巡视检查，分为例行巡视、全面巡视、专业巡视、熄灯巡视和特殊巡视。

③ 巡视作业指导书（卡）的编制：

a. 标准作业卡的编制原则为任务单一、步骤清晰、语句简练，可并行开展的任务或不是由同一小组人员完成的任务不宜编制为一张作业卡，避免标准作业卡繁杂冗长、不易执行。

b. 标准作业卡由工作负责人按模板编制，班长、副班长（专业工程师）或工作票签发人负责审核。

c. 标准作业卡正文分为基本作业信息、工序要求（含风险辨识与预控措施）两部分。

d. 编制标准作业卡前，应根据作业内容开展现场勘察，确认工作任务是否全面，并根据现场环境开展安全风险辨识、制订预控措施。

e. 工艺标准及要求应具体、详细，有数据控制要求的应标明。

3）按照已编制的巡视作业指导书（卡）开展相应巡视作业。

① 巡视的基本要求：

a. 运维班负责所辖变电站的现场设备巡视工作，应结合每月停电检修计划、带电检测、设备消缺维护等工作统筹组织实施，提高运维质量和效率。

b. 巡视人员应注意人身安全，针对运行异常且可能造成人身伤害的设备应开展远方巡视，应尽量缩短在瓷质、充油设备附近的滞留时间。

c. 巡视应执行标准化作业，保证巡视质量。

d. 运维班班长、副班长和专业工程师应每月至少参加 1 次巡视，监督、考核巡视检查质量。

e. 对于不具备可靠的自动监视和告警系统的设备，应适当增加巡视次数。

f. 巡视设备时运维人员应着工作服，正确佩戴安全帽。雷雨天气必须巡视时应穿绝缘靴、着雨衣，不得靠近避雷器和避雷针，不得触碰设备、架构。

g. 为确保夜间巡视安全，变电站应具备完善的照明。

h. 现场巡视工器具应合格、齐备。

i. 备用设备应按照运行设备的要求进行巡视。

② 巡视作业指导书（卡）的执行：

a. 变电站维护、带电检测、消缺等工作均应按照标准化作业的要求进行。

b. 现场工作开工前，工作负责人应组织全体工作人员对标准作业卡进行学习，重点交代人员分工、关键工序、安全风险辨识和预控措施等。

c. 工作过程中，工作负责人应对安全风险、关键工艺要求及时进行提醒。

d. 工作负责人应及时在标准作业卡上对已完成的工序打钩，并记录有关数据。

e. 全部工作完毕后，全体工作人员应在标准作业卡中签名确认。工作负责人应对现场标准化作业情况进行评价，针对问题提出改进措施。

f. 已执行的标准作业卡至少应保留 1 年。

3. 工作结束

（1）按要求填写作业指导卡，归档。

（2）清理现场，恢复原状态，离场。

5.1.2.6 技能等级认证标准（评分表）

巡视作业指导书（卡）组织项目考核评分记录表如表 5–4 所示。

表 5–4 巡视作业指导书（卡）组织项目考核评分记录表

姓名： 准考证号： 单位：

序号	项目	考核要点	配分	评分标准	得分	备注
1	工作准备					
1.1	着装穿戴	穿纯棉长袖工作服、绝缘鞋，戴安全帽	5	未穿纯棉长袖工作服、绝缘鞋，未戴安全帽，每项扣 2 分		
1.2	工作准备	标准化作业指导卡	5	未按要求选取相应的标准化作业指导卡，扣 5 分		
2	组织过程					
2.1	变电站分类	正确对巡视变电站进行分类	10	未按照变电站等级分类要求进行分类扣 10 分，分类不准确扣 2 分		

续表

序号	项目	考核要点	配分	评分标准	得分	备注
2.2	巡视分类	正确对巡视类型进行分类	5	未按照相应要求填写对应的标准化作业指导卡，扣5分		
2.3	巡视作业指导书（卡）的编制	正确编制巡视作业指导书（卡）	25	（1）未按照实际巡视作业类型选择正确巡视作业卡模板，扣25分； （2）编制作业卡前未进行现场勘察，扣5分； （3）作业卡编制内容不全面扣5分，漏项每处扣1分，最多扣5分； （4）作业卡内容编制任务存在重复性内容，扣5分，步骤不清晰扣3分，语句不简练扣2分； （5）作业卡内容巡视设备与现场实际不符，每处扣1分，最多扣10分		
2.4	巡视的基本要求	按巡视基本要求正确组织巡视	15	（1）未按照巡视计划组织开展巡视工作，扣1分；巡视执行日期与计划不符扣3分。 （2）巡视未执行标准化作业指导卡，扣3分。 （3）巡视作业前未检查工作班成员着装、安全帽佩戴情况，扣3分。 （4）巡视人员安排不合理，扣3分。 （5）特殊天气未安排相应的巡视检查，扣3分；异常天气着装不合格，扣2分；巡视检查工具准备不充分，扣1分		
2.5	巡视作业指导书（卡）的执行	正确执行巡视作业指导书（卡）	25	（1）巡视作业前未对工作班成员交代安全注意事项，扣1分；未对具体巡视工作进行分工布置，扣5分。 （2）工作负责人未及时在标准作业指导卡已完成工序打钩，每漏一次扣5分。 （3）工作班成员在标准作业指导卡分别签名后，工作负责人未再次检查作业指导卡执行情况，扣4分。 （4）工作结束后工作负责人未对现场标准化作业情况进行评价，扣2分；未提出针对问题改进措施，扣5分。 （5）作业结束后工作负责人未对标准化作业指导卡归档，扣5分		
3	作业结束					
3.1	文明生产	汇报结束前，将现场恢复原状态	10	（1）出现不文明行为，扣10分； （2）现场未恢复扣5分，恢复不彻底扣2分		
	总分		100	合计得分		

否定项说明：1. 违反电力安全工作规程相关规定；2. 违反职业技能鉴定考场纪律；3. 造成设备重大损坏；4. 发生人身伤害事故

考评员：　　　　　　　　　　　　　　　　年　　月　　日

5.2 倒闸操作

5.2.1 倒闸操作票填写

5.2.1.1 培训目标

通过专业理论学习，使学员了解断路器、隔离开关异常及故障情况下的倒闸操作票，以及新设备投运倒闸操作票填写原则，熟练掌握设备异常、故障及新投运倒闸操作票填写内容。

5.2.1.2 培训场所及设施

1. 培训场所

培训教室。

2. 培训设施

培训工具及器材如表 5–5 所示。

表 5–5 培训工具及器材（每个工位）

序号	名称	规格型号	单位	数量	备注
1	计算机	—	台	1	现场准备
2	空白倒闸操作票	—	份	5	现场准备
3	中性笔	黑色	支	1	现场准备
4	系统图	—	份	1	现场准备
5	运行方式	—	份	1	现场准备
6	保护配置图	—	份	1	现场准备
7	急救箱	—	个	1	现场准备

5.2.1.3 培训方式及时间

1. 培训方式

教师理论讲解，学员练习，培训结束后进行考核测试。

2. 培训与考核时间

（1）培训时间。

断路器拒动、隔离开关故障异常情况下倒闸操作原则讲解：1h；

新设备投运倒闸操作原则讲解：1h；

断路器拒动、隔离开关故障异常情况下倒闸操作票理论讲解：2h；

新设备投运倒闸操作票理论讲解：2h；

分组练习：2h；

合计：8h。

（2）考核时间：60min。

5.2.1.4 基础知识

（1）填写断路器拒动、隔离开关故障异常情况下倒闸操作票。

（2）填写新设备投运倒闸操作票。

（3）审核倒闸操作票。

5.2.1.5 技能培训步骤

1. 断路器拒动、隔离开关故障异常情况下倒闸操作的原则及内容

（1）断路器拒动后，严禁对故障断路器进行分、合闸操作。

（2）断路器拒动故障设备停电操作顺序：拉开断路器线路侧隔离开关、母线侧隔离开关及线路电压互感器隔离开关。

（3）检修设备停电，应把各方面的电源完全断开（任何运行中的星形接线设备的中性点，应视为带电设备）。禁止在只经断路器（开关）断开电源或只经换流器闭锁隔离电源的设备上工作。应拉开隔离开关（刀闸），手车开关应拉至试验或检修位置，应使各方面有一个明显的断开点，若无法观察到停电设备的断开点，应有能够反映设备运行状态的电气和机械等指示。与停电设备有关的变压器和电压互感器，应将设备各侧断开，防止向停电检修设备反送电。

2. 新设备投运倒闸操作的原则及内容

（1）核对定值。

（2）设备送电时，继电保护方面的操作应尽可能在主设备冷备用状态时进行，一次设备热备用时，保护就应处在运行状态。包括保护装置的交直流电源。

（3）新投运的变压器一般冲击合闸 5 次，线路冲击合闸 3 次。

（4）空载运行的线路或电力电缆线路，保护应全部投入，但重合闸应停用。

3. 操作步骤（操作票填写步骤）

（1）登录仿真机学员账号。

（2）核对系统运行方式正确。

（3）明确操作任务。

（4）根据操作任务及操作原则正确填写倒闸操作票。

（5）工作结束，恢复仿真机运行方式。

5.2.1.6 技能等级认证标准（评分表）

断路器拒动、隔离开关故障异常情况下、新设备投运倒闸操作票填写考核评分记录表如表 5–6 所示。

表 5–6 断路器拒动、隔离开关故障异常情况下、新设备投运倒闸操作票填写考核评分记录表

姓名：　　　　　　　　　　　　准考证号：　　　　　　　　　　　单位：

序号	项目	考核要点	配分	评分标准	得分	备注
1	工作准备					
1.1	系统运行方式	核对系统运行方式正确	5	（1）核对不认真，扣 2 分； （2）未核对系统运行方式，不得分		
1.2	操作任务	明确操作任务	5	（1）未填写设备双重名称，扣 2 分； （2）操作任务不清楚，不得分		
2	工作过程					
2.1	操作项目	一次项操作	30	（1）未填写设备双重名称，扣 2 分； （2）漏项每处扣 2 分，最多扣 30 分； （3）操作项顺序错误每处扣 2 分，最多扣 30 分		
		二次项操作	15	（1）未填写设备双重名称，扣 2 分； （2）漏项每处扣 2 分，最多扣 15 分； （3）操作项顺序错误每处扣 2 分，最多扣 15 分		
		检查项操作	5	（1）未填写设备双重名称，扣 2 分； （2）漏项每处扣 2 分，最多扣 5 分； （3）操作项顺序错误每处扣 2 分，最多扣 5 分		

续表

序号	项目	考核要点	配分	评分标准	得分	备注
2.1	操作项目	验电接地项操作	30	（1）未填写设备双重名称，扣 2 分； （2）漏项每处扣 2 分，最多扣 30 分； （3）操作项顺序错误每处扣 2 分，最多扣 30 分		
3	工作结束					
3.1	打印操作票	打印操作票	5	（1）操作票打印不完整、不清晰，扣 2 分； （2）未打印操作票，不得分		
3.2	文明生产	清理现场	5	（1）现场清理不干净，扣 2 分； （2）未清理现场，不得分		
总分			100	合计得分		
否定项说明：1. 违反电力安全工作规程相关规定；2. 违反职业技能鉴定考场纪律；3. 造成设备重大损坏；4. 发生人身伤害事故						

考评员：　　　　　　　　　　　　　　　　　　　　　　年　　月　　日

5.2.2 倒闸操作

5.2.2.1 培训目标

通过专业理论和技能操作训练，使学员了解断路器拒动、隔离开关故障异常情况下倒闸操作和新设备投运倒闸操作技术要领、注意事项及安全措施，熟练掌握断路器拒动、隔离开关故障异常情况下倒闸操作和新设备投运倒闸操作标准流程及规范。

5.2.2.2 培训场所及设施

1. 培训场所

变电综合实训场地。

2. 培训设施

培训工具及器材如表 5–7 所示。

表 5–7 培训工具及器材（每个工位）

序号	名称	规格型号	单位	数量	备注
1	操作票	—	份	1	现场准备
2	安全帽	—	顶	1	考生自备
3	全棉长袖工作服	—	套	1	考生自备
4	绝缘鞋	—	双	1	考生自备
5	绝缘操作杆	—	套	1	现场准备
6	验电器	—	套	1	现场准备
7	绝缘手套	—	副	1	现场准备
8	绝缘靴	—	双	1	现场准备
9	接地线	—	组	若干	现场准备

续表

序号	名称	规格型号	单位	数量	备注
10	标识牌	—	块	若干	现场准备
11	线手套	—	副	1	考生自备
12	录音笔	—	个	1	现场准备
13	操作把手	—	个	1	现场准备
14	活动扳手	—	个	1	现场准备
15	箱体钥匙	—	套	1	现场准备
16	照明灯具	—	个	1	现场准备
17	文件夹板	—	个	1	考生自备
18	中性笔	黑色	支	1	现场准备
19	中性笔	红色	支	1	现场准备
20	急救箱	—	个	1	现场准备

5.2.2.3 培训方式及时间

1. 培训方式

教师理论讲解、示范，学员进行技能操作训练，培训结束后进行理论考核与技能测试。

2. 培训与考核时间

（1）培训时间。

断路器拒动倒闸操作技术要领、注意事项及安全措施讲解：2h；

隔离开关故障异常情况下倒闸操作技术要领、注意事项及安全措施讲解：2h；

新设备投运倒闸操作技术要领、注意事项及安全措施讲解：2h；

分组技能操作训练：2h；

合计：8h。

（2）考核时间：60min。

5.2.2.4 基础知识

（1）断路器拒动、隔离开关故障异常情况下倒闸操作。

（2）新设备投运倒闸操作。

5.2.2.5 技能培训步骤

（1）断路器拒动、隔离开关故障异常情况下倒闸操作技术要领、注意事项及安全措施。

（2）新设备投运倒闸操作技术要领、注意事项及安全措施。

（3）个人着装检查：检查着装及安全帽。

（4）安全工器具检查：安全工器具外观、声光、声响检查及检漏，试验周期核对，正确汇报检查结果。

（5）操作票填写：正确填写操作票。

（6）模拟预演：按照正规的模拟预演流程进行预演。

（7）执行操作：按照正规的倒闸操作流程进行操作。

（8）清理现场、工作结束：操作完毕后将工器具、材料整齐摆放在指定位置。清理现场，工作结束，离场，向考评员汇报工作结束。

5.2.2.6 技能等级认证标准（评分表）

断路器拒动、隔离开关故障异常情况下倒闸操作和新设备投运倒闸操作考核评分记录表如表 5-8 所示。

表 5-8 断路器拒动、隔离开关故障异常情况下倒闸操作和新设备投运倒闸操作考核评分记录表

姓名： 准考证号： 单位：

序号	项目	考核要点	配分	评分标准	得分	备注
1	工作准备					
1.1	着装及防护	劳保服、安全帽、劳保鞋	3	（1）未穿工作服、绝缘鞋，未戴安全帽、线手套，每项扣 1 分，最多扣 2 分； （2）着装穿戴不规范，每处扣 1 分		
1.2	申请操作	申请操作	1	（1）未报告考评员准备工作完成，扣 0.5 分； （2）未得到许可后到达指定工位，扣 0.5 分		
1.3	工器具和材料选用及检查	工器具和材料选用及检查	10	逐项对安全工器具进行检查，每漏一项扣 1 分，最多扣 10 分		
		材料选用及检查	1	未正确选用操作票、中性笔，扣 1 分		
1.4	模拟预演	模拟预演	5	逐项对操作项目进行模拟预演，每漏一项扣 1 分，最多扣 5 分		
2	工作过程					
2.1	操作步骤	接发调度令	5	（1）非有权受令的人员接受值班调度员操作指令，扣 1 分； （2）接受正式操作指令时，未在调度指令记录内实录操作指令内容，包括下令人和受令人姓名、操作任务、操作项目及序号、下达指令时间、令号栏内写明“具体指令号”或“口头令”，扣 1 分； （3）未向下令人复诵一遍，未得到其同意后开始执行，扣 1 分； （4）接受调度指令未全程录音，扣 1 分； （5）对指令有疑问时未向发令人询问清楚无误后执行，扣 1 分		
		唱票复诵	5	（1）监护人唱票操作任务后，操作人未复诵操作任务，扣 2.5 分； （2）复诵时未说普通话，声音不洪亮，咬字不清楚、卡顿，扣 2.5 分		
		断路器操作	15	（1）操作时，未首先核对操作回路或同一系统设备的实际状态，扣 2 分； （2）监护人唱票远方操作一次设备前，未对现场人员发出提示信号，提醒现场人员远离操作设备，扣 3 分； （3）操作时未按操作票的顺序依次进行操作，出现跳项、漏项、颠倒顺序、增减步骤、擅自更改操作顺序情况，扣 5 分； （4）传动机构拉合断路器未戴绝缘手套，扣 2 分； （5）拉开、合上断路器操作前后，未检查断路器实际位置、监控位置、测控位置和监控电流指示，扣 3 分		

续表

序号	项目	考核要点	配分	评分标准	得分	备注
2.1	操作步骤	隔离开关操作	15	（1）用绝缘棒拉合隔离开关未戴绝缘手套，扣3分； （2）停电拉闸操作未按照断路器—负荷侧隔离开关—电源侧隔离开关的顺序依次进行，送电合闸操作未按与上述相反顺序进行，或带负荷拉合隔离开关，扣3分； （3）未检查断路器在开位，即进行合上或拉开断路器两侧隔离开关的操作，未检查操作后的隔离开关位置，扣3分； （4）就地操作隔离开关前，未检查断路器在开位，且断路器遥控出口压板未停用或“远方/就地”方式把手未切换至“就地”位置，即进行合上或拉开断路器两侧隔离开关的操作，扣3分； （5）操作后未检查隔离开关实际位置，未检查其分闸后角度是否符合要求，对合上的隔离开关未检查其接触是否良好，扣3分		
		验电接地操作	15	（1）未正确使用验电器，对需要合接地开关或装设接地线位置操作人、监护人未共同核对接地线编号，扣2分； （2）装、拆接地线均未使用绝缘棒、戴绝缘手套，扣2分； （3）在装设接地线导体端前，操作人和监护人未共同检查接地线接地端连接紧固，未检查接地线装设地点电气连接各侧有无明显断开点，扣2分； （4）操作人验电前，未在临近相同电压等级带电设备测试验电器（无法在有电设备上进行试验时，可用工频高压发生器），扣3分； （5）操作人逐相验明确无电压后未唱诵“× 相确无电压”，监护人未确认无误并唱诵“正确”，操作人即移开验电器，扣3分； （6）当验明设备已无电压后，未立即将检修设备接地并三相短路，扣3分		
		检查设备操作	5	（1）操作时，未首先核对操作回路或同一系统设备的实际状态，操作中未严格执行“四对照”，即对照设备名称、编号、位置和拉合方向，扣2分； （2）操作结束后监护人和操作人未共同检查操作质量，扣1分； （3）倒闸操作过程若因故中断，在恢复操作时运维人员未重新进行核对（核对设备名称、编号、实际位置），扣1分； （4）电气设备操作后的位置检查应以设备各相实际位置为准，无法看到实际位置时，未通过间接方法核对设备位置，扣1分		
		防误闭锁装置操作	10	（1）电脑钥匙开锁前，操作人未核对电脑钥匙上的操作内容与现场锁具名称编号一致，扣3分； （2）未对监控系统和微机“五防”系统进行人工置位，扣5分； （3）回传电脑钥匙操作信息，未检查监控后台与“五防”画面设备位置是否对应变位，未监控后台有无异常信息及报文，扣2分		

续表

序号	项目	考核要点	配分	评分标准	得分	备注
2.2	其他要求	操作情况	2	操作人未正确穿戴绝缘鞋和绝缘手套，未使用绝缘操作棒，扣2分		
			2	操作项目完成后，未立即在对应栏内标注“√”，扣2分		
			2	操作过程中不熟悉操作步骤，动作不连贯、卡顿，扣2分		
3	工作结束					
3.1	事后清理	清理现场	2	操作完毕后，未将工器具、材料整齐摆放在指定位置，扣2分		
3.2	结束报告	工作汇报	2	操作完毕后，未向考评员汇报工作结束，扣2分		
总分			100	合计得分		
否定项说明：1. 违反电力安全工作规程相关规定；2. 违反职业技能鉴定考场纪律；3. 造成设备重大损坏；4. 发生人身伤害事故						

考评员：　　　　　　　　　　　　　　　　　　　　　　年　　月　　日

5.3 异常及故障处理

5.3.1 一次设备严重、危急性异常处理

5.3.1.1 培训目标

通过专业理论学习和技能操作训练，使学员能够掌握一次设备严重、危急性异常处理方法。

5.3.1.2 培训场所及设施

1. 培训场所

综合实训室。

2. 培训设施

培训工具及器材如表5-9所示。

表5-9　培训工具及器材（每个工位）

序号	名称	规格型号	单位	数量	备注
1	灭火器	—	具	1	现场准备
2	电话	—	部	1	现场准备
3	消防主机	—	台	1	现场准备
4	防毒面具	—	面	1	现场准备
5	防火服	—	套	1	现场准备
6	望远镜		个	1	现场准备
7	桌子	—	张	1	现场准备

续表

序号	名称	规格型号	单位	数量	备注
8	凳子	—	把	1	现场准备
9	答题纸	A4	张	若干	现场准备
10	签字笔	黑色	支	1	现场准备

5.3.1.3 培训方式及时间

1. 培训方式

教师理论讲解，学员练习，培训结束后进行考核测试。

2. 培训及考核时间

（1）培训时间。

一次设备冒烟、着火、爆炸异常：2h；

一次设备操控失灵、拒动异常：2h；

一次设备闪络、放电异常：1h；

一次设备试验、检测参数严重性超标异常：1h；

学员练习及答疑：2h；

合计：8h。

（2）考核时间：120min。

5.3.1.4 基础知识

（1）处理一次设备冒烟、着火、爆炸异常。

（2）处理一次设备操控失灵、拒动异常。

（3）处理一次设备闪络、放电异常。

（4）处理一次设备试验、检测参数严重性超标异常。

5.3.1.5 技能培训步骤

1. 准备工作

（1）场地准备：提供能模拟一次冒烟、着火、爆炸、操控失灵、拒动、闪络等异常信息或相应保护装置、监控系统、遥视系统动作的实训场地。

（2）工具器材及使用材料准备：

1）对进场的仪器、工器具进行检查，确保能够正常使用，并整齐摆放。

2）工具器材要求质量合格、安全可靠、数量满足要求。

3）相关图纸、故障记录、试验报告等。

2. 操作步骤

（1）准备工作：

1）正确着装，佩戴安全防护用品。

2）准备工器具，熟悉场地及设备，查看图纸。

（2）工作过程：

1）查看监控信息、保护等信息并做好相关记录。

2）对设备进行外观巡视，并记录铭牌、外观异常等相关信息。

3）对异常情况综合研判，进行处理，步骤如表 5–10 所示。

表 5–10 异常情况处理步骤

异常情况	处理步骤
一次设备冒烟、着火、爆炸异常	（1）检查相关侧断路器是否断开，保护是否正确动作。 （2）保护未动作或者断路器未断开时，应立即拉开各侧断路器。 （3）将异常情况简要汇报相应值班调控人员及上级管理部门。 （4）若发生火灾，应尽快确认自动灭火装置启动情况。若灭火装置未启动、火势较小，且现场具备自行灭火条件时，在确认各侧电源已断开且保证人身安全的前提下组织人员开始灭火，防止火灾蔓延。若无法进行自行灭火，应立即拨打消防报警电话报警。 （5）按照值班调控人员指令进行故障设备的隔离操作和负荷的转移操作。 （6）检查现场设备，若相邻设备受损，无法继续安全运行，应立即向值班调控人员申请停运。 （7）现场设备检查人员应按规定使用安全防护用品。 （8）异常情况控制后，详细记录并向值班调控人员及上级管理部门汇报现场一、二次设备异常及故障信息。 （9）故障设备隔离后，做好安全措施，通知检修人员处理
一次设备操控失灵、拒动异常	（1）检查相关设备监控系统光字牌、告警等信息。 （2）核对操作对象是否正确，与之相关回路的断路器、隔离开关、接地开关的实际位置是否符合操作条件。在未查明原因前不得操作，严禁通过按接触器来操作隔离开关。 （3）将操作异常情况汇报相应值班调控人员及上级管理部门。 （4）操控失灵、拒动原因初步分析： 1）电气方面：操作电源消失；分合闸压板漏投；回路问题（压力低、控制回路断线、未储能、控制把手选择错误、分合闸线圈故障等）；接触器损坏、卡涩；电动机损坏；热继电器动作后未复归等。 2）机械方面：机械传动部分的元件有松脱、损坏、卡阻和变形等现象；隔离开关触头烧熔；主隔离开关与接地开关之间的机械闭锁等。 （5）如为电气原因造成，则结合告警信息检查操作回路相关空气断路器、压板、气体压力、热继电器等元件状态是否正常，如操作程序正确且检查未发现上述异常，则通知检修人员，说明异常现象及现场检查情况。 （6）如隔离开关、接地开关发生拒分拒合，故障不能短时排除时，可结合停送电和调度要求，可进行手动操作。 （7）如因机械原因造成，运维人员无法排除时，应汇报调度申请退出运行，并通知检修人员处理。 （8）向值班调控人员和上级管理部门详细汇报一、二次设备检查结果，按照值班调控人员指令隔离故障点及拒动设备。 （9）设备隔离后，做好安全措施，通知检修人员处理
一次设备闪络、放电异常	（1）检查设备外观、查找故障位置，查找时注意做好个人防护。发现外绝缘放电时，应检查外绝缘表面有无破损、裂纹、严重污秽等情况。 （2）外绝缘表面严重损坏的，应立即汇报值班调控人员申请停运处理。 （3）外绝缘未见明显损坏，放电未超过第二伞裙的，应加强监视，按缺陷处理流程上报；超过第二伞裙的，应立即汇报值班调控人员申请停运处理。 （4）套管末屏有放电声，需要对该套管做试验或者检查处理时，应立即向值班调控人员申请停运处理。 （5）现场无法判断时，应联系检修人员处理
一次设备试验、检测参数严重性超标异常	（1）对异常设备进行复测，排除环境等影响因素。 （2）考虑设备历史运行状况、同类型设备参考数据，同时结合其他带电检测试验结果，如油色谱试验、红外精确测温及高频局部放电检测等手段进行综合分析。 （3）根据试验结果分类进行，启动缺陷流程

3. 工作结束

清理现场，工作结束，离场，向考评员汇报工作结束。

5.3.1.6 技能等级认证标准（评分表）

一次设备严重、危急性异常处理考核评分记录表如表 5–11 所示。

表 5-11　一次设备严重、危急性异常处理考核评分记录表

姓名：　　　　　　　　　　准考证号：　　　　　　　　　　单位：

序号	项目	考核要点	配分	评分标准	得分	备注
1	工作准备					
1.1	着装穿戴	穿纯棉长袖工作服、绝缘鞋，戴安全帽	5	未穿纯棉长袖工作服、绝缘鞋，未戴安全帽，每项扣 2 分		
1.2	工作准备	配备必要的电话、防火服、防毒面具、灭火器等辅助工具	5	未对辅助工具进行检查，缺少每项扣 1 分		
2	工作过程					
2.1	监控及保护信息检查	（1）检查监控系统告警信息（重瓦斯保护动作、差动保护动作、失灵保护动作、遥控失败、灭火装置报警、消防总告警等信息）。 （2）检查监控系统主画面显示故障设备各侧断路器位置、电流、电压、功率等。 （3）检查保护装置告警信息（变压器非电量保护、差动保护、失灵保护、火灾报警等动作信息）。 （4）主变压器故障跳闸时，检查主变压器消防远程控制屏消防装置动作情况。远程视频检查主变压器消防装置动作情况、主变压器着火冒烟情况。 （5）通过工业视频系统检查一次设备闪络及放电情况	20	（1）监控系统检查，重要信息有漏项或记录不正确，每处扣 2 分； （2）未检查消防远程控制屏扣 10 分，检查不到位扣 5 分； （3）未开展视频检查，扣 10 分		
2.2	设备检查	对设备进行巡视，高空部位使用望远镜检查，并记录铭牌等相关信息	15	（1）未检查，扣 15 分； （2）有漏项，每处扣 2 分		
2.3	一次设备冒烟、着火、爆炸异常处理	（1）检查自动灭火装置启动情况，正确选择消防器材、进行初期灭火； （2）正确检查异常设备，着火时还应检查相邻受损设备； （3）及时、准确汇报设备异常情况； （4）现场设备检查应采取安全防护措施； （5）根据异常情况分析判断准确，申请停运、故障隔离及时； （6）全面、准确记录一、二次设备故障信息	45	（1）消防器材选择或使用不正确，扣 5 分。 （2）进入室内，未开启所有排风机进行强制排风 15min，未用检漏仪测量 SF_6 气体合格，未用仪器检测含氧量合格；室外 SF_6 断路器检查时，未从上风侧接近设备进行检查。每项扣 5 分。 （3）未对火灾点进行正确隔离，扣 20 分。 （4）汇报故障现象描述不清楚，没有按照规程汇报值班调控人员，扣 8 分。 （5）未检查现场设备，并正确判断相邻设备受损情况，每项扣 5 分。 （6）检查人员未按规定使用安全防护用品，每项扣 5 分。 （7）一、二次设备故障信息记录不全，每项扣 2 分，最多扣 10 分		
2.4	一次设备操控失灵、拒动异常处理	（1）根据监控信息，正确分析、检查设备操控回路空气断路器、压板、把手、储能、压力表计、电源等状态； （2）根据异常情况分析检查全面、准确； （3）及时、汇报异常情况； （4）全面、准确记录一、二次设备故障信息		（1）未检查控制电源是否正常、控制回路接线有无松动，未检查空气断路器、压板等状态，每项扣 5 分； （2）未检查直流回路绝缘是否良好，气动、液压操动机构压力是否正常，弹簧操动机构储能是否正常，SF_6 气体压力是否在合格范围内，汇控柜或机构箱内“远方/就地”把手是否在“远方”位置，分闸线圈是否有烧损痕迹，每项扣 5 分； （3）没有按照规程汇报值班调控人员，扣 8 分		

续表

序号	项目	考核要点	配分	评分标准	得分	备注
2.5	一次设备闪络、放电异常处理	（1）根据设备闪络、放电部位及严重程度，及时正确分析； （2）及时、准确汇报设备异常情况； （3）现场设备检查应采取安全防护措施； （4）根据异常情况分析判断准确，申请停运、异常或故障隔离及时； （5）全面、准确记录一、二次设备故障信息	45	（1）外绝缘放电时，未检查外绝缘表面有无破损、裂纹、严重污秽情况，每项扣 5 分； （2）汇报故障现象描述不清楚，没有按照规程汇报值班调控人员，扣 8 分； （3）未检查现场设备，并正确判断相邻设备受损情况，每项扣 5 分； （4）检查人员未按规定使用安全防护用品，每项扣 5 分； （5）一、二次设备故障信息记录不全，每项扣 2 分，最多扣 10 分		
2.6	一次设备试验、检测参数严重性超标异常处理	（1）对异常设备进行复测，排除环境等影响因素； （2）考虑设备历史运行状况、同类型设备参考数据，同时结合其他带电检测试验结果，如油色谱试验、红外精确测温及高频局部放电检测等手段进行综合分析； （3）根据试验结果分类进行，启动缺陷流程		（1）试验数据分析不正确，未排除环境等干扰因素，未结合历史数据、同类设备情况进行比对等，每项扣 5 分； （2）缺陷定性不准，扣 10 分		
3	工作结束					
3.1	文明生产	汇报结束，过程中无造成其他人身、电网、设备事故	10	（1）出现不文明行为，扣 10 分； （2）现场出现造成其他人身、电网、设备事故的情况，酌情把握扣分，最高扣 10 分		
总分			100	合计得分		
否定项说明：1. 违反电力安全工作规程相关规定；2. 违反职业技能鉴定考场纪律；3. 造成设备重大损坏；4. 发生人身伤害事故						

考评员：　　　　　　　　　　　　　　　　年　　月　　日

5.3.2　二次设备异常及故障处理

5.3.2.1　培训目标

通过专业理论学习和技能操作训练，使学员掌握二次设备异常及故障处理方法。

5.3.2.2　培训场所及设施

1. 培训场所

实训室。

2. 培训设施

培训工具及器材如表 5–12 所示。

表 5–12　培训工具及器材（每个工位）

序号	名称	规格型号	单位	数量	备注
1	线手套	—	副	1	现场准备
2	绝缘封线	—	根	1	现场准备

续表

序号	名称	规格型号	单位	数量	备注
3	绝缘手套	—	副	1	现场准备
4	万用表	—	个	1	现场准备
5	测温仪	—	台	1	现场准备
6	组合工具等	—	套	1	现场准备
7	桌子	—	张	1	现场准备
8	凳子	—	把	1	现场准备
9	答题纸	A4	张	若干	现场准备
10	签字笔	黑色	支	1	现场准备

5.3.2.3　培训方式及时间

1. 培训方式

教师理论讲解，学员练习，培训结束后进行考核测试。

2. 培训及考核时间

（1）培训时间。

电流互感器二次回路开路：2h；

电压互感器二次回路短路：2h；

继电保护及自动化装置交直流电源：1h；

直流回路接地及查找：1h；

学员练习及答疑：2h；

合计：8h。

（2）考核时间：120min。

5.3.2.4　基础知识

（1）处理电流互感器二次回路开路、电压互感器二次回路短路异常。

（2）处理继电保护及自动化装置的交直流电源异常。

（3）查找直流回路接地故障。

5.3.2.5　技能培训步骤

1. 工作准备

（1）场地准备。现场模拟互感器二次回路异常，监控系统、保护装置发出相应告警信息。

（2）工具准备。备好绝缘鞋、绝缘手套、线手套、绝缘封线、万用表、测温仪、螺钉旋具等。

2. 操作步骤

（1）查看监控信息、保护等信息，并做好相关记录。

（2）检查设备异常时一、二次设备发出的异常现象，核对异常信息，并按表 5-13 故障类型进行处理。

表 5–13　二次设备异常处理步骤

二次设备异常类型	故障现象	处理步骤
电流互感器二次回路开路	（1）监控系统发出告警信息，相关电流、功率指示降低或为零； （2）相关继电保护装置发出“TA 断线”告警信息； （3）本体发出较大噪声，开路处有放电现象； （4）相关电流表、功率表指示为零或偏低，电能表不转或转速缓慢	（1）查找电流回路断线情况，应按要求穿好绝缘鞋，戴好绝缘手套，至少两人一起，并配好绝缘封线。 （2）分清故障回路汇报调度停用可能受影响的保护，防止保护误动。 （3）查找电流回路断线可以从电流互感器本体开始，按回路逐个环节进行检查，若是本体有明显异常，应汇报调度，申请转移负荷，停电进行检修。 （4）若本体无明显异常，应对端子元件逐个检查，发现有松动可用螺钉旋具紧固；若出现火花或发现开路点，应在开路点前将二次回路短接，再对开路点进行处理。 （5）若短接时出现火花，说明短接有效，开路点在电源到封点以外；若短接时无火花，则可能短接无效，开路点在封点与电源之间的回路。 （6）若开路点在保护屏内，应对保护屏上的电流端子进行查找并紧固；若开路点在保护屏内，应汇报上级部门由专业人员处理。 （7）若为值班人员能自行处理的开路故障，如端子松脱、接触不良等，消除回路断线现象后，可将分线拆掉，投入退出的保护，恢复正常运行；不能自行处理的，应汇报调度，及时派专业人员处理。 （8）禁止用导线缠绕的方式消除电流互感器二次回路开路
电压互感器二次回路短路	（1）监控系统发出电压异常越限告警信息，相关电压指示降低、波动或升高； （2）变电站现场相关电压表指示降低、波动或升高，相关继电保护及自动装置发出“TV 断线”告警信息	（1）测量二次空气断路器（二次熔断器）进线侧电压，如电压正常，检查二次空气断路器及二次回路；如电压异常，检查设备本体及高压熔断器。 （2）处理过程中应注意二次电压异常对继电保护、自动装置的影响，采取相应的措施，防止误动、拒动。 （3）中性点非有效接地系统，应检查现场有无接地现象、互感器有无异常声响，并汇报值班调控人员，采取措施将其消除或隔离故障点。 （4）二次熔断器熔断或二次空气断路器跳开，应试送二次空气断路器（更换二次熔断器），试送不成汇报值班调控人员申请停运处理。 （5）二次电压波动、二次电压低，应检查二次回路有无松动及设备本体有无异常，电压无法恢复时，联系检修人员处理。 （6）二次电压高、开口三角电压高，应检查设备本体有无异常，联系检修人员处理
继电保护及自动化装置的交直流电源异常	装置发出闭锁、失电告警等信息	（1）检查装置投入方式是否选择正确，检查装置交流输入情况。 （2）检查装置告警是否可以复归，必要时将装置退出运行，联系专业人员处理。 （3）装置电源消失或直流电源接地后，应及时检查，停止现场与电源回路有关的工作，尽快恢复装置的运行。 （4）双电源切换装置动作且备用电源断路器未合上时，应在检查工作电源断路器确已断开、站用交流电源系统无故障后，手动投入备用电源断路器。工作电源断路器恢复运行后，应查明备用电源拒合原因。 （5）对于成套装置，在排除上述可能的情况下，可采取断开装置电源再重启一次的方法检查装置异常告警是否恢复
直流回路接地故障	（1）监控系统发出直流接地告警信号； （2）绝缘监测装置发出直流接地告警信号并显示接地支路； （3）绝缘监测装置显示接地极对地电压下降、另一极对地电压上升	（1）对于 220V 直流系统两极对地电压绝对值差超过 40V 或绝缘电阻降低到 25kΩ以下的，110V 直流系统两极对地电压绝对值差超过 20V 或绝缘电阻降低到 15kΩ以下的，应视为直流系统接地。 （2）直流系统接地后，运维人员应记录时间、接地极、绝缘监测装置提示的支路号和绝缘电阻等信息。用万用表测量直流母线正对地、负对地电压，与绝缘监测装置核对后，汇报调控人员。 （3）出现直流系统接地故障时应及时消除，同一直流母线段，当出现两点接地时，应立即采取措施消除，避免造成继电保护、断路器误动或拒动故障。直流接地查找方法及步骤如下： 1）发生直流接地后，应分析是否为天气原因或二次回路上有工作，如二次回路上有工作或有检修试验工作时，应立即拉开直流试验电源，看是否为检修工作所引起。 2）对于比较潮湿的天气，应首先重点对端子箱和机构箱直流端子排做一次检查，对凝露的端子排用干抹布擦干或用电吹风烘干，并投入驱潮加热器。 3）对于非控制及保护回路可使用拉路法进行直流接地查找。按事故照明、防误闭锁装置回路、户外合闸（储能）回路、户内合闸（储能）回路的顺序进行。其他回路的查找，应在检修人员到现场后，配合进行查找并处理。 4）保护及控制回路宜采用便携式仪器带电查找的方式进行，如需采用拉路的方法，应汇报调控人员，申请退出可能误动的保护。 5）用拉路法检查未找出直流接地回路时，应联系检修人员处理。当发生交流窜入问题时，参照交流窜入直流处理

3. 工作结束

清理现场，工作结束，离场，向考评员汇报工作结束。

5.3.2.6 技能等级认证标准（评分表）

二次设备异常及故障处理考核评分记录表如表5-14所示。

表5-14 二次设备异常及故障处理考核评分记录表

序号	项目	考核要点	配分	评分标准	得分	备注
1	工作准备					
1.1	着装穿戴	穿纯棉长袖工作服、绝缘鞋，戴安全帽	5	未穿纯棉长袖工作服、绝缘鞋，未戴安全帽，每项扣2分		
1.2	工作准备	配备必要的电话、螺钉旋具、测温仪、万用表等辅助工具，两人一组	5	（1）未对辅助工具进行检查，每项扣1分； （2）单独行动，扣5分		
2	工作过程					
2.1	监控信息检查	（1）检查监控系统保护装置、低压交直流告警信息； （2）检查监控系统主画面断路器位置、电流、电压、功率等信息； （3）初步分析异常告警回路及原因	15	（1）监控系统检查，重要信息有漏项或记录不正确，每处扣2分； （2）异常原因分析错误扣10分，分析不到位扣5分		
2.2	设备检查	对设备进行巡视，并记录铭牌等相关信息	15	（1）未检查扣15分； （2）有漏项每处扣2分		
2.3	电流互感器二次回路开路处理	（1）外观检查； （2）能正确查看监控信息和相关电流、功率变化，并根据信息准确判断故障回路； （3）能准确查找回路故障点并进行处理		（1）未正确判断故障回路并汇报调度停用可能受影响的保护，每项扣10分； （2）未正确将二次回路短接，扣10分； （3）不能自行处理的，应汇报调度，及时派专业人员处理； （4）误用导线缠绕的方式消除电流互感器二次回路开路，扣10分		
2.4	电压互感器二次回路短路处理	（1）外观检查； （2）能正确查看监控信息和相关电压、功率指示，并根据信息进行准确判断故障回路； （3）能准确查找回路故障点并进行处理	50	（1）未根据故障信息进行有针对性的检查［测量二次空气断路器（二次熔断器）进线侧电压，如电压正常，检查二次空气断路器及二次回路；如电压异常，检查设备本体及高压熔断器］，每丢一项扣5分。 （2）未正确判断故障回路并汇报调度停用可能受影响的保护，每项扣10分。 （3）未根据检查结果正确分类处理，每项扣5分。 （4）处理过程中未采取相应防止误动、拒动措施，扣10分		
2.5	处理继电保护及自动化装置的交直流电源异常	（1）清楚电源异常对保护装置的影响； （2）清楚受影响的保护装置单、双套配置情况，一次设备不能无保护运行； （3）分析异常告警回路及原因； （4）能准确查找故障点并进行处理		（1）未检查装置投入方式、交流输入情况，扣5分； （2）未检查装置告警是否可以复归，扣5分； （3）未及时准确判断出异常影响范围，扣10分； （4）处理过程不正确，每项扣10分		

续表

序号	项目	考核要点	配分	评分标准	得分	备注
2.6	查找直流回路接地故障	（1）能正确查看监控信息和相关指示，并根据信息进行判断； （2）能准确查找直流回路接地故障	50	（1）直流系统接地后，未正确记录时间、接地极、绝缘监测装置提示的支路号和绝缘电阻等信息，每项扣 5 分； （2）未正确测量直流母线正对地、负对地电压，扣 5 分； （3）发生直流接地后，未排除天气等原因的，扣 5 分（比较潮湿的天气，应首先重点对端子箱和机构箱直流端子排做一次检查，对凝露的端子排用干抹布擦干或用电吹风烘干，并投入驱潮加热器）； （4）未准确查找直流回路接地故障，每项扣 5 分		
3	工作结束					
3.1	文明生产	汇报结束，过程中无造成其他人身、电网、设备事故	10	（1）出现不文明行为，扣 10 分； （2）现场出现造成其他人身、电网、设备事故的情况，酌情扣分，最高扣 10 分		
总分			100	合计得分		
否定项说明：1. 违反电力安全工作规程相关规定；2. 违反职业技能鉴定考场纪律；3. 造成设备重大损坏；4. 发生人身伤害事故						

考评员：　　　　　　　　　　　　　　　　　　年　　月　　日

5.3.3 设备故障分析处理

5.3.3.1 培训目标

通过专业理论学习和技能操作训练，使学员能掌握设备故障分析处理方法。

5.3.3.2 培训场所及设施

1. 培训场所

综合实训室。

2. 培训设施

变电站仿真系统。

5.3.3.3 培训方式及时间

1. 培训方式

教师理论讲解，学员练习，培训结束后进行考核测试。

2. 培训及考核时间

（1）培训时间。

保护装置及故障录波器信息读取：1h；

变压器故障、母线故障：2h；

拉路法查找小电流接地系统接地故障：2h；

学员练习及答疑：2h；

合计：7h。

（2）考核时间：120min。

5.3.3.4 基础知识

（1）读取线路、变压器、母线故障保护装置及故障录波器信息。

（2）处理变压器、母线故障。

（2）用拉路法查找小电流接地系统接地故障。

5.3.3.5 技能培训步骤

1. 工作准备

场地准备：变电站仿真系统模拟母线单相接地故障、相间短路故障。

2. 工作过程

（1）查看监控信息、保护等信息，并做好相关记录。

（2）检查设备异常时一、二次设备发出的异常现象，核对异常信息，并按表 5–15 故障类型进行处理。

表 5–15 异常现象处理步骤

故障类型	处理步骤
变压器故障	（1）当并列运行中的一台变压器跳闸后，应密切关注运行中的变压器有无过负荷现象，并考虑中性点接地情况。 （2）变压器跳闸后应密切关注站用电的供电，确保站用电、直流系统的安全稳定运行。 （3）变压器的重瓦斯保护、差动保护同时动作跳闸，未经查明原因和消除故障之前不得进行强送。 （4）重瓦斯保护或差动保护之一动作跳闸，在检查变压器外部无明显故障后，检查瓦斯气体，证明变压器内部无明显故障者，在系统急需时可以试送一次，有条件时，应尽量进行零起升压。 （5）若变压器后备保护动作跳闸，一般经外部检查、初步分析（必要时经电气试验）后，无明显故障，可以试送一次。 （6）若主变压器重瓦斯保护误动作，两套差动保护中一套误动作或者后备保护误动作造成变压器跳闸，应根据调度命令，停用误动作保护，将主变压器送电。 （7）变压器故障跳闸造成电网解列时，在试送变压器或投入备用变压器时，要防止非同期并列。 （8）如因线路或母线故障，保护越级动作引起变压器跳闸，则在故障线路断路器断开后，可立即恢复变压器运行。 （9）变压器主保护动作，在未查明故障原因前，值班人员不要复归保护屏信号，做好相关记录，以便专业人员进一步分析和检查。 （10）按无故障变压器尽快恢复送电的原则，及时调整运行方式。 （11）主变压器保护动作，若 220kV（或 220kV 以上）侧开关拒动，则启动失灵；若 110、35kV 侧（或 10kV 侧）开关拒动，则由电源对侧或主变压器后备保护动作跳闸，切除故障。运行值班人员根据越级情况，尽快隔离拒动开关设备，恢复送电。 （12）及时将一、二次设备检查情况汇报值班调控人员和上级管理部门。 （13）故障设备做好安全措施，通知检修人员处理。 （14）事故处理完毕后，值班人员填写运行日志、断路器分合闸等记录，并根据断路器跳闸情况、保护及自动装置的动作情况、故障录波报告以及处理过程，整理详细的事故处理经过
母线故障	（1）母线保护动作跳闸后，运行值班人员首先应记录事故发生时间、设备名称、断路器变位情况、主要保护及自动装置动作信号等事故信息； （2）将以上信息、天气情况、停电范围和当时的负荷情况及时汇报调度和有关部门，便于调度及有关人员及时、全面地掌握事故情况，进行分析判断； （3）如有工作现场或操作现场，应立即停止工作并对现场进行检查； （4）记录保护及自动装置屏上的所有信号，打印故障录波报告及微机保护报告； （5）现场检查跳闸母线上所有设备，是否有放电、闪络痕迹或其他故障点； （6）将详细检查结果汇报值班调控人员和上级管理部门； （7）根据调度令将故障设备隔离，做好安全措施，通知检修人员处理； （8）事故处理完毕后，值班人员填写运行日志、断路器分合闸等记录，并根据断路器跳闸情况、保护及自动装置的动作情况、故障录波报告以及处理过程，整理详细的事故处理经过

续表

故障类型	处理步骤
小电流接地系统接地故障	（1）检查记录接地现象，站内发出接地信号时，将时间、光字、故障报文等信息做好记录，并汇报值班调控人员和上级管理部门。 （2）切换检查相电压表计，根据相电压指示判断是否为接地故障，如是接地故障，则判明故障相别。 （3）检查站内设备有无故障，对接地母线上的一次设备进行外部检查，主要检查各设备瓷质部分有无损坏、有无放电闪络，检查设备上的设备上有无落物、小动物及外力破坏现象，检查各引线有无断线接地，检查互感器、避雷器、电缆头等有无击穿损坏。 （4）采用拉路法查找接地点。依次短时断开故障所在母线上各出线断路器，如果断开断路器后接地信号消失，绝缘监察电压表的指示恢复正常，即可证明所停的线路上有接地故障。利用瞬停法查找有接地故障的线路，一般拉路顺序如下：① 充电备用线路；② 双回路用户分别停；③ 线路长、分支多、负荷小、不太重要用户的线路，或者发生故障概率高的线路；④ 分支少、线路短、负荷较大、较重要用户的线路；⑤ 剩最后一条线路也应试停。 （5）采用拉路法仍不能查找出接地线路时，应考虑双、多回线路同相接地，站内母线设备接地，主变压器低压侧套管、母线桥接地的可能。查找双、多回线路同相接地时，应先将一条母线上的线路断路器全部拉开，然后逐条线路试送电，如某条线路送电后发出接地信号，则说明该条线路接地，将接地线路断开后继续试送其他线路，直至母线上的线路全部恢复运行，即可查找出所有的接地线路。若经检查不是双、多条线路同相接地，可合上分段（或母联）断路器，拉开主变压器断路器，如接地现象消失，即是主变压器低压套管或母线桥接地；如接地现象扩大到另一条母线上，则是母线设备接地
查看故障录波	保护跳闸后，应全面检查保护装置告警及故障录波等信息： （1）保护装置运行灯亮，液晶显示屏显示正常。运行灯不亮时，注意检查保护屏后装置电源、遥信电源等空气断路器是否在合入位置，检查装置电源插件后电源小开关是否在合位。 （2）当重合闸动作时，应检查装置屏幕上是否有相应报告显示，装置上重合闸相应指示灯是否亮。 （3）当保护动作时，应检查装置屏幕上的报告显示，指示对应保护指示灯、出口指示灯点亮情况，并打印事故报告。保护装置事故报告信息一般包括动作时间、动作元件、动作相别、动作时故障量大小、保护装置感受到的故障电压和故障电流、故障测距、相关开入量和开出量状态、动作过程等信息。保护动作跳闸时，保护装置还会完成录波、记录动作时定值。 （4）详细记录保护装置各种信息后手动复归信号，并记录复归情况，若不能复归，应汇报调度。 （5）检查相应故障录波器。在故障录波器在线分析软件主界面下部“故障记录”页面查找本次故障录波，检查本次故障的基本信息，包括故障时间、启动原因、故障线路、故障相别、故障测距、断路器动作等。 （6）打印故障报告和故障波形图，记录故障线路名称、故障绝对时间、故障相别、故障类型、故障距离、保护动作时间、断路器动作时间、故障前一周波电流电压有效值、故障第一周波电流电压有效值、故障第一周波电流电压峰值、断路器重合时间、再次故障时间、再次跳闸相别、再次保护动作时间、再次跳闸时间等信息。也可通过故障录波器在线分析软件完成阻抗图、相量图、序分量图分析

3. 工作结束

清理现场，工作结束，离场，向考评员汇报工作结束。

5.3.3.6 技能等级认证标准（评分表）

设备故障分析处理考核评分记录表如表 5-16 所示。

表 5-16 设备故障分析处理考核评分记录表

姓名：　　　　　　　　　　　　　　准考证号：　　　　　　　　　　单位：

序号	项目	考核要点	配分	评分标准	得分	备注
1	工作准备					
1.1	着装穿戴	穿纯棉长袖工作服、绝缘鞋，戴安全帽	5	未穿纯棉长袖工作服、绝缘鞋，未戴安全帽，每项扣 2 分		
1.2	工作准备	配备必要的电话、防火服等辅助工具	5	未对辅助工具进行检查，缺少每项扣 1 分		

续表

序号	项目	考核要点	配分	评分标准	得分	备注
2	工作过程					
2.1	监控及保护信息检查	（1）检查监控系统告警信息（如主变压器保护动作、母线差动保护动作、主变压器低压侧接地告警等信息）； （2）检查监控系统主画面显示故障设备相关断路器位置、电流、电压、功率等； （3）检查保护装置告警信息； （4）主变压器故障跳闸时，检查主变压器消防远程控制屏，远程视频检查主变压器消防装置动作情况、主变压器着火冒烟情况； （5）母线跳闸时，检查是否有其他设备跳闸； （6）检查并分析故障录波情况	20	（1）监控系统检查，重要信息有漏项或记录不正确，每处扣2分； （2）未检查消防远程控制屏扣10分，检查不到位扣5分； （3）未开展视频检查，扣10分； （4）未结合保护范围分析故障点，未初步判断故障点或故障点分析判断不准确，扣10分		
2.2	设备检查	（1）对设备进行巡视，高空部位使用望远镜检查，并记录铭牌等相关信息； （2）重点对保护范围内的设备开展检查	15	（1）未检查扣15分； （2）有漏项每处扣2分		
2.3	变压器故障处理	（1）如变压器故障着火，开启水喷淋等灭火装置或正确选择消防器材、进行初期灭火； （2）正确检查异常设备，着火时还应检查相邻受损设备； （3）根据保护动作信息判断故障范围及故障设备； （4）现场设备检查时做好个人防护，记录一、二次设备故障信息； （5）及时开展设备检查，并根据检查情况及时汇报值班调控人员及上级管理部门； （6）正确隔离故障设备，恢复正常设备运行； （7）会分析故障录波图	45	（1）消防器材选择或使用不正确，扣5分； （2）未对火灾点进行正确隔离，扣20分； （3）汇报故障现象描述不清楚，没有按照规程汇报值班调控人员，扣8分； （4）未检查现场设备，未正确判断相邻设备受损情况，每项扣5分； （5）检查人员未按规定使用安全防护用品，每项扣5分； （6）一、二次设备故障信息记录不全，每项扣2分，最多扣10分； （7）故障录波图分析错误，每处扣5分； （8）未及时申请隔离故障点，扣10分		
2.4	母线故障处理	（1）根据保护动作信息判断故障范围及故障设备； （2）记录一、二次设备故障信息； （3）及时开展设备检查，并根据检查情况及时汇报值班调控人员及上级管理部门； （4）正确隔离故障设备，恢复正常设备运行； （5）会分析故障录波图		（1）汇报故障现象描述不清楚，没有按照规程汇报值班调控人员，扣8分； （2）未检查现场设备，未正确判断相邻设备受损情况，每项扣5分； （3）检查人员未按规定使用安全防护用品，每项扣5分； （4）一、二次设备故障信息记录不全，每项扣2分，最多扣10分； （5）故障录波图分析错误，每处扣5分； （6）未及时申请隔离故障点，扣10分； （7）未及时恢复正常设备运行，扣10分		

续表

序号	项目	考核要点	配分	评分标准	得分	备注
2.5	小电流接地系统接地异常处理	（1）掌握小电流接地系统接地故障特征； （2）记录异常信息； （3）及时开展设备检查，并根据检查情况及时汇报值班调控人员及上级管理部门； （4）查找接地方法准确； （5）做好个人防护措施	45	（1）汇报异常现象描述不清楚，没有按照规程汇报值班调控人员，扣8分； （2）未掌握小电流接地系统故障点查找原则，扣10分； （3）检查人员未按规定使用安全防护用品，每项扣5分； （4）异常信息记录不全，每项扣2分，最多扣10分		
3	工作结束					
3.1	文明生产	汇报结束，过程中无造成其他人身、电网、设备事故	10	（1）出现不文明行为，扣10分； （2）现场出现造成其他人身、电网、设备事故的情况，酌情扣分，最高扣10分		
总分			100	合计得分		

否定项说明：1. 违反电力安全工作规程相关规定；2. 违反职业技能鉴定考场纪律；3. 造成设备重大损坏；4. 发生人身伤害事故

考评员：　　　　　　　　　　　　　　　　　　　　　　年　　月　　日

5.4 设备维护

5.4.1 变压器维护

5.4.1.1 培训目标

了解变压器更换呼吸器硅胶、密封油方法及注意事项，熟练掌握硅胶、密封油更换工艺。清楚变压器气体继电器取气方法及注意事项，掌握气体继电器取气样的方法。

5.4.1.2 培训场所及设施

1. 培训场所

变电综合实训场。

2. 培训设施

培训工具及器材如表5-17所示。

表5-17 培训工具及器材（每个工位）

序号	名称	规格型号	单位	数量	备注
1	个人工具箱	标配	箱	1	现场准备
2	硅胶	大颗粒、蓝色、经干燥	袋	1	现场准备
3	清洗剂	—	桶	1	现场准备
4	清洁布	—	块	若干	现场准备
5	除锈剂	—	罐	1	现场准备
6	玻璃注射器	100mL	只	1	现场准备
7	玻璃注射器	1mL，带针头	只	1	现场准备

续表

序号	名称	规格型号	单位	数量	备注
8	医用乳胶软管	—	个	1	现场准备
9	注射器胶帽	—	个	1	现场准备
10	医用三通阀	—	个	1	现场准备
11	扳手	10寸	把	2	现场准备
12	安全帽	—	顶	1	现场准备
13	工作服	—	套	1	考生自备
14	绝缘鞋	—	双	1	考生自备
15	线手套	—	副	1	考生自备

5.4.1.3　培训方式及时间

1. 培训方式

教师现场讲解、示范，学员技能操作训练，培训结束后进行理论考核与技能测试。

2. 培训与考核时间

（1）培训时间。

变压器更换呼吸器硅胶、密封油方法及注意事项：1h；

变压器气体继电器取气方法及注意事项：1h；

分组技能操作训练：2h；

技能测试：2h；

合计：6h。

（2）考核时间：40min。

5.4.1.4　基础知识

（1）更换变压器呼吸器硅胶、密封油。

（2）变压器气体继电器取气。

5.4.1.5　技能培训步骤

1. 安全措施及风险点分析

（1）防触电伤害：

1）运行中的变压器更换呼吸器硅胶、气体继电器取气必须保持电力安全工作相关规程规定的安全距离，否则应停电进行。

2）工作前确认安全措施到位，所有运维人员必须在明确的工作范围内进行工作。

3）工作中若需使用绝缘梯，应使用合格的绝缘梯，梯子必须两人放倒搬运，并与带电部分保持足够的安全距离。

（2）防高空坠落：

1）使用的梯子应坚固完整，有防滑措施。梯子的支柱应能承受作业人员及所携带的工具、材料的总重量。

2）梯子必须架设在牢固的基础上，单梯应与地面夹角60°，人字梯应有限制开度的措施。

3）梯上工作时必须有专人扶持，禁止两人及以上在同一爬梯上工作，人在梯子上时，禁止移动梯子。

2. 准备工作

（1）工作现场准备：必备 2 个工位，可以同时进行作业的室外场地。每个工位场地设置安全遮栏，在施工人员出入口向外悬挂“从此进出”标识牌，在遮栏四周向外悬挂“止步，高压危险”警示牌。

（2）工具器材及使用材料准备：准备好工作所需工器具、材料、备品备件、垃圾桶等，并带到工作现场。相应的工器具应满足工作需要，材料应齐备。

3. 操作步骤

（1）更换变压器呼吸器硅胶、密封油步骤：

1）变压器本体和有载呼吸器硅胶更换前，应将相应重瓦斯保护由投“跳闸”改为投“信号”。

2）确认工作环境良好，无雨，湿度不大于 85%。

3）检查呼吸器外观是否完整，检查呼吸器内硅胶的变色情况，进行缺陷判定。

4）先将呼吸器下部的油杯从呼吸器上拆下，取下油杯时，应用毛巾将呼气嘴裹住，防止油渍滴落地面。对油杯进行清洗，并更换油杯中的变压器油。

5）拆除呼吸器与变压器连接管道固定螺栓，将呼吸器卸下。

6）将呼吸器玻璃筒内的硅胶倒出，检查、清洁玻璃筒，检查密封情况，检查呼吸器的密封胶垫有无破损、变形硬化，注意防止玻璃筒破裂。

7）更换硅胶，硅胶宜采用合格的变色硅胶。新硅胶颗粒直径 3～5mm，硅胶不应碎裂、粉化。把干燥的新硅胶装入呼吸器内，并在顶盖下面留出 1/6～1/5 高度的空隙。

8）复装呼吸器底座、玻璃筒，并与连接管道法兰进行紧固，注意密封胶垫的位置要放正，避免漏气，压缩量适度。

9）油杯内注入变压器油值正常油位线，并将油杯拧紧。

（2）变压器气体继电器取气——气体继电器取气样步骤：

1）变压器气体继电器取气前，应将相应重瓦斯保护由投“跳闸”改为投“信号”。

2）打开气体继电器外罩，取下放气塞堵头。

3）将乳胶管套在气体继电器的放气嘴上，连接牢固。

4）将乳胶管的另一头接到医用三通阀，并将注射器与医用三通阀连接（要注意乳胶管的内径与气体继电器的放气嘴及医用三通阀连接处要密封），医用三通阀应提前将放气塞密封。

5）打开气体继电器放气塞，转动医用三通阀的方向，用气体继电器内的少量气体冲洗连接管路与注射器。

6）转动医用三通阀将冲洗连接管路及注射器后的气体排出，注意医用三通阀旋转方向不要搞错。

7）再转动医用三通阀取气样，一般取 60～80mL 气样即可，取得过多注射器容易泄漏，取气样时还应注意不要让油进入注射器。

8）取样后，转动医用三通阀的方向使之封住注射器口，将气体继电器内剩余积气排除，待三通阀下端出口出油后关闭放气塞。

9）将注射器连同医用三通阀和乳胶管一起取下来，关闭放气塞。

10）取下医用三通阀后立即改用注射器胶帽封住注射器（尽可能排尽注射器胶帽内的空气）。

11）用注射器胶帽将注射器封紧，旋回放气塞堵头，紧固外罩螺栓。

（3）变压器气体继电器取气——集气盒取气样步骤：

1）将气体继电器内积气引入集气盒：旋下集气盒下部排油塞堵头，打开集气盒下部排油塞，慢慢放出盒内变压器油，当盒内油位降低后，气体继电器内积气在本体油压作用下降顺着引气软铜管进入集气盒内，当引气管持续出油、轻瓦斯信号已消失且集气盒内油位开始上升时，表示气体继电器内已无积气，关紧排油塞。

2）旋下集气盒上部放气塞堵头，将乳胶管、医用三通阀、注射器连接到放气塞。

3）重复气体继电器取气样步骤，气样取完后，将放气塞排气至出油后，关紧放气塞，旋回堵头，取气样结束。

4. 工作结束

清理现场。呼吸器硅胶更换、气体继电器（集气盒）取气后应及时清理现场，确认作业现场无遗留物。

5.4.1.6 技能等级认证标准（评分表）

呼吸器硅胶、密封油更换考核评分记录表如表 5–18 所示。

表 5–18 呼吸器硅胶、密封油更换考核评分记录表

姓名： 准考证号： 单位：

序号	项目	考核要点	配分	评分标准	得分	备注
1	工作准备					
1.1	着装穿戴	穿工作服、绝缘鞋，戴安全帽、线手套	3	（1）未穿工作服、绝缘鞋，未戴安全帽、线手套，每项扣 1 分； （2）着装穿戴不规范，每处扣 1 分		
1.2	工器具检查	材料及工器具准备齐全，检查试验工器具	3	（1）工器具缺少或不符合要求，每处扣 1 分； （2）工具未检查试验、检查项目不全、方法不规范，每处扣 1 分		
2	工作过程					
2.1	呼吸器硅胶、密封油更换					
2.1.1	呼吸器硅胶缺陷	确认已退出呼吸器相应变压器重瓦斯保护。更换前应检查呼吸器外观应完整。检查硅胶变色情况，进行缺陷判定	4	（1）未退出重瓦斯保护，扣 2 分； （2）未检查呼吸器外观，扣 1 分； （3）未检查硅胶变色情况，扣 1 分		
2.1.2	取下呼吸器油杯	取下呼吸器油杯，防止绝缘油洒落。对油杯进行清洗，并更换油杯中的绝缘油	3	（1）取下油杯时，绝缘油洒落地面，扣 1 分； （2）未对呼吸器油杯清洗，扣 1 分； （3）油杯中的绝缘油未更换，扣 1 分		
2.1.3	卸下呼吸器	拆除呼吸器与变压器连接管道固定螺栓，将呼吸器卸下。旋开固定螺栓时注意固定呼吸器，防止落地损伤	3	旋开呼吸器固定螺栓时，未做好防护造成呼吸器落地损伤，扣 3 分		

续表

序号	项目	考核要点	配分	评分标准	得分	备注
2.1.4	呼吸器检修	拆除呼吸器底座、玻璃筒，倒出变色硅胶。检查玻璃筒是否破损，对玻璃筒及呼吸器内部进行清洁。检查密封胶垫是否破损、变形硬化	10	（1）未检查玻璃筒是否破损，未对玻璃筒及呼吸器内部进行清洁，扣 5 分； （2）未检查密封胶垫是否破损、变形硬化，扣 5 分		
2.1.5	更换硅胶	把干燥的新硅胶装入呼吸器内，新硅胶颗粒直径在 3～5mm，并在顶盖下面留出 1/6～1/5 高度的空隙	5	（1）更换后的硅胶颗粒直径不满足要求，扣 3 分； （2）顶盖下面留出的空隙不符合要求，扣 2 分		
2.1.6	复装呼吸器	复装呼吸器底座、玻璃筒，并与连接管道法兰进行紧固，注意密封胶垫的位置要放正、避免漏气，压缩量适度	10	（1）安装方法错误，扣 5 分； （2）密封胶垫安装位置不正，扣 3 分； （3）密封胶垫压缩量不满足要求，扣 2 分		
2.1.7	安装油杯	下部的油杯内注入绝缘油至正常油位线，并将油杯拧紧	10	（1）油杯内未注入合格的绝缘油，扣 5 分； （2）油杯中的油位未没过呼吸孔，并处于上下油位线之间，扣 5 分		
2.2	气体继电器（集气盒）取气					
2.2.1	打开气体继电器外罩	打开气体继电器外罩，取下放气塞堵头	4	（1）重瓦斯保护未退出，扣 2 分； （2）登高取气时，作业人员未系安全带，扣 1 分； （3）未检查安全距离是否满足作业条件，扣 1 分		
2.2.2	乳胶管套的连接	将乳胶管一头套在气体继电器的放气嘴上，连接牢固。将乳胶管的另一头接到医用三通阀，并将注射器与医用三通阀连接。医用三通阀应提前将放气塞密封	5	（1）使用的乳胶软管与放气塞口径不一致，扣 2 分； （2）医用三通阀未提前将放气塞密封，扣 3 分		
2.2.3	冲洗连接管路和注射器	打开瓦斯继电器放气塞，转动医用三通阀的方向，用气体继电器内的少量气体冲洗连接管路与注射器	10	未用气体继电器内的少量气体冲洗连接管路与注射器，扣 10 分		
2.2.4	排气取气	转动医用三通阀将冲洗连接管路及注射器后的气体排出，注意医用三通阀旋转方向不要搞错。再转动医用三通阀取气样，一般取 60～80mL 气样即可，取得过多注射器容易泄漏，取气样时还应注意不要让油进入注射器	10	（1）医用三通阀旋转方向搞错，未能将气体排出，扣 5 分； （2）取气样时，变压器油进入注射器内，扣 5 分		
2.2.5	关闭放气塞	取样后，转动医用三通阀的方向使之封住注射器口，将瓦斯继电器内剩余积气排除，待医用三通阀下端出口出油后关闭放气塞。将注射器连同医用三通阀和乳胶管一起取下来关闭放气塞	10	（1）瓦斯继电器内剩余积气未排净，扣 5 分； （2）医用三通阀下端出口位等出油后就关闭放气塞，扣 5 分		
2.2.6	注射器密封	取下医用三通阀立即改用注射器胶帽封住注射器（尽可能排尽注射器胶帽内的空气），用注射器胶帽将注射器封紧	5	（1）注射器未封紧，扣 2 分； （2）外罩螺栓未紧固，扣 3 分		

续表

序号	项目	考核要点	配分	评分标准	得分	备注
3	工作终结验收					
3.1	安全文明生产	汇报结束前，所选工器具放回原位，摆放整齐；无损坏元件、工具；恢复现场；无不安全行为	5	（1）出现不安全行为，每项扣2分； （2）作业完毕，现场未清理恢复扣2分，清理不彻底扣1分； （3）损坏工器具，每件扣2分		
总分			100	合计得分		

否定项说明：1. 违反电力安全工作相关规程；2. 违反职业技能鉴定考场纪律；3. 造成设备重大损坏；4. 发生人身伤害事故

考评员：　　　　　　　　　　　　　　　　　　　　　　　　年　　月　　日

5.4.2 二次设备空气断路器、指示灯更换

5.4.2.1 培训目标

通过培训使运维人员熟知断路器控制信号回路图、控制柜端子排图等相关图纸，正确更换二次屏柜、开关柜空气断路器和指示灯。

5.4.2.2 培训场所及设施

1. 培训场所

变电综合实训场。

2. 培训设施

培训工具及器材如表5-19所示。

表5-19　培训工具及器材（每个工位）

序号	名称	规格型号	单位	数量	备注
1	万用表	—	块	1	现场准备
2	一（十）字螺钉旋具	—	把	1	现场准备
3	绝缘胶带	—	卷	1	现场准备
4	空气断路器	同型号	个	1	现场准备
5	指示灯	同型号	个	1	现场准备
6	安全帽	—	顶	1	现场准备
7	工作服	—	套	1	考生自备
8	绝缘鞋	—	双	1	考生自备
9	线手套	—	副	1	考生自备

5.4.2.3 培训方式及时间

1. 培训方式

教师现场讲解、示范，学员技能操作训练，培训结束后进行理论考核与技能测试。

2. 培训与考核时间

（1）培训时间。

分组技能操作训练：2h；

技能测试：1h；

合计：3h。

（2）考核时间：30min。

5.4.2.4 基础知识

（1）更换二次屏柜、开关柜空气断路器。

（2）更换二次屏柜、开关柜指示灯。

5.4.2.5 技能培训步骤

1. 安全措施及风险点分析

（1）防人身触电伤害：

1）工作中空气断路器应处于断开状态。

2）更换指示灯前应断开电源开关。

3）应戴防护手套，工作中应保证身体不接触带电部分。

（2）防误碰：工作中应加强监护，严禁误碰空气断路器、指示灯回路之外的运行设备。使用带有绝缘包裹的工器具。拆线前做好标记，拆下线头立即采取绝缘包裹措施。接回时，应由第二人进行复查。

（3）防误断：断开二次屏柜、开关柜空气断路器、指示灯电源前应经监护人确认无误。

2. 准备工作

（1）工作现场准备：必备 2 个工位，可以同时进行作业的室内场地。每个工位场地相邻二次屏柜、开关柜悬挂“运行中”红布帘，在施工二次屏柜、开关柜前（后）设置“在此工作”标识牌。

（2）工具器材及使用材料准备：根据需要准备足量的工器具，如万用表、绝缘螺钉旋具、绝缘导线、空气断路器、指示灯等。

3. 操作步骤

（1）二次设备空气断路器更换：

1）打开二次屏柜、开关柜屏门，确认工作现场安全措施，检查运行设备一切正常。

2）检查空气断路器。检查空气断路器外观是否有烧毁迹象，用万用表检查空气断路器来电侧是否有电，确认不是由于电源故障导致失电。

3）拉下所需要更换的空气断路器，并断开直流馈电屏内直流总电源。

4）更换空气断路器。用万用表检查空气断路器是否确已无电，用一（十）字螺钉旋具拆卸空气断路器接线，用绝缘胶带缠好接线裸露部分，防止电线可能来电，记下空气断路器各端子对应的电缆芯编号，防止接错线。卸下坏的空气断路器，接上新空气断路器并固定好，将接线按原方式接好并检查接线头螺栓是否拧紧。

5）检查核实接线正确，依次合上直流馈电屏内直流总电源和更换后的直流空气断路器，检查电源是否指示正确，工作结束。

（2）二次设备指示灯更换：

1）打开二次屏柜、开关柜屏门，按下指示灯“复位”，观察哪只指示灯不亮。

2）拉开指示灯电源。

3）用万用表测量该指示灯确无电压。

4）用螺钉旋具卸下该指示灯。

5）将新指示灯装在原位置上，合上指示灯电源，观察新换上新指示灯后其工作是否正常。

4. 工作结束

收拾工作现场，打扫干净，关上二次屏柜、开关柜屏门。

5.4.2.6　技能等级认证标准（评分表）

二次设备空气断路器、指示灯更换考核评分记录表如表 5-20 所示。

表 5-20　二次设备空气断路器、指示灯更换考核评分记录表

姓名：　　　　　　　　　　　　　准考证号：　　　　　　　　　　　　单位：

序号	项目	考核要点	配分	评分标准	得分	备注
1	工作准备					
1.1	着装穿戴	穿工作服、绝缘鞋，戴安全帽、线手套	5	（1）未穿工作服、绝缘鞋，未戴安全帽、线手套，每项扣 2 分； （2）着装穿戴不规范，每处扣 1 分		
1.2	工器具检查	材料及工器具准备齐全，检查试验工器具	5	（1）工器具缺少或不符合要求，每处扣 1 分； （2）工具未检查试验、检查项目不全、方法不规范，每处扣 1 分		
1.3	打开屏柜门	确认工作现场安全措施，检查运行设备一切正常	10	（1）未核对设备的双重名称、编号，扣 10 分； （2）无人监护、单人工作，扣 5 分； （3）未核对工作票安全措施和现场安全措施一致性，扣 5 分		
2	工作过程					
2.1	二次屏柜、开关柜空气断路器更换工作过程					
2.1.1	拆除空气断路器二次接线	用一（十）字螺钉旋具拆卸空气断路器接线，用绝缘胶带缠好接线裸露部分，并做好标记	5	（1）拆除后的断路器接线裸露部分未用绝缘胶带缠好，扣 3 分； （2）未做好空气断路器各端子对应的电缆芯编号标记，扣 2 分		
2.1.2	空气断路器更换	用万用表检查空气断路器是否确已无电，卸下坏空气断路器，接上新空气断路器并固定好，将接线按原方式接好并检查接线头螺栓是否拧紧	10	（1）未对空气断路器外观检查、试验，不符合现场使用条件，扣 2 分； （2）未拉下所需要更换的空气断路器，未断开直流馈电屏内直流总电源，扣 5 分； （3）空气断路器更换后未检查安装是否牢固，扣 2 分		
2.1.3	恢复接线并试验	依次合上直流馈电屏内直流总电源和更换后的直流空气断路器，检查电源是否指示正确	10	（1）接线后，未经第二人进行复查，扣 2 分； （2）接线过程中出现接地、短路，扣 3 分； （3）空气断路器不能正常控制电路，扣 5 分		

续表

序号	项目	考核要点	配分	评分标准	得分	备注
2.2	二次屏柜、开关柜指示灯更换工作过程					
2.2.1	拆除指示灯二次接线	用一（十）字螺钉旋具拆卸指示灯接线，用绝缘胶带缠好接线裸露部分，并做好标记	10	（1）未拉开指示灯电源，扣 3 分； （2）未用万用表测量该指示灯确无电压，扣 3 分； （3）拆除后的开关接线裸露部分未用绝缘胶带缠好，扣 2 分； （4）未做好指示灯各端子对应的电缆芯编号标记，扣 2 分		
2.2.2	指示灯更换	用万用表检查指示灯是否确已无电，卸下坏指示灯，接上新指示灯并固定好	10	（1）未检查指示灯外观是否符合现场使用条件，扣 2 分； （2）未拉下所需要更换的空气断路器，未断开直流馈电屏内直流总电源，扣 5 分； （3）指示灯更换后未检查安装是否牢固，扣 2 分		
2.2.3	恢复接线并试验	将接线按原方式接好并检查接线头螺栓是否拧紧	10	（1）未经第二人进行复查，端子接线是否牢固可靠，接线是否正确，扣 2 分； （2）接线过程中出现接地短路，扣 5 分； （3）指示灯指示不正确，扣 3 分		
3	工作终结验收					
3.1	关闭屏柜门	收拾工作现场，打扫干净	5	（1）工器具遗落在场地，扣 5 分； （2）施工材料（线头、胶带条）遗落在场地，扣 5 分		
3.2	安全文明生产	汇报结束前，所选工器具放回原位，摆放整齐；无损坏元件、工具；恢复现场；无不安全行为	10	（1）出现不安全行为，每项扣 5 分； （2）作业完毕，现场未清理恢复扣 5 分，清理不彻底扣 2 分； （3）损坏工器具每件扣 2 分，最多扣 6 分		
总分			100	合计得分		
否定项说明：1. 违反电力安全工作相关规程；2. 违反职业技能鉴定考场纪律；3. 造成设备重大损坏；4. 发生人身伤害事故。						

考评员：　　　　　　　　　　　　　　年　　月　　日

5.4.3 设备定期试验、轮换

5.4.3.1 培训目标

了解站用不间断电源（UPS）运行规定，掌握切换方法。学习站用电交直流系统切换方法，定期切换直流备用充电机、站用电外接备用电源。

5.4.3.2 培训场所及设施

1. 培训场所

变电综合实训场。

2. 培训设施

培训工具及器材如表 5-21 所示。

表 5-21 培训工具及器材（每个工位）

序号	名称	规格型号	单位	数量	备注
1	UPS 系统	—	套	1	现场准备
2	直流系统	—	套	1	现场准备
3	站用电系统	—	套	1	现场准备
4	万用表	—	个	1	现场准备
5	中性笔	—	支	2	考生自备
6	记录本	—	个	1	考生自备
7	安全帽	—	顶	1	现场准备
8	工作服	—	套	1	考生自备
9	绝缘鞋	—	双	1	考生自备
10	线手套	—	副	1	考生自备

5.4.3.3 培训方式及时间

1. 培训方式

教师现场讲解、示范，学员技能操作训练，培训结束后进行理论考核与技能测试。

2. 培训与考核时间

（1）培训时间。

UPS 运行规定：1h；

UPS 定期切换方法：1h；

直流系统备用充电机切换方法：1h；

站用电外接备用电源切换方法：1h；

分组技能操作训练：2h；

技能测试：2h；

合计：8h。

（2）考核时间：60min。

5.4.3.4 基础知识

（1）UPS 运行规定。

（2）切换站用 UPS 方法。

（3）切换直流备用充电机方法。

（4）站用电外接备用电源切换方法。

5.4.3.5 技能培训步骤

1. UPS 运行规定

（1）UPS 运行状态。UPS 装置运行状态的指示信号灯正常，交流输入电压、直流输入电压、交流输出电压、交流输出电流正常，运行参数值正常，无故障、报警信息。各切换开关位置正确，运行良好；各负荷支路的运行监视信号完好、指示正常，熔断器无熔断，自动空气断路器位置正确。UPS 装置温度正常，清洁，通风良好。UPS 装置内各部分无过热、松动现象，各灯光指示正确。

（2）逆变器运行状态。

1）交流运行状态：逆变器交流输入正常，将输入的交流整流、逆变后输出交流电压。

2）直流运行状态：当逆变器的交流输入失去、直流输入正常时，逆变器将输入的直流进行逆变后输出交流电压。

3）自动旁路状态：逆变器开机时，首先运行于该状态，若输出功率大于额定输出功率，将自动切至旁路状态。逆变器出现故障时，自动切至旁路状态。逆变器在自动切至旁路状态的过程中会伴随“逆变器故障”信号出现，如逆变器本身并无故障，切至旁路状态后该信号会自动消失。

4）手动旁路状态：当逆变器有检修工作时，手动操作此旁路开关至“旁路”位置，即由交流输入直接供电。

（3）当 UPS 系统在正常交流电源状态下连续运行时间超过三个月时，应做切换试验，以验证其直流运行状态良好，即拉开 UPS 屏上交流输入空气断路器，使逆变器应自动转入直流运行状态运行，检查运行应正常，相关的声光信号正确。然后合上交流输入开关，恢复其正常的交流运行状态。

（4）UPS 装置应具备防止过负荷及外部短路的保护，交流电源输入回路中应有涌流抑制措施，其旁路电源需经隔离变压器进行隔离。

（5）UPS 负荷空气断路器跳开后，应注意检查所带负荷回路绝缘是否有问题，检查没有明显故障点后可以试分、合一次空气断路器。

（6）UPS 装置自动旁路后，应检查其原因，短时间无法判断故障点时，应用另一台 UPS 代所有 UPS 负荷运行，将故障 UPS 隔离后做进一步检查，必要时应通知检修或厂家进站检查，严禁运行人员私自拆开 UPS 装置进行检查。

（7）运维人员应按规定定期进行蓄电池维护检查工作，确保 UPS 的直流供电稳定可靠。

2. 准备工作

（1）必备 2 个工位，相邻屏柜前后布置红布幔，在工作地点布置“在此工作”标识牌，场地清洁，无干扰。

（2）备件、工器具运至工作现场，检查备件一切正常和所需工器具合格备齐。

（3）核对工作设备名称编号，检查现场符合工作条件。

（4）拉合空气断路器时，仔细核对空气断路器的名称和编号。

（5）保持与带电部分安全距离，避免误碰直流母线造成人员伤害。

3. 操作步骤

（1）切换站用不间断电源：

1）检查 UPS 装置运行正常，直流供电电压正常，无异常告警信息。

2）检查 UPS 柜内交流输入空气断路器、直流输入空气断路器、旁路供电空气断路器均在合闸位置。

3）断开 UPS 装置交流输入空气断路器，检查 UPS 装置输出电压正常，控制面板上交流输入指示灯熄灭，输出信息显示运行模式为“逆变供电”。

4）按压 UPS 关机键 1s，检查 UPS 装置输出电压正常，逆变指示灯熄灭，旁路供电指示灯亮，输出信息显示运行模式为“旁路供电”。

5）按压 UPS 开机键 1s，检查 UPS 装置输出电压正常，旁路供电指示灯熄灭，逆变指示灯亮，输出信息显示运行模式为“逆变供电”。

6）合上 UPS 交流输入空气断路器，检查 UPS 装置输出电压正常，控制面板上交流输入指示灯亮。

（2）切换直流备用充电机：

1）检查备用电源正常。

2）将充电机交流输入主电源断开，检查交流输入是否会自动切换至备用电源。

3）恢复充电机交流输入主电源，若切换装置有自复功能，检查交流输入是否会自动切换回主电源，再恢复备用电源。

4）若切换装置没有自动恢复功能，将备用电源断开，检查交流输入是否会自动切换回主电源，再恢复备用电源。

5）检查直流系统工作正常，并复归信号。

6）对具备自动切换试验功能的装置，可以操作装置上的试验按钮进行切换。

（3）切换站用电外接备用电源：

1）确认工作现场情况，了解站用电设备运行状况。

2）切换站用电系统，防止站用变压器低压侧并列。

3）备自投装置试验。检查备自投装置已正确投入，断开运行站用变压器。检查备自投装置是否正确动作、站用电系统是否切换运行正常。

（4）备用站用变压器带电试验运行 24h，恢复站用电系统正常运行方式。

4. 工作结束

（1）电源试验后，应对直流充电屏和馈线屏进行巡视检查，确认运行正常。切换试验后，应检查站用电系统各负荷运行正常。

（2）清理现场，检查有无遗留物。

（3）将检查情况及时记录到相应记录中。

5.4.3.6 技能等级认证标准（评分表）

设备定期试验、轮换考核评分记录表如表 5-22 所示。

表 5-22 设备定期试验、轮换考核评分记录表

姓名：　　　　　　　　　　　　准考证号：　　　　　　　　　　单位：

序号	项目	考核要点	配分	评分标准	得分	备注
1	工作准备					
1.1	着装穿戴	穿工作服、绝缘鞋，戴安全帽、线手套	5	（1）未穿工作服、绝缘鞋，未戴安全帽、线手套，每项扣 2 分； （2）着装穿戴不规范，每处扣 1 分，最多扣 2 分		

续表

序号	项目	考核要点	配分	评分标准	得分	备注
1.2	工器具检查	备件及工器具准备齐全，检查试验工器具	5	（1）工器具缺少或不符合要求，每件扣2分； （2）工具未检查试验、检查项目不全、方法不规范，每件扣1分，最多扣2分		
1.3	安全措施	布置现场安全措施并检查	6	（1）未在相邻屏柜前后布置红布幔，未在工作地点布置“在此工作”标识牌，每项扣2分； （2）未核对工作设备名称是否正确，未检查现场是否符合工作条件，扣1分； （3）未与带电设备保持安全距离，扣1分		
2	工作过程					
2.1	切换站用不间断电源（UPS）					
2.1.1	检查状态	检查UPS装置运行正常，直流供电电压正常，无异常告警信息	5	（1）未检查直流电压，扣3分； （2）未检查异常告警信息，扣2分		
2.1.2	检查空气断路器	检查UPS柜内交流输入空气断路器、直流输入空气断路器、旁路供电空气断路器均在合闸位置	5	（1）未检查交流输入空气断路器，扣2分； （2）未检查直流输入空气断路器，扣2分； （3）未检查旁路供电空气断路器，扣1分		
2.1.3	逆变供电	断开UPS装置交流输入空气断路器，检查UPS装置输出电压正常，控制面板上交流输入指示灯熄灭，输出信息显示运行模式为“逆变供电”	6	（1）未检查UPS装置输出电压，扣2分； （2）未检查交流输入指示灯状态，扣2分； （3）未检查输出信息，扣2分		
2.1.4	旁路供电	按压UPS关机键1s，检查UPS装置输出电压正常，逆变指示灯熄灭，旁路供电指示灯亮，输出信息显示运行模式为“旁路供电”	6	（1）未检查UPS关机后输出电压，扣2分； （2）未检查逆变指示灯和旁路供电指示灯，扣2分； （3）未检查输出信息，扣2分		
2.1.5	逆变供电	按压UPS开机键1s，检查UPS装置输出电压正常，旁路供电指示灯熄灭，逆变指示灯亮，输出信息显示运行模式为“逆变供电”	6	（1）未检查UPS开机后输出电压，扣2分； （2）未检查逆变指示灯和旁路供电指示灯，扣2分； （3）未检查输出信息，扣2分		
2.1.6	恢复运行方式	合上UPS交流输入空气断路器，检查UPS装置输出电压正常，控制面板上交流输入指示灯亮	4	（1）未检查UPS输出电压，扣2分； （2）未检查交流指示灯，扣2分		
2.2	切换直流备用充电机					
2.2.1	备用电源	检查备用电源正常	3	未检查，扣3分		
2.2.2	交流切换	将充电机交流输入主电源断开，检查交流输入是否会自动切换至备用电源	3	断开后未检查交流输入，扣3分		
2.2.3	恢复交流	恢复充电机交流输入主电源，若切换装置有自复功能，检查交流输入是否会自动切换回主电源，再恢复备用电源	5	恢复后未检查交流输入，扣5分		

续表

序号	项目	考核要点	配分	评分标准	得分	备注
2.2.4	恢复交流	若切换装置没有自动恢复功能，将备用电源断开，检查交流输入是否会自动切换回主电源，再恢复备用电源	5	未能切回主电源，扣5分		
2.2.5	复归信号	检查直流系统工作正常，并复归信号	2	未复归信号，扣2分		
2.3	切换站用电外接备用电源					
2.3.1	确认运行情况	确认工作现场情况，了解站用电设备运行状况	3	未检查，扣3分		
2.3.2	切换系统	切换站用电系统，防止站用变压器低压侧并列	5	低压侧并列，扣5分		
2.3.3	自动投入试验	备自投装置试验	10	（1）未检查备自投装置状态，扣2分； （2）未断开运行站用变压器，扣3分； （3）未检查自动投入装置是否正确动作，扣3分； （4）未检查站用电系统是否切换运行正常，扣2分		
2.3.4	恢复系统	备用站用变压器带电试验运行24h，恢复站用电系统正常运行方式	3	未满24h试验运行时间即恢复正常方式，扣3分		
3	工作终结验收					
3.1	试验后检查	电源试验后，应对直流充电屏和馈线屏进行巡视检查，确认运行正常。切换试验后，应检查站用电系统各负荷运行正常	5	（1）未检查试验后直流设备状态，扣3分； （2）未检查站用电系统负荷情况，扣2分		
3.2	安全文明生产	汇报结束前，所选工器具放回原位，摆放整齐；无损坏元件、工具；恢复现场；无不安全行为	5	（1）出现不安全行为，每项扣2分； （2）作业完毕，现场未清理恢复扣3分，不彻底扣1分； （3）损坏工器具，每件扣1分，最多扣3分		
3.3	现场记录	将检查情况及时准确记录到相应记录中	3	未及时记录结果，扣3分		
		总分	100	合计得分		

否定项说明：1. 违反电力安全工作相关规程；2. 违反职业技能鉴定考场纪律；3. 造成设备重大损坏；4. 发生人身伤害事故。

考评员：　　　　　　　　　　　　　　　　　　　　年　　月　　日

5.4.4 高频保护通道测试及熔断器更换

5.4.4.1 培训目标

了解高频保护通道基本原理以及组成结构，明确高频保护运行与操作中的注意事项，能够进行高频保护通道信号测试。了解熔断器结构和作用，清楚熔断器熔断现象以及判断方法，能够按规范要求完成熔断器更换工作。

5.4.4.2 培训场所及设施

1. 培训场所

变电综合实训场。

2. 培训设施

培训工具及器材如表 5–23 所示。

表 5–23 培训工具及器材（每个工位）

序号	名称	规格型号	单位	数量	备注
1	高频收发信机	—	套	1	现场准备
2	熔断器	相应额定电流和断流容量	个	3	现场准备
3	验电器	相应电压等级	个	1	现场准备
4	接地线	相应电压等级	套	2	现场准备
5	中性笔	—	支	2	考生自备
6	记录本	—	个	1	考生自备
7	安全帽	—	顶	1	现场准备
8	绝缘鞋	—	双	1	考生自备
9	工作服	—	套	1	考生自备
10	线手套	—	副	1	考生自备

5.4.4.3 培训方式及时间

1. 培训方式

教师现场讲解、示范，学员技能操作训练，培训结束后进行理论考核与技能测试。

2. 培训与考核时间

（1）培训时间。

高频保护的基本原理：0.5h；

高频保护通道测试及注意事项：1h；

熔断器的结构和作用：0.5h；

熔断器的熔断现象及判断方法：0.5h；

熔断器更换作业流程：0.5h；

分组技能操作训练：2h；

技能测试：2h；

合计：7h。

（2）考核时间：30min。

5.4.4.4 基础知识

（1）高频保护的基本原理和组成结构。

（2）高频保护通道测试方法及注意事项。

（3）熔断器的结构和作用。

（4）熔断器的熔断现象及判断方法。

（5）熔断器更换作业。

5.4.4.5 技能培训步骤

1. 理论知识准备工作

（1）高频保护的基本原理。

按动作原理分类，可分为反应工频电气量、反应非工频电气量两类。方向高频保护和电流相位差动高频保护使用得最广泛。

按高频保护所用的高频信号性质分类，可分为闭锁信号、允许信号和跳闸信号三种。高频保护通道按其工作方式可分为故障启动发信方式（正常无高频电流流通）、长期发信方式（正常有高频电流通道）和移频方式三种。

按比较线路两侧高频信号的方式分类，可分为直接比较式和间接比较式两类。高频闭锁方向保护、高频闭锁距离保护、高频远方跳闸都属于该类保护方式。

（2）高频保护通道（“相–地”制电力载波高频通道）的组成结构。

1）输电线路。三相线路都用，以传送高频信号。

2）高频阻波器。高频阻波器是由电感线圈和可调电容组成的并联谐振回路。

3）耦合电容器。耦合电容器的电容量很小，对工频电流具有很大的阻抗，可防止工频高压侵入高频收发信机。

4）连接滤波器。连接滤波器与耦合电容器共同组成带通滤波器。

5）高频电缆。高频电缆的作用是将户内的高频收发信机和户外的连接滤波器连接起来。

6）保护间隙。保护间隙是高频保护通道的辅助设备，用以保护高频收发信机和高频电缆免受过电压的袭击。

7）接地开关。接地开关也是高频保护通道的辅助设备，在调整或检修高频收发信机和连接滤波器时，将它接地，以保证人身安全。

8）高频收发信机。高频收发信机用来发出和接收高频信号。

（3）高频保护通道测试方法及注意事项。

1）测试方法：按下通道试验按钮，本侧发信，200ms 后本侧停信。对侧保护收到闭锁信号立即连续发信 10s，本侧保护收到对侧闭锁信号达 5s 后，本侧再次发信 10s 后通道测试结束。

2）高频保护运行及操作中的注意事项：

① 运行中高频保护不得单方面断开直流电源。

② 每日按规定时间进行一次交换信号，并做好记录。

③ 发现测试数据不正常时应报调度，双方核对试验数据，必要时根据调度员的命令，双方将保护退出运行。

④ 保护运行中交直流电源应可靠，信号发出不论跳闸与否，均应记录时间及信号，并报告调度。

⑤ 有呼唤信号而对侧不回信号时，应检查本线路的负荷并报告调度，协助找出没有获得

对侧信号的原因。

（4）熔断器的结构和作用。高压熔断器由接线端子、熔断器底座、触座、熔管和底座构成，是最简单和最早使用的一种过电流保护电器，主要是对电路及电路设备进行短路保护，但有的也具有过负荷保护的功能。

（5）熔断器的熔断现象及判断方法。

1）熔断相电压降低但不为零，完好相电压不变，与熔断相有关的线电压降低。

2）有功功率表、无功功率表指示降低，电能表走慢。

3）接有故障录波器的可能引起录波器低电压启动动作。

4）中央信号屏发出电压回路断线、母线单相接地及掉牌未复归光字牌。

2. 现场准备工作

（1）必备 2 个工位，相邻屏柜前后布置红布幔，在工作地点布置“在此工作”标识牌，场地清洁，无干扰。

（2）备件、工器具运至工作现场，检查备件一切正常和所需工器具合格备齐。

（3）准备电压等级合适的验电器、接地线、额定电流和断流容量合适的熔断器备件。

（4）退出可能误动的保护和自动装置。

（5）详细核对设备名称和编号，防止走错间隔。

3. 操作步骤

（1）高频保护通道信号测试。

1）复归××高频保护装置及收发信机信号。

2）检查××高频收发信机各指示正常。

3）按下××高频收发信机试验按钮。

4）检查××高频收发信机各指示正常。

5）复归信号，检查信号正常。

6）发信不正常及时汇报调度。

（2）熔断器更换。

1）将电压互感器等需要更换熔断器的一次设备停电、验电并接地，做好安全措施。

2）仔细检查电压互感器等一次设备外部有无故障。

3）清扫绝缘部件上污秽，检查表面无闪络、损伤痕迹，外露金属件无锈蚀。

4）更换熔断器，带钳口的熔断器，其熔断件应紧密插入钳口内，插拔应顺畅。

4. 工作结束

（1）清理现场，检查有无遗留物。

（2）拆除接地及其他安全措施。

（3）恢复设备运行，投入之前退出的保护和自动装置。

（4）检查设备运行正常，将更换及检查情况记录到相应记录本中。

5.4.4.6 技能等级认证标准（评分表）

高频保护通道测试及熔断器更换考核评分记录表如表 5–24 所示。

表 5-24　高频保护通道测试及熔断器更换考核评分记录表

姓名：　　　　　　　　　　　　　　准考证号：　　　　　　　　　　　　　单位：

序号	项目	考核要点	配分	评分标准	得分	备注
1	工作准备					
1.1	着装穿戴	穿工作服、绝缘鞋，戴安全帽、线手套	5	（1）未穿工作服、绝缘鞋，未戴安全帽、线手套，每项扣 2 分； （2）着装穿戴不规范，每处扣 1 分，最多扣 3 分		
1.2	工器具检查	备件及工器具准备齐全，检查试验工器具	5	（1）工器具，缺少或不符合要求，每件扣 2 分； （2）工具未检查试验、检查项目不全、方法不规范，每件扣 1 分，最多扣 3 分		
1.3	安全措施	布置现场安全措施并检查	5	（1）相邻屏柜前后未布置红布幔，未在工作地点布置“在此工作”标识牌，每项扣 2 分； （2）未核对工作设备名称是否正确，未检查现场是否符合工作条件，扣 2 分； （3）未与带电设备保持安全距离，扣 1 分		
1.4	安全措施	退出可能误动的保护和自动装置；详细核对设备名称和编号，防止走错间隔	5	（1）未退出相关保护和自动装置或退出不全，每项扣 2 分； （2）未核对设备名称和编号，扣 1 分； （3）走错间隔，扣 2 分		
2	工作过程					
2.1	高频保护通道信号测试					
2.1.1	复归信号	复归××高频保护装置及收发信机信号	6	（1）未复归高频保护装置信号，扣 3 分； （2）未复归收发信机信号，扣 3 分		
2.1.2	检查指示	检查××高频收发信机各项指示正常	6	未检查高频收发信机各项指示，扣 6 分		
2.1.3	试验发信	按下××高频收发信机试验按钮	6	按错高频收发信机试验按钮，扣 6 分		
2.1.4	检查指示	检查××高频收发信机各项指示正常	6	未检查高频收发信机各项指示，扣 6 分		
2.1.5	复归信号	复归信号，检查信号正常	6	未复归信号，扣 6 分		
2.1.6	异常处理	发信不正常及时汇报调度	5	未及时汇报调度，扣 5 分		
2.2	熔断器更换					
2.2.1	设备停电	将电压互感器等需要更换熔断器的一次设备停电、验电并接地，做好安全措施	8	（1）未停电、验电或接地，每项扣 2 分； （2）安全措施不完善，每项扣 1 分，最多扣 2 分		
2.2.2	设备外部检查	仔细检查电压互感器等一次设备外部有无故障	5	（1）未检查一次设备外观，扣 5 分； （2）检查有遗漏，每项扣 1 分，最多扣 3 分		
2.2.3	绝缘检查	清扫绝缘部件上污秽，检查表面有无闪络、损伤痕迹，外露金属件有无锈蚀	8	（1）未清扫绝缘部件，扣 4 分； （2）未检查设备，扣 4 分； （3）检查漏项，每项扣 1 分，最多扣 3 分		
2.2.4	熔断器更换	更换熔断器，带钳口的熔断器，其熔断件应紧密插入钳口内，插拔应顺畅	10	（1）更换不正确，扣 10 分； （2）更换后有松动、接触不良等现象，扣 5 分		

续表

序号	项目	考核要点	配分	评分标准	得分	备注
3	工作终结验收					
3.1	安全文明生产	汇报结束前，所选工器具放回原位，摆放整齐；无损坏元件、工具；恢复现场；无不安全行为	3	（1）出现不安全行为，扣 3 分； （2）作业完毕，现场未清理恢复，扣 2 分，清理不彻底扣 1 分； （3）损坏工器具，每件扣 1 分		
3.2	恢复安全措施	拆除接地及其他安全措施	4	（1）接地未拆除，扣 4 分； （2）其他安全措施有遗漏，每项扣 1 分		
3.3	恢复运行	恢复设备运行，投入之前退出的保护和自动装置	4	（1）设备恢复运行操作不正确，扣 2 分； （2）未投入之前退出的保护和自动装置，扣 2 分		
3.4	现场记录	检查设备运行正常，将更换及检查情况记录到相应记录本中	3	（1）未检查相关设备运行情况，扣 2 分； （2）未及时记录，扣 1 分		
总分			100	合计得分		
否定项说明：1. 违反电力安全工作规程相关规定；2. 违反职业技能鉴定考场纪律；3. 造成设备重大损坏；4. 发生人身伤害事故						

考评员：　　　　　　　　　　　　　　　　　　　　年　　月　　日

5.5 安全管理

5.5.1 工作票办理及实施

5.5.1.1 培训目标

通过职业技能培训，使学员掌握变电站工作票办理及实施的基础知识及工作票现场的安全措施、重点注意事项以及执行许可开工等内容，能够布置变电设备检修现场的安全措施、能办理并实施工作（含动火工作）票、分辨现场的关键危险点等相关业务。

5.5.1.2 培训场所及设施

1. 培训场所

实训室。

2. 培训设施

培训工具及器材如表 5–25 所示。

表 5–25　培训工具及器材（每个工位）

序号	名称	规格型号	单位	数量	备注
1	变电站一、二次设备	—	座	1	现场准备
2	安全工器具	—	套	1	现场准备
3	安全警示牌	—	面	若干	现场准备
4	凳子	—	把	1	现场准备
5	桌子	—	张	1	现场准备

续表

序号	名称	规格型号	单位	数量	备注
6	答题纸	A4	张	若干	现场准备
7	水性笔	黑色	支	1	现场准备
8	复写纸	A4	张	1	现场准备

5.5.1.3 培训方式及时间

1. 培训方式

教师现场讲解、示范，学员进行实际操作训练，培训结束后进行现场作业安全措施制订技能考核与测试。

2. 培训与考核时间

（1）培训时间。

基础知识学习：1h；

布置变电设备检修现场的安全措施讲解、示范：1h；

办理并实施工作（含动火工作）票讲解、示范：1h；

技能测试：1h；

合计：4h。

（2）考核时间：50min。

5.5.1.4 基础知识

（1）布置变电设备检修现场的安全措施。

（2）办理并实施工作（含动火工作）票。

5.5.1.5 技能培训步骤

1. 工作准备

（1）工作现场准备。

1）变电站一、二次设备信息、变电站办理工作票的筹备材料准确。

2）培训材料和安全工器具及安全警示牌齐全。

（2）工具器材及使用材料准备。

1）对安全工器具进行检查，确保能正常使用，并整齐摆放于工位上。

2）对安全警示牌进行检查，确保能正常使用，并整齐定置摆放。

3）对安全工器具及安全警示牌的出入库进行管理。

2. 工作过程

（1）布置变电设备检修现场的安全措施。

1）工作票中各类人员的安全职责。

① 工作票签发人：

a. 工作必要性和安全性。

b. 工作票上所填安全措施是否正确完备。

c. 所派工作负责人和工作班人员是否适当和充足。

② 工作负责人（监护人）：

a. 正确安全地组织工作。

b. 负责检查工作票所列安全措施是否正确完备，是否符合现场实际条件，必要时予以补充。

c. 工作前对工作班成员进行危险点告知，交代安全措施和技术措施，并确认每一个工作班成员都已知晓。

d. 严格执行工作票所列安全措施。

e. 督促、监护工作班成员遵守相关规程，正确使用劳动防护用品和执行现场安全措施。

f. 工作班成员精神状态是否良好，变动是否合适。

③ 工作许可人：

a. 负责审查工作票所列安全措施是否正确、完备，是否符合现场条件。

b. 工作现场布置的安全措施是否完善，必要时予以补充。

c. 负责检查检修设备有无突然来电的危险。

d. 对工作票所列内容即使发生很小疑问，也应向工作票签发人询问清楚，必要时应要求作详细补充。

④ 专责监护人：

a. 明确被监护人员和监护范围。

b. 工作前对被监护人员交代安全措施，告知危险点和安全注意事项。

c. 监督被监护人员遵守相关规程和现场安全措施，及时纠正不安全行为。

⑤ 工作班成员：

a. 熟悉工作内容、工作流程，掌握安全措施，明确工作中的危险点，并履行确认手续。

b. 严格遵守安全规章制度、技术规程和劳动纪律，对自己在工作中的行为负责，互相关心工作安全，并监督是否按规程执行和现场安全措施的实施。

c. 正确使用安全工器具和劳动防护用品。

2）许可开工。

① 工作许可人在完成施工现场的安全措施后，还应完成②③手续，工作班方可开始工作。

② 运维人员不得变更有关检修设备的运行接线方式。工作负责人、工作许可人任何一方不得擅自变更安全措施，工作中如有特殊情况需要变更时，应先取得对方的同意并及时恢复。变更情况及时记录在值班日志内。

③ 变电站（发电厂）第二种工作票可采取电话许可方式，但应录音，并各自做好记录。采取电话许可的工作票，工作所需安全措施可由工作人员自行布置，工作结束后应汇报工作许可人。

3）布置安全措施。在电气设备上工作，保证安全的技术措施：停电、验电、接地、悬挂标识牌和装设遮栏（围栏）。上述措施由运维人员或有权执行操作的人员执行。

① 停电。工作地点，应停电的设备如下：

a. 检修的设备。

b. 与作业人员在进行工作中正常活动范围的距离小于表 5–26 规定的设备。

表 5–26　作业人员工作中正常活动范围与设备带电部分的安全距离

电压等级（kV）	安全距离（m）	电压等级（kV）	安全距离（m）
10 及以下（13.8）	0.35	±50 及以下	1.50
20、35	0.60	±400	6.70
66、110	1.50	±500	6.80
220	3.00	±660	9.00
330	4.00	±800	10.10
500	5.00		
750	8.00		
1000	9.50		

c. 在 35kV 及以下电压等级的设备处工作，安全距离虽大于表 5–26 的规定，但小于表 5–27 的规定，同时又无绝缘隔板、安全遮栏措施的设备。

表 5–27　设备不停电时的安全距离

电压等级（kV）	安全距离（m）	电压等级（kV）	安全距离（m）
10 及以下（13.8）	0.70	±50 及以下	1.50
20、35	1.00	±400	5.90
66、110	1.50	±500	6.00
220	3.00	±660	8.40
330	4.00	±800	9.30
500	5.00		
750	7.20		
1000	8.70		

d. 带电部分在作业人员后面、两侧、上下，且无可靠安全措施的设备。

e. 其他需要停电的设备。

检修设备停电，应把各方面的电源完全断开（任何运行中的星形接线设备的中性点，应视为带电设备）。禁止在只经断路器断开电源或只经换流器闭锁隔离电源的设备上工作。应拉开隔离开关，手车开关应拉至试验或检修位置，应使各方面有一个明显的断开点，若无法观察到停电设备的断开点，应有能够反映设备运行状态的电气和机械等指示。与停电设备有关的变压器和电压互感器，应将设备各侧断开，防止向停电检修设备反送电。

检修设备和可能来电侧的断路器、隔离开关应断开控制电源和合闸能源，隔离开关操作把手应锁住，确保不会误送电。

对难以做到与电源完全断开的检修设备，可以拆除设备与电源之间的电气连接。

② 验电。验电时，应使用相应电压等级而且合格的接触式验电器，在装设接地线或合接地开关（装置）处对各相分别验电。验电前，应先在有电设备上进行试验，确证验电器良好；无法在有电设备上进行试验时，可用工频高压发生器等确证验电器良好。

③ 接地。装设接地线应由两人进行（经批准可以单人装设接地线的项目及运维人员除外）。当验明设备确已无电压后，应立即将检修设备接地并三相短路。电缆及电容器接地前应逐相充分放电，星形接线电容器的中性点应接地、串联电容器及与整组电容器脱离的电容器应逐个多次放电，装在绝缘支架上的电容器外壳也应放电。

④ 悬挂标识牌和装设遮栏（围栏）。在一经合闸即可送电到工作地点的断路器和隔离开关的操作把手上，均应悬挂“禁止合闸，有人工作！”的标识牌。如果线路上有人工作，应在线路断路器和隔离开关操作把手上悬挂“禁止合闸，线路有人工作！”的标识牌。由于设备原因，接地开关与检修设备之间连有断路器，在接地开关和断路器合上后，在断路器操作把手上，应悬挂“禁止分闸！”的标识牌。在显示屏上进行操作的断路器和隔离开关的操作处应设置“禁止合闸，有人工作！”或“禁止合闸，线路有人工作！”以及“禁止分闸！”的标识。

高压开关柜内手车开关拉出后，隔离带电部位的挡板封闭后禁止开启，并设置“止步，高压危险！”的标识牌。

在工作地点设置“在此工作！”的标识牌。

禁止作业人员擅自移动或拆除遮栏（围栏）、标识牌。因工作原因必须短时移动或拆除遮栏（围栏）、标识牌，应征得工作许可人同意，并在工作负责人的监护下进行。完毕后应立即恢复。

（2）办理并实施工作（含动火工作）票。

1）工作票的类型、内容、适用范围：

① 需要高压设备全部停电、部分停电或做安全措施的工作，填用电气第一种工作票。

② 带电作业或与带电设备距离小于表5-26规定的安全距离但按带电作业方式开展的不停电工作，填用电气带电作业工作票。

③ 事故紧急抢修工作使用紧急抢修单或工作票。非连续进行的事故修复工作应使用工作票。

2）工作票填写规定：

① 工作票应使用钢笔或圆珠笔填写与签发，颜色用蓝或黑色，一式两份，内容应正确，填写应清楚，不得任意涂改。其中设备的名称和编号、工作地点、接地线装设地点、计划工作时间（含许可和终结时间）、重要动词（如拉、合、拆、装设）等重要文字不得涂改。其他如有个别错、漏字需要修改，应使用规范的符号，字迹应清楚。

② 用计算机生成或打印的工作票应使用统一的票面格式，由工作票签发人审核无误，手工或电子签名后方可执行。

③ 工作票的填写应使用统一的调度术语和操作术语。

④ 工作票票面字体书写工整，字迹应清楚。

⑤ 工作票由工作负责人填写，也可以由工作票签发人填写。一张工作票中，工作票签发

人、工作负责人和工作许可人三者不得互相兼任。

⑥ 填写与签发工作票时必须认真核对工作任务书（设计书）、批准的设备停电申请书、变电站主接线图、设备变动竣工报告、继电保护资料等，必要时到现场实地查勘。

3）工作票执行的流程：

① 工作票的送交和接收。

② 工作的许可。

③ 工作的监护。

④ 工作任务的增加、工作人员变动、工作票延期。

4）工作的间断、转移和终结：

① 工作的间断。工作间断时，工作班人员应从工作现场撤出，所有安全措施保持不动，工作票仍由工作负责人执存，间断后继续工作，无须通过工作许可人。每日收工，应清扫工作地点，开放已封闭的通路，并将工作票交回运行人员。次日复工时，应得到工作许可人的许可，取回工作票，工作负责人应重新认真检查安全措施是否符合工作票的要求，并召开现场站班会后，方可工作。若无工作负责人或专责监护人带领，工作人员不得进入工作地点。

② 工作的转移。在同一电气连接部分用同一工作票依次在几个工作地点转移工作时，全部安全措施由运行人员在开工前一次做完，不需再办理转移手续。但工作负责人在转移工作地点时，应向工作人员交代带电范围、安全措施和注意事项。

③ 工作的终结。全部工作完毕后，工作班应清扫、整理现场。工作负责人应先周密地检查，待全体工作人员撤离工作地点后，再向运行人员交代所修项目、发现的问题、试验结果和存在问题等，并与运行人员共同检查设备状况、状态、有无遗留物件、是否清洁等，然后在工作票上填明工作结束时间。经双方签名后，表示工作终结。

④ 工作票的终结。待工作票上的临时遮栏已拆除，标识牌已取下，常设遮栏已恢复，未拆除的接地线、未拉开的接地开关（装置）等设备运行方式已汇报调度，安全措施全部清理完毕，工作许可人对工作票审查无问题在工作票上签名，并填写工作票终结时间后，工作票方告终结。未拆除的接地线、未拉开的接地开关应在其他事项栏注明原因。工作票终结后应加盖“已执行”章。

3. 工作终结

（1）所有物品摆放整齐，无不规范行为。

（2）将安全工器具及安全警示牌归位，并填写好相应的出入库记录。

5.5.1.6 技能等级认证标准（评分表）

工作票办理及实施考核评分记录表如表 5-28 所示。

表 5-28 工作票办理及实施考核评分记录表

姓名：　　　　准考证号：　　　　单位：

序号	项目	考核要点	配分	评分标准	得分	备注
1	工作准备					
1.1	着装穿戴	穿工作服、绝缘鞋，戴安全帽	5	工作服、绝缘鞋、安全帽穿戴不规范，扣 5 分		

续表

序号	项目	考核要点	配分	评分标准	得分	备注
2	工作过程					
2.1	熟悉资料	现场作业范围、内容等描述清楚，作业设备的停电范围描述准确，熟悉工作许可人的安全职责，以及工作票的类型、内容、适用范围及有关规定	30	（1）未正确描述现场作业范围、内容，每处扣5分； （2）未正确描述作业设备的停电范围，每项扣3分； （3）不熟悉工作许可人的安全职责，扣5分； （4）工作票种类不齐全，每缺一项扣5分； （5）工作票种类内容及适用范围描述不正确，扣5分； （6）工作票办理的有关规定描述不正确，每处扣5分		
2.2	布置安全措施	针对现场检修设备的安全措施，符合作业条件，措施应正确、完备	30	（1）未规范管理安全工器具，每处扣5分； （2）未规范管理安全警示牌，每处扣5分； （3）安全措施布置不到位，每处扣5分		
2.3	工作票执行	会同工作负责人到现在再次检查所做的安全措施，对工作负责人指明带电设备的位置和注意事项，会同工作负责人在工作票上分别确认、签名	20	（1）许可人与工作负责人未到现场再次检查所做的安全措施，扣20分； （2）许可人未对工作负责人指明带电设备的位置和注意事项，每处扣5分； （3）许可人与工作负责人未在工作票上分别确认、签名，扣10分		
2.4	工作票产生疑问处理	对工作票所列内容如有疑问，应快速向工作票签发人询问清楚，必要时应要求补充工作票内容	10	工作票存在问题时，对工作票所列内容产生疑问时，未对产生的疑问询问清楚和必要的补充，扣10分		
3	工作结束					
3.1	工作区域整理	实训工作结束前，清理实训现场，桌面及现场恢复原状，无不规范行为	5	（1）资料、器具未恢复原样，扣2分； （2）现场遗留垃圾未清理干净，扣2分； （3）存在不安全、不规范行为，每处扣2分		
总分			100	合计得分		

否定项说明：1. 违反电力安全工作规程相关规定；2. 违反职业技能鉴定考场纪律；3. 造成设备重大损坏；4. 发生人身伤害事故

考评员： 年 月 日

5.5.2 消防安全管理

5.5.2.1 培训目标

通过职业技能培训，使学员掌握消防风险管控管理规定中消防隐患排查部分的内容，能够在现场熟练依据隐患排查标准开展消防隐患排查工作。学习消防风险管控管理规定，了解火灾事故的现场处置预案的编制要求，能够编制火灾事故的现场处置预案。

5.5.2.2 培训场所及设施

1. 培训场所

实训室。

2. 培训设施

培训工具及器材如表 5-29 所示。

表 5-29　培训工具及器材（每个工位）

序号	名称	规格型号	单位	数量	备注
1	变电站周边、建筑、电气及消防等主辅设备基础信息、运维信息	—	份	1	现场准备
2	消防设施检测报告、消防合格证、持证人员清单等基础资料	—	份	1	现场准备
3	消防沙箱、灭火器、气体检测报警仪、消防控制箱等消防设施配置表或用具	—	套	1	现场准备
4	桌子	—	张	1	现场准备
5	椅子	—	把	1	现场准备
6	隐患登记表格	A4	张	若干	现场准备
7	答题纸	A4	张	若干	现场准备
8	签字笔	黑色	支	1	现场准备
9	《中华人民共和国消防法》	—	本	1	现场准备
10	GB/T 40248—2021《人员密集场所消防安全管理》	—	册	1	现场准备
11	本次考试消防风险管控管理规定	—	册	1	现场准备
12	本次考试规定的消防安全管理条例	—	册	1	现场准备
13	本次考试要求的消防安全操作规定	—	册	1	现场准备
14	××单位消防安全责任清单	—	套	1	现场准备
15	××单位消防应急演练方案	—	套	1	现场准备
16	××公司电网设备消防管理规定	—	册	1	现场准备
17	办公用计算机	—	台	1	现场准备
18	办公用打印机	—	台	1	现场准备
19	其他资料	—	套	若干	现场准备

5.5.2.3　培训方式及时间

1. 培训方式

教师现场讲解、示范，学员进行现场消防隐患排查实际操作训练，培训结束后进行现场消防隐患模拟排查技能考核与测试。教师讲解火灾事故的现场处置预案的编制要求、编制规范。介绍编制所需资料，并展示火灾事故现场处置预案教学实例，向学员详解火灾事故现场处置预案的编制方法。学员根据各自单位情况及消防安全责任编制相应火灾事故现场处置预案，并提交考核评审组评分。

2. 培训与考核时间

（1）培训时间。

基础知识学习、火灾事故现场处置预案编制要求、编制规范：2h；

排查方法介绍、编制火灾事故现场处置预案所需相关资料介绍：1h；

隐患排查实际讲解、示范、火灾事故现场处置预案实例讲解：1h；

技能测试、学员编制火灾事故现场处置预案：4h；

合计：8h。

（2）考核时间：60min。

5.5.2.4 基础知识

（1）进行消防隐患排查。

1）了解隐患定义及排查周期要求。

2）进行消防隐患排查工作。

3）掌握消防隐患登记信息及报告原则。

（2）编制火灾事故现场处置预案。

5.5.2.5 技能培训步骤

1. 现场准备

（1）工作现场准备：

1）消防沙箱、灭火器、气体检测报警仪、消防控制箱等消防设施基础表格信息正确。

2）提供的检查场所或模拟场所影像资料内违反消防规定隐患设置合理且正确。

（2）工具器材及编写使用资料准备：消防设施用具检查，配备设施准备到位，并整齐摆放于工位上。

2. 工作过程

（1）进行消防隐患排查。

1）掌握消防隐患的认定方法：

① 影响人员疏散或者灭火救援的。

② 消防设施不完好有效，影响防火灭火功能的。

③ 擅自改变防火分区，容易导致火势蔓延、扩大的。

④ 在人员密集场所违反消防安全规定，使用、存储易燃易爆化学品的。

⑤ 不符合城市消防安全布局要求，影响公共安全的。

⑥ 其他违反消防法规的情形。

2）熟悉重大火灾隐患判定程序：

① 现场检查：组织进行现场检查，核实火灾隐患的具体情况，并获取相关影像和文字资料。

② 集体讨论：组织对火灾隐患进行集体讨论，给出结论性判定意见，参与人数不应少于3人。

③ 专家技术论证：对于涉及复杂疑难的技术问题，按照判定方法判定重大火灾隐患有困难的，应组织专家成立专家组进行技术论证，形成结论性判定意见。结论性判定意见应有2/3以上的专家同意。

3）重大火灾隐患判定方法：

① 直接判定要素和综合判定要素均应为不能立即改正的火灾隐患要素。

② 下列情况不应判定为重大火灾隐患：

a. 依法进行了消防设计专家评审，并已采取相应技术措施的。

b. 单位、场所已停产停业或停止使用的。

c. 不足以导致重大、特大重大火灾事故或严重社会影响的。

4）重大火灾隐患直接判定要素：

① 储存和装卸易燃易爆危险品的仓库和储罐区，未设置在城市的边缘或相对独立的安全地带。

② 储存易燃易爆危险品的场所与人员密集场所、居住场所设置在同一建筑物内，或与人员密集场所、居住场所的防火间距小于国家工程建设消防技术标准规定值的 75%。

③ 甲、乙类仓库（建筑设计防火规范规定的）设置在建筑的地下室或半地下室。

④ 地下人员密集场所的安全出口数量不足或其总净宽度小于国家工程建设消防技术标准规定值的 80%。

⑤ 地下人员密集场所未按国家工程建设消防技术标准的规定设置自动喷水灭火系统或火灾自动报警系统。

⑥ 易燃可燃液体、可燃气体储罐（区）未按国家工程建设消防技术标准的规定设置固定灭火、冷却、可燃气体浓度报警、火灾报警设施。

⑦ 在人员密集场所违反消防安全规定使用、储存易燃易爆危险品。

⑧ 人员密集场所的居住场所采用彩钢夹芯板搭建，且彩钢夹芯板芯材的燃烧性能等级低于 GB 8624—2012《建筑材料及制品燃烧性能分级》规定的 A 级。

5）重大火灾隐患综合判定要素：

① 总平面布置。未按国家工程建设消防技术标准的规定或城市消防规划的要求设置消防车道或消防车道被堵塞、占用；建筑之间既有防火间距被占用或小于国家工程建设消防技术标准的规定值的 80%；明火和散发火花地点与易燃易爆生产厂房、装置设备之间的防火间距小于国家工程建设消防技术标准的规定值。

② 防火分离。原有防火分区被改变并导致实际防火分区的建筑面积大于国家工程建设消防技术标准规定值的 50%；防火门、防火卷帘等防火分隔设施损坏的数量大于该防火分区相应防火分隔设施总数的 50%；丙、丁、戊厂房内有火灾或爆炸危险的部位未采取防火分隔等防火防爆技术措施。

③ 安全疏散设施及灭火救援条件。建筑内的避难走道、避难间、避难层的设置不符合国家工程建设消防技术标准的规定，或避难走道、避难间、避难层被占用。

④ 消防给水及灭火设施。包括消防水源、室外消防给水和室外消火栓系统、室内消火栓系统、自动喷水灭火设施、其他自动灭火设施、消防水泵房等。

⑤ 防烟排烟设施。人员密集场所、高层建筑和地下建筑未按国家工程建设消防技术标准的规定设置防烟、排烟设施，或已设置但不能正常使用或运行。

⑥ 消防供电。消防用电设备的供电负荷级别不符合国家工程建设消防技术标准的规定；消防用电设备未按国家工程建设消防技术标准的规定采用专用的供电回路；未按国家工程建设消防技术标准的规定设置消防用电设备末端自动切换装置，或已设置但不符合国家工程建

设消防技术标准的规定或不能正常自动切换。

⑦ 火灾自动报警系统。除地下人员密集场所以外的其他场所未按国家工程建设消防技术标准的规定设置火灾自动报警系统；火灾自动报警系统不能正常运行；防烟排烟系统、消防水泵以及其他自动消防设置不能正常联动控制。

（2）掌握消防隐患登记信息及报告原则：

1）对排查出的隐患，应按照隐患的等级进行登记，建立隐患信息档案，并按照职责分工实施监控治理。

2）登记信息应包括排查对象、排查时间、排查人员、隐患级别、隐患具体描述等内容，经隐患排查工作责任人审核确认后妥善保存。

3）重大隐患信息报告应包括隐患名称、隐患现状及其产生的原因、隐患危害程度、整改措施和应急预案、办理期限、责任单位和责任人员。

（3）编制火灾事故现场处置预案：

1）预警机制。详细说明本单位火灾监测预警系统或设备。火灾事故出现时的层层信息报告机制、传递流程，企业内部或政府、社会层面，火灾信息如何完成报送。详细说明开启企业内部火灾预警的技术性措施，以及如何实施从向所有人员发送预警到人员准备派出等一切组织措施。

2）应急响应。企业内部指挥部、处置部各小组根据火灾预警启动火灾应急处置预案的响应部分，应急响应部分应列明其具体流程；详细说明外联小组职责，如何沟通政府应急职能部门、如何协调社会救援力量参与；重点详细说明灭火处置组职责，如何现场划分火灾种类，并根据每一种火灾种类和原因制订具体的现场灭火处置方案。

3）应急结束。火灾事故现场得到一定控制，次生、衍生隐患消除，由指挥部宣布火灾处置应急部分解除，现场处置中的人员疏散或火场搜救不应中断，应继续进行。

4）灾后处置。开展火灾后的现场（物证）保护工作；开展火灾后现场警戒与围观人群疏导工作；开展受灾情况报告工作，准确详细地向政府应急部门汇报火灾损失情况、现场人员撤离情况、火灾扑灭情况及火场现状、所需何种支援等；开展火灾后的物资损失清点工作以及灾后重建规划，详述方案。

5）演习频率与规模。火灾应急预案应多次演习，至少每半年一次。项目部、企业内部安全工作领导小组负责组织编制预案并对演习起组织领导职能，企业内部义务消防队、参加过消防培训、取得过消防资质的员工有义务参与。

6）预案实施时间。自施行日期起，演练参照预案进行。一般实施时间为编制日期的半年至一年后。

7）组织机制人员联络方式、预案通讯录。火灾应急处置预案中，组织架构各小组关键成员的紧急联系方式。需制订通讯表并注明成员工作岗位，尽量覆盖所有人员。人员应列明办公或值班场所固话以及紧急通信用的移动电话号码。

3. 工作终结

（1）所有物品摆放整齐，无不规范行为。

（2）清理现场：将隐患排查现场及工作台桌面恢复原状。

（3）编写完成：学员自审后打印火灾事故现场处置预案并放回所选资料。

（4）提交评审：学员将编制的火灾事故现场处置预案提交考核评审组评审打分。

5.5.2.6 技能等级认证标准（评分表）

消防安全管理评审考核评分记录表如表 5–30 所示。

表 5–30 消防安全管理评审考核评分记录表

姓名： 准考证号： 单位：

序号	项目	考核要点	配分	评分标准	得分	备注
1	工作准备					
1.1	着装穿戴	穿工作服、绝缘鞋	2	未穿工作服、绝缘鞋进入现场，着装穿戴不规范，扣 2 分		
1.2	编写准备	正确选择合适的编写资料，打开计算机准备完成编写和打印	5	编写资料应至少从中选择五种，每漏选一项扣 1 分		
2	工作过程					
2.1	进行消防隐患排查					
2.1.1	熟悉资料	变电站周边、建筑、电气及消防等主辅设备基础信息、运维信息现状描述清楚，消防设施配置情况描述准确	8	（1）变电站周边、建筑、电气及消防等主辅设备基础信息、运维信息描述不清楚，每处扣 2 分； （2）消防设施配置情况描述不正确，每处扣 2 分		
2.1.2	隐患排查	消防隐患判定程序清晰，方法正确，隐患发现准确、到位	12	（1）检查周期描述不正确，每处扣 2 分； （2）对检查判定程序和方法不清晰，扣 3 分； （3）未准确发现消防隐患或有遗漏，扣 3 分； （4）隐患提出相关标准要求依据不正确或不合理，扣 5 分		
2.1.3	隐患登记	消防隐患定性正确，登记表填写内容正确、完整	6	（1）消防隐患定性不正确，扣 2 分； （2）登记内容填写不正确或不完整，扣 2 分； （3）消防隐患登记表内容不工整、不清晰，扣 2 分		
2.2	编制火灾事故的现场处置预案					
2.2.1	总则	编制目的；编制依据；适用范围；指导性原则	8	（1）未正确规范编写编制目的，扣 2 分； （2）未正确规范编写编制依据，扣 2 分； （3）未正确规范编写适用范围，扣 2 分； （4）未正确规范编写指导性原则，扣 2 分		
2.2.2	火灾应急处置组织机制	分别列明指挥组织与火灾应急处置组织；指挥组织列明指挥组、（物资）筹备组、外联组等。火灾处置组织列明通信组、疏散组、应急处置组、医疗及救援组、灾后工作小组等；根据《××单位消防安全责任清单（人员）》组织划分细化到小组成员，即小组成员应列写人员姓名	8	（1）未列明指挥组织构架及火灾处置组织构架，扣 2 分； （2）小组设立不完善、火灾应急处置能力不全面，扣 2 分； （3）未根据责任清单将预案中的责任编制细化到人，扣 2 分； （4）人员安排不合理，火灾应急处置预案中未能根据人员实际职位或岗位安排组织责任，扣 2 分		
2.2.3	组织机制人员职责分工	列明组织机制中各小组成员的职责概览清单，在火灾事故的现场处置中扮演何种角色	8	组织机构中各小组职责编写不正确或不完善，每处扣 2 分		

续表

序号	项目	考核要点	配分	评分标准	得分	备注
2.2.4	物资准备	列明火灾事故现场处置所需要的器械器材、设施检查准备、人员防护用品、救护用品、照明或通信器材等	3	物资准备类型不完善，每处扣1分		
2.2.5	预警机制	列明可使用并查看的火灾监测预警设备；详细说明火灾事故出现时的信息报告机制、传递流程，需区分说明企业内部或政府、社会层面的信息报送机制	8	（1）火灾监测预警系统描述不清晰，扣2分； （2）企业内部火灾事故信息层层报告机制描述不清晰，扣2分； （3）如何向应急处置各小组发布预警，流程描述不清晰，扣2分； （4）未申明如何向政府、社会层面报送信息，扣2分		
2.2.6	应急响应	企业内部指挥部、处置部各小组根据火灾预警启动火灾应急处置预案的响应部分，列明其流程；详细说明外联小组职责，如何沟通政府应急职能部门、如何协调社会救援力量参与；重点详细说明灭火处置组职责，如何现场划分火灾种类，并根据每一种火灾种类和原因制订具体的现场灭火处置方案	6	（1）各小组对预案的响应流程描述未能符合小组分工要求，扣2分； （2）未重点详述外联小组工作职责，或不符合消防有关规定及工作要求，扣2分； （3）未重点详述现场灭火处置组职责，灭火处置方案不完备，扣2分		
2.2.7	应急结束	火灾事故现场得到一定控制，次生、衍生隐患消除，由指挥部宣布火灾处置应急部分解除，可详述认定火灾应急解除的几项指标	2	应对火灾应急解除的认定，关键内容描述不妥当，扣2分		
2.2.8	灾后处置	开展火灾后的现场（物证）保护工作，详述方案；开展火灾后现场警戒与围观人群疏导工作，详述方案；开展受灾情况报告工作，准确详细地向政府应急部门汇报；开展火灾后的物资损失清点工作以及灾后重建规划，详述方案	8	（1）火灾现场保护工作描述不合理，每处扣2分； （2）灾后警戒与人群疏导工作描述不合理，每处扣2分； （3）灾后汇报流程描述不合理，每处扣2分； （4）灾后清点与规划重建描述不合理，每处扣1分		
2.2.9	演习频率与规模	描述该预案在一年中的演习次数、企业参与演习的部门与调动规模	4	（1）演习频率安排不合理，扣1分； （2）火灾处置预案适用范围、参与部门或班组描述不清晰，扣2分		
2.2.10	预案实施时间	描述该预案开始施行的时间	2	未申明该火灾现场处置预案开始施行的时间，扣2分		
2.2.11	人员联络方式	列明该预案中组织架构各小组每个成员的紧急联系方式	4	（1）预案中未列出人员联系方式，扣4分； （2）联络信息表未能覆盖所有人员，扣2分		
3	工作结束					
3.1	工作区域整理	汇报工作结束前，清理工作现场，桌面及现场恢复原状，无不规范行为	2	（1）现场及工作台未恢复原样，扣2分； （2）存在不安全、不规范行为，扣2分		

续表

序号	项目	考核要点	配分	评分标准	得分	备注
3.2	编写完成	学员打印并自审火灾现场处置预案，并放回所选资料	4	（1）火灾现场处置预案存在排版问题，扣2分； （2）未放回每种所选资料，扣2分		
总分			100	合计得分		

否定项说明：1. 违反电力安全工作规程相关规定；2. 违反职业技能鉴定考场纪律；3. 造成设备重大损坏；4. 发生人身伤害事故

考评员：　　　　　　　　　　　　年　　月　　日

第 6 章

二级工操作技能

6.1 异常及故障处理

6.1.1 一次设备复杂故障处理

6.1.1.1 培训目标

通过专业技能培训和技能操作训练，使学员掌握变电站一次设备复杂故障的处理方法。

6.1.1.2 培训场所及设施

1. 培训场所

实训室。

2. 培训设施

培训工具及器材如表 6-1 所示。

表 6-1 培训工具及器材（每个工位）

序号	名称	规格型号	单位	数量	备注
1	仿真系统	—	套	1	现场准备
2	验电器	—	支	1	现场准备
3	绝缘手套	—	副	1	现场准备
4	安全围栏	—	个	若干	现场准备
5	安全警示牌	—	面	若干	现场准备
6	凳子	—	把	1	现场准备
7	桌子	—	张	1	现场准备
8	答题纸	A4	张	若干	现场准备
9	水性笔	黑色	支	1	现场准备

6.1.1.3 培训方式及时间

1. 培训方式

教师现场讲解、示范，学员进行仿真系统实际操作训练，培训结束后教师在仿真系统进行故障预置，学员进行技能考核与测试。

2. 培训及考核时间

（1）培训时间。

断路器拒动及继电保护装置误动、拒动的情况下，分析输电线路、变压器、母线的单一故障及重复性、关联性故障：2h；

按调度指令处理输电线路、变压器、母线故障：2h；

学员练习及答疑：2h；

合计：6h。

（2）考核时间：120min。

6.1.1.4 基础知识

（1）在断路器拒动及继电保护装置误动、拒动的情况下，分析输电线路、变压器、母线的单一故障及重复性、关联性故障。

（2）能按调度指令处理输电线路、变压器、母线故障。

6.1.1.5 技能培训步骤

1. 准备工作

（1）正确着装。

（2）熟悉变电站的基本情况：一次接线图、保护配置等。

（3）检查仿真系统能正常工作，运行良好。

2. 工作过程

（1）登录仿真系统操作界面。

（2）根据监控后台报文及保护动作信息分析、判断故障，在仿真系统上完成事故处理，在纸上作答汇报流程、记录内容等。故障类型及处理步骤如表 6-2 所示。

表 6-2 故障类型及处理步骤

类型	处理步骤
线路故障	（1）根据故障现象，初步分析判断故障原因及相别。 1）瞬时性故障跳闸、重合闸重合成功，故障现象： ① 事故报警、监控后台主接线图断路器标识显示绿闪，继而转为红闪。 ② 故障线路电流、功率瞬间为零，继而又恢复数值。 ③ 监控后台机出现告警窗口，显示故障线路某种动作保护、重合闸动作、故障录波器动作等信息。故障线路保护屏显示保护及重合闸动作信息（信号灯亮），分相控制的线路则有某相跳闸或三相跳闸的信息。 2）永久性故障跳闸、重合闸重合不成功，故障现象： ① 事故报警、监控后台主接线图断路器标识显示绿闪。 ② 故障线路电流、功率指示均为零。 ③ 监控后台机出现告警窗口，显示故障线路某种动作保护、重合闸动作、故障录波器动作等信息。故障线路保护屏显示保护及重合闸动作信息（信号灯亮），分相控制的线路则有某相跳闸或合闸信息。 3）线路跳闸、自动重合闸未动作，故障现象： ① 事故报警、监控后台主接线图断路器标识显示绿闪。 ② 故障线路电流、功率指示均为零。 ③ 监控后台机出现告警窗口，显示故障线路某种动作保护、故障录波器动作等信息。故障线路保护屏显示保护动作信息（信号灯亮），分相控制的线路则有三相跳闸的信息。 4）线路跳闸、自动重合装置动作，断路器拒合，故障现象： ① 事故报警、监控后台主接线图断路器标识显示绿闪，测控屏红绿灯可能都不亮（测控屏红绿灯都不亮是因为断路器合闸回路或重合闸出口回路一般设有自保持，当断路器故障跳闸、重合闸动作时，由于断路器拒合，断路器的辅助触点不转换，自保持不能自动解除，而此回路短接了跳闸位置继电器，所以绿灯不能点亮，而主接线图断路器由于没有新的触发信号进入，仍停留在跳闸后状态）。 ② 故障线路电流、功率指示均为零。 ③ 监控后台机出现告警窗口，显示故障线路某种动作保护、重合闸动作、故障录波器动作等信息。故障线路保护屏显示保护及重合闸动作信息（信号灯亮），分相控制的线路重合闸投“单相重合闸”时，还有三相不一致动作跳闸信息。 （2）线路跳闸处理： 1）线路故障跳闸后，运行人员必须对故障跳闸线路的有关回路（包括断路器、隔离开关、TV、TA、耦合电容器、阻波器、继电保护等设备）进行外部检查正常，并汇报调度。 2）线路发生故障保护动作，但其断路器拒跳而越级到上级断路器跳闸时，应立即查明保护动作范围内的站内设备是否正常，立即报告调度。在调度指令下，隔离拒动的断路器。 3）如已发现明显故障点、可疑故障点、断路器的遮断容量小于母线短路容量或大电流接地系统变为不接地系统时，不允许强送电，应立即将故障点隔离进行处理。 4）当线路和高压电抗器同时动作跳闸时，应按线路和高压电抗器同时故障来考虑事故处理。未查明高压电抗器保护动作原因和消除故障之前不得进行强送，如系统急需对故障线路送电，在强送前应将高压电抗器退出运行后才能对线路强送，同时必须符合无高压电抗器运行的规定。

续表

类型	处理步骤
线路故障	5）线路开关故障跳闸时发生拒动造成越级跳闸，在恢复系统送电前，应将拒动的开关隔离系统并保持原状。拒动开关待查清原因并消除缺陷后方可投入运行。 6）试运行线路、电缆线路故障跳闸后不应强送。 7）用于试送线路的断路器应符合以下条件： ① 断路器本身回路完好，操动机构工作正常，油压、气压在额定值。 ② 断路器故障跳闸次数在允许范围内。 ③ 继电保护完好。 8）若开关遮断次数已达规定值，应向调度员提出要求该断路器不得作为强送断路器及停用重合闸。 9）断路器跳闸，若断路器两侧有电压，运维人员按值班调度员命令进行检同期合闸；若无法检同期，运维人员应立即汇报值班调度员，按值班调度员指令处理。 10）联络线跳闸后，在试送成功进行合环时，应确保不会造成非同期合闸
变压器故障	（1）根据故障现象，初步分析判断故障原因及相别，常见故障原因： 1）变压器内部或差动保护区内发生短路故障。 2）主保护定值漂移、整定错误、接线错误、二次回路短路等原因引起的保护误动作。 3）重瓦斯回路短路等。 4）人员误触造成保护误动。 （2）主保护动作处理。 1）主保护动作跳闸的处理： ① 检查、记录继电保护及自动装置动作情况，调取和打印微机保护及故障录波报告。复归信号，复归跳闸断路器的控制开关位置（清闪），初步判断故障性质，立即报告调度。 ② 瓦斯保护或压力释放动作跳闸时，应检查变压器本体及有载调压装置油位、油色、油温是否正常，压力释放、呼吸器有无喷油。 ③ 检查气体继电器内有无气体，外壳有无鼓起变形，各法兰连接处和导油管有无冒油，气体继电器接线盒内有无进水受潮和短路。 ④ 若是差动保护动作，则还应检查差动保护区内所有设备，如变压器本体有无变形和异状，引线有无断线、短路，套管、瓷套有无闪络、破裂痕迹，设备有无接地短路现象，有无异物落在设备上，避雷器是否正常等。 ⑤ 变压器两种主保护同时动作跳闸时，应认为变压器内部确有故障，在未查明故障性质并消除以前不得试送电。 ⑥ 如因地震等明显原因使重瓦斯保护动作跳闸，经检查变压器无异状后，应立即恢复变压器运行。 ⑦ 差动保护跳闸后，如不是保护误动，在检查外部无明显故障，瓦斯气体检查（必要时要进行色谱分析和测直流电阻）证明变压器内部无明显故障后，经设备主管单位总工程师同意，可以试送一次。 2）后备保护动作跳闸处理： ① 检查保护动作、信号、仪表指示和在变压器跳闸时有何种外部现象（如外部短路、变压器过负荷等），具体分析变压器跳闸原因。 ② 常见后备保护动作原因分析：无母线保护的变压器馈电母线短路故障；变压器故障主保护拒动；变压器馈电母线及线路故障，断路器拒分或保护拒动，越级跳闸；后备保护定值漂移、整定错误、接线错误、二次回路短路等原因引起的保护误动。 ③ 越级跳闸的要在隔离故障点以后逐级恢复送电。 ④ 变压器内部故障或未发现故障点的应对变压器进行检查试验，在未查明故障并消除之前一般不应送电
母线故障	根据故障现象，初步分析判断故障原因及相别： （1）立即检查母线设备，查找母线保护范围内的故障点，并设法隔离或排除故障。 （2）如故障点在母线侧隔离开关外侧，可将该回路两侧隔离开关拉开。故障隔离或排除以后，在调度指挥下先恢复母线送电。母线充电成功后，再送出其他线路。 （3）尽快检查相应一次设备，如果变压器或其他设备故障跳闸应隔离故障设备。 （4）双母线分列运行时期中一组母线失电，应拉开连接于失电母线上的所有断路器，用母联断路器或外部电源给失电母线充电，然后送出原失电母线上无故障的线路和主变压器。 （5）双母线并列运行时一组母线失电，应拉开连接于该母线上的所有断路器，用无故障的电源给母线充电，然后送出无故障的线路和主变压器。 （6）3/2 断路器接线母线失电，应联系调度用一回电源给母线充电，然后与另一母线合环并送出其他线路和主变压器。 （7）如果母线失电时出现系统解列，应在电网调度的指挥下执行同期并列。 （8）若故障点不能立即隔离或排除，对于双母线接线，可将无故障的元件接入运行母线送电。 （9）若找不到明显故障点，则不准将跳闸元件接入运行母线送电，以防止故障扩大至运行母线。可按照调度命令试送母线。线路对侧有电源时应由线路对侧电源对故障母线试送电。 （10）母线越级跳闸故障处理方式与母线电源故障处理方式类似，隔离外部故障线路或主变压器后，利用外部电源给母线进行充电，母线充电成功后，再送出其他线路或主变压器

（3）按照现场操作要求正确使用安全工器具。

（4）处理过程中不得造成事故扩大，不得发生误操作事故。

3. 工作结束

（1）工器具整理归位。

（2）完善相关记录。

（3）清理现场，工作结束，离场。

6.1.1.6 技能等级认证标准（评分表）

一次设备复杂故障处理考核评分记录表如表 6–3 所示。

表 6–3 一次设备复杂故障处理考核评分记录表

姓名： 准考证号： 单位：

序号	项目	考核要点	配分	评分标准	得分	备注
1	工作准备					
1.1	着装穿戴	穿纯棉长袖工作服、绝缘鞋，戴安全帽	5	未穿纯棉长袖工作服、绝缘鞋，未戴安全帽，每项扣 2 分		
1.2	工器具检查	工器具合格、齐备	5	未对工器具进行检查，检查方法不规范，每项扣 1 分		
2	工作过程					
2.1	故障发生后汇报	检查记录监控后台开关变位、遥测、光字牌等信息，初步将故障情况后向调控中心汇报	20	未汇报扣 2 分		
2.2	线路故障处理	（1）检查两套线路保护告警信息及录波信息； （2）检查重合闸动作情况； （3）检查其他相关母线保护、断路器保护及变压器保护告警信息； （4）检查故障录波装置动作情况，打印故障录波报告； （5）检查故障线路一次设备情况，如测距显示在站内，应做好个人防护，检查设备故障点； （6）如故障点在线路，待故障消除后，根据调度指令恢复送电； （7）如故障点在站内，不具备送电条件，应申请隔离故障设备，恢复受影响的其他设备运行； （8）汇报过程应规范、全面	50	（1）信号漏检查，每处扣 2 分； （2）未及时检查重合闸动作情况，扣 10 分； （3）未及时检查、汇报故障测距情况，扣 10 分； （4）未核对保护装置及故障录波装置测距情况，扣 10 分； （5）汇报不及时，扣 5 分； （6）汇报信息有误，每处扣 3 分； （7）汇报关键信息有缺失，每处扣 5 分； （8）一次设备关键检查项有缺失，每处扣 5 分； （9）未做好个人安全防护措施，每项扣 10 分； （10）未及时隔离故障点或措施有误，每处扣 5 分； （11）未及时恢复正常设备送电，扣 10 分； （12）倒闸操作有误或出现误操作，扣 20 分		
2.3	变压器故障处理	（1）检查主变压器保护告警信息及录波信息； （2）检查主变压器非电量保护动作情况，初步判断是否为本体故障； （3）检查其他相关母线保护、断路器保护及线路保护告警信息；		（1）信号漏检查，每处扣 2 分； （2）未核对保护装置及故障录波装置测距情况，扣 10 分； （3）汇报不及时，扣 5 分； （4）汇报信息有误，每处扣 3 分； （5）汇报关键信息有缺失，每处扣 5 分； （6）一次设备关键检查项有缺失，每处扣 5 分； （7）未做好个人安全防护措施，每项扣 10 分；		

续表

序号	项目	考核要点	配分	评分标准	得分	备注
2.3	变压器故障处理	（4）检查故障录波装置动作情况，打印故障录波报告；（5）检查主变压器、电压互感器、避雷器等一次设备情况，如变压器等一次设备故障，做好个人防护，检查设备故障点；（6）如为越级跳闸，应根据调度指令恢复送电；（7）如故障点在站内，不具备送电条件，应申请隔离故障设备，恢复受影响的其他设备运行；（8）汇报过程应规范、全面	50	（8）未及时隔离故障点或措施有误，每处扣5分；（9）未及时恢复正常设备送电，扣10分；（10）倒闸操作有误或出现误操作，扣20分		
2.4	母线故障处理	（1）检查母线保护告警信息；（2）检查其他相关线路保护、断路器保护及主变压器保护告警信息；（3）检查故障录波装置动作情况，打印故障录波报告；（4）检查母线、电压互感器、避雷器等一次设备情况，如母线一次设备故障，应做好个人防护，检查设备故障点；（5）如为越级跳闸，应根据调度指令恢复送电；（6）如故障点在站内，不具备送电条件，应申请隔离故障设备，恢复受影响的其他设备运行；（7）汇报过程应规范、全面		（1）信号漏检查，每处扣2分。（2）未核对保护装置及故障录波装置情况，扣10分；（3）汇报不及时，扣5分；（4）汇报信息有误，每处扣3分；（5）汇报关键信息有缺失，每处扣5分；（6）一次设备关键检查项有缺失，每处扣5分；（7）未做好个人安全防护措施，每项扣10分；（8）未及时隔离故障点或措施有误，每处扣5分；（9）未及时恢复正常设备送电，扣10分；（10）倒闸操作有误或出现误操作，扣20分		
3	安全措施布置					
3.1	安全工器具使用	（1）操作一次设备必须佩戴绝缘手套；（2）验电操作必须使用验电器；（3）工器具使用完毕必须归还	5	（1）未戴绝缘手套，扣2分；（2）未取用验电器，扣2分；（3）未归还工器具，每项扣1分		
3.2	布置安全措施	（1）在故障设备周围设置安全围栏，悬挂“止步，高压危险”标识牌；（2）在故障设备本体处设置“在此工作！”标识牌	5	（1）未设置围栏，扣1分；（2）未设置“止步，高压危险”标识牌，扣1分；（3）未设置“在此工作！”标识牌，扣2分		
4	工作结束					
4.1	文明生产	汇报结束前，将现场恢复原状态	10	（1）出现不文明行为，扣5分；（2）现场仪器、工器具未恢复扣5分，恢复不彻底扣2分		
总分			100	合计得分		

否定项说明：1. 违反电力安全工作规程相关规定；2. 违反职业技能鉴定考场纪律；3. 造成设备重大损坏；4. 发生人身伤害事故

考评员：　　　　　　　　　　　　　　　　　　　　年　　月　　日

6.1.2 二次设备异常处理

6.1.2.1 培训目标

通过专业技能培训和技能操作训练，使学员掌握智能变电站二次设备异常发现及处理方法。

6.1.2.2 培训场所及设施

1. 培训场所

实训室。

2. 培训设施

培训工具及器材如表 6–4 所示。

表 6–4 培训工具及器材（每个工位）

序号	名称	规格型号	单位	数量	备注
1	仿真系统	—	套	1	现场准备
2	安全警示牌	—	面	若干	现场准备
3	安全围栏	—	个	若干	现场准备
4	凳子	—	把	1	现场准备
5	桌子	—	张	1	现场准备
6	答题纸	A4	张	若干	现场准备
7	水性笔	黑色	支	1	现场准备

6.1.2.3 培训方式及时间

1. 培训方式

教师现场讲解、示范，学员进行仿真系统实际操作训练，培训结束后教师在仿真系统进行故障预置，学员进行技能考核与测试。

2. 培训及考核时间

（1）培训时间。

智能变电站二次设备异常：2h；

智能变电站二次设备异常处理：2h；

学员练习及答疑：2h；

合计：6h。

（2）考核时间：120min。

6.1.2.4 基础知识

（1）发现智能变电站二次设备异常。

（2）处理智能变电站二次设备异常。

6.1.2.5 技能培训步骤

1. 准备工作

（1）正确着装。

（2）阅读工作任务单，熟悉智能变电站的基本情况：一次接线图、保护配置等。

（3）检查仿真系统能正常工作，运行良好。

2. 工作过程

（1）登录仿真系统操作界面。

（2）根据监控后台报文及保护动作信息分析、判断故障，在仿真系统上完成事故处理，在纸上作答汇报流程、记录内容等。故障类型及处理步骤如表 6-5 所示。

表 6-5　故障类型及处理步骤

类型	处理步骤
合并单元异常或故障	（1）合并单元硬件缺陷，光口损坏，通知检修人员处理。 （2）合并单元装置电源空气断路器跳闸时，经调度同意，退出对应的保护装置的出口软压板后，应将装置改停用状态后重启装置一次，如异常消失则将装置恢复运行状态；如异常未消失，则汇报调度，通知检修人员处理。 （3）对于双重化配置的合并单元，当单套异常或故障时，做好临时安全措施，同时向有关调度汇报，并通知检修人员处理。 （4）双重化配置的合并单元双套均发生故障时，应立即向有关调度汇报必要时可申请将相应间隔停电，并及时通知检修人员处理。 （5）当后台发“SV 总告警”时，应检查相关保护装置采样，汇报调度，申请退出相关保护装置，通知检修人员处理。 （6）当后台发“合并单元同步异常报警”“光耦失电报警”“GOOSE 总报警”时，汇报调度，通知检修人员处理。 （7）当装置接收的 IEC 60044-8:2002《互感器　第 8 部分：电子电流互感器》采样值光强低于设定值时，则“光纤光强异常”指示灯点亮，检查装置接收采样值的光纤是否损坏及松动，检查保护装置采样是否正常后，汇报调度，通知检修人员处理。 （8）内部逻辑处理或数据处理芯片损坏，表现为数据异常，此类性质的问题通常是更换插件，通知检修人员或联系厂家处理。 （9）对于继电保护采用“直采直跳”方式的合并单元失步，应通知检修人员处理。 （10）当合并单元失步时，同步灯熄灭，但不告警，要检查本屏的交换机是否失电，保证交换机工作正常。否则要看其他同网的合并单元是否也同时失步，如果都同时失步，要马上检查主干交换机和主时钟是否失电，要保证主干交换机和主时钟工作正常。及时通知相关调度和部门进行处理，通知检修人员处理。 （11）当合并单元电压采集回路断线（TV 断线）时，应立即通知检修人员处理；当合并单元电流采集回路断线（TA 断线）时，应停用接入该合并单元电流的保护装置，并通知检修人员处理
智能终端异常或故障	（1）硬件缺陷，光口损坏，装置电源损坏等，通知检修人员联系厂家处理。 （2）对于双重化配置的智能终端，当单套故障需退出运行时，应参照智能终端检修中的相应部分内容执行临时安全措施，同时向有关调度汇报，并通知检修人员处理。 （3）对于双重化配置的智能终端故障，当双套均发生故障时，应立即向有关调度汇报，必要时可申请将相应间隔停电，并及时通知有关检修部门处理。 （4）当单套配置的智能终端（如变压器本体智能终端、母线智能终端）发生故障时，做好临时安全措施，通知检修人员处理，并向有关调度汇报。 （5）当装置运行灯出现红色、发装置闭锁信号时，汇报调度，申请退出该智能终端及相关保护，通知检修人员处理。 （6）当装置发“外部时钟丢失”“智能开入”“开出插件故障”“开入电源监视异常”“GOOSE 告警”等异常信号时，汇报调度，必要时申请退出该智能终端及相关保护，通知检修人员处理。 （7）当装置断路器、隔离开关位置指示灯异常时，汇报调度，必要时申请退出该智能终端及相关保护，通知检修人员处理。 （8）内部操作回路损坏，表现为继电器拒动、抖动、遥信丢失等。首先检查开入开出量是否正确，检查装置接受发送的 GOOSE 报文是否正确，装置 CPU 运行是否正常。若排除以上情况，确定为内部元件损坏，通知检修人员或联系厂家处理

续表

类型	处理步骤
保护装置异常或故障	（1）现场运维人员负责记录并向主管调度汇报智能变电站保护装置（包括安全自动装置、信息子站及试运行的保护装置）动作、告警等情况，记录保护及故障录波装置动作后的打印报告，全部记录正确后，方可复归。要求记录和向调度报告的内容有： 1）故障时间。 2）跳闸断路器的编号、相别。 3）完整的保护动作信息。 4）安全自动装置动作信号及动作结果。 5）合并单元、智能终端动作及告警情况。 6）电流、电压、功率变化波动情况。 7）录波器动作情况。 （2）如发现下列情况时应立即向有关调度汇报，必要时可申请将有关保护及自动装置停运，并及时通知有关检修部门处理。 1）装置出现异常发热、冒烟着火。 2）装置内部出现放电或异常声响。 3）装置出现严重故障信号且不能复归。 4）其他明显能引起误动或拒动危险的情况。 （3）一次设备运行中，需要退出保护装置（或部分功能）进行缺陷处理时，相关保护未退出前不得投入合并单元检修压板，防止保护误闭锁。 （4）“检修不一致”告警且不能复归：应检查保护装置与相关保护、合并单元、智能终端检修压板状态是否一致。若仍无法处理，立即报告值班监控员，并通知检修人员处理。 （5）“SV 通道异常” “SV 断链”等告警且不能复归：检查装置有关 SV 光纤连接是否正常。若仍无法处理，应立即报告值班监控员，申请退出相关保护，并通知检修人员处理。 （6）“SV 采样无效”告警且不能复归：结合装置面板信息检查合并单元有无告警信号，同时汇报当值监控员，并通知检修人员进行处理。 （7）“SV 品质异常”“双 AD 不一致”告警且不能复归：立即报告值班监控员，申请退出相关保护，并通知检修人员处理。 （8）“GOOSE 通道异常”“GOOSE 断链”等告警且不能复归：检查装置 GOOSE 连接光纤是否正常。若仍无法处理，应立即报告值班监控员，并通知检修人员处理。 （9）运行灯或电源灯熄灭：检查电源回路有无异常，如空气断路器跳闸，可在检修人员指导下试送一次。若异常无法恢复，应向当值监控员申请退出该保护装置，并通知检修人员进行处理。 （10）TV 断线：检查其他相关保护及母线合并单元的告警信息，若同时告警，可参照母线合并单元异常处理；若只是本间隔告警，检查至该侧合并单元两端光纤连接是否可靠。若仍无法处理，应立即报告值班监控员，并通知检修人员处理。 （11）长期有差流：汇报当值监控员申请退出该保护装置，同时通知检修人员进行处理。 （12）运行装置发生其他异常告警，运维人员到达现场后可先联系检修人员，在检修人员指导下进行简单处理。若异常仍不能消除，应立即通知检修人员到现场处理
交换机异常或故障	（1）按间隔配置的交换机故障，当不影响保护正常运行时（如保护采用直采直跳方式）可不停用相应保护装置；当影响保护装置正常运行时（如保护采用网络跳闸方式），应视为失去对应间隔保护，应停用相应保护装置，必要时停运对应的一次设备。 （2）公用交换机异常和故障若影响保护正确动作，应申请停用相关保护设备，当不影响保护正确动作时，可不停用保护装置。 （3）合并单元、智能终端等装置通信中断，或站控层交换机失电告警，与本站控层交换机连接的站控层功能丢失，或交换机端口通信中断，通知检修人员处理

（3）按照现场操作要求正确使用工器具。

（4）处理过程中不得造成事故扩大，不得发生误操作事故。

3. 工作结束

（1）工器具整理归位。

（2）完善相关记录。

（3）清理现场，工作结束，离场。

6.1.2.6 技能等级认证标准（评分表）

智能变电站二次设备异常处理考核评分记录表如表 6–6 所示。

表 6-6 智能变电站二次设备异常处理考核评分记录表

姓名： 准考证号： 单位：

序号	项目	考核要点	配分	评分标准	得分	备注
1	工作准备					
1.1	着装穿戴	穿纯棉长袖工作服、绝缘鞋，戴安全帽	5	未穿纯棉长袖工作服、绝缘鞋，未戴安全帽，每项扣2分		
1.2	工器具检查	仪器、工器具合格、齐备	5	未对仪器、工器具进行检查，检查方法不规范，每项扣1分		
2	工作过程					
2.1	异常发现及汇报	检查监控后台信息后向调控中心汇报	20	（1）未详细检查、未记录时间等，扣5分； （2）信息汇报不全，扣5分； （3）信息汇报不规范，未报单位姓名、时间等内容，每项扣2分		
2.2	合并单元异常或故障处理	（1）检查装置电源及指示灯； （2）SCD 文件配置是否正确； （3）软压板、硬压板投退是否正确； （4）对异常及故障情况的初步分析判断； （5）受影响的范围，一次设备是否需要陪停； （6）汇报及时、准确	50	（1）信号漏检查，每处扣2分； （2）汇报不及时，扣5分； （3）汇报信息有误，每处扣3分； （4）汇报关键信息有缺失，每处扣5分； （5）未及时隔离故障点或措施有误，每处扣5分； （6）如需一次设备陪停，倒闸操作有误或出现误操作，扣20分		
2.3	智能终端异常或故障	（1）装置电源及指示灯检查； （2）SCD 文件配置是否正确； （3）软压板、硬压板投退是否正确； （4）对异常及故障情况的初步分析判断； （5）受影响的范围，一次设备是否需要陪停； （6）汇报及时、准确		（1）信号漏检查，每处扣2分； （2）汇报不及时，扣5分； （3）汇报信息有误，每处扣3分； （4）汇报关键信息有缺失，每处扣5分； （5）未及时隔离故障点或措施有误，每处扣5分； （6）如需一次设备陪停，倒闸操作有误或出现误操作，扣20分		
2.4	保护装置异常或故障	（1）装置电源及指示灯检查； （2）检查装置报警情况； （3）SCD 文件配置是否正确； （4）软压板、硬压板投退是否正确； （5）线路保护通道故障时，采取光纤自环方式检查； （6）对异常及故障情况的初步分析判断； （7）受影响的范围，一次设备是否需要陪停； （8）汇报及时、准确		（1）信号漏检查，每处扣2分； （2）汇报不及时，扣5分； （3）汇报信息有误，每处扣3分； （4）汇报关键信息有缺失，每处扣5分； （5）未及时隔离故障点或措施有误，每处扣5分； （6）如需一次设备陪停，倒闸操作有误或出现误操作，扣20分		
2.5	交换机异常或故障	（1）装置电源及指示灯检查； （2）对异常及故障情况的初步分析判断； （3）汇报及时、准确		（1）信号漏检查，每处扣2分； （2）汇报不及时，扣5分； （3）汇报信息有误，每处扣3分； （4）汇报关键信息有缺失，每处扣5分		

续表

序号	项目	考核要点	配分	评分标准	得分	备注
3	安全措施布置					
3.1	安全措施布置	（1）在异常装置周围设置安全围栏，悬挂“止步，高压危险”标识牌； （2）在异常装置本体处设置“在此工作！”标识牌	10	（1）未设置“止步，高压危险”标识牌，扣 3 分； （2）未设置安全围栏，扣 4 分； （3）未设置“在此工作！”标识牌，扣 3 分		
4	工作结束					
4.1	文明生产	汇报结束前，将现场恢复原状态	10	（1）出现不文明行为，扣 5 分； （2）现场仪器、工器具未恢复扣 5 分，恢复不彻底扣 2 分		
总分			100	合计得分		
否定项说明：1. 违反电力安全工作规程相关规定；2. 违反职业技能鉴定考场纪律；3. 造成设备重大损坏；4. 发生人身伤害事故						

考评员：　　　　　　　　　　年　　月　　日

6.1.3 红外图谱分析

6.1.3.1 培训目标

通过专业技能培训和技能操作训练，使学员掌握红外检测原理及复杂红外图谱的分析方法。

6.1.3.2 培训场所及设施

1. 培训场所

变电站综合实训场地。

2. 培训设施

培训工具及器材如表 6-7 所示。

表 6-7　培训工具及器材（每个工位）

序号	名称	规格型号	单位	数量	备注
1	红外测温仪	—	台	1	现场准备
2	笔记本计算机	—	台	若干	现场准备
3	凳子	—	把	1	现场准备
4	桌子	—	张	1	现场准备
5	答题纸	A4	张	若干	现场准备
6	水性笔	黑色	支	1	现场准备

6.1.3.3 培训方式及时间

1. 培训方式

教师现场讲解、示范，学员进行红外测温的实际操作训练，培训结束后进行理论考核与技能测试。

2. 培训及考核时间

（1）培训时间。

设备红外图谱分析：2h；

设备缺陷类型、发热原因、缺陷性质定量分析：2h；

学员练习及答疑：2h；

合计：6h。

（2）考核时间：120min。

6.1.3.4 基础知识

（1）分析各种设备复杂红外图谱。

（2）对设备缺陷类型、发热原因、缺陷性质进行定量分析。

6.1.3.5 技能培训步骤

1. 工作准备

（1）正确着装。

（2）阅读工作任务单，了解设备类型。

（3）检查红外测温仪的工作状态：电池、开关机、镜头等。

（4）观察天气、光照等是否具备精测的标准。

（5）准备针对各种材质的辐射率。

（6）夜间操作要有照明设备。

2. 工作过程

（1）记录天气状况、环境温度，判断是否具备测温标准。

（2）根据异常设备，设置辐射率、距离系数、焦距等。

（3）开展设备测温，并保存图片。

（4）按照判别方法（见表 6-8）和流程进行红外图谱分析，确定缺陷级别（缺陷诊断判据参考 DL/T 664—2016《带电设备红外诊断应用规范》附录 H、附录 I）。

表 6-8 判别方法

判别方法	适用范围
表面温度判断法	主要适用于电流致热型和电磁效应引起发热的设备
相对温差判断法	主要适用于电流致热型设备，特别是检测时电流（负荷）较小，且按照表面温度判断法未能确定设备缺陷类型的电流致热型设备，可提高设备缺陷类型判断的准确性
图像特征判断法	主要适用于电压致热型设备。根据同类设备的正常状态和异常状态的热像图，判断设备是否正常。注意应尽量排除各种干扰因素对图像的影响，必要时结合电气试验或化学分析的结果，进行综合判断
同类比较判断法	根据同类设备之间对应部位的表面温差进行比较分析判断。对于电压致热型设备，应结合图像特征判断法进行判断；对于电流致热型设备，应先按照表面温度判断法进行判断，如未能确定设备的缺陷类型时，再按照相对温差判断法进行判断，最后按照同类比较判断法判断。历史热像图也多用作同类比较判断
综合分析判断法	主要适用于综合致热型设备。对于油浸式套管、电流互感器等综合致热型设备，当缺陷由两种或两种以上因素引起的，应根据运行电流、发热部位和性质，结合以上判断法进行综合分析判断，对于因磁场和漏磁引起的过热，可依据电流致热型设备的判据进行判断
实时分析判断法	在一段时间内让红外热像仪连续检测/监测一被测设备，观察、记录设备温度随负荷、时间等因素的变化，并进行实时分析判断，多用于非常态大负荷试验或运行、带缺陷运行设备的跟踪和分析判断

（1）表面温度判断法示例如表 6-9 所示。

表 6-9　表面温度判断法示例

序号	缺陷照片	缺陷分析
1	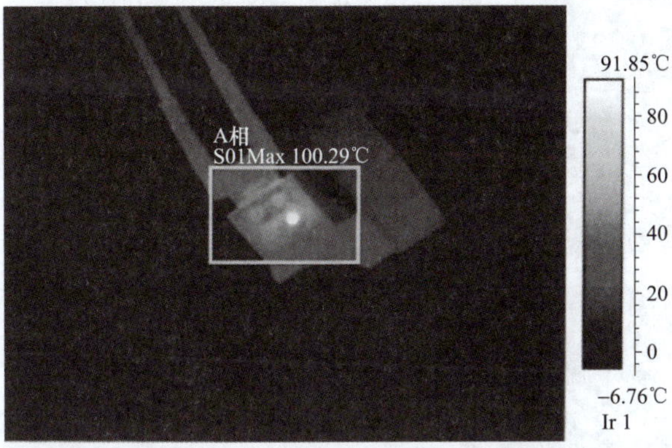 A相 S01Max 100.29℃ 91.85℃ 80 60 40 20 0 -6.76℃ Ir 1	（1）热点位置：隔离开关引线接线板紧固螺栓。 （2）热像特征：以发热螺栓为中心的接线板热像，热点明显。怀疑为螺栓氧化、松动等造成局部过热。 （3）热点最高温度：100.29℃，运行电流 540A。 （4）缺陷等级：根据 DL/T 664—2016《带电设备红外诊断应用规范》判定为严重缺陷（80℃≤热点温度≤110℃）
2	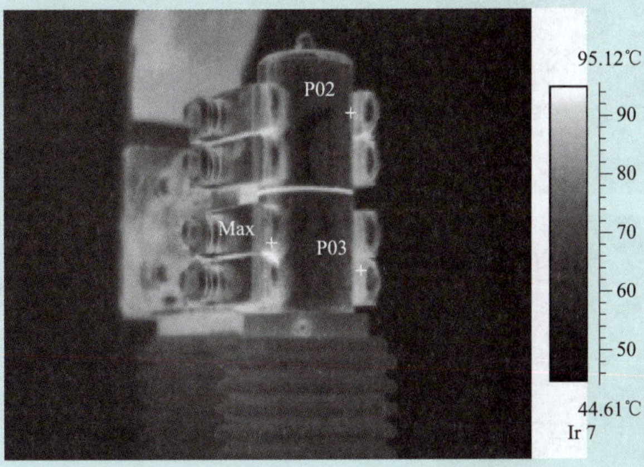 P02 Max P03 95.12℃ 90 80 70 60 50 44.61℃ Ir 7	（1）热点位置：隔离开关动静触头。 （2）热像特征：动静触头接触位置，内部氧化、有异物、动静触头间不够紧密等造成局部过热，热点明显。 （3）热点最高温度：95℃，运行电流为 1500A。 （4）缺陷等级：根据 DL/T 664—2016《带电设备红外诊断应用规范》判定为严重缺陷（80℃≤热点温度≤110℃）

（2）同类比较判断法示例如表 6-10 所示。

表 6-10　同类比较判断法示例

序号	缺陷照片	缺陷分析
1	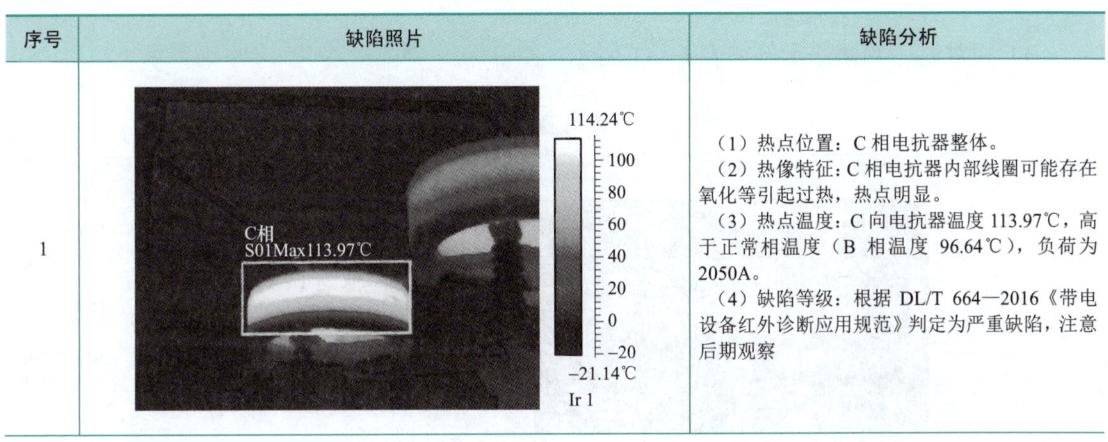	（1）热点位置：C 相电抗器整体。 （2）热像特征：C 相电抗器内部线圈可能存在氧化等引起过热，热点明显。 （3）热点温度：C 向电抗器温度 113.97℃，高于正常相温度（B 相温度 96.64℃），负荷为 2050A。 （4）缺陷等级：根据 DL/T 664—2016《带电设备红外诊断应用规范》判定为严重缺陷，注意后期观察

续表

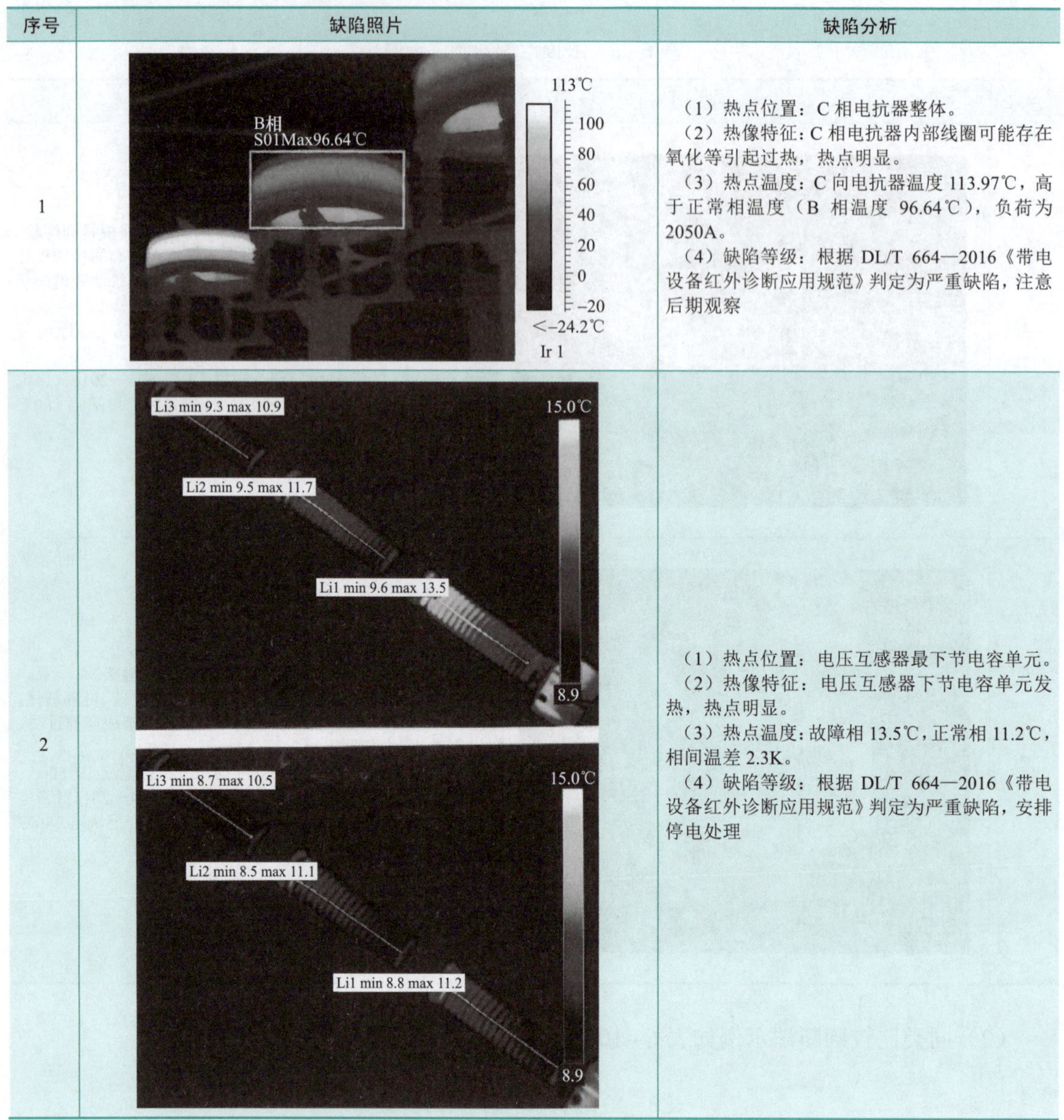

序号	缺陷照片	缺陷分析
1		（1）热点位置：C 相电抗器整体。 （2）热像特征：C 相电抗器内部线圈可能存在氧化等引起过热，热点明显。 （3）热点温度：C 向电抗器温度 113.97℃，高于正常相温度（B 相温度 96.64℃），负荷为 2050A。 （4）缺陷等级：根据 DL/T 664—2016《带电设备红外诊断应用规范》判定为严重缺陷，注意后期观察
2		（1）热点位置：电压互感器最下节电容单元。 （2）热像特征：电压互感器下节电容单元发热，热点明显。 （3）热点温度：故障相 13.5℃，正常相 11.2℃，相间温差 2.3K。 （4）缺陷等级：根据 DL/T 664—2016《带电设备红外诊断应用规范》判定为严重缺陷，安排停电处理

（3）相对温差判断法示例如表 6-11 所示。

表 6-11　相对温差判断法示例

序号	缺陷照片	缺陷分析
1		（1）热点位置：电压互感器二次端子盒。 （2）热像特征：电压互感器二次端子盒底部，内部接线松动等导致，热点明显。 （3）热点温度：故障相 145.9℃，正常相 32℃，环境温度 28℃，相对温差 97%。 （4）缺陷等级：根据 DL/T 664—2016《带电设备红外诊断应用规范》判定为危急缺陷，需要紧急停电处理

（4）红外热成像检测及异常分析报告编写示例如表 6-12 所示。

表 6-12　红外热成像检测及异常分析报告示例

一、检测工况			
变电站名称	×××	检测日期	年　月　日
设备名称	××隔离开关	负荷（A）	1000A
设备厂家	×××		
设备型号	×××	温度（℃）	20℃
辐射系数	0.9	湿度（%）	30%
仪器型号/编号	SAT	图像编号	2022010033
试验人员	××	编制人	×××
审核人	××	报告日期	年　月　日
二、图像分析			
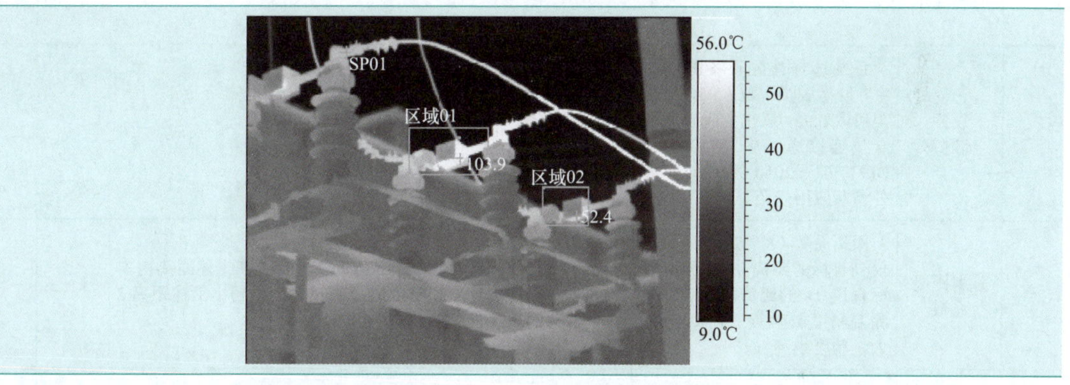			
三、结论			
① 热点位置：隔离开关 B 相触头。 ② 热像特征：B 相隔离开关动静触头间可能存在氧化、分合不到位等引起过热，热点明显。 ③ 热点温度：B 相最高温度 103.9℃，最低温度 41℃，环境温度为 35℃，最大相对温差为 91.3%，负荷电流为 1525A。 ④ 缺陷等级：根据 DL/T 664—2016《带电设备红外诊断应用规范》判定为严重缺陷			
四、处理意见			
加强监视，安排停电处理			
五、备注			
（缺陷处理或跟踪情况）			

（5）按照缺陷流程发起缺陷流程。

3. 工作结束

（1）工器具整理归位。

（2）完善相关记录。

（3）清理现场，工作结束，离场。

6.1.3.6 技能等级认证标准（评分表）

红外图谱分析考核评分记录表如表 6-13 所示。

表 6-13 红外图谱分析考核评分记录表

序号	项目	考核要点	配分	评分标准	得分	备注
1	工作准备					
1.1	着装穿戴	穿纯棉长袖工作服、绝缘鞋，戴安全帽	3	未穿纯棉长袖工作服、绝缘鞋，未戴安全帽，每项扣 2 分		
1.2	仪器检查	工器具合格、齐备	2	未对仪器进行检查，检查方法不规范，每项扣 1 分		
2	工作过程					
2.1	天气、环境温度、风力、测试时间的选择	测试时应选择天气良好，风力不大于 0.5m/s，被测设备通电不小于 6h（最好在高负荷时），晴天日落后 2h，环境温度不低于 5℃，湿度不大于 85%	5	天气、环境温度、风力、测试时间，缺少每项扣 3 分		
2.2	设置辐射率	正确选择被测设备的辐射率，硅橡胶类可取 0.95，电磁类可取 0.92，氧化金属导线及金属连接选 0.9。选取参考 DL/T 664—2016《带电设备红外诊断应用规范》	10	未正确设置辐射率，不得分		
2.3	设置距离系数	距离系数（$K=S/D$）为测温仪到目标的距离 S 与测温目标直径 D 的比值，它对红外测温精度影响很大，K 值越大，精度越高	5	D 值选为 0.2m，S 值为 3～5m，在上述距离内本项得满分，超出上述距离扣 2 分，超出上述距离 2 倍扣 5 分		
2.4	测量方位选择	为了准确测温需要变换不同角度和方位，确定最佳测量位置，测试角度最好在 30°，不宜大于 45°	10	测试角度为 30°～45°，超出扣 5 分		
2.5	目标尺寸在视场中大小合适	在安全距离允许的条件下，红外仪器宜尽量靠近被测设备，使被测设备（或目标）尽量充满整个仪器的视场，以提高仪器对被测设备表面细节的分辨能力及测温准确度	20	（1）测目标尺寸最好超出测温仪视场大小的 50%，不在上述范围扣 5 分； （2）图像不清晰，扣 5 分		
2.6	保存图像	找准被测物温度最大值，按拍摄按钮，保存数据	5	未保存图像，扣 5 分		
2.7	导出数据	将保存的数据导出到计算机上	10	未导出数据扣 10 分，导出图像不正确扣 5 分		
2.8	整理工具	仪器应收入工具箱内，摆放到指定地点，电池电量不足时应及时充电	5	（1）未收入工具箱内，扣 3 分； （2）未摆放到指定地点，扣 2 分； （3）电池电量不足未充电，扣 5 分		
2.9	根据给定的模板分析测试结果，出具测试报告	危急缺陷：热点温度≥130℃或相对温差δ≥95%； 严重缺陷：热点温度≥90℃或相对温差δ≥80%； 一般缺陷：温差超过 15℃未达到严重缺陷程度	20	（1）未分析测试结果，扣 10 分； （2）缺陷定性不准确，扣 10 分		

续表

序号	项目	考核要点	配分	评分标准	得分	备注
3	工作结束					
3.1	文明生产	汇报结束前，将现场恢复原状态	5	（1）出现不文明行为，扣 5 分； （2）现场仪器未恢复扣 3 分，恢复不彻底扣 2 分		
总分			100	合计得分		
否定项说明：1. 违反电力安全工作规程相关规定；2. 违反职业技能鉴定考场纪律；3. 造成设备重大损坏；4. 发生人身伤害事故						

考评员： 年 月 日

6.2 设备维护

6.2.1 变电站蓄电池充放电试验

6.2.1.1 培训目标

通过掌握变电站直流系统组成、交流系统备投方式及交直流系统运行方式，完成不同接线形式下蓄电池充放电试验，制订危险点预控措施。了解蓄电池结构及原理、充放电试验要求、异常与故障现象处理原则，分析蓄电池充放电试验结果并提出改进、处理措施。

6.2.1.2 培训场所及设施

1. 培训场所

变电综合实训场。

2. 培训设施

培训工具及器材如表 6–14 所示。

表 6–14 培训工具及器材（每个工位）

序号	名称	规格型号	单位	数量	备注
1	智能充放电检测仪	—	套	1	现场准备
2	万用表	数字型	块	1	现场准备
3	红外测温仪	—	台	1	现场准备
4	中性笔	—	支	2	考生自备
5	记录本	—	个	1	考生自备

6.2.1.3 培训方式及时间

1. 培训方式

教师现场讲解、示范，学员技能操作训练，培训结束后进行理论考核与技能测试。

2. 培训与考核时间

（1）培训时间。

变电站直流系统组成：0.5h；

交流系统备投方式：0.5h；

直流系统运行方式：0.5h；

蓄电池结构及原理：0.5h；

蓄电池异常与故障现象及处理原则：1h；

变电站蓄电池充放电试验：1h；

分组技能操作训练：3h；

技能测试：2h；

合计：9h。

（2）考核时间：60min。

6.2.1.4 基础知识

（1）变电站直流系统组成。

（2）交流系统备投方式。

（3）交直流系统运行方式。

（4）蓄电池结构及原理。

（5）蓄电池异常与故障现象及处理原则。

（6）变电站蓄电池充放电试验。

6.2.1.5 技能培训步骤

1. 理论知识准备工作

（1）变电站直流系统组成。站用直流电源系统主要由交流配电单元、集中监控单元、充电模块、蓄电池组、直流馈电单元、绝缘监测仪、调压硅链单元、电池监测仪、防交流窜入装置构成。

（2）交流系统备投方式。常见交流系统备投方式有以下三种：单母线分段接线方式、单母线接线方式、双母线接线方式。

（3）交流系统运行方式。500kV 变电站的主变压器为两台（组）及以上时，由主变压器低压侧引接的站用工作变压器应为两台，并应装设一台从站外可靠电源引接的专用备用变压器，该电源宜采用专线引接。110kV 及 220kV 变电站宜从主变压器低压侧分别引接两台容量相同、可互为备用、分列运行的站用工作变压器。当变电站只有一台主变压器或只有一条母线时，其中一台站用变压器的电源宜从站外引接。

（4）直流系统运行方式。

1）一组蓄电池的直流电源系统接线方式应符合下列要求：

① 一组蓄电池配置一套充电装置时，宜采用单母线接线。

② 一组蓄电池配置二套充电装置时，宜采用单母线分段接线，二套充电装置应接入不同母线段，蓄电池组应跨接在两段母线上。

2）二组蓄电池的直流电源系统接线方式应符合下列要求：

① 直流电源系统应采用两段单母线接线，两段直流母线之间应设联络电器。正常运行时，两段直流母线应分别独立运行。

② 二组蓄电池配置二套充电装置时，每组蓄电池及其充电装置应分别接入相应母线段。

③ 二组蓄电池配置三套充电装置时，每组蓄电池及其充电装置应分别接入相应母线段。

第三套充电装置可在两段母线之间切换。

④ 二组蓄电池的直流电源系统应满足在正常运行中两段母线切换时不中断供电的要求。在切换过程中，二组蓄电池应满足标称电压相同，电压差小于规定值，且直流电源系统均处于正常运行状态，允许短时并联运行。

（5）蓄电池结构及原理。阀控式密封铅酸蓄电池由电极板、隔板、电解液、电池槽及安全阀等组成。原理是把所需分量的电解液注入极板和隔板中，没有游离的电解液，通过负极板潮湿来提高吸收氧的能力，为防止电解液减少把蓄电池密封，故阀控式密封铅酸蓄电池又称“贫液电池”。

（6）蓄电池异常与故障现象及处理原则。

1）蓄电池单个电池内阻异常处理方法。

① 现象：测量蓄电池组，发现单个蓄电池内阻与制造厂提供的内阻基准值偏差较大。

② 处理：

a. 单个蓄电池内阻与制造厂提供的内阻基准值偏差超过 10%及以上的蓄电池应加强关注。

b. 对于内阻偏差值达到 20%～50%的蓄电池，应通知检修人员进行活化修复。

c. 对于内阻偏差值超过 50%及以上的蓄电池，应立即退出或更换这个蓄电池。

d. 如超标电池的数量达到总组的 20%以上，应更换整组蓄电池。

e. 如蓄电池组中发现个别落后电池，不允许长时间保留在蓄电池组内运行，应联系检修人员对个别蓄电池进行活化或更换处理。

2）蓄电池组容量不足处理方法。

① 现象：运行中浮充电压正常，但放电时，电压下降非常快，甚至很快下降到终止电压值。

② 处理：

a. 不带充电装置情况下，蓄电池放电时，电压很快下降，甚至很快下降到终止电压值。一般为充电电流过大、温度过高等造成蓄电池内部失水干涸、电解物质变质，用反复充放电方法恢复容量。

b. 若连续三次充放电循环后，仍达不到额定容量的 80%，应更换蓄电池。

3）蓄电池浮充电时单个电池电压偏低处理方法。

① 现象：运行中的通过蓄电池在线监测仪发现部分蓄电池单个电池电压低于浮充电电压值，或通过数字万用表校对测量发现部分蓄电池单个电池电压低于浮充电电压值。

② 处理：

a. 当运行中的蓄电池出现下列情况之一者应及时进行均衡充电：被确定为欠充的蓄电池组；蓄电池放电后未能及时充电的蓄电池组；交流电源中断或充电装置发生故障使蓄电池组放出近一半容量且未及时充电的蓄电池组；运行中因故停运时间长达两个月及以上的蓄电池组；单体电池端电压偏差超过允许值的电池数量达总电池数量 3%～5%的蓄电池组。

b. 对整组蓄电池进行均衡充电或对单只电池进行充放电。

4）阀控蓄电池漏液缺陷处理方法。

① 现象：

a. 吸柱四周有白色结晶体（爬酸）。

b. 安全间周围有电解液溢出（爬酸）。

c. 电池间有电解液溢出（爬酸）。

② 处理：

a. 将蓄电池置于干燥的环境中使用，有蓄电池漏液（爬酸）时，将其擦拭干净并涂以凡士林进行处理。

b. 对蓄电池漏液的，应采用防酸密封胶进行封堵。

c. 如经处理后还是漏液（爬酸），应予以更换。

d. 对电池开裂的，应予以更换。

2. 现场准备工作

（1）作业前准备：

1）编制安全措施、技术措施。

2）组织学习上述措施、有关说明书，熟悉作业危险点。

3）准备好作业所需图纸资料及工器具。

4）了解被试蓄电池组运行状况（如缺陷和异常情况）。

5）准备好工作票、现场安全措施。

（2）履行工作许可手续：

1）运维人员根据工作票安全措施履行安全措施。

2）工作负责人会同工作许可人检查安全措施是否合适。

3）按有关规定办理工作许可手续。

4）交代工作任务、工作范围及相关注意事项。

5）进行人员分工。

（3）现场布置：

1）作业现场设置工器具存放区、备品备件存放区和废物存放区，各区应设置合理。

2）工具、材料按指定位置摆放。

（4）蓄电池外观检查：

1）检查蓄电池外壳有无破裂、损坏，是否有漏液现象，密封是否良好，蓄电池温度是否过高。

2）检查正负极端极性是否正确，有无变形。

3）检查安全阀是否正常，有无损伤。

4）检查连接板（线）、螺栓及螺母、检测线有无松动和腐蚀现象。

5）清扫蓄电池外壳灰尘。

（5）蓄电池电压检查：

1）测量蓄电池总电压、单只蓄电池电压是否达到要求的浮充电压值（考虑温度补偿）。

2）如果浮充电压值一直偏低，在放电前应考虑补充充电。

（6）调整运行方式：

1）将试验的一组蓄电池退出运行，进行蓄电池组全容量核对性充放电。

2）检查两套直流系统的电压是否一致，如果压差过大，应调整一致，压差不应超过 5V，两段直流母线并列运行。

3）将试验的一组充电机、蓄电池组停止运行，退出直流系统。

4）检查运行直流系统是否正常。

3. 操作步骤

（1）试验接线：检查放电装置是否完好，连接好放电装置，确保极性正确。

（2）放电仪参数设置：

1）设置放电电流值为 I_{10}（10h 额定容量的 1/10）。

2）设置放电终止电压（1.80N）V，每组电池有 N 只。

3）设置放电时间 10h。

（3）蓄电池放电：

1)蓄电池退出后静置 30min 以后再进行放电试验，并记录放电前的单只蓄电池的端电压。

2）合上放电开关，开始放电。放电过程中保持放电电流恒定，注意观察蓄电池外观和温度有无异常。

3）每小时记录 1 次蓄电池组端电压和单只蓄电池电压和温度。

4）使用巡检仪的应核对测量电压。

（4）放电结果分析。

1）任一单只电池电压降到以下标准时应停止放电：

① 标称电压 2V，单只电压达到 1.9V。

② 标称电压 6V，单只电压达到 6V。

③ 标称电压 12V，单只电压达到 12V 或参照蓄电池说明书。

2）计算蓄电池容量：$C=Ih$（考虑温度补偿）。

（5）蓄电池充电：

1）蓄电池放电终止后，立即断开放电开关，合上充电开关，充电装置应进入均充状态。

2）每 2h 记录 1 次蓄电池组端电压和单只蓄电池电压和温度，观察是否正常。

3）蓄电池充电完成后检查充电装置进入浮充状态。

充电过程中，注意蓄电池温度情况，超过 40℃应降低充电电流。

（6）循环充放电：

1）新安装容量达到额定容量的 100%，充放电即结束。容量达不到额定容量的 100%，再次进行核对性充放电，若仍达不到额定容量的 100%，该蓄电池组容量不合格，应更换。

2）定期检验容量达到额定容量的 80%，充放电即结束。容量达不到额定容量的 80%，再次进行核对性充放电，核对性充放电最多 3 次，若 3 次达不到额定容量的 80%，该蓄电池组容量不合格，应更换。

（7）恢复正常运行方式：

1）恢复直流系统正常运行方式。

2）检查直流系统是否运行正常。

4. 工作结束

（1）组织验收，如存在问题应进行整改。

（2）整理记录、资料。

（3）清扫现场，清点材料和工具。

（4）做好变电站有关记录。

（5）办理工作终结手续。

6.2.1.6 技能等级认证标准（评分表）

蓄电池充放电试验考核评分记录表如表 6–15 所示。

表 6–15 蓄电池充放电试验考核评分记录表

姓名： 准考证号： 单位：

序号	项目	考核要点	配分	评分标准	得分	备注
1	工作准备					
1.1	着装穿戴	穿工作服、绝缘鞋，戴安全帽、线手套	3	（1）未穿工作服、绝缘鞋，未戴安全帽、线手套，每项扣 2 分； （2）着装穿戴不规范，每处扣 1 分，最多扣 2 分		
1.2	工器具检查	备件及工器具准备齐全，检查试验工器具	3	（1）工器具缺少或不符合要求，每件扣 1 分； （2）工具未检查试验、检查项目不全、方法不规范，每件扣 1 分，最多扣 2 分		
1.3	安全措施	（1）运维人员根据工作票安全措施履行安全措施； （2）工作负责人会同工作许可人检查安全措施是否合适； （3）按有关规定办理工作许可手续； （4）交代工作任务、工作范围及相关注意事项； （5）进行人员分工	5	安全措施错漏，每项扣 1 分		
1.4	蓄电池外观检查	（1）检查蓄电池外壳有无破裂、损坏，是否有漏液现象，密封是否良好，蓄电池温度是否过高； （2）检查正负极端极性是否正确，有无变形； （3）检查安全阀是否正常、有无损伤； （4）检查连接板（线）、螺栓及螺母、检测线有无松动和腐蚀现象； （5）清扫蓄电池外壳灰尘	10	（1）未检查蓄电池外观、安全阀、连接部件，每项扣 2 分； （2）正负极性接错，扣 3 分； （3）未清扫蓄电池外壳灰尘，扣 1 分		
1.5	蓄电池电压检查	测量蓄电池总电压、单只蓄电池电压是否达到要求的浮充电压值（考虑温度补偿）	3	（1）未测量总电压，扣 2 分； （2）未测量单只蓄电池电压，扣 1 分		
1.6	调整运行方式	（1）检查两套直流系统的电压是否一致，如果压差过大，应调整一致，压差不应超过 5V，两段直流母线并列运行； （2）将试验的一组充电机、蓄电池组停止运行，退出直流系统； （3）检查运行直流系统是否正常	5	（1）未检查压差，扣 5 分； （2）并列后未检查运行系统，扣 5 分		
2	工作过程					

续表

序号	项目	考核要点	配分	评分标准	得分	备注
2.1	试验接线	检查放电装置是否完好，连接好放电装置，确保极性正确	3	（1）未检查放电装置完好性，扣 2 分； （2）极性接错，扣 1 分		
2.2	放电仪参数设置	（1）设置放电电流值为 I_{10}（10h 额定容量的 1/10）； （2）设置放电终止电压（1.80*N*）V，每组电池有 *N* 只； （3）设置放电时间 10h	3	参数设置错误，每项扣 1 分		
2.3	蓄电池放电	（1）蓄电池退出后静置 30min 以后再进行放电试验，并记录放电前的单只蓄电池的端电压； （2）合上放电开关，开始放电。放电过程中保持放电电流恒定，注意观察蓄电池外观和温度有无异常； （3）每小时记录 1 次蓄电池组端电压和单只蓄电池电压和温度； （4）使用巡检仪的应核对测量电压	10	（1）未静置蓄电池或静置时间不够，扣 1 分； （2）放电前未记录单只蓄电池端电压，扣 1 分； （3）放电过程中保持观察，每小时应记录一次，未做到扣 2 分		
2.4	放电结果分析	（1）任一单只电池电压降到以下标准时应停止放电：标称电压 2V，单只电压达到 1.9V；标称电压 6V，单只电压达到 6V；标称电压 12V，单只电压达到 12V 或参照蓄电池说明书。 （2）计算蓄电池容量：$C=Ih$（考虑温度补偿）	10	（1）电压降到标准时未停止放电，扣 5 分； （2）蓄电池容量计算错误，扣 5 分		
2.5	蓄电池充电	（1）蓄电池放电终止后，立即断开放电开关，合上充电开关，充电装置应进入均充状态； （2）每 2h 记录 1 次蓄电池组端电压和单只蓄电池电压和温度，观察是否正常； （3）蓄电池充电完成后检查充电装置进入浮充状态； （4）充电过程中，注意蓄电池温度情况，超过 40℃应降低充电电流	10	（1）记录蓄电池电压和温度，否则每项，扣 2 分； （2）未检查充电完成后是否进入浮充状态，扣 3 分		
2.6	循环充放电	（1）新安装容量达到额定容量的 100%，充放电即结束。容量达不到额定容量的 100%，再次进行核对性充放电。 （2）定期检验容量达到额定容量的 80%，充放电即结束。容量达不到额定容量的 80%，再次进行核对性充放电，核对性充放电最多 3 次	10	（1）新安装容量试验错误，扣 5 分； （2）定期检验容量错误，扣 5 分		
2.7	恢复正常运行方式	（1）恢复直流系统正常运行方式； （2）检查直流系统是否运行正常	10	（1）恢复正常运行方式错误，扣 5 分； （2）未检查直流系统是否正常运行，扣 5 分		
3	工作终结验收					

续表

序号	项目	考核要点	配分	评分标准	得分	备注
3.1	安全文明生产	组织验收前，所选工器具放回原位，摆放整齐；无损坏元件、工具；无不安全行为	5	（1）出现不安全行为，每项扣5分； （2）作业完毕，现场未清理恢复扣2分，清理不彻底扣1分； （3）损坏工器具每件扣1分，最多扣2分		
3.2	验收及现场措施恢复	（1）组织验收，如存在问题立即进行整改； （2）拆除接地及其他安全措施	5	（1）验收出现问题未整改，每项扣2分； （2）安全措施未拆除或有遗漏，每项扣1分，最多扣2分		
3.3	工作终结	（1）将更换及检查情况记录到相应记录本中； （2）办理工作终结手续	5	（1）未及时记录，扣3分； （2）未办理工作终结手续，扣2分		
总分			100	合计得分		

否定项说明：1. 违反电力安全工作规程相关规定；2. 违反职业技能鉴定考场纪律；3. 造成设备重大损坏；4. 发生人身伤害事故

考评员：　　　　　　　　　　　　　　年　　月　　日

6.2.2 微机防误装置逻辑关系校验

6.2.2.1 培训目标

列写不同主接线形式下断路器、隔离开关、接地开关、临时接地线设备操作的“五防”逻辑关系表，并对变电站防误装置逻辑关系进行正确性校验及分析。

6.2.2.2 培训场所及设施

1. 培训场所

变电综合实训场。

2. 培训设施

培训工具及器材如表6-16所示。

表6-16 培训工具及器材（每个工位）

序号	名称	规格型号	单位	数量	备注
1	变电站防误系统	微机“五防”	套	1	现场准备
2	中性笔	—	支	2	考生自备
3	记录本	—	个	1	考生自备

6.2.2.3 培训方式及时间

1. 培训方式

教师现场讲解、示范，学员技能操作训练，培训结束后进行理论考核与技能测试。

2. 培训与考核时间

（1）培训时间。

防误装置工作原理：0.5h；

防误操作相关规定：0.5h；

“五防”逻辑关系校验方法：2h；

技能测试：1h；

合计：4h。

（2）考核时间：30min。

6.2.2.4 基础知识

（1）防误装置工作原理。

（2）防误操作相关规定。

（3）“五防”逻辑关系校验方法。

6.2.2.5 技能培训步骤

1. 准备工作

（1）掌握防误装置工作原理。微机防误系统是一种采用计算机、测控及通信等技术，用于高压电气设备及其附属装置防止电气误操作的系统。主要由防误主机、电脑钥匙、防误锁具及安装附件、解锁钥匙、高压带电显示闭锁装置等部件组成。对就地的电气设备、接地线及网门等采用编码锁实现强制闭锁功能，对遥控操作的设备采用遥控闭锁装置的闭锁触点串接在电气回路中实现强制闭锁功能。

（2）明确防误操作相关规定。

1）防误管理责任制。

① 切实落实防误操作工作责任制，各单位应设专人负责防误装置的运行、维护、检修、管理工作。定期开展防误闭锁装置专项隐患排查，分析防误操作工作存在的问题，及时消除缺陷和隐患，确保其正常运行。

② 各单位应设置防止电气误操作装置管理专责人（简称防误专责人），归口部门负责本单位防止电气误操作装置管理工作，应定期发文明确防误专责人员名单。

2）防误运行管理。

① 日常管理。应制订完备的解锁工具（钥匙）管理规定，严格执行防误闭锁装置解锁流程。防误装置管理应纳入现场专用运行规程，明确技术要求、使用方法、定期检查、维护检修和巡视等内容。运维和检修单位（部门）应做好防误装置的基础管理工作，建立健全防误装置的基础资料、台账和图纸，做好防误装置的管理与统计分析，及时解决防误装置出现的问题。

应有符合现场实际并经运维单位审批的防误规则表，防误系统应能将防误规则表或闭锁规则导出，打印核对并保存。

防误操作闭锁装置不能随意退出运行，停用防误操作闭锁装置应经设备运维管理单位批准；短时间退出防误操作闭锁装置，应经变电站站长或发电厂当班值长批准，并应按程序尽快投入。

造成防误装置失去闭锁功能的缺陷应按照危急缺陷管理。防误装置因缺陷不能及时消除，防误功能暂时不能恢复时，执行审批手续后，可以通过加挂机械锁作为临时措施，机械锁的钥匙也应纳入解锁工具（钥匙）管理，禁止随意取用。

涉及防止电气误操作逻辑闭锁软件的更新升级（修改），应经运维管理单位批准。升级应在该间隔停运或遥控操作出口压板退出时进行，升级后应详细记录及备份。

加强调控、运维和检修人员的防误操作专业培训，调控、运维及检修等相关人员应按其职责熟悉掌握防误装置，做到“四懂三会”（懂防误装置的原理、性能、结构和操作程序；会熟练操作，会处理缺陷，会维护）。

② 防误逻辑管理。新投或改造后，应对全站防误装置闭锁逻辑进行一次核对检查，闭锁逻辑应备份存档。每年春检、秋检前，应进行微机“五防”接线图、防误逻辑的核对检查。

③ 防误权限管理。防误装置（含解锁钥匙管理机）操作人员、防误专责人和厂家人员权限密码（授权卡）不得使用同一密码，密码（授权卡）应由本人严密保管，不得交由其他人员使用。

操作人员仅具备正常操作权限，不应具备设备强制对位、修改防误闭锁逻辑、修改电气接线图及设备编号等权限；防误专责人具备设备强制对位、修改防误闭锁逻辑、修改电气接线图及设备编号权限。设备强制对位应履行防误装置解锁审批流程，并纳入缺陷管理；修改防误闭锁逻辑、修改电气接线图及设备编号等工作应经防误装置专责人批准。

防误逻辑闭锁软件的更新升级（修改）、修改防误闭锁逻辑、修改电气接线图及设备编号的工作应经防误专责人书面批准。

④ 解锁管理。对防误装置的解锁操作分为电气解锁、机械解锁和逻辑解锁。以任何形式部分或全部解除防误装置功能的操作，均视为解锁并填写解锁钥匙使用记录或使用智能钥匙管理机。任何人不得随意解除闭锁装置，禁止擅自使用解锁工具（钥匙）或扩大解锁范围，造成防误装置失去闭锁功能的缺陷应按照危急缺陷管理。解锁情况具体如下。

a. 倒闸操作解锁：倒闸操作过程中，防误装置及电气设备出现异常需要解锁操作，应由防误装置专业人员核实防误装置确已故障并出具解锁意见，报本单位分管领导许可，经防误装置专责人或运维管理部门指定并经书面公布的人员到现场核实无误并签字后，由变电站运维人员报告当值调控人员后，方可解锁操作。

b. 配合检修解锁：电气设备因运行维护或配合检修工作需要解锁，应经防误装置专责人或运维管理部门指定并经书面公布的人员现场批准，并在值班负责人监护下由运维人员经防误闭锁系统进行操作，不得使用解锁钥匙解锁。严禁检修调试人员使用非常规方法解锁。

c. 紧急（事故）解锁：若遇危及人身、电网和设备安全等紧急情况需要解锁操作，可由变电运维班当值负责人下令紧急使用解锁工具（钥匙）。

d. 解锁钥匙管理：一是，防误装置授权卡、解锁工具（钥匙）应使用专用的装置封存，任何人员不得擅自保留解锁钥匙。二是，解锁钥匙采用普通钥匙盒封存的，应采用一次性封条，封条应有唯一编号并加盖单位公章。封条由防误专责人签字后发放，应有发放记录。封条应填写封存日期、时间和封存人，并与解锁钥匙使用记录一致。解锁钥匙采用普通钥匙盒封存的宜逐步更换为智能钥匙管理机，智能钥匙管理机应具备自动记录、钥匙定置管理、强制管控（通过授权开启）等功能。智能钥匙管理机宜接变电站不间断电源，应具有紧急开门功能。

（3）理解微机防误装置逻辑闭锁条件的总原则。微机防误逻辑闭锁条件的总原则为满足“五防”要求，即防止误分、合开关，防止带电挂地线（或带电合接地开关），防止带接地开关或地线送电，防止带负荷分、合隔离开关，防止误进入间隔。如无法满足全部的“五防”要求，必须保证防止恶性误操作的要求，即防止带电挂地线或带电合接地开关，防止带接地开关或地线送电，防止带负荷分、合隔离开关。

2. 操作步骤

（1）“五防”逻辑关系。

1）断路器：

① 断路器分闸无联锁条件限制。

② 断路器合闸时，与其直连的接地开关（接地线）应在分位（拆除状态）。若该接地开关与相邻的隔离开关有联锁，可以防止带接地开关（地线）送电时，其接地开关可在合位。

2）隔离开关：

① 隔离开关操作时，本间隔断路器应在分位。双母接线方式倒母线时，本间隔断路器可在合位，且母联断路器及其两侧隔离开关应在合位。

② 隔离开关合闸时，两侧接地开关应在分位、接地线应在拆除状态，包括经断路器、主变压器、接地变压器、站用变压器、电容器、母线、电缆等连接的接地开关及接地线。

③ 旁路隔离开关合闸时，旁路断路器应在分位，其他间隔旁路隔离开关应在分位。

④ 旁路隔离开关分闸时，旁路断路器应在分位。

3）断路器手车（隔离手车）：

① 断路器手车（隔离手车）在“工作”“试验”“检修”位置转换时，本间隔断路器应在分位。

② 断路器手车（隔离手车）转“工作”位置时，两侧接地开关应在分位、接地线应在拆除状态，包括经主变压器、接地变压器、站用变压器、电容器、母线、电缆等连接的接地开关及接地线，后柜门应关闭。

4）接地开关（接地线）：

① 接地开关（接地线）合闸（挂接）时，与接地开关（接地线）直接相连或经断路器、主变压器、接地变压器、站用变压器、电容器、母线、电缆等连接的隔离开关（断路器手车、隔离手车）应在分位。

② 接地开关（接地线）合闸（挂接）时，应先验明无电。

③ 接地开关分闸时，若有关联的网（柜）门，该网（柜）门应关闭。

④ 主变压器中性点接地开关分合闸无条件。

⑤ 接地线拆除无条件。

5）网（柜）门：

① 高压设备网（柜）门打开时，所有可能来电侧的隔离开关（断路器手车、隔离手车）应在分位，若有关联的接地开关，该接地开关应在合位。

② 高压设备网（柜）门关闭时，若有关联的接地开关，该接地开关应在合位。

（2）微机“五防”逻辑闭锁条件校验的一般方式。

1）在电气上直接相连（中间无其他隔离开关或明显断开点）的隔离开关和接地开关互相闭锁分、合，把断路器、熔断器、变压器看成是导体。

例如，同一间隔的隔离开关、接地开关；同一母线的隔离开关、接地开关的逻辑条件；主变压器三侧的靠主变压器侧隔离开关与主变压器三侧的接地开关，这些位置的隔离开关、接地开关互相闭锁。

2）互相之间隔有一把隔离开关（即电气上有明显断开点）的隔离开关和接地开关不互相闭锁。

说明：断路器、高压熔断器都不是明显断开点，断路器两侧的接地开关和隔离开关均互相闭锁。

3）隔离开关受直接相连的断路器闭锁，断路器在合位时无法操作隔离开关。

例如，本间隔的隔离开关与断路器的关系，主变压器各侧断路器与本侧隔离开关的关系。

4）对于在电气上的位置相同的接地开关与地线，在闭锁条件中，地线与该位置的接地开关同等看待。

例如，主变压器侧隔离开关的合闸条件：要求主变压器各侧的接地开关分开、地线拆除。

5）接地开关与断路器无联锁关系，分接地开关不受任何闭锁。

6）满足线路侧（主变压器侧）隔离开关与母线侧隔离开关的操作顺序要求（先合母线侧，后合线路侧或主变压器侧；先分线路侧或主变压器侧，后分母线侧）。

例如，线路侧（主变压器侧）隔离开关在分位后，才允许合母线侧隔离开关。

7）等电位操作时，合环路中的最后一把隔离开关或断开环路中的第一把隔离开关时，要求本环路的其他断路器、隔离开关必须在合位才能操作。

例如，倒母线、兼旁带路时，合环路中的最后一把隔离开关或断开环路的第一把隔离开关时，要求本环路的其他断路器、隔离开关必须在合位。

注意：如有跨越母联间隔的兼旁路断路器代路时，则要求母联间隔的断路器、隔离开关在合位。

3. 工作结束

保存列写的“五防”逻辑关系表，检查校验结果。

6.2.2.6 技能等级认证标准（评分表）

微机防误装置逻辑关系校验考核评分记录表如表 6－17 所示。

表 6－17 微机防误装置逻辑关系校验考核评分记录表

姓名： 准考证号： 单位：

序号	项目	考核要点	配分	评分标准	得分	备注
1	工作准备					
1.1	了解基本概念	了解微机“五防”系统的工作原理	5	知道微机“五防”系统构成以及作用，每错一项扣 2 分		
1.2	清楚“五防”规定	清楚“五防”系统的日常管理、防误逻辑管理、防误权限管理、解锁管理等相关规定	10	清楚“五防”系统的管理规定，每错一条扣 2 分		
1.3	清楚“五防”闭锁原则	清楚微机防误装置逻辑闭锁条件的总原则	10	不清楚微机防误装置逻辑闭锁条件的总原则，扣 10 分		

续表

序号	项目	考核要点	配分	评分标准	得分	备注
2	工作过程					
2.1	断路器	列写断路器“五防”逻辑	10	每错一项扣 2 分		
2.2	隔离开关	列写隔离开关“五防”逻辑	12	每错一项扣 2 分		
2.3	断路器手车（隔离手车）	列写断路器手车（隔离手车）“五防”逻辑	12	每错一项扣 2 分		
2.4	接地开关（接地线）	列写接地开关（接地线）“五防”逻辑	10	每错一项扣 2 分		
2.5	网（柜）门	列写网（柜）门“五防”逻辑	10	每错一项扣 2 分		
2.6	校验一般方式	清楚微机“五防”逻辑闭锁条件校验的一般方式	15	每错一项扣 3 分		
3	工作终结验收					
3.1	工作终结	将列写的“五防”逻辑关系保存	6	未保存关系表扣 6 分		
总分			100	合计得分		
否定项说明：1. 违反电力安全工作规程相关规定；2. 违反职业技能鉴定考场纪律；3. 造成设备重大损坏；4. 发生人身伤害事故						

考评员：　　　　　　　　　　　　　　　　　　年　　月　　日

6.3 设备验收及投运

6.3.1 设备验收

6.3.1.1 培训目标

了解设备验收原则、标准及流程；掌握变电站各类设备的方法和项目，准确描述验收出的缺陷并提出整改措施。

6.3.1.2 培训场所及设施

1. 培训场所

变电综合实训场（或仿真系统）。

2. 培训设施

培训工具及器材如表 6-18 所示。

表 6-18 培训工具及器材（每个工位）

序号	名称	规格型号	单位	数量	备注
1	工作任务单	—	台	1	现场准备
2	安全帽	—	台	1	现场准备
3	相机	—	组	1	现场准备
4	验收相关图纸和技术资料	—	套	1	现场准备

续表

序号	名称	规格型号	单位	数量	备注
5	实训场（或仿真系统）	实景考评模拟场（或220kV 仿真变电站）	套	1	现场准备
6	验收及整改记录	移动作业终端或纸质	台（份）	1	现场准备
7	标准化验收作业卡	移动作业终端或纸质	台（份）	1	现场准备
8	望远镜	—	副	1	现场准备
9	万用表	—	只	1	现场准备
10	皮尺	—	副	1	现场准备
11	安全带	—	副	1	现场准备

6.3.1.3 培训方式及时间

1. 培训方式

教师现场讲解、示范，学员技能操作训练，培训结束后进行理论考核与技能测试。

2. 培训与考核时间

（1）培训时间。

设备验收的相关理论知识要点介绍：2h；

缺陷定性及管控措施编制：2h；

现场实训及技能测试：4h；

合计：8h。

（2）考核时间：45min。

6.3.1.4 基础知识

（1）对设备进行验收并查找不合格项目。

（2）对验收中发现的问题进行描述并提出整改措施。

6.3.1.5 技能培训步骤

1. 准备工作

（1）正确着装。

（2）了解验收范围，清楚验收内容。

（3）正确选取并检查工具、仪器、验收卡，检查验收技术资料准备齐全充分，符合现场实际情况。

（4）检查作业环境，记录现场天气、温湿度等情况。

2. 操作步骤

（1）验收变压器本体间隔。电压等级不同的变压器，应根据不同的结构、组部件选用相应的验收标准。

1）可研和初设审查阶段主要对变压器选型涉及的技术参数、结构形式进行审查、验收。审核变压器选型是否满足电网运行、设备运维、反事故措施等各项规定要求。

2）厂内验收阶段主要是变压器关键点见证。对首次入网或者有必要的 220kV 及以下变压器应进行关键点的一项或多项验收。关键点见证采用查阅制造厂记录、监造记录和现场见证方式。

3）出厂验收内容包括变压器外观、出厂试验过程和结果。1000kV（750kV）变压器出厂验收应对所有项目进行旁站见证验收。500kV 及以下变压器出厂验收应对变压器外观、出厂试验中的外施工频耐压试验、操作冲击试验、雷电冲击试验、带局部放电测试的长时感应耐压试验、温升试验或过电流试验等关键项目进行旁站见证验收，其他项目可查阅制造厂记录或监造记录。同时，可对相关出厂试验项目进行现场抽检。

4）到货验收。变压器本体运输应安装三维冲撞记录仪，三维冲撞记录仪就位后方可拆除，卸货前、就位后两个节点应检查三维冲击记录仪的冲击值。

本体或升高座等充气运输的设备，应安装显示充气压力的表计，卸货前应检查压力表指示符合厂家要求，变压器制造厂家应提供运输过程中的气体压力记录；充油运输的本体或升高座设备应检查有无渗漏现象。

到货验收应进行货物清点、运输情况检查、包装及外观检查。变压器附件和资料包装应有防雨措施。

5）隐蔽工程验收主要对器身进行检查。

6）中间验收项目包括组部件安装、抽真空注油、热油循环等。

7）竣工（预）验收应对变压器外观、动作、信号进行检查核对。应核查变压器交接试验报告，对交流耐压试验、局部放电试验进行旁站见证，同时可对相关交接试验项目进行现场抽检。应检查、核对变压器相关的文件资料是否齐全。交接试验验收要保证所有试验项目齐全、合格，并与出厂试验数值无明显差异。

（2）验收线路间隔。

1）可研初设审查阶段主要对各类设备选型涉及的技术参数、结构形式、安装处地理条件进行审查、验收。审核设备选型是否满足电网运行、设备运维、反事故措施等各项要求。

2）竣工（预）验收应对设备外观、安装工艺、机械特性、信号等项目进行检查核对。核查交接试验报告，要保证所有试验项目齐全、合格，并与出厂试验数值无明显差异，必要时对断路器交流耐压试验进行旁站见证。应检查、核对相关文件资料是否齐全。不同电压等级的设备，应按照不同的交接试验项目及标准检查安装记录、试验报告。不同电压等级的设备，根据不同的结构、部件执行选用相应的验收标准。

断路器及组合电器确保设备外表清洁完整、动作性能符合规定，电气连接可靠且接触良好。操动机构联动正常，分合闸指示正确，辅助开关动作正常。密度继电器报警、闭锁值符合规定，电气回路传动正确。隔离开关安装牢固、动作灵活可靠、位置指示正确，各元件功能标识正确，引线固定牢固，辅助开关动作灵活可靠，位置正确，信号上传正确等。

（3）验收母线间隔。

1）可研初设审查阶段主要对母线及相关设备选型涉及的技术参数、结构形式进行审查。审查时应审核选型及安装方式是否满足电网运行、设备运维、反事故措施等各项要求。

2）竣工（预）验收应对母线及绝缘子外观、软母线、硬母线安装等项目进行检查。应核查母线及绝缘子交接试验报告，必要时对交流耐压试验、紫外检测、红外检测等交接试验进行旁站见证。应检查、核对母线及绝缘子相关的文件资料是否齐全。

3. 工作结束

（1）根据验收情况准确判断设备问题性质，得出验收结论，并提出整改措施。

（2）工器具整理归位。

（3）完善验收标卡，记录缺陷。

（4）清理现场，工作结束，离场。

6.3.1.6 技能等级认证标准（评分表）

设备验收考核评分记录表如表 6–19 所示。

表 6–19 设备验收考核评分记录表

姓名： 准考证号： 单位：

序号	项目	考核要点	配分	评分标准	得分	备注
1	准备工作					
1.1	着装穿戴	规范着装	5	（1）未穿工作服、绝缘鞋，未戴安全帽，每处扣 2 分； （2）着装穿戴不规范，每处扣 1 分，最多扣 2 分		
1.2	作业准备	检查工器具和技术资料准备齐全	5	（1）工器具选择不齐全，缺少或不符合要求，每件扣 1 分，最多扣 3 分； （2）未正确检查和使用安全工器具、常用工器具，每处扣 1 分，最多扣 3 分； （3）未使用或错误选择标准化验收作业卡，每处扣 2 分，最多扣 4 分		
2	验收步骤					
2.1	验收准备	清楚验收范围	10	（1）未检查作业环境满足验收条件，扣 2 分； （2）不清楚验收范围、危险点及预控措施，每处扣 5 分		
		检查设备具备验收条件	20	（1）未发现施工单位自检报告和监理报告缺失，每处扣 5 分，报告不规范每处扣 1 分，最多扣 5 分； （2）未检查设备使用说明书、图纸、出厂试验报告、交接试验报告、备品备件清单是否齐全，每处扣 3 分，最多扣 10 分； （3）未检查报告中试验项目是否齐全合格，每项扣 2 分； （4）未发现不合格或与出厂试验数值有明显差异的数据，每处扣 1 分，最多扣 5 分； （5）未检查现场设备编号是否与调度部门下达的一致，扣 5 分； （6）设备铭牌标识缺失，每处扣 1 分，最多扣 4 分； （7）未检查验收现场安全措施，每处扣 2 分，最多扣 6 分； （8）未检查备品备件清单是否与现场一致，扣 5 分； （9）未收集设备台账资料，扣 5 分		
2.2	现场验收	根据给定任务开展现场验收，验收方法正确、验收项目完整、验收流程规范	35	（1）验收项目漏项，视重要程度每处扣 3～10 分； （2）验收方法不正确，每处扣 2 分，最多扣 10 分； （3）应使用而未借助工具进行验收，每处扣 2 分，最多扣 6 分； （4）现场验收未持卡标准化作业，未逐项打钩，未记录关键数据具体数值，每处扣 2 分，最多扣 10 分； （5）验收时走错间隔或导致一般误操作，每处扣 5 分；引发恶性误操作事件，本项不得分		

续表

序号	项目	考核要点	配分	评分标准	得分	备注
3	工作结束					
3.1	验收结论	准确判断缺陷性质	15	（1）未发现缺陷、未下验收结论，每处扣 2 分； （2）未判断缺陷性质或判断不准确，每处扣 2 分； （3）未提出整改措施每处扣 2 分，措施无针对性，每处扣 1 分，最多扣 10 分		
		记录规范	7	（1）记录书写不规范、填写不完整，每处扣 1 分； （2）验收卡未填写变电站名称、设备名称编号、制造厂家、出厂编号、验收单位、验收日期、验收人，每处扣 1 分； （3）缺陷未记入验收及整改记录，每处扣 1 分； （4）重大缺陷未记入重大问题反馈联系单，每处扣 2 分		
3.2	作业终结	作业终结	3	（1）资料、器具未整理归位，每处扣 2 分； （2）未清理作业现场，扣 1 分		
总分			100	合计得分		

否定项说明：1. 违反电力安全工作规程相关规定；2. 违反职业技能鉴定考场纪律；3. 造成设备重大损坏；4. 发生人身伤害事故

考评员：　　　　　　　　　　　　　　　　　　　　　　年　　月　　日

6.3.2 新设备投运

6.3.2.1 培训目标

了解设备送电流程、基本原则和要求，学会分析新设备投运方案、审核送电（启动）操作票、正确组织现场倒闸操作。

6.3.2.2 培训场所及设施

1. 培训场所

变电综合实训场（或仿真系统）。

2. 培训设施

培训工具及器材如表 6–20 所示。

表 6–20　培训工具及器材（每个工位）

序号	名称	规格型号	单位	数量	备注
1	实训场	实景考评模拟场	站	1	现场准备
2	仿真系统	220kV 仿真变电站	套	1	现场准备
3	变电站主接线图	220kV 仿真变电站	套	1	现场准备
4	新设备投运（启动）方案	220kV 主变压器（母线或线路）间隔	份	1	现场准备
5	新设备送电（启动）操作票	220kV 主变压器（母线或线路）间隔	份	1	现场准备
6	定值通知单	220kV 主变压器（母线或线路）间隔	份	1	现场准备

续表

序号	名称	规格型号	单位	数量	备注
7	工作任务单	—	份	1	现场准备
8	万用表	—	只	1	现场准备
9	操作用具	和设备相匹配	套	1	现场准备
10	移动作业终端	—	台	2	现场准备
11	安全帽	—	顶	2	现场准备

6.3.2.3 培训方式及时间

1. 培训方式

教师现场讲解、示范，学员技能操作训练，培训结束后进行理论考核与技能测试。

2. 培训与考核时间

（1）培训时间。

新设备送电（启动）流程：1h；

新设备送电基本原则及要求：3h；

现场实训及技能测试：4h；

合计：8h。

（2）考核时间：60min。

6.3.2.4 基础知识

（1）分析新（或技改大修）设备投运方案。

（2）根据新（或技改大修）设备投运方案对送电操作票审核。

（3）组织新（或技改大修）设备投运倒闸操作。

6.3.2.5 技能培训步骤

1. 准备工作

（1）正确着装。

（2）清楚送电范围。

（3）正确选取并检查工具、仪器、验收卡，检查验收技术资料准备是否齐全充分，是否符合现场实际情况。

（4）检查作业环境是否具备投运条件。

2. 操作步骤

（1）分析新设备投运方案。

1）说明投运范围，包括新设备投运地点、投运设备及相应型号。

2）说明投运应具备的条件。

3）说明各相关变电站投运操作前的运行方式。

4）说明主要投运步骤。

5）其他注意事项。

（2）审核送电操作票。送电操作票满足相关电力安全工作规程、调度安全工作规程和操作票相关管理要求，清楚新设备启动送电的差异。

1）新设备带电前，相关设备继电保护应按要求投入，必须选取可靠的快速保护，包括已测试正确的断路器充电（过电流）保护、母联断路器充电（过电流）保护、线路纵联保护，以确保设备故障的可靠切除，必要时可压缩设备后备保护时限。

2）新设备充电应从远离电源一侧的断路器进行。

3）主变压器充电前应在额定电压下做空载全电压冲击合闸试验，加压前应将变压器全部保护投入。新变压器冲击五次，大修后的变压器冲击三次。第一次送电后运行时间 10min，停电 10min 后再继续第二次冲击合闸，以后每次间隔 5min。1000kV 变压器第一次冲击合闸后的带电运行时间不少于 30min。对主变压器充电时应考虑主变压器励磁涌流的影响，修改断路器保护定值以躲过励磁涌流。

4）原则上新线路投运需要至少充电三次，检验线路绝缘能力。带新高压电抗器的线路投运，应至少充电五次。

5）母线送电时，应对母线进行检验性充电。用母联（或分段）断路器给母线充电前，应将专用充电保护投入。充电正常后，退出专用充电保护。用旁路断路器对旁路母线充电前应投入旁路开关线路保护或充电保护。

6）应避免用隔离开关对未带过电的新电流互感器（TA）充电。

7）消弧线圈投运时应先投控制器，再投一次设备。母线送电时，宜先投入消弧线圈，再送馈线。母线并列或跨站合环操作时，分接两段母线上的消弧线圈均不宜退出运行。

8）新设备投运，需带负荷测试线路保护的，在线路保护测试正确前，线路保护Ⅱ、Ⅲ段时限应保持压缩。

9）启用断路器充电（过电流）保护或母联断路器充电（过电流）保护作为新设备投运的后备保护时，应修改充电（过电流）保护相关定值，确保带负荷测试保护时充电（过电流）保护不会因负荷电流动作。保护测试正确前，充电（过电流）保护应保持启用。

10）新设备投运、保护装置异动或保护电流、电压回路有变动时，应进行相应带负荷测试。

（3）组织现场倒闸操作。

1）核实设备具备投运条件：

① 待送电设备安装调试完成、保护装置调试正确，验收合格，定值通知单已下发。

② 已办理新设备投运申请，新设备已由调度部门命名、编号，并且与现场标识牌一致。

③ 现场整洁，无妨碍运行操作及影响投运设备安全的杂物。

④ 待投运设备的断路器、隔离开关、接地开关均已拉开并锁好，线路接地开关状态按调度要求执行。

⑤ 启动委员会、相关调度机构同意启动投运。

2）现场组织：

① 根据送电方案组织操作分析会，明确投运任务，合理安排做好人员分工，根据操作重要和复杂程度指定合适的操作人和监护人，合理安排第二监护人，确保关键操作、高风险操作安全执行。

② 根据情况制订大型操作安全组织技术措施书，做好危险点分析并制订技术措施。

③ 检查操作所用安全工器具、操作工具、防误系统等正常。

④ 做好后勤保障准备，充足饮用水、适量的食物与应急药品。

⑤ 操作中随时关注现场情况，关键操作节点加强管控。

⑥ 做好操作总结。

3. 工作结束

（1）完善记录。

（2）清理现场，工作结束，离场。

6.3.2.6 技能等级认证标准（评分表）

新设备投运考核评分记录表如表 6-21 所示。

表 6-21 新设备投运考核评分记录表

姓名：　　　　准考证号：　　　　单位：

序号	项目	考核要点	配分	评分标准	得分	备注
1	准备工作					
1.1	作业准备	规范着装，正确选取资料，检查作业条件	5	（1）着装穿戴不规范，每处扣 1 分； （2）未能根据给定的工作任务正确选取资料，每少一处扣 1 分，最多扣 3 分； （3）未检查天气情况是否满足室外操作条件，扣 2 分； （4）未检查操作人员的精神状态，扣 2 分		
2	工作步骤					
2.1	分析投运方案	分析新设备投运方案，查找不合格内容	25	（1）未发现投运方案未签字盖章，扣 2 分； （2）未发现方案中投运设备清单不完整，每少一处扣 3 分，最多扣 9 分； （3）未发现方案中设备投运条件列举不完善，每少一处扣 3 分，最多扣 9 分； （4）未发现方案中缺少投运设备调度命名编号图，扣 5 分； （5）未发现方案中投运步骤有遗漏或错误，每处扣 3 分； （6）未发现方案中危险点分析及预控措施有遗漏或无针对性，每处扣 3 分； （7）未检查现场具备审定的定值通知单，扣 5 分； （8）未确定设备具备带电条件，扣 5 分； （9）未发现方案中存在可能导致恶性误操作或运行设备停电的错误，本项不得分		
2.2	审核送电操作票	操作票满足相关电力安全工作规程、调度安全工作规程和操作票相关管理要求	30	（1）未发现操作票中的一般错漏，每处扣 5 分；未发现严重错漏，每处扣 10 分；未发现恶性误操作，本项不得分。 （2）未发现操作票与投运方案不符，每处扣 5 分。 （3）未发现操作票不满足新设备投送的相关要求，每处扣 5 分		
2.3	组织新投设备倒闸操作	正确组织现场操作，做好全过程风险管控	30	（1）未检查设备新投手续是否完善，扣 5 分。 （2）未核对现场运行方式，未核对防误系统，每处扣 5 分。 （3）未组织操作前分析会，扣 10 分；未明确操作任务和送电范围，未开展危险点分析和制订预控措施，每少一处扣 5 分。		

续表

序号	项目	考核要点	配分	评分标准	得分	备注
2.3	组织新投设备倒闸操作	正确组织现场操作，做好全过程风险管控	30	（4）未做好人员分工或分工不合理，扣 5 分。 （5）未核实操作所用安全工器具、操作工具齐备（安全帽、防误装置电脑钥匙、录音设备、绝缘手套、绝缘靴、验电器、绝缘拉杆/绝缘棒、接地线、对讲机、照明设备、移动作业终端等），每少一项扣 2 分，最多扣 10 分。 （6）未口述操作过程中的风险管控要点，扣 10 分；叙述不完善，每处扣 1 分		
3	工作结束					
3.1	送电后工作	整理送电情况，完成相应记录，做好后续安排	10	（1）未检查现场所有设备是否运行正常、有无告警，扣 2 分； （2）未检查现场工器具已清洁归位，扣 2 分； （3）未完善相关作业记录，扣 2 分； （4）未组织操作人员开展操作小结，扣 2 分； （5）未安排人员在 72h 内对新投设备开展特殊巡视，扣 2 分		
总分			100	合计得分		
否定项说明：1. 违反电力安全工作规程相关规定；2. 违反职业技能鉴定考场纪律；3. 造成设备重大损坏；4. 发生人身伤害事故						

考评员：　　　　　　　　　　　　　　　　　　　　　年　　月　　日

6.4 技术管理及培训

6.4.1 技术管理

6.4.1.1 培训目标

了解变电站设备技术建档、设备检查维护要点列写、缺陷处理方案编制相关技术管理工作，能够对值班人员进行指导，掌握变电站相关技术资料编制方法。

6.4.1.2 培训场所及设施

1. 培训场所

变电运维综合实训场。

2. 培训设施

培训工具及器材如表 6–22 所示。

表 6–22　培训工具及器材（每个工位）

序号	名称	规格型号	单位	数量	备注
1	计算机	—	台	1	现场准备
2	打印机	—	台	1	现场准备
3	中性笔	—	支	2	考生自备
4	工作服	—	套	1	考生自备

6.4.1.3 培训方式及时间

1. 培训方式

教师现场讲解、示范，学员技能操作训练，培训结束后进行理论考核与技能测试。

2. 培训与考核时间

（1）培训时间。

变电站技术台账管理制度、设备检查维护要点列写、方案编制讲解：1h；

变电站运行分析流程讲解、示范：1h；

变电站现场运行规程、标准作业指导书（卡）、事故处理预案编写讲解：1h；

分组技能操作训练：3h；

技能测试：2h；

合计：8h。

（2）考核时间：45min。

6.4.1.4　基础知识

（1）完成变电站设备技术建档、设备检查维护要点列写、缺陷处理方案编制相关技术管理工作。

（2）组织值班人员进行运行分析并制订改进措施。

（3）编制变电站现场运行规程、标准作业指导书（卡）、事故处理预案。

6.4.1.5　技能培训步骤

1. 工作准备

现场准备：必备 4 个工位，变电设备场地。场地清洁，无干扰。

2. 工作过程

（1）熟悉现场运行设备，记录铭牌参数。

（2）编制设备台账，主设备台账按单元分类建立，每个单元内应有本单元一次系统单线图及调度号；各设备铭牌规范，投入或更换日期；交接、大修及历次试验报告；设备运行记录（大修、绝缘分析、异常及缺陷处理）。

（3）编制设备检查维护要点，设备检查维护要点要体现出不同设备的针对性。

（4）编制缺陷明细和处理方案，其中应包括缺陷描述、原因分析、反事故措施及处理方案。

（5）编制运维分析记录，针对设备运行、操作和异常情况，有针对性地制订保证运行安全的措施，开展事故预想。

（6）根据设备情况，编制对应规程，规程中应包括适用范围、规范性引用文件、术语定义、系统运行一般规定、防人身伤害及误操作、倒闸操作（含一键顺控）、事故处理、一次设备、站用交直流系统、辅助设施等。

（7）根据设备情况制订变电站巡视标准作业书（卡）。

（8）根据设备情况，编制变电站事故处理预案，包括事故处理原则、事故处理的一般步骤。

3. 工作终结

清理工位，工作结束，离场。

6.4.1.6　技能等级认证标准（评分表）

技术管理考核评分记录表如表 6-23 所示。

表 6-23 技术管理考核评分记录表

姓名： 准考证号： 单位：

序号	项目	考核要点	配分	评分标准	得分	备注
1	工作过程					
1.1	进行技术建档	编制设备台账，主设备台账按单元分类建立	15	（1）设备台账中缺失设备，每处扣 2 分； （2）设备台账中设备参数有误或缺失，每处扣 1 分； （3）变电站系统图中设备缺失或参数错误，每处扣 1 分； （4）变电站系统图中设备参数有误或缺失，每处扣 1 分； （5）设备报告及运行记录不全，每处扣 1 分		
1.2	设备检查维护要点编制	编制设备检查维护要点	15	（1）设备检查维护要点中有设备遗漏，每处扣 2 分； （2）设备检查维护要点中有错误项，每处扣 2 分； （3）设备检查维护要点中无设备针对性，每处扣 2 分		
1.3	制订缺陷处理方案	编制缺陷明细和处理方案	15	（1）所列设备缺陷不全，每处扣 2 分； （2）缺陷描述不清晰，每处扣 1 分； （3）缺陷原因分析不正确，每处扣 1 分； （4）反事故措施及处理方案不正确，每处扣 1 分		
1.4	记录填写并进行事故预想	编制运维分析记录，开展事故预想	10	（1）运维分析记录缺项，每处扣 2 分； （2）运维分析内容不正确，每处扣 1 分； （3）安全措施不全，每处扣 1 分； （4）事故预想不正确，每处扣 1 分		
1.5	规程编制	根据设备情况，编制对应规程	10	（1）规程中设备类型缺少，每处扣 2 分； （2）设备型号参数等内容不全，每处扣 1 分； （3）规程内容错误，每处扣 1 分		
1.6	作业卡编制	根据设备情况，编制变电站巡视标准作业指导书（卡）	10	（1）巡视设备缺项，每处扣 2 分； （2）巡视内容填写不全，每处扣 1 分		
1.7	事故处理预案编制	根据设备情况，编制变电站事故处理预案	15	（1）事故处理预案缺项，每项扣 2 分； （2）事故处理预案内容错误，每处扣 1 分		
2	工作终结验收					
2.1	方案验收	汇报结束前，所有编制方案打印完毕，摆放到指定位置	10	（1）方案未打印，每处扣 1 分； （2）方案未摆放到指定位置，每处扣 1 分		
总分			100	合计得分		
否定项说明：1. 违反电力安全工作规程相关规定；2. 违反职业技能鉴定考场纪律；3. 造成设备重大损坏；4. 发生人身伤害事故						

考评员： 年 月 日

6.4.2 培训

6.4.2.1 培训目标

掌握培训大纲、培训计划的编制，以及对高级工及以下等级的技能人员进行现场技能培训的方法，掌握反事故演习组织方法。

6.4.2.2 培训场所及设施

1. 培训场所

变电运维综合实训场。

2. 培训设施

培训工具及器材如表 6-24 所示。

表 6-24　培训工具及器材（每个工位）

序号	名称	规格型号	单位	数量	备注
1	计算机	—	台	1	现场准备
2	打印机	—	台	1	现场准备
3	中性笔	—	支	2	考生自备
4	工作服	—	套	1	考生自备

6.4.2.3　培训方式及时间

1. 培训方式

教师现场讲解、示范，学员技能操作训练，培训结束后进行理论考核与技能测试。

2. 培训与考核时间

（1）培训时间。

培训大纲、培训方案编制讲解：1h；

现场技能培训讲解：1h；

反事故演习教学讲解：1h；

分组技能操作训练：3h；

技能测试：2h；

合计：8h。

（2）考核时间：40min。

6.4.2.4　基础知识

（1）制订培训大纲，编制培训计划。

（2）对高级工及以下等级的技能人员进行现场技能培训。

（3）组织反事故演习。

6.4.2.5　技能培训步骤

1. 工作准备

现场准备：必备 4 个工位，变电设备场地。场地清洁，无干扰。

2. 工作过程

（1）熟悉现场运行设备。

（2）编写运维人员培训大纲、培训计划，根据设备情况列出培训项目、培训时间等内容。

（3）在设备场地，从二级工应具备技能（巡视检查、倒闸操作、异常及故障处理、设备维护、安全管理）中选取 2 项进行现场讲解。

（4）编制反事故演习预案，包括组织人员分工、事故前的运行方式、演习过程、事故故障点设置、事故现象、处理步骤等。

（5）制作反事故演习脚本，进行桌面演练。

3. 工作终结

清理工位，工作结束，离场。

6.4.2.6 技能等级认证标准（评分表）

培训考核评分记录表如表 6-25 所示。

表 6-25 培训考核评分记录表

姓名： 准考证号： 单位：

序号	项目	考核要点	配分	评分标准	得分	备注
1	工作过程					
1.1	编制大纲	根据设备情况，编制培训大纲及培训计划，打印	20	（1）培训大纲编制有错误，每处扣 2 分； （2）培训计划编制有错误，每处扣 2 分		
1.2	现场培训	根据二级工应具备技能，选取 2 项进行现场讲解	25	（1）技能培训讲解有误，每处扣 2 分； （2）技能培训讲解知识点遗漏，每处扣 2 分		
1.3	编制脚本	根据设备情况，编制反事故演习预案，打印	25	（1）演习预案编制有错误，每处扣 2 分； （2）演习预案与现场设备情况不符，每处扣 2 分； （3）演习预案内容缺失，每处扣 2 分		
1.4	模拟预演	制作反事故演习脚本，进行桌面演练	20	（1）演习脚本编制有错误，每处扣 2 分； （2）演习脚本与现场设备情况不符，每处扣 2 分； （3）桌面演练不连贯，出现衔接不畅处，每处扣 2 分		
2	工作终结验收					
2.1	方案验收	汇报结束前，所有编制方案打印完毕，摆放到指定位置	10	（1）方案未打印，每处扣 1 分； （2）方案未摆放到指定位置，每处扣 1 分		
总分			100	合计得分		

否定项说明：1. 违反电力安全工作规程相关规定；2. 违反职业技能鉴定考场纪律；3. 造成设备重大损坏；4. 发生人身伤害事故

考评员： 年 月 日

6.4.3 指导

6.4.3.1 培训目标

掌握组织竞赛相关能力，掌握设备运维问题解决方法。

6.4.3.2 培训场所及设施

1. 培训场所

变电运维综合实训场。

2. 培训设施

培训工具及器材如表 6-26 所示。

表 6-26　培训工具及器材（每个工位）

序号	名称	规格型号	单位	数量	备注
1	计算机	—	台	1	现场准备
2	打印机	—	台	1	现场准备
3	中性笔	—	支	2	考生自备
4	工作服	—	套	1	考生自备

6.4.3.3　培训方式及时间

1. 培训方式

教师现场讲解、示范，学员技能操作训练，培训结束后进行理论考核与技能测试。

2. 培训与考核时间

（1）培训时间。

技能竞赛组织及协调、方案编制讲解：1h；

设备运维工作难点及教学方法讲解：1h；

分组技能操作训练：4h；

技能测试：2h；

合计：8h。

（2）考核时间：30min。

6.4.3.4　基础知识

（1）组织开展变电运维技能竞赛。

（2）对设备运维工作难点进行指导。

6.4.3.5　技能培训步骤

1. 工作准备

现场准备：必备 4 个工位，变电设备场地。场地清洁，无干扰。

2. 工作过程

（1）熟悉现场运行设备。

（2）根据设备情况，编制变电运维技能竞赛方案，包括人员安排、日程安排、注意事项等，并演示。

（3）编写设备运维工作难点分析，并提出解决方案。

3. 工作终结

清理工位，工作结束，离场。

6.4.3.6　技能等级认证标准（评分表）

指导考核评分记录表如表 6-27 所示。

表 6-27　指导考核评分记录表

姓名：　　　　　　　　　　　　　　　准考证号：　　　　　　　　　　　　单位：

序号	项目	考核要点	配分	评分标准	得分	备注
1	工作过程					
1.1	编制竞赛方案	根据设备情况，编制变电运维技能竞赛方案，打印	25	(1) 竞赛方案编制有错误，每处扣 2 分； (2) 竞赛方案与现场设备情况不符，每处扣 2 分		
1.2	方案演示	对变电运维技能竞赛方案进行现场演示	20	演练不连贯，出现衔接不畅处，每处扣 2 分		
1.3	难点分析	编写设备运维工作难点分析，打印	25	(1) 难点分析编制有错误，每处扣 2 分； (2) 难点分析与现场设备情况不符，每处扣 2 分		
1.4	解决方案	编写设备运维工作难点解决方案，打印	20	(1) 解决方案编制有错误，每处扣 2 分； (2) 解决方案与现场设备情况不符，每处扣 2 分		
2	工作终结验收					
2.1	方案验收	汇报结束前，所有编制方案打印完毕，摆放到指定位置	10	(1) 方案未打印，每处扣 1 分； (2) 方案未摆放到指定位置，每处扣 1 分		
总分			100	合计得分		
否定项说明：1. 违反电力安全工作规程相关规定；2. 违反职业技能鉴定考场纪律；3. 造成设备重大损坏；4. 发生人身伤害事故						

考评员：　　　　　　　　　　　　　　　　　　　　　　　　　　年　　月　　日

6.5 安全管理

6.5.1 工作票审核

6.5.1.1 培训目标

通过职业技能培训，使学员能够审核工作（含动火工作）票，以及能检查所布置的检修现场安全措施是否正确完备，掌握工作票的有关管理规定；能够根据现场的作业情况布置，检查变电设备检修现场的安全措施是否正确，以及是否符合开工条件的关键危险点等。

6.5.1.2 培训场所及设施

1. 培训场所

实训室。

2. 培训设施

培训工具及器材如表 6-28 所示。

表 6-28　培训工具及器材（每个工位）

序号	名称	规格型号	单位	数量	备注
1	变电站一、二次设备	—	座	1	现场准备
2	工作票（动火工作票）	—	套	1	现场准备
3	凳子	—	把	1	现场准备
4	桌子	—	张	1	现场准备
5	答题纸	A4	张	若干	现场准备
6	水性笔	黑色	支	1	现场准备

6.5.1.3 培训方式及时间

1. 培训方式

教师现场讲解、示范，学员进行实际操作训练，培训结束后进行现场作业工作票审核、危险点预控措施把关等技能考核与测试。

2. 培训与考核时间

（1）培训时间。

基础知识学习：1h；

工作票（含动火工作票）审核知识讲解：1h；

检修现场安全措施规范检查的要点及注意事项：1h；

技能测试：2h；

合计：5h。

（2）考核时间：50min。

6.5.1.4 基础知识

（1）工作票（含动火工作票）审核。

（2）检修现场安全措施的规范检查。

6.5.1.5 技能培训步骤

1. 工作准备

（1）现场准备：变电站一、二次设备信息，以及变电站工作票审核的筹备材料准确。培训材料和工作票审核材料齐全。

（2）对工作票的审核是否正确，对现场作业风险的预控措施是否正确。

2. 工作过程

（1）工作票（含动火工作）票审核。凡收到工作票的人员，必须对工作票的正确性和完整性进行认真核对检查。如对工作票存有疑问，应立即向有关人员询问清楚，必要时由工作票签发人重新签发。确认无异议后方可签字确认。

1）工作票审核项目：

① 是否违反《国家电网公司电力安全工作规程（变电部分)》有关规定。

② 是否存在打印的工作票不清楚等情况。

③ 工作票中是否出现未经批准的工作票签发人、工作负责人、工作许可人、动火执行人的人员姓名。

④ 工作终结时间是否超期。

⑤ 安全措施是否完善，与现场实际是否一致。

⑥ 工作任务是否具体、工作地点是否确切。

⑦ 是否按规定使用术语填写。

⑧ 是否按规定统一编号，有无编号重复、丢失、多号。

⑨ 是否存在漏签名、代签名的；签名字迹或修改盖章不清的，应签名处盖章。

⑩ 是否存在漏盖、错盖、不正规盖“已执行”和“作废”章等情况。

⑪ 一份工作票是否存在错字、漏字修改超过 3 处，是否存在修改处字迹潦草、任意涂改

及刀刮贴补。

⑫ 是否按规定履行手续。

⑬ 总工作票与分工作票、工作票与工作任务单所列工作内容、工作地点是否相符，安全措施是否有遗漏；分工作票、工作任务单是否按规定填写或履行正常手续。

2）工作票分类。任何情况下严禁无票作业，应根据工作内容和性质，填写相应种类的工作票，所称“工作票”泛指下述票（单）：

① 变电站（发电厂）第一种工作票。

② 变电站（发电厂）第二种工作票。

③ 电力电缆第一种工作票。

④ 电力电缆第二种工作票。

⑤ 变电站（发电厂）带电作业工作票。

⑥ 变电站（发电厂）事故紧急抢修单。

⑦ 变电站一级动火工作票。

⑧ 变电站二级动火工作票。

⑨ 二次工作安全措施票。

⑩ 变电站工作任务单。

3）工作票填写审核：

① 工作票签发人、工作负责人、工作许可人，以及动火工作票签发人、工作负责人、动火执行人每年须经考试合格，并经地市公司批准后以正式文件公布。相应的安全责任详见《国家电网公司电力安全工作规程（变电部分）》的规定，动火执行人应具备有关部门颁发的合格证。

② 参与公司系统所承担的电气工作的外单位工作人员应熟悉《国家电网公司电力安全工作规程（变电部分）》，经考试合格，经设备运维管理单位认可，报地市公司项目管理部门、安监部备案，方可参加工作。

③ 带电作业人员，应经专门培训，并经考试合格取得资格，地市公司批准后，方能参加相应的作业。

④ 特殊工种（电焊、气焊、起重等）作业人员在取得相关资质的情况下，每年须经培训考试合格后，并经地市公司批准后以正式文件公布。

⑤ 新参加电气工作的人员、实习人员和临时参加劳动的人员（管理人员、非全日制用工等），应经过安全知识教育后，方可到现场参加指定的工作，并且不准单独工作。

⑥ 工作票所列入的专责监护人，应具有相关工作经验，熟悉设备情况和《国家电网公司电力安全工作规程（变电部分）》，是本次工作的工作班成员。

4）工作票的编号：

① 工作票编号为七位阿拉伯数字（总工作票、分工作票模式另行规定），格式为二级单位（包含县公司、产业、外来单位）编码（两位阿拉伯数字）+ 班组编码（两位阿拉伯数字）+ 票号（三位阿拉伯数字）。其中前两位为地市公司统一编制下发的各二级单位编码；第三、四位为班组编码，由地市公司各二级单位按照班组设置情况，从 01 开始向后顺延自行编制；后三

位为工作票顺序号，每年从 001 开始编号，每个班组在年度内每种工作票要顺序编号，年度内不能重复。

② 工作票各页均应有与首页相同的“编号栏”和工作票编号。工作票各页编号栏页面右对齐，其下划线长度能填写下工作票编号为宜。

③ 工作票应在各页下方居中位置有“第 × 页—共 × 页”。增加的续页应与前一页的页码相连续。

④ 在执行总、分工作票模式下，总工作票编号采用“总（a）号含分（b）”，分工作票编号采用“总（a）号第分（c）”，其中 a 为总工作票票号，b 为有几份分工作票（两位阿拉伯数字），c 为分工作票顺序号（两位阿拉伯数字）。计算机开出的工作票，其票号必须全部为打印。

⑤ 在使用工作任务单时，工作票号填写工作票［包含总（分）工作票］编号；任务单编号按照当日作业实际分组情况，从 01 向后顺延。

例：总工作票中使用工作任务单时，工作票号：总（0203002）号含分（01），任务单编号：01；分工作票中使用工作任务单时，工作票号：总（0203002）号第分（01），任务单编号：02。

5）工作票的填写：

① 工作票的填写方式：计算机生成的工作票；手工填写的工作票。

② 工作票由工作负责人填写，也可由工作票签发人填写。工作任务单由任务单小组负责人或工作负责人填写。

③ 所有工作票均使用 A4 纸版面，工作票的装订模式采用上装订。

④ 工作票手工填写部分应用黑色水笔、黑色中性笔填写，内容应正确，填写应清楚，不得随意涂改。

⑤ 工作票票面上的时间、编号、签名、工作地点、线路双重称号、设备双重名称、动词等关键字不得涂改。

⑥ 手工填写的工作票如有个别错、漏字（一份工作票不允许超过 3 处，每处不超过 3 个字）需要修改，错字以“=”横线划掉，填加字以“∨”符号填写，并由修改人在修改处盖名章或签名，必须保持字迹清晰。通过计算机生成的工作票，打印部分严禁手工修改。在原工作票的停电及安全措施范围内增加工作任务时，应由工作负责人征得工作票签发人和工作许可人同意后，在工作票上增添工作项目，此时允许手工填写。若需变更或增设安全措施者应填用新工作票，并重新履行签发许可手续。

⑦“单位”填写“（上级单位简称）+工作负责人所属二级单位全称”，独立参与检修（施工）的外来施工单位填写该单位全称。“班组”填写工作负责人所在班组全称（不包含上一级单位名称；各单位所属二级单位下设三级单位的，应填写三级单位名称+班组名称）；独立参与检修（施工）的外来施工单位，有班组名称的，填写班组全称，无班组名称的则填写单位全称。应按照工作负责人实际所属单位、班组名称进行填写。执行总分工作票时，总工作票填写总工作负责人所在的单位、班组全称，分工作票填写分工作负责人所在的单位、班组全称。

（2）检修现场安全措施的规范检查。检修现场应有保证安全的技术措施：停电；验电；接地；悬挂标识牌和装设遮栏（围栏）。上述措施由运维人员或有权执行操作的人员执行。

3. 工作终结

（1）所有物品摆放整齐，无不规范行为。

（2）管理安全工器具：将安全工器具及安全警示牌归位，并填写好相应的出入库记录。

6.5.1.6 技能等级认证标准（评分表）

工作票审核评审考核评分记录表如表 6–29 所示。

表 6–29 工作票审核评审考核评分记录表

序号	项目	考核要点	配分	评分标准	得分	备注
1	工作准备					
1.1	着装穿戴	穿工作服、绝缘鞋	10	未规范穿工作服、绝缘鞋，每处扣 5 分		
2	工作过程					
2.1	熟悉资料	熟悉工作票所列安全措施，现场设备检修范围、内容等描述清楚，作业设备的危险点预控措施描述准确	30	（1）工作票所列安全措施不清楚，扣 5 分； （2）现场设备检修范围、内容等描述不清楚，每处扣 5 分； （3）作业设备的危险点预控措施描述不准确，每处扣 5 分		
2.2	检查布置安全措施	针对现场检修设备的安全措施，符合作业条件，措施应正确、完备	50	（1）工作票中停电的设备、检修设备、装设的接地线填写不正确，每处扣 5 分； （2）工作票中停电检修设备未悬挂安全警示牌，每处扣 10 分； （3）工作票中未正确装设遮栏（围栏），扣 20 分		
3	工作结束					
3.1	工作区域整理	实训工作结束前，清理实操现场，桌面及现场恢复原状，无不规范行为	10	（1）资料、器具未恢复原样，扣 5 分； （2）安全工器具及安全警示牌管理不规范，扣 5 分		
总分			100	合计得分		
否定项说明：1. 违反电力安全工作规程相关规定；2. 违反职业技能鉴定考场纪律；3. 造成设备重大损坏；4. 发生人身伤害事故						

考评员：　　　　　　　　　　　　　　　　年　　月　　日

6.5.2 电气及消防安全

6.5.2.1 培训目标

通过职业技能培训，使学员掌握变电站电气及消防安全相关方案编制的基础知识及缺陷处理方案、应急预案、应急演练方案的编制步骤、编制要素以及编制注意事项等内容，提升电气及消防安全相关业务能力。

6.5.2.2 培训场所及设施

1. 培训场所

实训室。

2. 培训设施

培训工具及器材如表 6–30 所示。

表 6-30　培训工具及器材（每个工位）

序号	名称	规格型号	单位	数量	备注
1	变电站设备基础信息、设备运维信息	—	份	1	现场准备
2	设备缺陷信息、预案筹备基础信息	—	份	1	现场准备
3	桌子	—	张	1	现场准备
4	凳子	—	把	1	现场准备
5	答题纸	A4	张	若干	现场准备
6	签字笔	黑色	支	1	现场准备

6.5.2.3　培训方式及时间

1. 培训方式

教师现场讲解、示范，学员进行实际操作训练，培训结束后进行现场作业安全措施制订技能考核与测试。

2. 培训与考核时间

（1）培训时间。

基础知识学习：2h；

方案编制介绍：1h；

相应方案编制讲解、示范：1h；

技能测试：1h；

合计：5h。

（2）考核时间：60min。

6.5.2.4　基础知识

（1）编制变电站设备严重、危急缺陷处理方案。

（2）编制反事故、火灾应急预案及应急演练方案并组织实施。

6.5.2.5　技能培训步骤

1. 火灾应急演练实施的注意事项

（1）演练应设定现场发现火情和系统发现火情分别实施，并按照下列要求及时处置：

1）由人员现场发现的火情，发现火情的人应立即通过火灾报警按钮或通信器材向消防控制室或值班室报告火警，使用现场灭火器材进行扑救。

2）消防控制室值班人员通过火灾自动报警系统或视频监控系统发现火情的，应立即通过通信器材通知一线岗位人员到现场，值班人员应立即拨打“119”报警，并向单位应急指挥部报告，同时启动应急程序。

（2）应急指挥部负责人接到报警后。应按照下列要求及时处置：

1）准确做出判断。根据火情，启动相应级别应急预案。

2）通知各行动机构按照职责分工实施灭火和应急疏散行动。

3）将发生火灾情况通知在场所有人员。

4）派相关人员切断发生火灾部位的非消防电源、燃气阀门，停止通风空调，启动消防应急照明和疑散指示系统、消防水泵和防烟排烟风机等一切有利于火灾扑救及人员疏散的设施设备。

（3）从假想火点起火开始至演练结束，均应按预案规定的分工、程序和要求进行。

（4）指挥机构、行动机构及其承担任务人员按照灭火和疏散任务需要开展工作，对现场实际发展超出预案预期的部分，随时做出调整。

（5）模拟火灾演练中应落实火源及烟气控制措施，加强人员安全防护，防止造成人身伤害。对演练情况下发生的意外事件，应妥善处置。

（6）对演练过程进行拍照、摄录，妥善保存演练相关文字图片、录像等资料。

2. 操作步骤

（1）工作准备。

1）变电站设备基础信息、设备运维信息齐全，设备缺陷信息、预案筹备基础信息准确。

2）培训工具和器材齐全。

3）对工器具进行检查，确保能正常使用，并整齐摆放于工位上。

（2）工作过程。

1）编制变电站设备严重、危急缺陷处理方案。

① 对于缺陷管理的相关规定：

a. 缺陷管理包括缺陷的发现、建档、上报、处理、验收等全过程的闭环管理。缺陷管理的各个环节应分工明确、责任到人。

b. 应严格按照缺陷标准库和现场设备缺陷实际情况对缺陷主设备、设备部件、部件种类、缺陷部位、缺陷描述以及缺陷分类依据进行选择，缺陷性质自动按照缺陷标准库生成。对于缺陷标准库未包含的缺陷，应根据实际情况进行定性，并将缺陷内容记录清楚。

c. 各类人员应依据有关标准、规程等要求，认真开展设备巡视、操作、检修、试验等工作，及时发现设备缺陷。检修、试验人员发现的设备缺陷应及时告知运维人员。

d. 发现缺陷后，运检班组负责及时参照缺陷定性标准进行定性和状态评价，及时将缺陷信息按要求录入生产管理信息系统，启动缺陷管理流程。监控班组发现的缺陷应告知运检班组，按缺陷处理流程执行。

e. 设备缺陷按照对电网运行的影响程度，分为危急、严重和一般三类。

f. 设备缺陷的处理时限。危急缺陷处理时限不超过 24h；严重缺陷处理时限不超过一个月；需停电处理的一般缺陷处理时限不超过一个例行试验检修周期，可不停电处理的一般缺陷处理时限原则上不超过三个月。

g. 发现缺陷后，应综合设备相关信息，进行全面状态评价，根据缺陷定性及处理时限要求，开展设备检修决策，及时安排缺陷处理等工作，确保设备缺陷按期处理。

h. 根据制订的消缺计划及时开展设备检修，消除设备缺陷。对临时性缺陷，具备处理条件的应及时进行消缺处理，不具备处理条件的应按照缺陷流程进行管理。对消除的缺陷进行验收。

② 对于家族缺陷管理的相关规定：

a. 经确认由制造厂设计、材质、工艺等共性因素导致的设备缺陷或隐患称为家族缺陷。

如某设备出现家族缺陷，则具有同一设计和/或材质、工艺的其他设备，不论其当前是否可检出同类缺陷，在这种缺陷或隐患被消除之前，都称为家族缺陷设备。

b. 根据对人身、电网或设备的影响程度，家族缺陷分为重大和一般两级。重大家族缺陷是指可能造成人身伤害、电网事故或设备损坏，需尽快治理的家族缺陷。一般家族缺陷是指对电网、设备安全运行暂不构成较大影响，可适时安排治理的家族缺陷。

c. 家族缺陷管理流程分为信息收集、分析认定、审核发布、排查治理四个阶段。

③ 方案编制相关规定：

a. 应当依据有关法律、法规、规章、标准和规范性文件要求，结合本单位实际情况编制处理方案，并按照“横向到边，纵向到底”的原则建立覆盖全面、上下衔接的应急预案体系。

b. 缺陷处理方案主要由组织机构、职责分工、防范措施和现场处置方案构成。

c. 应当根据本单位的组织结构、管理模式、生产规模、应急能力及周边环境等，组织编制处理方案。

d. 应当在本单位发现的严重、危急缺陷未消除前，根据设备实际运行工况及可能造成的设备非计划停役等情况，组织编制相应的现场处置方案。现场处置方案是为应对某一类或某几类突发事件，或者针对重要生产设施、重大危险源、重大活动等内容而制订的应急处置预案。主要包括事件类型和危害程度分析、应急指挥机构及职责、信息报告、应急响应程序和处置措施等内容。

e. 应当根据设备实际运行工控、运行规程以及风险防控措施，组织本单位现场作业人员及相关专业人员共同编制应采取的防范措施。本部分是根据不同突发事件类别，针对具体的场所、装置或设施所制订的防止缺陷进一步发展，危及设备及人身安全的相应防范措施，主要包括分析缺陷现状、缺陷跟踪要求和注意事项等内容。

④ 方案编制程序：

a. 编制程序包括成立编制工作组、资料收集、风险评估、应急资源调查、现场处置方案编制、桌面推演、评审和批准实施 8 个步骤。

b. 处理方案编制工作包括但不限于下列内容：依据事故风险评估及应急资源调查结果，结合本单位组织管理体系、生产规模及处置特点，合理确立本单位应急预案体系；结合组织管理体系及部门业务职能划分，科学设定本单位应急组织机构及职责分工；依据事故可能的危害程度和区域范围，结合应急处置权限及能力，清晰界定本单位的响应分级标准，制订相应层级的应急处置措施；按照有关规定和要求，确定事故信息报告、响应分级与启动，指挥权移交、警戒疏散方面的内容，落实与相关部门和单位应急预案的衔接。

2）现场处置方案内容。

① 事故风险描述，简述事故风险评估的结果。

② 应急工作职责，明确应急组织分工和职责。

③ 应急处置，包括但不限于下列内容：

a. 应急处置程序。根据可能发生的事故及现场情况，明确事故报警措施、各项应急启动措施、应急救护人员的引导措施、事故扩大应对措施及同生产经营单位应急预案的衔接程序。

b. 现场应急处置措施。针对可能发生的事故，从人员救护、工艺操作、事故控制、消防、现场恢复等方面，制订明确的应急处置措施。

c. 明确报警负责人、报警电话，以及上级管理部门、相关应急救援单位联络方式和联系人员，明确事故报告基本要求和内容。

d. 注意事项，包括人员防护和自救互救、装备使用、现场安全等方面的内容。

3）电力事故应急处置相关规定。

① 电力企业应当按照国家有关规定，制订本企业电力事故应急预案。

② 事故发生后，电力企业和其他有关单位应当按照规定及时、准确报告事故情况，开展应急处置工作，防止事故扩大，减轻事故损害。电力企业应当尽快恢复电力生产、电网运行和电力（热力）正常供应。

③ 任何单位和个人不得阻挠和干涉对事故的报告、应急处置和依法调查处理。

④ 事故发生后，事故现场有关人员应当立即向发电厂、变电站运行值班人员、电力调度机构值班人员或者本企业现场负责人报告。

⑤ 事故发生后，有关单位和人员应当妥善保护事故现场以及工作日志、工作票、操作票等相关材料，及时保存故障录波图、电力调度数据、发电机组运行数据和输变电设备运行数据等相关资料，并在事故调查组成立后将相关材料、资料移交事故调查组。

⑥ 因抢救人员或者采取恢复电力生产、电网运行和电力供应等紧急措施，需要改变事故现场、移动电力设备的，应当作出标记、绘制现场简图，妥善保存重要痕迹、物证，并作出书面记录。任何单位和个人不得故意破坏事故现场，不得伪造、隐匿或者毁灭相关证据。

⑦ 事故发生后，有关电力企业应当立即采取相应的紧急处置措施，控制事故范围，防止发生电网系统性崩溃和瓦解。对于危及人身和设备安全的事故，发电厂、变电站运行值班人员可以按照有关规定，立即采取停运发电机组和输变电设备等紧急处置措施；对于造成电力设备、设施损坏的事故，有关电力企业应当立即组织抢修。

⑧ 恢复电网运行和电力供应，应当优先保证重要电厂厂用电源、重要输变电设备、电力主干网架的恢复，优先恢复重要电力用户、重要城市、重点地区的电力供应。

（3）编制反事故、火灾应急预案及应急演练方案并组织实施。

1）应急预案编制程序：

① 生产经营单位应急预案编制程序包括成立应急预案编制工作组、资料收集、风险评估、应急资源调查、应急预案编制、桌面推演、应急预案评审和批准实施 8 个步骤。

② 应急预案编制工作包括但不限下列内容：依据事故风险评估及应急资源调查结果，结合本单位组织管理体系、生产规模及处置特点，合理确立本单位应急预案体系；结合组织管理体系及部门业务职能划分，科学设定本单位应急组织机构及职责分工；依据事故可能的危害程度和区域范围，结合应急处置权限及能力，清晰界定本单位的响应分级标准，制订相应层级的应急处置措施；按照有关规定和要求，确定事故信息报告、响应分级与启动，指挥权移交、警戒疏散方面的内容，落实与相关部门和单位应急预案的衔接。

2）应急演练工作方案主要内容：

① 应急演练的目的及要求、时间与地点。

② 事故情景设置，对演练过程中应采取的预警、应急响应、决策与指挥、处置与救援、保障与恢复、信息发布等应急行动与应对措施的预先设定和描述。

③ 参演单位、参与人员，以及对应任务和职责。

④ 技术支撑及保障条件，以及参演单位联系方式。

⑤ 评估内容、准则和方法，总结与评估工作的安排。

3）火灾应急演练准备事项：

① 制订实施方案，确定假想起火部位，明确重点检验目标。

② 可以通知单位员工组织演练的大概时间，但不应告知员工具体的演练时间，实施突击演练，实地检验员工处置突发事件的能力。

③ 设定假想起火部位时，应选择人员集中火灾危险性较大和重点部位作为演练目标，根据实际情况确定火灾模拟形式。

④ 设置观察岗位，指定专人负责记录演练参与人员的表现，演练结束讲评时做参考。

⑤ 组织演练前，应在建筑入口等显著位置设置“正在消防演练”的标识牌，进行公告。

⑥ 模拟火灾演练中应落实火源及烟气控制措施，防止造成人员伤害。

⑦ 疏散路径的楼梯口、转弯处等容易引起摔倒、踩踏的位置应设置引导人员。

⑧ 对于可能会影响顾客或周边居民的演练，应提前一定时间做出有效公告，避免引起不必要的惊慌。

3. 工作终结

（1）所有物品摆放整齐，无不规范行为。

（2）清理现场，将资料整理整齐、桌面恢复原状。

6.5.2.6 技能等级认证标准（评分表）

电气及消防安全考核评分记录表如表 6-31 所示。

表 6-31 电气及消防安全考核评分记录表

姓名： 准考证号： 单位：

序号	项目	考核要点	配分	评分标准	得分	备注
1	工作准备					
1.1	着装穿戴	穿工作服、绝缘鞋	5	未规范穿戴工作服、绝缘鞋，扣 5 分		
2	工作过程					
2.1	熟悉资料	变电站设备运行方式、维护现状描述清楚，相关设备的名称描述准确	10	（1）变电站设备运行方式、维护现状描述不清晰，每处扣 2 分； （2）设备的名称描述不准确，每处扣 2 分； （3）关键词书写不准确，扣 3 分		
2.2	防范措施	缺陷危害分析不全面，防范措施不到位	20	（1）缺陷危害分析描述不正确、不规范，每处扣 3 分； （2）防范措施不到位，每处扣 3 分		
2.3	人员分工	应急组织和人员的职责分工明确，演练人员分工合理	10	人员分工不明确、不合理、有缺失，每处扣 3 分		

续表

序号	项目	考核要点	配分	评分标准	得分	备注
2.4	应急程序措施	编制的方案应有明确、具体的相应事件预防措施和应急程序，并与应急基础条件相适应；应有明确的应急保障措施，并能满足应急实际需要	30	（1）应急程序或措施不正确，每处扣 3 分； （2）应急程序或措施不符合实际或无可操作性，每处扣 3 分； （3）应急程序或措施不具有针对性，未对应事件性质制订措施，酌情扣分，最高扣 10 分； （4）应急程序或措施不全面，酌情扣分，最高扣 10 分； （5）应急程序或措施描述不准确、不规范，酌情扣分，最高扣 10 分		
2.5	方案完整性	预案、方案基本要素齐全、完整，预案附件提供的信息准确	20	（1）方案的必有要素齐全，包含组织机构和职责分工、防范措施、现场处置方案，每漏一项扣 3 分； （2）预案的必有要素齐全，包含组织机构及职责、危害辨识及风险评估、通告程序及应急资源、保护措施及应急演练、信息共享及恢复程序，每漏一项扣 2 分； （3）附件的必有要素齐全，包含应急组织机构及人员、应急物资储备清单，每漏一项扣 2 分； （4）内容存在涂改，扣 2 分		
3	工作结束					
3.1	工作区域整理	汇报工作结束前，清理工作现场，桌面及现场恢复原状，无不规范行为	5	（1）资料、器具未恢复原样，扣 2 分； （2）现场遗留纸屑等，扣 2 分； （3）出现不安全及不规范行为，扣 2 分		
总分			100	合计得分		
否定项说明：1. 违反电力安全工作规程相关规定；2. 违反职业技能鉴定考场纪律；3. 造成设备重大损坏；4. 发生人身伤害事故						

考评员：　　　　　　　　　　　　　　　　　　　年　　月　　日

6.5.3 现场作业风险管控

6.5.3.1 培训目标

通过职业技能培训，使学员掌握变电站现场作业安全措施的基础知识及现场安全措施制订范围和内容，了解不同作业类型存在的危险点及对应的安全措施，能够准确制订大型工作现场的安全措施、对变电站设备薄弱环节提出改进措施。

6.5.3.2 培训场所及设施

1. 培训场所

实训室。

2. 培训设施

培训工具及器材如表 6-32 所示。

表 6-32　培训工具及器材（每个工位）

序号	名称	规格型号	单位	数量	备注
1	变电站设备基础信息、设备运维信息	—	份	1	现场准备
2	作业范围及内容	—	份	1	现场准备

① 停电、验电、接地、悬挂标识牌或采用绝缘遮蔽措施。

② 临近的有电回路、设备加装绝缘隔板或绝缘材料包扎等措施。

③ 停电更换熔断器后恢复操作时，应戴手套和护目眼镜。

3）低压不停电工作时，工作人员应站在干燥的绝缘物上，使用有绝缘柄的工具，穿绝缘鞋和全棉长袖工作服，戴手套和护目眼镜。

4）工作时，应采取措施防止相间或接地短路。

（3）在二次系统上工作的安全措施。

1）二次系统上的工作内容可包含继电保护、安全自动装置、仪表和自动化监控等系统及其二次回路，以及在通信复用通道设备上运行、检修及试验等。

2）二次回路变动时应防止误拆或产生寄生回路。

3）工作中应确保电流互感器和电压互感器的二次绕组有且仅有一点保护接地。

4）在带电的电磁式电流互感器二次回路上工作时，应防止二次侧开路。

5）在带电的电磁式或电容式电压互感器二次回路上工作时，应防止二次侧短路或接地。

6）不应在二次系统的保护回路上接取试验电源。

7）二次回路通电或耐压试验前，应通知有关人员，检查回路上确无人工作后，方可加压。

8）继电保护、安全自动装置及自动化监控系统做一次设备通电试验或传动试验时，应通知设备运行方和其他相关人员。

9）试验工作结束后，应恢复同运行设备有关的接线，拆除临时接线，检查装置内无异物，屏面信号及各种装置状态正常，各相关压板及切换开关位置恢复至工作许可时的状态。

（4）测量工作的安全措施。

1）使用钳形电流表时，应注意钳形电流表的电压等级。测量时应戴绝缘手套，站在绝缘物上，不应触及其他设备，以防短路或接地。测量低压熔断器和水平排列低压母线电流前，应将各相熔断器和母线用绝缘材料加以隔离。观测表计时，应注意保持头部与带电部分的安全距离。

2）测量设备绝缘电阻，应将被测量设备各侧断开，验明无压，确认设备无人工作，方可进行。在测量中不应让他人接近被测量设备。测量前后，应将被测设备对地放电。

3）测量线路绝缘电阻，若有感应电压，应将相关线路同时停电，取得许可，通知对侧后方可进行。

4）发现发电厂和变电站升压站有系统接地故障时，不应测量接地网的接地电阻。

（5）其他安全工作要求。

1）作业时的起重、焊接、高处作业等，应遵照国家、行业的相关标准、导则执行。

2）在变电站户外和高压室内搬动梯子、管子等长物，应放倒后搬运，并与带电部分保持足够的安全距离。

3）在带电设备周围进行测量工作，不应使用钢卷尺、皮卷尺和线尺（夹有金属丝者）。

4）在变电站的带电区域内或临近带电线路处，不应使用金属梯子。

5）检修动力电源箱的支路开关都应加装剩余电流动作保护器（漏电保护器），并应定期检查和试验。连接电动机械及电动工具的电气回路应单独装设开关或插座，并装设剩余电流动作保护器，金属外壳应接地。

6）工作场所的照明应适应作业要求。

（6）防止变压器事故的安全注意事项。

1）220kV 及以下主变压器的 6～35kV 中（低）压侧引线、户外母线（不含架空母线）及接线端子应绝缘化；500（330）kV 变压器 35kV 套管至母线的引线宜绝缘化；变电站出口 2km 内的 10kV 架空线路应采用绝缘导线。

2）变压器受到近区短路冲击未跳闸时，应立即进行油中溶解气体组分分析，并加强跟踪。同时，注意油中溶解气体组分数据的变化趋势，若发现异常，应及时安排停电检查；若通过故障录波或监测装置判断短路电流超过变压器能够承受的短路电流的 70%，应尽早安排停电检查。变压器受到近区短路冲击跳闸后，应开展油中溶解气体组分分析、直流电阻、绕组变形（绕组频率响应、低电压短路阻抗、电容量）及其他诊断性试验，综合判断无异常后方可投入运行。

3）加强变压器运行巡视，应特别注意变压器冷却器潜油泵负压区出现的渗漏油，如果出现渗漏应切换停运冷却器组，进行堵漏消除渗漏点。

4）积极开展红外检测，新建、改扩建或大修后的变压器（电抗器），应在投运带负荷后不超过 1 个月内（但至少在 24h 以后）进行一次精确检测。220kV 及以上电压等级的变压器（电抗器）每年在夏季前后应至少各进行一次精确检测。在高温大负荷运行期间，对 220kV 及以上电压等级变压器（电抗器）应增加红外检测次数。精确检测的测量数据和图像应制作报告存档保存。

5）运行中变压器套管油位视窗无法看清时，继续运行过程中应按周期结合红外成像技术掌握套管内部油位变化情况，防止套管事故发生。

6）对目前正在使用的单铜管水冷却变压器，应始终保持油压大于水压，并加强运行维护工作，同时应采取有效的运行监视方法，及时发现冷却系统泄漏故障。

7）强迫油循环变压器内部故障跳闸后，潜油泵应同时退出运行。

（7）防止互感器事故的安全注意事项。

1）故障抢修安装的油浸式互感器，应保证绝缘试验前静置时间，其中 500（330）～750kV 设备静置时间应大于 36h，110（66）～220kV 设备静置时间应大于 24h。

2）对新投运的 220kV 及以上电压等级电流互感器，1～2 年内应取油样进行油色谱、微水分析；对于厂家明确要求不取油样的产品，确需取样或补油时应由制造厂配合进行。

3）油浸倒立式电流互感器漏油应停止运行。

4）如运行中互感器的膨胀器异常伸长顶起上盖，应立即退出运行。当互感器出现异常响声时，应退出运行。当电压互感器二次电压异常时，应迅速查明原因并及时处理。

5）根据电网发展情况，应注意验算电流互感器动热稳定电流是否满足要求。若互感器所在变电站短路电流超过互感器铭牌规定的动热稳定电流值时，应及时改变变比或安排更换。

6）运行中应巡视检查气体密度表，产品年漏气率应小于 0.5%。

7）气体绝缘互感器严重漏气导致压力低于报警值时应立即退出运行。运行中的电流互感器气体压力下降到 0.2MPa（相对压力）以下，检修后应进行老练和交流耐压试验。

8）交接时 SF_6 气体含水量小于 250μL/L。运行中不应超过 500μL/L（换算至 20℃），超标时应进行处理。

9）对长期微渗的互感器应重点开展 SF_6 气体微水量的检测，必要时可缩短检测时间，以掌握 SF_6 电流互感器气体微水量变化趋势。

（8）防止 GIS 事故的安全注意事项。

1）同一 GIS 间隔内的多台隔离开关的电机电源，应分别设置独立的开断设备。电动操动机构内应装设一套能可靠切断电动机电源的过载保护装置。电机电源消失时，控制回路应解除自保持。

2）三相机械联动 GIS 隔离开关，应在从动相同时安装可靠的分/合闸指示器。

3）应加强运行中 GIS 和罐式断路器的带电局部放电检测工作。在大修后应进行局部放电检测，在大负荷前、经受短路电流冲击后必要时应进行局部放电检测，对于局部放电量异常的设备，应同时结合气体检测等手段进行综合分析和判断。

（9）防止隔离开关事故的安全注意事项。

1）隔离开关运行中倒闸操作，应尽量采用电动操作，并远离隔离开关，如发现卡滞应停止操作并进行处理，不应强行操作。合闸操作时，应确保合闸到位，伸缩式隔离开关应检查驱动拐臂过"死点"。有条件时，可优先采取"一键顺控"等遥控方式完成倒闸操作。

2）在运行巡视时，应注意隔离开关、母线支柱绝缘子瓷件及法兰有无裂纹，夜间巡视时应注意瓷件有无异常电晕现象。

3）加强对隔离开关导电部分、转动部分、操动机构、瓷绝缘子法兰胶装位置及电气闭锁装置等的检查，防止机械卡滞、触头过热、绝缘子断裂等故障的发生。隔离开关各运动部位用润滑脂宜采用性能良好的二硫化钼锂基润滑脂。

4）定期用红外测温设备检查隔离开关设备的接头、导电部分，特别是在重负荷或高温期间，加强对运行设备温升的监视，发现问题应及时采取措施。

（10）防止高压开关柜事故的安全注意事项。

1）新建变电站的站用变压器、接地变压器不应布置在开关柜内或紧靠开关柜布置，避免其故障时影响开关柜运行。

2）应在开关柜配电室配置空调、除湿机等有效的除湿防潮设备，防止凝露导致绝缘事故。

3）为防止开关柜火灾蔓延，在开关柜的柜间、母线室之间及与本柜其他功能隔室之间应采取有效的封堵隔离措施。

4）高压开关柜应检查泄压通道或压力释放装置，确保与设计图纸保持一致。

5）定期开展开关柜超声波局部放电、暂态地电压等带电检测，及早发现开关柜内绝缘缺陷，防止由开关柜内部局部放电演变成短路故障。

6）应通过无线测温、红外窗口测温等方式加强总路（进线）、分段等大电流开关柜柜内温度检测。对温度异常的开关柜强化监测、分析和处理，防止导电回路过热引发的柜内短路故障。

7）加强带电显示闭锁装置的运行维护，保证其与柜门间强制闭锁的运行可靠性。

2. 操作步骤

（1）工作准备。

1）工作现场准备：变电站设备基础信息、设备运维信息齐全，各类作业的范围、内容准确。培训工具和器材齐全。

2）工具器材及使用材料准备：对工器具进行检查，确保能正常使用，并整齐摆放于工位上。

（2）工作过程。

1）熟悉变电站设备运行情况、现场图纸和现场作业内容、范围等情况。

2）分析对应作业存在的危险点，研判现场设备安全防控的薄弱环节。

3）针对现场作业制订具体的安全措施，针对薄弱环节提出具体的改进措施。

4）填写相应的安全措施或改进措施。

5）复核具体措施的准确性、合理性、适用性。

3. 工作终结

（1）所有物品摆放整齐，无不规范行为。

（2）清理现场：将资料整理整齐、桌面恢复原状。

6.5.3.6 技能等级认证标准（评分表）

现场作业风险管控考核评分记录表如表 6-33 所示。

表 6-33 现场作业风险管控考核评分记录表

姓名： 准考证号： 单位：

序号	项目	考核要点	配分	评分标准	得分	备注
1	工作准备					
1.1	着装穿戴	穿工作服、绝缘鞋	5	未规范穿戴工作服、绝缘鞋，扣 5 分		
2	工作过程					
2.1	熟悉资料	现场作业范围、内容描述清楚，作业设备的名称描述准确。变电站设备运行方式、维护现状描述清楚，相关设备的名称描述准确	10	（1）现场作业范围、内容描述不清楚，每处扣 2 分； （2）作业设备的名称描述不正确，每处扣 2 分； （3）关键词书写不正确、不规范，每处扣 1 分； （4）变电站设备运行方式、维护现状描述不清楚，每处扣 1 分		
2.2	危险点分析	危险点分析齐全、清楚；针对不同类型、不同设备的现场作业，准确分析存在的危险点	10	分析不正确、不全面，每处扣 2 分		
2.3	制订安全措施	针对分析出的作业危险点、研判出的设备作业相关风险，逐项列出对应的安全防控措施，措施应具有针对性，符合作业类型和设备类型，措施应简洁清晰、具有可操作性	15	（1）制订的安全措施不正确或不符合作业/设备实际，不具有可操作性，扣 5 分； （2）制订的安全措施不具有针对性，对应危险点制订的防控措施不正确、不全面，每处扣 3 分； （3）制订的安全措施描述不准确、不规范，每处扣 2 分		
2.4	填写安全措施	安全措施填写规范、准确	10	（1）填写格式顺序不正确，扣 5 分； （2）内容存在涂改痕迹，每处扣 1 分，最多扣 5 分		
2.5	薄弱环节分析	薄弱环节分析齐全、清楚，针对不同类型设备的现状和运维情况分析存在的薄弱环节	10	分析不正确、不全面，每处扣 2 分		

续表

序号	项目	考核要点	配分	评分标准	得分	备注
2.6	制订改进措施	针对分析出的设备本身薄弱环节、研判出的设备运维不足，逐项列出对应的改进措施，措施应具有针对性，符合设备类型和规定要求，措施应简洁清晰、具有可操作性	20	（1）制订的安全措施不正确或不符合作业/设备实际，不具有可操作性，扣 5 分； （2）制订的安全措施不具有针对性，对应危险点制订的防控措施不正确、不全面，每处扣 3 分； （3）制订的安全措施描述不准确、不规范，每处扣 2 分		
2.7	填写改进措施	改进措施填写规范、准确	10	（1）填写格式顺序不正确，扣 5 分； （2）内容存在涂改痕迹，每处扣 1 分，最多扣 5 分		
3	工作结束					
3.1	工作区域整理	汇报工作结束前，清理工作现场，桌面及现场恢复原状，无不规范行为	10	（1）资料、器具未恢复原样，扣 5 分； （2）现场遗留纸屑未清理干净，扣 5 分； （3）存在不安全、不规范行为，每处扣 2 分		
总分			100	合计得分		
否定项说明：1. 违反电力安全工作规程相关规定；2. 违反职业技能鉴定考场纪律；3. 造成设备重大损坏；4. 发生人身伤害事故						

考评员：　　　　　　　　　　　　　　　　　　年　　月　　日

第 7 章 一级工操作技能

7.1 异常及故障处理

7.1.1 设备异常综合分析及处理

7.1.1.1 培训目标

通过专业理论学习和技能操作训练，使学员能够根据设备运行维护记录、红外检测历史数据及电气试验报告分析设备内部异常，能对设备运行工况进行综合分析及判断，处理设备异常。

7.1.1.2 培训场所及设施

1. 培训场所

实训室。

2. 培训设施

培训工具及器材如表 7–1 所示。

表 7–1 培训工具及器材（每个工位）

序号	名称	规格型号	单位	数量	备注
1	智能监控系统模拟服务器	—	台	1	现场准备
2	设备运行维护记录	—	份	1	现场准备
3	红外检测历史数据	—	份	1	现场准备
4	电气试验报告	—	份	1	现场准备
5	桌子	—	张	1	现场准备
6	凳子	—	把	1	现场准备
7	答题纸	A4	张	若干	现场准备
8	签字笔	黑色	支	1	现场准备

7.1.1.3 培训方式及时间

1. 培训方式

教师现场讲解、示范，学员进行实际操作训练，培训结束后，根据运行工况、设备维护记录等相关数据分析设备、处理异常的技能考核与测试。

2. 培训与考核时间

（1）培训时间。

设备运行维护记录分析：0.5h；

红外检测历史数据分析：0.5h；

电气试验报告分析：0.5h；

设备运行工况综合分析及判断：0.5h；

学员练习及答疑：1h；

合计：3h。

（2）考核时间：30min。

7.1.1.4 基础知识

（1）设备运行维护记录、红外检测历史数据及电气试验报告分析。

（2）设备运行工况综合分析及判断，设备异常处理。

7.1.1.5 技能培训步骤

1. 工作准备

（1）场地准备：每个工位布置设备运行维护记录、红外检测历史数据及电气试验报告、答题纸、签字笔等。

（2）工具器材及使用材料准备：

1）对进场的工器具进行检查，确保能够正常使用，并整齐摆放。

2）工具器材要求质量合格、安全可靠、数量满足要求。

2. 工作过程

（1）设备运行维护记录分析。通过查阅设备运行维护记录，分析设备是否存在历史缺陷、维护项目缺漏或超期、异常等。

（2）红外检测数据分析。

1）表面温度判断法：根据设备表面温度值，对照有关规定的设备温度和温升极限，结合环境气候条件、负荷大小进行分析判断。

2）相对温差判断法：相对温差为两个对应测点之间的温差与其中较热点的温升之比的百分数。对电流致热的设备，采用相对温差可减小负荷下的缺陷漏判。

3）同类比较判断法：根据同组三相设备间对应部位的温差进行比较分析。一般情况下，对于电压致热型设备，当同类温差超过允许温升值的30%时，应定为重大缺陷。

4）图像特征判断法：根据同类设备的正常状态和异常状态的热图像判断设备是否正常。

5）档案分析判断法：分析同一设备不同时期的检测数据，找出设备致热参数的变化，判断设备是否正常。

（3）电气试验报告分析。利用不同的方法获得检测数据只是判断设备状态的第一步，如何利用检测结果中的有效信息进行设备状态的识别更为重要。对试验数据的分析通常有计算机智能故障诊断和人工分析两类，其中人工分析是运行人员应掌握的基本技能。运行人员应具备根据试验数据审核其结论的正确性及根据试验数据独立给出试验结论的能力，并能够根据试验结论采取相应的处理措施。

设备试验的结论分为合格和不合格两种，但对单项试验数据又可分为正常值、注意值和警示值三种。

1）正常值是指试验所获得数据量值大小、发展趋势以及相互平衡程度等均在规程规定的限值之内的数据。

2）注意值是指当试验数据达到该数值时，设备可能存在或可能发展为缺陷。例如变压器绕组绝缘电阻应不小于6000MΩ，吸收比应不低于1.3，极化指数应不低于1.5等。

3）警示值是指状态量达到该数值时，设备已存在缺陷并有可能发展为故障。例如变压器的直流电阻相间互差不大于 2%等。

（4）试验结果的处置原则。

1）各项试验数据为合格的设备为正常设备，执行正常的巡视、检修和试验周期。

2）试验结果有注意值项目的设备，若当前试验值超过注意值或接近注意值的趋势明显，对于正在运行的设备，应加强跟踪监测；对于停电设备，如怀疑属于严重缺陷，不宜投入运行。

3）试验结果有警示值项目的设备，若当前试验值超过警示值或接近警示值的趋势明显，对于正在运行的设备，应尽快安排停电试验；对于停电设备，消除此隐患之前，一般不应投入运行。

（5）运行工况监视。对电压、电流、频率等参数的监视是运行的基础工作，运行中相关参数必须控制在一定范围内。

1）电流。监控后台或表计指示的断路器、线路、主变压器三相相电流之间、线电流之间基本一致，随线路或主变压器潮流而变化。当线路有功功率潮流为零时，三相电流表计指示为零或很小，3/2 断路器接线由于潮流分布等原因，可能出现串内某一台断路器电流指示为零的现象，则另一台断路器与线路电流应相等。

2）电压。各段母线电压应满足逆调压原则，线路或主变压器电压一般较母线电压高，但均应满足相关调度部门下发的电压曲线要求。电网一般电压监视、控制点电压曲线为：500kV，495～515kV；220kV，225～235kV。

3）频率：变电站各段母线频率显示均为系统频率，国家电网的频率标准是 50Hz，频率偏差不得超过（50±0.2）Hz。在正常情况下，系统频率应保持在（50±0.1）Hz，同时应保持时钟与全球定位系统（GPS）偏差的误差在任何时候不大于 30s。

（6）设备运行工况分析。

1）变电站电压监视、控制点电压曲线一般为：500kV，495～515kV；220kV，225～235kV。采用逆调压原则，系统电压过高时，应退出电容器，投入电抗器；系统电压过低时，应退出电抗器，投入电容器。

2）主变压器低压侧单相接地时，主变压器“中性点偏移”信号将动作，同时 35kV 母线电压指示一相降低，另两相升高接近线电压。

3）系统正常运行未发生故障，而遥测线路、主变压器、母线等元件某相电压明显偏低或等于零，报有关调度后立即停役，则可能为一次电压互感器本体或二次回路开路引起。若由于一次电压互感器本体故障引起，应汇报相关有关调度立即停役。

3. 工作结束

（1）工器具整理归位。

（2）完善相关记录。

（3）清理现场，工作结束，离场。

7.1.1.6 技能等级认证标准（评分表）

设备工况综合分析考核评分记录表如表 7–2 所示。

表 7–2 设备工况综合分析考核评分记录表

姓名： 准考证号： 单位：

序号	项目名称	质量要求	配分	扣分标准	得分	备注
1	工作准备					
1.1	着装穿戴	穿工作服、绝缘鞋	10	（1）未穿工作服、绝缘鞋，缺少每项扣 2 分； （2）着装穿戴不规范，每处扣 1 分		
2	工作过程					
2.1	熟悉设备状态	（1）说明设备名称、设备型号、制造厂家、投产日期； （2）根据系统说明设备当前运行方式； （3）根据设备维护记录说明设备维护状态	15	（1）设备参数有错漏，每处扣 2 分； （2）未使用设备双重命名，每处扣 2 分； （3）设备运行方式描述不正确，扣 5 分； （4）设备维护记录总结不正确，扣 5 分		
2.2	试验报告分析	对设备试验报告进行分析	15	试验报告分析不正确，不得分		
2.3	红外检测数据分析	（1）通过系统及历史数据，查看环境温度、负荷电流、正常设备温度； （2）根据红外历史数据，分析温差，对缺陷进行定性； （3）考虑多种因素：材质是否锈蚀从而导致电阻增大；接地排是否环流过大等	20	（1）不查看环境温度、负荷电流、正常设备温度，每处扣 5 分； （2）发热部位判断错误，扣 10 分； （3）缺陷定性不准确，扣 15 分； （4）数据分析不全，每处扣 2 分		
2.4	原因判定	综合考虑设备维护记录、试验报告及历史测温数据等综合分析判断设备发热原因	15	发热原因判定不正确，不得分		
2.5	处置方案	根据原因判定结果，给出处理意见：是否可以继续运行，以及处置措施等	15	（1）处置方案有错漏，每处扣 5 分； （2）处置方案有严重违章，不得分		
3	工作结束					
3.1	工作区域整理	汇报工作结束前，清理工作现场，桌面及现场恢复原状，无不规范行为	10	（1）资料、器具未恢复原样，每项扣 2 分； （2）现场遗留纸屑等未清理，扣 1 分； （3）出现不安全、不规范行为，扣 5 分		
		总分	100	合计得分		
否定项说明：1. 违反电力安全工作规程相关规定；2. 违反职业技能鉴定考场纪律；3. 造成设备重大损坏；4. 发生人身伤害事故						

考评员： 年 月 日

7.1.2 设备异常、运行维护工作反事故措施制订

7.1.2.1 培训目标

通过专业理论学习和技能操作训练，使学员能够针对设备异常、变电运行工作制订防止发生重大事故的具体措施。

7.1.2.2 培训场所及设施

1. 培训场所

实训室。

2. 培训设施

培训工具及器材如表 7–3 所示。

表 7–3 培训工具及器材（每个工位）

序号	名称	规格型号	单位	数量	备注
1	设备基础台账、说明书	—	份	1	现场准备
2	计算机	—	台	1	现场准备
3	桌子	—	张	1	现场准备
4	凳子	—	把	1	现场准备
5	答题纸	A4	张	若干	现场准备
6	签字笔	黑色	支	1	现场准备

7.1.2.3 培训方式及时间

1. 培训方式

教师现场讲解、示范，学员进行实际操作训练，培训结束后，根据设备异常情况制订防止发生重大事故的具体措施；根据变电站的实际运行情况，编制防止发生重大事故的具体措施。

2. 培训及考核时间

（1）培训时间。

反事故措施制订：1h；

国家安全生产事故报告及调查处理相关制度：1h；

学员练习及答疑：1h；

合计：3h。

（2）考核时间：30min。

7.1.2.4 基础知识

（1）针对设备异常制订防止发生重大事故的具体措施。

（2）针对变电运行工作制订防止发生重大事故的具体措施。

7.1.2.5 技能培训步骤

1. 工作准备

（1）场地准备：每个工位布置设备基础台账、说明书、运行维护记录、答题纸、签字笔等。

（2）工具器材及使用材料准备：

1）对进场的工器具进行检查，确保能够正常使用，并整齐摆放。

2）工具器材要求质量合格、安全可靠、数量满足要求。

2. 工作过程

（1）针对设备异常制订防止发生重大事故的具体措施。

1）熟悉变电站设备运行情况、作业内容、范围等情况。

2）对设备的运行状态、运行方式、设备缺陷及不安全情况进行记录和综合分析。

3）根据设备异常或故障报告，参阅设备设计、制造、施工技术资料及运行各项标准等技术文件，对产生异常现象的可能原因进行排查分析，找出初步原因。

4）对现场情况，如气候、环境、运行方式、人、设备（含一、二次系统）的影响，当时设备是否有停送电、检修工作等进行检查，然后尽可能全面地分析出现异常现象的可能原因。

5）从人的不安全行为、物的不安全状态和环境不安全因素进行分析，着重从人的主观因素查明起因。分析时应考虑人是否违规，设备是否及时维护，检修、维护质量是否良好，设备进货检验是否严格，环境条件是否符合安全生产要求等因素，并结合现场调查情况深入分析。

6）根据异常现象起因，制订切实可行的防范措施，防止类似不安全现象发生。

（2）对变电运行工作制订防止发生重大事故的具体措施。根据变电站设备运行状态、环境变化等，为有效防范重大安全事故的发生，及时消除各类事故隐患和事故发生后有效地避免或降低人员伤亡和财产损失，结合变电站的实际情况，制订防止发生重大事故的具体措施。

1）以应急管理部、国家能源局、国家电网有限公司防止重大电网事故、重大设备损坏事故和人身伤亡事故措施为重点，以提高电网安全生产为目标，在全面总结电力系统各类事故教训基础上制订针对性条款。

2）确保措施的针对性、有效性和可操作性。

3）正确分析现场情况，及时划定危险范围，阻断危险点，防止二次事故发生及事态蔓延。调集救助力量，迅速控制事态发展，果断决定采取应急行动。同时，保持通信畅通，随时掌握险情动态。

3. 工作结束

（1）所有物品摆放整齐，无不规范行为。

（2）清理现场，将资料整理整齐、桌面恢复原状。

7.1.2.6　技能等级认证标准（评分表）

设备异常、运行维护工作反事故措施制订考核评分记录表如表 7-4 所示。

表 7-4　设备异常、运行维护工作反事故措施制订考核评分记录表

姓名：　　　　　　　　　　　　准考证号：　　　　　　　　　　单位：

序号	项目名称	质量要求	配分	扣分标准	得分	备注
1	工作准备					
1.1	着装穿戴	穿工作服、绝缘鞋	10	（1）未穿工作服、绝缘鞋，每项扣 2 分； （2）着装穿戴不规范，每处扣 1 分		
2	工作过程					
2.1	熟悉设备状态	（1）说明设备名称、设备型号、制造厂家、投产日期； （2）根据系统说明设备当前运行方式； （3）根据设备维护记录说明设备维护状态	15	（1）设备参数有错漏，每处扣 2 分； （2）未使用设备双重命名，每处扣 2 分； （3）设备运行方式描述不正确，扣 5 分； （4）设备维护记录总结不正确，扣 5 分		

续表

序号	项目名称	质量要求	配分	扣分标准	得分	备注
2.2	设备故障报告分析	查看设备故障报告分析设备故障产生的根本原因，提出短、中、长控制措施	25	（1）未分析故障根本原因，扣 10 分； （2）短、中、长控制措施，缺一项扣 5 分		
2.3	反事故措施	根据设备运行状况、维护记录、故障报告、家族缺陷、上级有关文件等，制订防止发生重大事故的具体措施	40	（1）未查看设备维护记录、故障报告、上级有关文件，每项扣 5 分； （2）反事故措施有错漏，每处扣 5 分； （3）反事故措施有严重违章，本项不得分		
3	工作结束					
3.1	工作区域整理	汇报工作结束前，清理工作现场，桌面及现场恢复原状，无不规范行为	10	（1）资料、器具未恢复原样，每项扣 2 分； （2）现场遗留纸屑等未清理，扣 1 分； （3）出现不安全、不规范行为，扣 5 分		
总分			100	合计得分		
否定项说明：1. 违反电力安全工作规程相关规定；2. 违反职业技能鉴定考场纪律；3. 造成设备重大损坏；4. 发生人身伤害事故						

考评员：　　　　　　　　　　　　　　　　　　　　　年　　月　　日

7.1.3 复杂事故处理过程危险点分析及预控

7.1.3.1 培训目标

通过专业理论学习和技能操作训练，使学员能够对变电站复杂事故处理操作中的危险点进行分析，并制订相应的预控措施。

7.1.3.2 培训场所及设施

1. 培训场所

实训室。

2. 培训设施

培训工具及器材如表 7–5 所示。

表 7–5　培训工具及器材（每个工位）

序号	名称	规格型号	单位	数量	备注
1	变电站仿真系统	—	套	1	现场准备
2	桌子	—	张	1	现场准备
3	凳子	—	把	1	现场准备
4	答题纸	A4	张	若干	现场准备
5	签字笔	黑色	支	1	现场准备

7.1.3.3 培训方式及时间

1. 培训方式

教师现场讲解，学员进行实际操作训练。仿真训练结束，总结复杂事故处理的关键环节及易误操作项目，探析变电站事故处理中危险点及预控措施。

2. 培训及考核时间

（1）培训时间。

复杂事故处理的关键环节及易误操作项目：1h；

变电站典型危险点及预控措施：1h；

学员练习及答疑：1h；

合计：3h。

（2）考核时间：30min。

7.1.3.4　基础知识

（1）变电站复杂事故处理操作中的危险点分析。

（2）复杂事故处理操作中的危险点预控措施制订。

7.1.3.5　技能培训步骤

1. 工作准备

（1）场地准备：每个工位布置设备运行维护记录、红外检测历史数据及电气试验报告、答题纸、签字笔等。

（2）工具器材及使用材料准备：

1）对进场的工器具进行检查，确保能够正常使用，并整齐摆放。

2）工具器材要求质量合格、安全可靠、数量满足要求。

2. 工作过程

（1）熟悉变电站设备接线方式、设备运行情况。

（2）变电站发生复杂事故时，运行人员应能准确分析判断事故的性质，正确、迅速处理事故，能够及时恢复站内交直流，根据调度将相应故障设备隔离，无故障设备恢复送电，防止事故的扩大，减少事故造成的损失。

（3）复杂事故处理过程中存在的危险点。

1）故障点发生着火、爆炸、有害气体等危及人身、设备安全。

2）发生站内接地故障时，对于小电流接地系统，如故障点未及时切除，存在接近故障点触电危险。

3）现场环境影响运行人员操作。雨天室外操作，未穿绝缘靴，绝缘棒未加防雨罩；雷电时，室外就地倒闸操作；GIS 室、开关室内 SF_6 浓度、氧气浓度不合格；夜间操作时设备区（室）照明弱，若站内低压停电，未及时开启事故照明。

4）故障后电源、变压器的负荷增大而导致过负荷甚至使保护误动。

5）事故紧急处理中的操作造成系统解列或非同期并列。

6）站用交直流系统存在异常，造成一次设备无法正确动作。

7）故障隔离操作时，有影响操作的缺陷设备。

8）无故障设备恢复送电时，未能正确判断合闸不成功，故障反复接入系统导致事故扩大。

9）未能正确考虑典型倒闸操作中存在的危险点。

① 断路器由于操作压力下降导致开关拒动时，强制分闸，断路器未有效断开运行电流，造成断路器损坏，严重时危害人身安全及电网安全。

② 故障发生后，断路器拒动，保护越级跳闸，对于小电流接地系统，未确定所有故障点已切除，即开始隔离故障，造成故障扩大。

③ 母线或主变压器跳闸后，未考虑运行变压器运行状态，造成运行变压器过负荷、系统未接地，操作产生过电压。

④ 无故障母线送电时，未在送电空充母线前，投入母联（分段）断路器充电保护。

⑤ 对于主变压器低压侧母线，一般带有电容器、电抗器、线路、站用变压器等，在恢复送电时未先拉开母线上全部断路器。

⑥ 经变压器向母线充电时，未考虑变压器中性点接地开关是否已合上、中性点保护是否已切换。

⑦ 无故障变压器恢复送电，与另一台变压器并列时，未检查两台变压器有载调压分接头是否一致。

⑧ 对三绕组变压器，采用三侧复合电压回路并联闭锁变压器某一侧或各侧过电流，在变压器任一侧断路器单独停电时，未将该侧的复合电压闭锁压板停用，造成复合电压误开放其他两侧过电流。

⑨ 双母线中一条母线故障，另一条母线及所带负荷恢复送电时，将故障母线上的全部断路器（包括热备用）倒至无故障母线前（冷倒除外），未检查母联断路器及其隔离开关是否在合闸状态。未作出相应切换（如投入互联或单母线方式压板等），未将母联断路器改为非自动。

⑩ 倒母线操作隔离开关时，遵循原则错误，先拉后合。

⑪ 对于母线上热备用的线路，将热备用线路由一组母线倒至另一组母线时，遵循原则错误，先拉后合。

⑫ 运行中的双母线当停用一组母线时，未做防止运行母线电压互感器对停用母线电压互感器二次反充电的措施，即母线转热备用后，未先断开该母线上电压互感器的所有二次电压空气断路器（或取下熔断器），再拉开该母线上电压互感器的高压隔离开关（或取下熔断器）。

⑬ 运行中的双母线倒母线操作时，未将线路的继电保护、自动装置（如按频率减负荷）及电能表所用的电压互感器电源的相应切换或停用。

（4）针对事故处理过程中存在的危险点制订预控措施：

1）事故发生后，运行人员沉着、冷静、果断、有序将故障现象、断路器动作、表计指示、报警信号、继电保护及自动装置动作情况、处理过程做好记录，并做好初步判断，确定事故的范围和性质。若故障点出现着火、爆炸或存在有害气体等危及人身、设备安全的情况，应在保证人身安全的前提下，迅速进行处理，必要时拨打消防电话，等待消防人员处理。

2）当发生站内接地故障时，对于小电流接地系统，若故障点未及时切除，优先考虑遥视等方法检查，必须现场检查时，应与故障点保持安全距离：室内 4m，室外 8m。

3）现场环境影响运行人员操作。雨天室外操作，应穿绝缘靴，绝缘棒加防雨罩；雷电时，室外禁止就地倒闸操作；GIS 室、开关室内 SF_6 浓度、氧气浓度应检测合格，不合格时应采取通风再检测；夜间操作时应保证设备区（室）照明充足，若站内低压停电，应及时开启事故照明。

4）故障后，应及时检查电源、变压器有无过载，过载时应向调度申请调整站内接线方式，必要时向调度申请倒负荷或拉路限电。

5）系统并、解列操作时预控措施：

① 系统解列操作前应检查两侧系统电源所带负荷，检查联络线负荷，操作时应先拉开联络线负荷侧断路器，再拉开电源侧断路器（对端站）。

② 检查解列后两侧系统电压、频率是否在允许范围内，电流、功率潮流是否分配正常。

③ 有多电源或双电源供电的变电站，线路合环时，检查是否投入同期装置。

④ 高压侧系统解列前，检查低压侧无并列合环点；低压侧系统并列前，检查高压侧已并列。

⑤ 当并列或解列操作时，检查断路器三相分合正常，若出现非全相分合闸，应按照两相断路器断开、一相断路器合上时，迅速拉开已合上断路器；两相断路器合上、一相断路器断开，应试合一次断开的断路器，若不成功即拉开合上的两相断路器。

⑥ 设备送电，在断路器合闸前，检查线路保护及自动装置已定值单正确投入。

6）事故处理时应保证站内直流电源可靠，尽快恢复站用电。

7）故障隔离操作时，若只影响电动操作，应改手动操作；若无法手动操作或运行人员无法处理，应将该缺陷设备同时停电处理。

8）无故障设备恢复送电时，合闸不成功时，不能简单判断为合闸失灵，注意在合闸过程中监视开关位置变化及电流指示。

9）正确考虑典型倒闸操作中存在危险点，并制订相应预控措施：

① 由于操作压力下降导致断路器拒动时，应拉开该断路器的所有控制电源。

② 故障切除后，检查拒动断路器三相电流为零，再拉开该断路器两侧隔离开关，并检查隔离开关已拉开。

③ 母线或主变压器跳闸后，应检查运行变压器各侧电流，确定是否存在过负荷情况，若存在过负荷情况应及时投入冷却器。

④ 主变压器跳闸后，应检查运行变压器各侧中性点是否满足系统接地要求，检查相应中性点保护是否同步切换。

⑤ 无故障母线送电，母联（分段）断路器微机保护中配有充电保护、过电流保护，在母线送电前，应检查母线上所有断路器已拉开，母联（分段）充电保护已投入。送电后，检查母线电压三相正常，再退出充电保护。

⑥ 对于主变压器低压侧母线，一般带有电容器、电抗器、线路、站用变压器等，在恢复送电时应先拉开母线上所有断路器，送电后，先恢复出线送电，再恢复站内用电，根据母线电压情况，适时投入无功设备断路器。

⑦ 经变压器向母线充电时，还应考虑变压器中性点接地开关已合上，中性点保护已切换。

⑧ 无故障变压器恢复送电，与另一台变压器并列时，要检查两台变压器有载调压分接头是否一致。

⑨ 对三绕组变压器复合电压闭锁过电流保护，如果采用三侧复合电压回路并联闭锁变压器某一侧或各侧过电流，那么变压器任一侧断路器单独停电时，该侧的复合电压将误开放其他两侧过电流。因此，当变压器一侧断路器拒动需检修，其他两侧断路器恢复送电时，符合

上述原理接线的三绕组变压器，必须停用该侧的复合电压闭锁压板。

⑩ 倒母线操作前检查母联断路器及其隔离开关在合闸状态。投入互联或单母线方式压板，拉开母联断路器控制开关。

⑪ 对于运行间隔，操作母线侧隔离开关时，按“先合、后拉”顺序倒方式（即热倒）。检查母线差动保护各回路母线侧隔离开关的位置指示情况（应与现场一次运行方式相一致），确保保护回路电压可靠；对于不能自动切换的，应采用手动切换，并做好防止保护误动作的措施，即切换前停用保护，切换后投入保护。

⑫ 全部运行间隔母线侧隔离开关倒完后，即可按顺序合上母联断路器控制开关、退出相应互联或单母线方式压板。

⑬ 对于热备用间隔，无须互联两条母线或将母联断路器改为非自动。操作母线侧隔离开关时，按照“先拉、后合”的顺序倒方式（即冷倒）。

⑭ 母线电压互感器转检修时，先断开电压互感器的所有二次电压空气断路器（或取下熔断器），再拉开一次高压隔离开关（或取下熔断器）。

3. 工作结束

（1）所有物品摆放整齐，无不规范行为。

（2）清理现场，将资料整理整齐、桌面恢复原状。

7.1.3.6 技能等级认证标准（评分表）

复杂事故处理过程危险点分析及预控考核评分记录表如表 7-6 所示。

表 7-6 复杂事故处理过程危险点分析及预控考核评分记录表

姓名：　　　　　　　　　　　　　准考证号：　　　　　　　　　　单位：

序号	项目名称	质量要求	配分	扣分标准	得分	备注
1	工作准备					
1.1	着装穿戴	穿工作服、绝缘鞋	10	（1）未穿工作服、绝缘鞋，每处扣 2 分； （2）着装穿戴不规范，每处扣 1 分		
2	工作过程					
2.1	熟悉设备状态	根据故障现象说明设备故障前后运行方式	15	（1）未使用设备双重命名，每处扣 2 分； （2）设备运行方式描述不正确，扣 5 分		
2.2	危险点分析	作业步骤细分；危害辨识；使用风险评估方法进行危险点分析	30	（1）未分析故障根本原因，扣 10 分； （2）短、中、长控制措施，缺一项扣 5 分		
2.3	预控措施制订	根据危险点分析制订控制措施	35	（1）控制措施，少 1 条扣 10 分； （2）反事故措施有严重违章，本项不得分		
3	工作结束					
3.1	工作区域整理	汇报工作结束前，清理工作现场，桌面及现场恢复原状，无不规范行为	10	（1）资料、器具未恢复原样，每项扣 2 分； （2）现场遗留纸屑等未清理，扣 1 分； （3）出现不安全、不规范行为，扣 5 分		
总分			100	合计得分		
否定项说明：1. 违反电力安全工作规程相关规定；2. 违反职业技能鉴定考场纪律；3. 造成设备重大损坏；4. 发生人身伤害事故						

考评员：　　　　　　　　　　　　　　　　　　　　　　　　年　　月　　日

7.1.4 故障录波图综合分析

7.1.4.1 培训目标

通过专业理论学习和模拟训练，使学员能够对变电站复杂事故录波图进行分析，编制事故分析报告，能根据录波图绘制相量图，并验证继电保护及自动装置动作正确性。

7.1.4.2 培训场所及设施

1. 培训场所

实训室。

2. 培训设施

培训工具及器材如表 7–7 所示。

表 7–7 培训工具及器材（每个工位）

序号	名称	规格型号	单位	数量	备注
1	变电站仿真系统	—	套	1	现场准备
2	故障录波图及对应定值单	—	套	3	现场准备
3	桌子	—	张	1	现场准备
4	凳子	—	把	1	现场准备
5	直尺	—	把	1	现场准备
6	答题纸	A4	张	若干	现场准备
7	签字笔	黑色	支	1	现场准备

7.1.4.3 培训方式及时间

1. 培训方式

教师结合故障案例现场讲解，学员进行实际操作训练。

2. 培训及考核时间

（1）培训时间。

典型故障录波图分析：1h；

事故报告编制：1h；

相量图绘制：1h；

学员练习及答疑：1h；

合计：4h。

（2）考核时间：30min。

7.1.4.4 基础知识

（1）分析各种复杂故障录波图，编制事故分析报告。

（2）根据录波图绘制相量图，验证继电保护及自动化装置动作正确性。

7.1.4.5 技能培训步骤

1. 准备工作

（1）正确着装。

续表

序号	名称	规格型号	单位	数量	备注
3	桌子	—	张	1	现场准备
4	凳子	—	把	1	现场准备
5	答题纸	A4	张	若干	现场准备
6	签字笔	黑色	支	1	现场准备

6.5.3.3 培训方式及时间

1. 培训方式

教师现场讲解、示范，学员进行实际操作训练，培训结束后进行现场作业安全措施制订技能考核与测试。

2. 培训与考核时间

（1）培训时间。

基础知识学习：1h；

措施制订介绍：1h；

安全措施制订讲解、示范：1h；

技能测试：2h；

合计：5h。

（2）考核时间：50min。

6.5.3.4 基础知识

（1）制订大型工作现场的安全措施。

（2）对变电站设备的薄弱环节提出改进措施。

6.5.3.5 技能培训步骤

1. 安全措施及风险点分析

（1）在六氟化硫（SF_6）电气设备上工作的安全措施。

1）在 SF_6 电气设备上的工作内容包含操作、巡视、作业、事故时防止 SF_6 泄漏的安全措施，其具体的安全要求、措施等应遵照国家、行业的相关标准、导则执行。

2）不应在 SF_6 电气设备防爆膜附近停留。

3）室内设备充装 SF_6 气体时，周围环境相对湿度应不大于 80%，同时应开启通风系统，避免 SF_6 气体泄漏到工作区。

4）进入 SF_6 电气设备低位区或电缆沟工作，应先检测含氧量（不低于 18%）和 SF_6 气体含量（不超过 1000μL/L）。

5）SF_6 电气设备发生大量泄漏等紧急情况时，人员应迅速撤出现场，开启所有排风机进行排风。未佩戴防毒面具或佩戴正压式空气呼吸器的人员不应入内。

（2）在低压配电装置和低压导线上工作的安全措施。

1）在低压配电装置和低压导线上工作应符合停电工作及不停电工作时的安全要求。

2）低压回路停电工作的安全措施：

（2）阅读工作任务单，熟悉变电站的基本情况：一次接线图、保护配置等。

（3）检查仿真系统能正常工作，运行良好。

2. 工作过程

（1）典型故障录波图分析。110kV 线路发生单相接地短路故障、两相接地短路故障、两相短路故障时的电流、电压特点分别如表 7−8～表 7−10 所示。

表 7−8　110kV 线路发生单相接地短路故障时电流、电压特点

内容		故障类型		相量图
		单相金属性接地故障	单相经过渡电阻接地故障	A 相接地短路故障
故障相电流	幅值	（1）上升突变，同等条件下故障点离本侧母线越近，幅值越高，反之越低。 （2）等于零序电流幅值的 3 倍	（1）上升突变，同等条件下故障点离本侧母线越近，幅值越高，反之越低。 过渡电阻 R_g 越大，幅值越低；R_g 越小，幅值越高。 （2）等于零序电流幅值的 3 倍	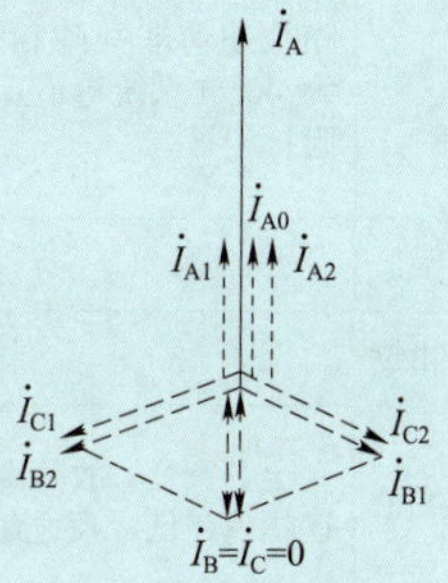 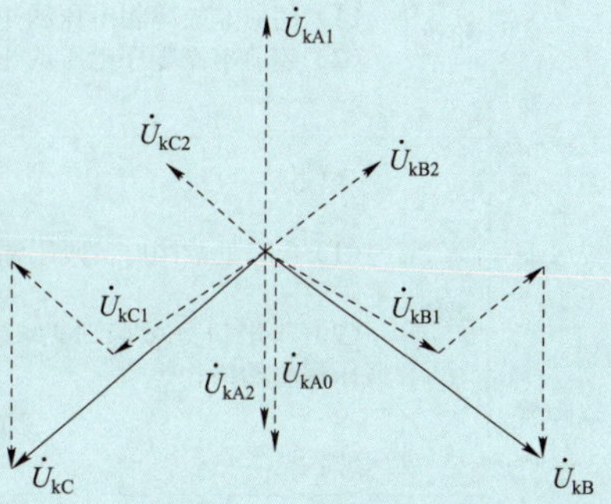 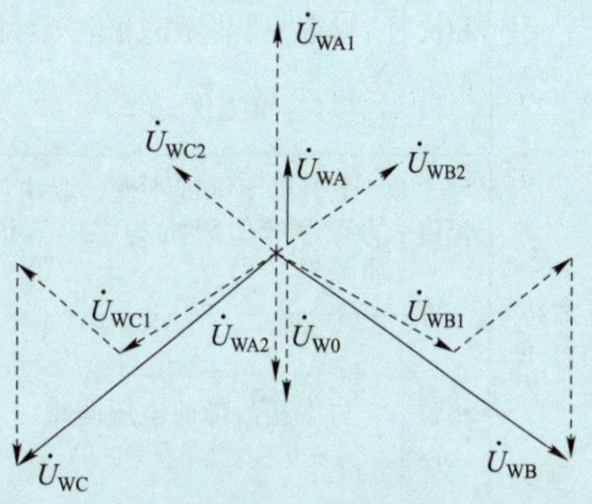
	相位	（1）与零序电流同相。 （2）滞后故障相电压（或故障相的故障前电压）一个系统阻抗角，约 80°	（1）与零序电流同相。 （2）滞后故障相电压一个阻抗角（随过渡电阻及故障点的等值阻抗不等，可能的范围为 0°～80°）	
非故障相电流	幅值	无	无	
	相位	无	无	故障点电流相量图
零序电流	幅值	上升突变，为故障相电流幅值的 1/3	上升突变，为故障相电流幅值的 1/3	
	相位	（1）与故障相电流同相。 （2）超前零序电压约 100°	（1）与故障相电流同相。 （2）超前零序电压约 100°	
故障相电压	幅值	（1）出口处故障时，残压幅值为零。非出口处故障时，残压幅值不为零。 （2）故障点离本侧母线越远残压幅值越高，反之越低	（1）出口处故障时，残压幅值不为零。 （2）故障点离本侧母线越远，残压幅值越高，反之越低	
	相位	与故障前本相电压同相	滞后故障前本相电压	故障点电压相量图 $U_{kA}=0$
非故障相电压	幅值	（1）上升、下降或不变（取决于此处的正序等值阻抗与零序等值阻抗的关系）。 （2）两相同幅对称变化。 （3）非故障相之间的电压差与故障前始终保持不变	（1）上升、下降或不变（取决于此处的正序等值阻抗与零序等值阻抗的关系）。 （2）两相不是同幅对称变化，故障相的滞后相电压幅值变化大于超前相。 （3）非故障相之间的电压差与故障前保持不变	
	相位	幅值上升相位差变大，幅值下降相位差变小	滞后相幅值上升时，两非故障相之间的相位差变小，反之变大	
零序电压	幅值	故障点离本侧母线越远，幅值越低，反之越高	故障点离本侧母线越远，幅值越低，反之越高。R_g 越大，幅值越低，反之越高	母线电压 $\dot{U}_W$ 相量图
	相位	与故障相电压（或故障相的故障前电压）反相关系	与故障相电压不是反相关系	

表 7-9　110kV 线路发生两相接地短路故障时电流、电压特点

内容		故障类型		相量图
		两相金属性接地短路故障	两相经过渡电阻接地短路故障	BC 相接地短路故障
故障相电流	幅值	（1）上升突变，同等条件下故障点离本侧母线越近，幅值越高，反之越低。 （2）两故障相电流幅值相等	（1）上升突变，同等条件下故障点离本侧母线越近，幅值越高，反之越低。 （2）两故障相电流幅值不相等，一般超前相幅值大于滞后相幅值	
	相位	（1）两故障相中的超前相电流相位超前非故障相电压的角度约为 160°（系统等值正序阻抗与零序阻抗相等）。 （2）两故障相中的滞后相电流相位超前非故障相电压的角度约为 40°（系统等值正序阻抗与零序阻抗相等）	（1）两故障相中的超前相电流相位超前非故障相电压的角度为 149.11°～190°（系统等值正序阻抗为零序阻抗的两倍）。 （2）两故障相中的滞后相电流相位超前非故障相电压的角度为 50.89°～10°（系统等值正序阻抗为零序等值阻抗的两倍）	故障点电流相量图 $\dot{I}_{kA}=0$
非故障相电流	幅值	无	无	
	相位	无	无	
零序电流	幅值	上升突变。故障点离本侧母线越远幅值越低，反之越高	上升突变。故障点离本侧母线越远幅值越低，过渡电阻值越大幅值越低，反之幅值越高	
	相位	（1）超前非故障相电压约 100° （2）超前本侧零序电压约 100°	（1）超前本侧零序电压约 100° （2）出口处故障时与故障相电压同相	
故障相电压	幅值	（1）出口处故障时，残压幅值为零。 （2）非出口处故障时两故障相残压幅值始终相等	（1）出口处故障时，两故障相电压残压幅值不为零，幅值相等，且与对侧非故障相电压幅值相等。 （2）非出口处故障时，两故障相残压幅值不相等。滞后相电压幅值一般大于超前相电压幅值	故障点电压相量图
	相位	相位关于非故障相电压对称	（1）相位不再关于非故障相电压对称。 （2）出口处故障时，与零序电流同相，且与对侧故障相电压同相	
非故障相电压	幅值	上升、下降或不变（取决于此处的正序等值阻抗与零序等值阻抗的关系）	上升、下降或不变（取决于此处的正序等值阻抗与零序等值阻抗的关系）	故障时母线电压相量图
	相位	与本相故障前电压同相	相位有可能超前本相故障前电压，也有可能滞后（取决于此处的正序等值阻抗与零序等值阻抗的关系）	
零序电压	幅值	上升突变	上升突变	
	相位	与非故障相电压同相	超前非故障相电压，极限角度约 80°	

表 7-10 110kV 线路发生两相短路故障时电流、电压特点

内容		故障类型		相量图
		两相金属性短路故障	两相经过渡电阻短路故障	BC 相短路故障
故障相电流	幅值	（1）上升突变，同等条件下故障点离本侧母线越近，幅值越高，反之越低。（2）两故障相电流幅值相等	（1）上升突变，同等条件下故障点离本侧母线越近，幅值越高，反之越低。（2）两故障相电流幅值不相等，一般超前相幅值大于滞后相幅值	
	相位	两故障相中的电流相位相反，为 180°	两故障相中的电流相位相反，为 180°	
非故障相电流	幅值	无	无	
	相位	无	无	
零序电流	幅值	无	无	
	相位	无	无	故障点电流相量图 $\dot{I}_{KA}=0$
故障相电压	幅值	两故障相电压幅值始终相等，且为非故障相电压的一半	两故障相电压幅值始终相等，且不为非故障相电压的一半，幅值偏差与过渡电阻相关	
	相位	两故障相电压相位始终相等，且与非故障相电压相位相反，为 180°	两故障相电压相位始终相等，且与非故障相电压相位相反，但不为 180°，相角偏差与过渡电阻相关	
非故障相电压	幅值	上升、下降或不变（取决于此处的正序等值阻抗与零序等值阻抗的关系）	上升、下降或不变（取决于此处的正序等值阻抗与零序等值阻抗的关系）	
	相位	与本相故障前电压同相	相位有可能超前本相故障前电压，也有可能滞后（取决于此处的正序等值阻抗与零序等值阻抗的关系）	故障点电压相量图
零序电压	幅值	无	无	
	相位	无	无	故障时母线电压相量图

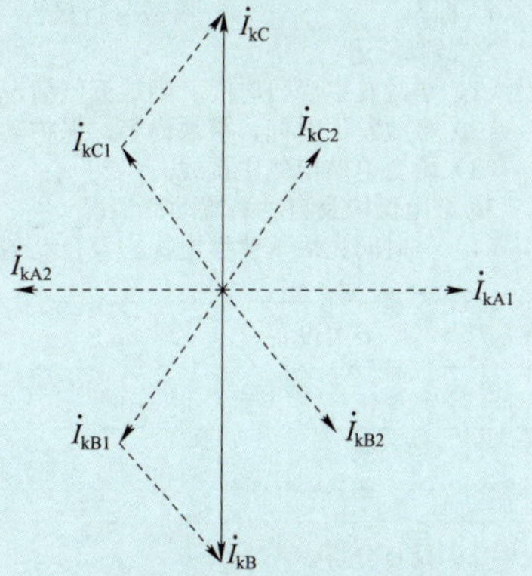

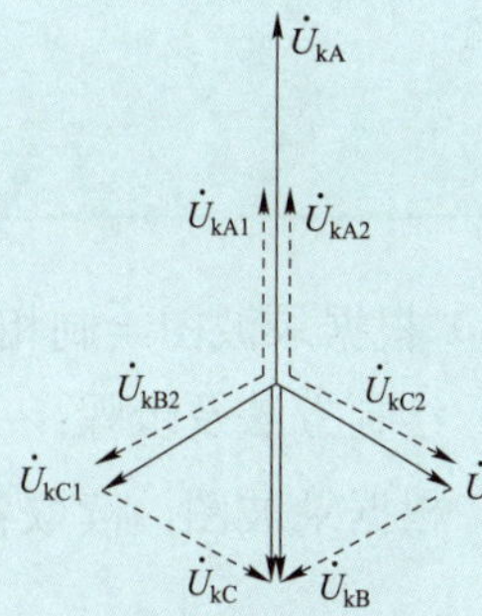

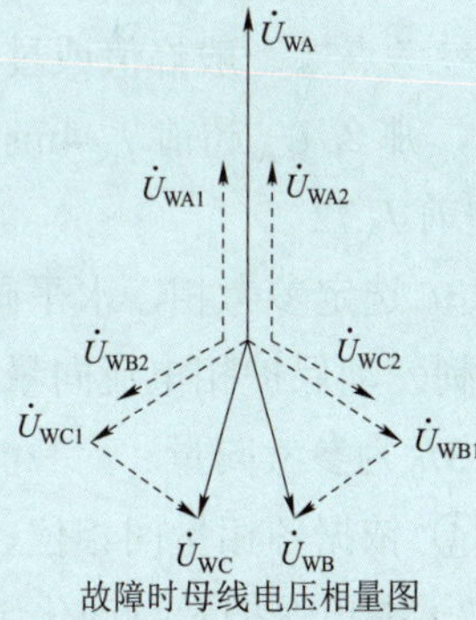

（2）事故分析报告编制。

1）报告编制过程。

① 记录事故时间、保护及自动装置动作情况、断路器动作情况。

② 打印微机保护动作报告、微机故录报告。

③ 根据保护动作情况查找故障点。

④ 根据故障点、保护定值单分析保护动作行为。

⑤ 编制事故分析报告。

2）事故分析报告模板格式如表 7-11 所示。

表 7-11　事故分析报告模板格式

1. 标题：＿＿＿＿＿＿事故分析报告
2. 故障简述
（1）事故发生当日时间，当地天气情况，事故发生前系统运行方式。
（2）事故发生时间，事故内容，保护动作情况及断路器跳闸情况，失压范围。
（3）附变电站电气主接线。
3. 继电保护及自动装置动作情况
（1）按时间先后写明继电保护及自动装置动作情况。

一次设备	保护	报告	备注

（2）疑点分析。
（3）附动作保护报文（现场）。
（4）附故障录波器报告内容及故障录波图（现场）。
4. 结论

（3）根据录波图绘制相量图，验证继电保护及自动化装置动作正确性。

1）绘制方法及步骤：

① 根据录波图，读取各相电压、电流幅值。量出最大值，除以$\sqrt{2}$得到有效值，即相量大小。

② 以故障相电压或电流的过中性点为相位基准，确定故障态各相电流、电压的相位关系。给定参考点（一般峰值或过中性点），找出时间差，换算为相位差。例如 U_A 是 23ms、I_A 是 27ms，那么 U_A 超前 I_A 4ms。20ms 为一个周期，一个周期为 360°，那 4ms 对应 72°，所以 U_A 超前 I_A 72°。

③ 选定参考相，水平画出相应电压或电流幅值，相角为 0。一般以 U_A 为参考相量，若是绘制差动保护相电流向量图，可以从某侧一相电流为参考相量，若分析零序向量可以以 $3U_0$ 或者 $3I_0$ 为参考向量。

④ 依据各相量间相位、相量大小关系，画出其余相量。

2）继电保护及自动化装置正确性验证。录波器接入线路各相的保护跳闸、三相跳闸、重合闸动作、开关位置等开关量，其中有反映保护跳闸的开关量和反映开关位置的开关量。继电保护及自动化装置的正确性主要查看以下内容：

① 出现故障波形时，是否同时出现故障跳闸信号。

② 故障波形消失时，是否同时出现开关合转分的信号。

③ 出现重合闸信号及开关位置变化后，是否又出现故障波形及再次出现故障跳闸信号，未出现则重合成功，出现则表示重合失败。

④ 出现重合闸信号，但却未出现开关位置变化，则有可能是开关拒动或出口压板未投。

⑤ 通过查看保护配置，并与开关量对比，来判断保护动作行为：

a. 纵联方向、纵联距离保护在 TV 断线时会退出，当配置此保护但却没出现相关保护动作开关量时，可以考虑保护用的 TV 断线，保护未动作。

b. 接地距离保护、零序保护反应接地故障，相间距离保护反应的是相间故障。根据保护配置，在录波图中寻找相应的开关量变化，能够比对保护是否正确动作。

c. 重合闸方式配置。三重：任何类型故障跳三相，三相重合，重合永久性故障后跳三相。单重：单相故障，单相重合，重合永久性故障后跳三相。相间故障，跳开三相后不重合。停用：任何类型故障跳三相，不再重合。以此为依据，可以判断重合闸是否正确动作。

3. 工作结束

（1）工器具整理归位。

（2）完善相关记录。

（3）清理现场，工作结束，离场。

7.1.4.6 技能等级认证标准（评分表）

对 220kV 线路故障录波图综合分析考核评分记录表如表 7-12 所示。

表 7-12 对 220kV 线路故障录波图综合分析考核评分记录表

姓名： 准考证号： 单位：

序号	项目名称	质量要求	配分	扣分标准	得分	备注
1	工作准备					
1.1	着装穿戴	穿工作服、绝缘鞋	10	（1）未穿工作服、绝缘鞋，每项扣 2 分； （2）着装穿戴不规范，每处扣 1 分		
1.2	系统登录	正确登录仿真系统	5	未能正确进入仿真系统或未登录，扣 2 分		
2	工作过程					
2.1	故障录波调取	（1）正确找到故障所对应故障录波报告； （2）选择相应的动作元件，打印故障录波报告	15	（1）未找到对应故障录波报告，扣 5 分； （2）动作元件漏选、错选，每项扣 2 分； （3）未能正确打印录波图，扣 5 分		
2.2	录波图分析	（1）对录波图模拟量进行分析，判断有无零序电压、零序电流产生，判断相电压、相电流如何变化，确定故障相别； （2）对录波图模拟量进行分析，判断有无重复出现故障波形，推断故障波形重复出现时间； （3）对录波图开关量进行分析，判断开关动作情况	30	（1）未能对录波图模拟量、开关量等信息分析，扣 5 分； （2）未正确判断相电压、相电流情况，扣 10 分； （3）未能得出故障相别、故障类型，扣 10 分； （4）未能正确判断自动装置动作情况，扣 5 分		
2.3	绘制相量图	结合故障录波图正确绘制相量图	10	相量图绘制错误，酌情扣 1～10 分		
2.4	报告编制	编制事故分析报告	10	事故报告编制错误，酌情扣 1～10 分		
2.5	核对保护动作正确性	结合继电保护定值单，核对保护动作情况	10	未核对定值单与保护动作或得出保护动作错误，扣 10 分		
3	工作结束					

续表

序号	项目名称	质量要求	配分	扣分标准	得分	备注
3.1	文明生产	汇报结束，过程中无造成其他人身、电网、设备事故	10	（1）出现不文明行为，扣1分； （2）现场出现造成其他人身、电网、设备事故的情况，酌情扣1～5分		
	总分		100	合计得分		

否定项说明：1. 违反电力安全工作规程相关规定；2. 违反职业技能鉴定考场纪律；3. 造成设备重大损坏；4. 发生人身伤害事故

考评员：　　　　　　　　　　　　　　　　　　　　　　　　　　　　　　年　　月　　日

7.2 设备验收及投运

7.2.1 新（改）建变电站辅助设施验收

7.2.1.1 培训目标

了解变电站辅助设施的验收原则、流程、标准和异常处置流程，掌握消防、安防、视频监控、户内 SF_6 气体检测装置的验收要求和项目，准确描述验收出的缺陷并提出整改措施。

7.2.1.2 培训场所及设施

1. 培训场所

变电综合实训场（或仿真系统）。

2. 培训设施

培训工具及器材如表 7–13 所示。

表 7–13　培训工具及器材（每个工位）

序号	名称	规格型号	单位	数量	备注
1	安全帽	—	顶	1	现场准备
2	SF_6 气体泄漏报警仪	手持式、可检含氧量和 SF_6 气体含量	台	1	现场准备
3	辅助设施验收相关技术资料	—	套	1	现场准备
4	皮卷尺	50m	个	1	现场准备
5	验收图纸资料	—	套	1	现场准备
6	实训场（仿真系统）	实景考评模拟场（土建验收模块）	套	1	现场准备
7	验收及整改记录	移动作业终端或纸质	台（份）	1	现场准备
8	标准化验收作业卡	移动作业终端或纸质	台（份）	1	现场准备
9	工作任务单	—	份	1	现场准备

7.2.1.3 培训方式及时间

1. 培训方式

教师现场讲解、示范，学员技能操作训练，培训结束后进行理论考核与技能测试。

2. 培训与考核时间

（1）培训时间。

变电站辅助设施验收的基本知识：1h；

辅助设施作业流程操作讲解、示范：3h；

现场实训及技能测试：4h；

合计：8h。

（2）考核时间：30min。

7.2.1.4 基础知识

（1）对新（改）建变电站辅助设备设施（消防、安防、视频监控、在线监测装置）进行验收，查找不合格项目。

（2）对户内 SF_6 气体检测装置进行验收，查找不合格项目。

（3）对验收中发现的问题进行准确描述，并提出整改措施。

7.2.1.5 技能培训步骤

1. 准备工作

（1）正确着装。

（2）了解验收范围，清楚验收内容。

（3）正确选取并检查工具、仪器、验收卡，检查验收技术资料是否准备齐全充分，是否符合现场实际情况。

（4）检查作业环境，记录现场天气、温湿度等情况。

2. 操作步骤

（1）消防验收。

1）可研初设审查。

① 消防设施一般包括消防器材、消防水系统、火灾自动报警系统、主变压器消防固定灭火装置等。

② 主控室、继电保护室、蓄电池室、通信机房、高压室、电缆夹层及其他存在消防隐患的生产厂房内均应配置灭火器，选型、数量应符合要求，放置在明显、便于取用、不易遭到碰撞的固定地点。

③ 油浸式变压器、高压并联电抗器等大型油浸式设备附近应设消防器材、消防沙箱，并配置消防铲、消防沙桶。

④ 变电站的大型油浸式变压器应设置能贮存最大一台变压器油量的事故贮油池，宜采用固定式灭火系统。

⑤ 变电站应同时设计消防给水系统，消防水源应有可靠的保证。

⑥ 变电站应装设火灾自动报警装置，火灾报警信号、火灾报警装置故障信号接入变电站综合自动化系统，并传输到远端平台。

2）竣工（预）验收。

① 消防器材配置包括灭火器、消防水带、消防沙桶、消防沙箱、消防铲、消防斧等，配置数量符合要求。

② 变压器固定式灭火装置验收包括操作及功能试验，灭火器的管道、喷头安装检查、储氮罐、阀门及氮气瓶压力检查。

③ 火灾自动报警系统的联动控制测试、火灾信号上传测试、消防水系统消防水池容积检查，特殊气候下防范措施检查。

④ 电缆洞封堵应符合施工工艺要求，电缆防火涂料应符合防火要求，电缆有分段防火阻燃措施。

（2）安防验收。

1）可研初设审查。

① 安防设施包括脉冲电子围栏、室内入侵防盗报警装置、变电站实体防护（防盗门、防盗窗、防盗栅栏）、变电站门禁系统。

② 无人值守变电站应具有完善的安防设施，满足防盗、防入侵的需求。

③ 所有变电站均应安装实体防护装置，电子脉冲围栏应具备短路、开路、入侵试验功能，围栏应安装警示牌、警示灯及声光报警装置。

④ 变电站入侵告警信号接入远端平台，实时监控。

2）竣工（预）验收。

① 变电站安防设施验收主要包括脉冲式电子围栏、室内入侵防盗报警装置、门禁系统、实体防护装置的安装工艺、接线布线。

② 验收根据施工安装单位提供的工程合同、正式设计文件、变更设备清单、隐蔽工程随工验收单、主要设备的检验报告和认证证书等主要技术文件或资料实施验收。

（3）视频监控验收。

1）可研初设审查。

① 变电站应安装视频监控系统，并实现监控端远程监视，应选用电磁防护性能好的摄像机。

② 设备区监视摄像机布点应能监视主要设备外观状态，实现人工远程巡视。

③ 安防视频监控布点应设在变电站大门、周界、出入口处，配置高清摄像机。

2）竣工（预）验收。

① 根据项目合同所列的站端系统设备清单，逐项核查配件。

② 站端视频监控设备应符合变电站自动化设备设计要求及有关标准。

③ 站端视频监控系统验收应检查视频图像清晰，预设位已设定正确且清晰。

④ 摄像机安装布点验收包括安防及设备区摄像机布点，并符合本站配置要求。

⑤ 安装工艺及布线验收中应对摄像机安装固定、布线及管道封堵、屏内端子排接线、标签标牌等进行检查。

⑥ 联动控制验收时对辅助灯光控制，入侵防盗联动推画面进行试验。

⑦ 视频监控系统的文件资料应与现场设备一致，并符合相关技术要求。

（4）户内 SF_6 气体检测装置验收。

1）可研初设审查。

① 变电站室内 SF_6 配电装置或 GIS，应设置 SF_6 气体含量监测设施。

② 报警系统主机的选型及安装位置、传感器布点满足 SF_6 及氧气含量的监测要求。

2）竣工（预）验收。

① SF_6气体泄漏监测系统验收内容包括装置主机、探头、风扇检查及模拟试验检查。

② 气体传感器安装布点合理，无盲区。

③ 设备、屏内设备及端子排上内、外部连线正确，电缆标号齐全正确，空气断路器等元器件标识齐全。

3. 工作结束

（1）根据验收情况准确判断问题性质，得出验收结论，并提出整改措施。

（2）工器具整理归位。

（3）完善验收标卡，记录缺陷。

（4）清理现场，工作结束，离场。

7.2.1.6 技能等级认证标准（评分表）

新（改）建变电站辅助设施验收考核评分记录表如表7–14所示。

表7–14 新（改）建变电站辅助设施验收考核评分记录表

姓名： 准考证号： 单位：

序号	项目	考核要点	配分	评分标准	得分	备注
1	准备工作					
1.1	着装穿戴	规范着装	5	（1）未穿工作服、绝缘鞋，未戴安全帽，每缺少一处扣2分； （2）着装穿戴不规范，每处扣1分，最多扣2分		
1.2	作业准备	检查工器具和技术资料准备齐全	5	（1）工器具选择不齐全、缺少或不符合要求，每件扣1分，最多扣3分； （2）未正确检查和使用安全工器具、常用工器具，每处扣1分，最多扣3分； （3）未使用或错误选择标准化验收作业卡，每处扣2分，最多扣4分		
2	验收步骤					
2.1	消防设施	检查变电站火灾自动报警系统、消防水系统、消防器材、主变压器消防固定灭火装置的配置安装符合相关规定，功能满足现场实际需求	25	（1）检查主控室、配电装置室、可燃介质电容器室、继电器室、电缆夹层、电缆竖井、采用固定灭火系统的油浸式变压器是否装设有火灾自动报警系统；系统自检、故障、报警、复位功能是否正常，显示器显示是否正常；报警信号是否上传至调控中心，少检查一处扣2分。 （2）未测试火灾自动报警系统主电源和备用电源自动切换功能，扣5分。 （3）未检查消防水泵启泵、停泵，以及主、备泵切换功能是否正常，扣3分。 （4）检查消防器材设置部位、配置类型是否符合电力消防典型规程要求；灭火器外观是否清洁无破损、压力是否合格、编号是否连续；消防沙箱和灭火器箱安装是否牢固，有无变形、锈蚀，沙箱内沙子是否充足、干燥，松散，少检查一处扣1分。 （5）未检查变压器固定自动灭火系统现场投入在“自动状态”，扣2分。 （6）未检查排油注氮系统主配件外观是否完好，有无破损、腐蚀，现场装置明显处是否有手动操作步骤说明，排油注氮灭火系统的注氮阀与排油阀间有机械联锁阀门、排油阀下部的排油管路上是否设置有漏油观测或漏油报警装置，少检查一处扣2分。 （7）未发现其他不满足消防管理要求的问题，视情况扣2～5分，最多扣10分		

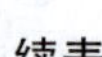

续表

序号	项目	考核要点	配分	评分标准	得分	备注
2.2	安防设施	检查变电站脉冲电子围栏、红外对射和门禁系统安装符合相关规定，功能满足现场实际需求	15	（1）检查脉冲电子围栏前端金属导体是否完好，有无破损、断裂、锈蚀；主机运行是否完好，标识是否清晰，报警是否正确；控制箱箱体是否清洁，有无锈蚀、凝露、可靠接地，控制箱内元器件是否固定良好、标识是否清晰、接线是否整洁；支架安装是否牢固，有无倾斜、锈蚀、异物；报警信号是否上传调控中心；是否每隔 10～15m 悬挂警示标识，标识是否清晰、有无破损，少检查一项扣 1 分。 （2）检查红外对射终端设备外观是否良好、功能是否完好，主机运行是否完好、报警是否正确，少检查一项扣 1 分。 （3）检查门禁系统终端设备外观是否良好、功能是否完好；读卡器防尘、防水盖是否完好，有无破损、脱落；主机运行是否完好、报警是否正确，少检查一项扣 2 分。 （4）未发现其他不满足相关管理要求的问题，视情况扣 1～5 分，最多扣 7 分		
2.3	视频监控系统	检查变电站视频监控系统满足安防监控和设备远程巡视的需要	20	（1）测试视频监控平台功能是否正常，画面是否清晰，摄像机工作是否正常，少检查一项扣 2 分。 （2）检查摄像机安装与带电设备是否保持足够的安全距离，不够安全距离扣 5 分。 （3）检查摄像头安装是否牢固，支架是否完好、有无破损、接地是否可靠、封堵是否良好、编号和标签是否齐全，少检查一项扣 2 分。 （4）检查变电站大门内正对大门的位置、四周围墙、主控楼出入口内厅是否均安装有摄像机，是否满足安防布点的需要；摄像机布点是否满足监视设备各间隔的要求，是否能监视主要设备外观状态，实现人工远程巡视，少检查一项扣 1 分。 （5）不能正确使用系统开展画面切换、参数设置、控制摄像机等操作，扣 5 分。 （6）未发现其他不满足视频监控管理要求的问题，视情况扣 1～5 分，最多扣 7 分		
2.4	户内 SF_6 气体检测装置	验收 SF_6 气体检测装置安装符合相关规定，满足 SF_6 及氧气含量的监测要求	15	（1）检查报警系统装置的安装是否符合规定（主机选用红外激光型、安装在开关室主入口处，主机旁设风机控制箱，探头安装在开关室下部，安装布点合理、无探测盲区），未检查每项扣 5 分； （2）检查报警系统装置是否安装牢固，标号是否齐全正确、主机液晶显示是否清晰，主机外壳是否具有防雨防尘能力，未检查每项扣 2 分； （3）验收系统是否具备探头传感、风机自动控制、报警声响功能，是否具备根据气体含量强制启动风机的功能，少检查一项扣 2 分； （4）检查现场参数是否设置为氧气含量不超过 18%或 SF_6 气体浓度大于 1000μL/L，风机自启动时间 15min，少检查一项扣 3 分； （5）现场模拟试验 SF_6 气体浓度超标时，系统能自动报警并启动风机，未完成试验扣 5 分； （6）未发现其他不满足相关管理要求的问题，视情况扣 1～5 分，最多扣 7 分		
3	工作结束					

续表

序号	项目	考核要点	配分	评分标准	得分	备注
3.1	验收结论	准确判断缺陷性质	7	（1）未发现缺陷、未下验收结论，每处扣 2 分，扣完为止。 （2）未判断缺陷性质或判断不准确，每处扣 2 分，扣完为止。 （3）未提出整改措施每处，扣 2 分；措施无针对性，每处扣 1 分，最多扣 5 分		
		记录规范	5	（1）记录书写不规范、填写不完整，每处扣 1 分，扣完为止； （2）验收卡未填写变电站名称、设备名称编号、制造厂家、出厂编号、验收单位、验收日期、验收人，每处扣 1 分，扣完为止； （3）缺陷未记入验收及整改记录，每处扣 1 分； （4）重大缺陷未记入重大问题反馈联系单，每处扣 2 分		
3.2	作业终结	作业终结	3	（1）资料、器具未整理归位，每项扣 2 分； （2）未清理作业现场，扣 1 分		
总分			100	合计得分		
否定项说明：1. 违反电力安全工作规程相关规定；2. 违反职业技能鉴定考场纪律；3. 造成设备重大损坏；4. 发生人身伤害事故						

考评员：　　　　　　　　　　　　　　　　　　年　　月　　日

7.2.2 新（改）建变电站土建工程验收

7.2.2.1 培训目标

了解变电站土建工程的验收原则、流程、标准和异常处置流程，掌握新（改）建变电站土建工程中大门、道路、给排水、电缆沟、照明的验收要求和项目，准确描述验收出的缺陷并提出整改措施。

7.2.2.2 培训场所及设施

1. 培训场所

变电综合实训场（或仿真系统）。

2. 培训设施

培训工具及器材如表 7-15 所示。

表 7-15 培训工具及器材（每个工位）

序号	名称	规格型号	单位	数量	备注
1	变电站可研报告	220kV 及以上电压等级，土建部分	份	1	现场准备
2	图纸资料	变电站总平面布置图、正常和事故照明接线图、消防设施（或系统）布置图（或系统图）	套	1	现场准备
3	测试及试验报告	给水系统水压试验、给水管道通水试验、排水干管通球试验、照明全负荷试验结果	份	1	现场准备
4	实训场（仿真系统）	实景考评模拟场（土建验收模块）	套	1	现场准备

续表

序号	名称	规格型号	单位	数量	备注
5	皮卷尺	50m	个	1	现场准备
6	验收及整改记录	移动作业终端或纸质	台（份）	1	现场准备
7	标准化验收作业卡	移动作业终端或纸质	台（份）	1	现场准备
8	安全帽	—	顶	1	现场准备
9	工作任务单	—	份	1	现场准备

7.2.2.3 培训方式及时间

1. 培训方式

教师现场讲解、示范，学员技能操作训练，培训结束后进行理论考核与技能测试。

2. 培训与考核时间

（1）培训时间。

变电站土建工程验收的基本知识：1h；

变电站土建工程验收标准及项目细则：3h；

现场实训及技能测试：4h；

合计：8h。

（2）考核时间：30min。

7.2.2.4 基础知识

（1）对新（改）建变电站土建工程中大门、道路、给排水、电缆沟、照明项目进行验收，查找不合格项目。

（2）对验收中发现的问题进行准确描述，并提出整改措施。

7.2.2.5 技能培训步骤

1. 准备工作

（1）正确着装。

（2）了解验收范围，清楚验收内容。

（3）正确选取并检查工具、仪器、验收卡，检查验收技术资料准备是否齐全充分，是否符合现场实际情况。

（4）检查作业环境，记录现场天气、温湿度等情况。

2. 操作步骤

（1）大门验收。

1）可研初设审查。站区大门宜采用轻型电动门，门宽应满足站内大型设备的运输要求，大门高度不宜低于 2m；无人值班变电站应设置实体大门，宜采用全封闭式防盗钢板门，并留有小门，需设置脉冲电子围栏等防护措施。

2）竣工（预）验收。

① 钢门及镀锌钢板门：

a. 门的品种、类型、规格、尺寸、性能、开启方向、安装位置、连接方式应符合设计要求。

b. 金属门的防腐处理及填嵌、密封处理应符合设计要求，门表面应洁净、平整、光滑、色泽一致，无锈蚀。

c. 大面应无划痕、碰伤，漆膜或保护层应连续。

d. 门框和副框的安装必须牢固，在砌体上严禁采用射钉固定。

e. 预埋件的数量、位置、埋设方式、与框的连接方式必须符合设计要求。

f. 门窗扇必须安装牢固，并应开关灵活、关闭严密，无倒翘。

g. 推拉门窗必须有防脱落措施。

② 电动伸缩门：

a. 质量和性能应符合设计要求和有关标准的规定。

b. 机械装置应符合设计要求和有关标准的规定。

c. 表面应洁净，无划痕、碰伤等现象。

d. 轨道无变形、断裂；驱动装置、限位器完好；门垛面砖、砌体无破碎、开裂、倾斜。

e. 门扇与地面间面留缝宽度：外门 4～5mm；内门 6～8mm。

（2）道路验收。

1）可研初设审查。

① 变电站进站道路应满足消防通道的要求，且路基宽度和平曲线半径应满足搬运站内大型设备条件，具备回车条件。

② 进站道路路面宽度宜根据变电站电压等级，按以下原则确定：110kV 及以下电压等级变电站主要进站道路宽度为 4m；220kV 变电站主要进站道路宽度为 4.5m，不设路肩时可为 5m；330kV 及以上电压等级变电站主要进站道路宽度为 6m，路肩宽度每边均为 0.5m；当进站道路较长时，变电站进站道路宽度应统一采用 4.5m，并应设置错车道。

③ 变电站站内道路宽度应按以下原则确定：变电站大门至主控通信楼、主变压器的主干道，220kV 变电站可加宽至 4.5m，330kV 及以上变电站可加宽至 5.5m；站内主要环形道路应满足消防要求，道路宽度一般为 4m；户外配电装置内的检修道路和 500kV 及以上变电站相间道路宜为 3m；接入建筑物的人行道宽度一般宜为 1.5～2m。

④ 站内道路应设双向横坡，坡度 1%～2%；道路转弯半径不宜小于 7m；站内道路纵坡不宜大于 6%，阶梯布置时不宜大于 8%。

⑤ 站内巡视道路应根据运行巡视和操作需要设置，并结合地面电缆沟的布置确定，站内巡视小道路面宽度宜为 0.6～1m，当纵坡大于 8%时，宜有防滑措施。

⑥ 变电站大门至市政道路联络通道应设计明确，征地手续清晰。

2）竣工（预）验收。

① 混凝土路面、沥青混凝土路面和巡视小道：

a. 混凝土路面、沥青混凝土路面和巡视小道平整密实，无裂缝、脱皮、起砂、积水、损坏、污染等现象。

b. 接缝平直，伸缩缝位置、宽度和填缝符合规定。

c. 道路表面平整、坡度符合要求，路面泄水通畅、无积水，路缘石布置美观、无破损、圆弧段顺畅、拼缝均匀整齐。

d. 道路缩缝间距不大于4m，宽度5～6mm，锯切槽口深度应为混凝土面层厚度的1/3；胀缝留设间距以30～50m为宜。在道路与建构筑物衔接处，道路交叉处、路面厚度变化处、幅宽及坡度变化处，必须做胀缝，缝宽20mm，道路混凝土应全断开。

② 路缘石：

a. 道路的路缘石完整、无破损，线条顺直、弧度自然。

b. 安装稳固、勾缝美观，路缘石与道路面层间应设置变形缝，缝内填料要饱满。

③ 混凝土散水：表面平整无裂缝、沉陷，分隔缝设置合理。

（3）给排水验收。

1）可研初设审查。

① 变电站本体与外界相连接的站外给水、排水、消防管道应有相应的平面布置图，图中标明走向、长度、接入（排出）至市政管网（或河道）的名称及部位。变电站生活、消防水表安装在主入口大门外3m范围之内，水表安置在水表井内，水表井有排水措施。

② 根据变电站情况增加自备水井，应有自备水井验收项目。

2）竣工（预）验收。

① 建筑物外墙有管道穿过的，应设预埋管套。

② 管道排列合理整齐，管道无锈蚀、脱漆。

③ 支吊架牢固、整齐，端面平整。

④ 生活污水管上设置检查口和清扫口。

⑤ 伸缩节设置合理，满足变形要求。

⑥ 生活、消防水泵房结构牢固，设施齐全，无结露，运行良好。

⑦ 雨水斗、管的连接可靠，固定牢固，连接处严密不漏，雨水管安装顺直、美观；雨水斗、管的连接应固定在屋面的承重结构上，雨水斗与屋面的连接处应严密不漏。雨水管道安装完毕后表面应光滑，无划痕及外力冲击破坏。

⑧ 伸缩节和检查口设置合理，雨水管与散水为柔性连接。落水管宜使用硬聚氯乙烯（UPVC）塑料雨水管或镀锌钢板雨水管；落水管间距：女儿墙平屋面小于18m；挑檐平屋面小于24m。落水管应装设伸缩节。如设计无要求，伸缩节间距应小于等于4m，排水口距地距离应小于等于200mm且高度一致；落水管下部靠近散水处要安设排水弯头，并设水簸箕。

⑨ 雨水井、给水池、外排管线自备水井应结构牢固，设置合理。

（4）电缆沟验收要求及问题整改。

1）可研初设审查。

① 站区电缆统筹分布，合理规划站区电缆沟的布置和选型，统一电缆沟截面尺寸，沟宽一般采用800、1000、1200mm。一般地区电缆沟深度小于1m时采用砌体结构，深度等于或大于1m时采用混凝土结构，过道路处的电缆沟采用钢筋混凝土结构。

② 对于湿陷性黄土地区、高寒地区、有盐溶或盐胀及其他特殊土质（如膨胀土、盐泽土）地区，电缆沟采用混凝土结构。宽度0.4m及以下的电缆支沟在穿越道路时，宜采用埋管方式。

③ 电缆沟盖板宜采用成品或镀锌角钢边框混凝土预制盖板，主通道盖板应采用加厚承重盖板。

④ 站内室外电缆沟沟壁宜高于场地设计标高 0.1～0.15m，并应与站内道路路面标高相协调。

⑤ 电缆隧道应采用钢筋混凝土结构。

⑥ 电缆沟（隧道）应具备防水工艺，防止地面水、地下水以及其他管沟内的水渗入，防止各类水倒灌入电缆沟（隧道）内；电缆沟（隧道）底面应设置纵、横向排水坡度，其纵向排水坡度不宜小于 0.5%，有困难时不宜小于 0.3%，横向排水坡度一般为 1.5%～2%，并在沟道内有利于排水的地点及最低点设集水坑和排水引出管，集水坑坑底标高应高于下水井的排水出口标高 200～300mm。

⑦ 电缆隧道应安装强制通风装置，设置安全出入口、通风口和照明设施。

2）竣工（预）验收。

① 电缆沟（电缆竖井、电缆夹层、电缆隧道）：

a. 电缆沟截面（沟壁之间）尺寸偏差小于等于 20mm。

b. 电缆沟顺直，轴线、标高符合要求，沟内无积水、杂物，电缆沟的变形缝设置规范。

c. 电缆从室外进入室内的入口处、电缆竖井的出入口处、电缆接头处、主控制室与电缆夹层之间以及长度超过 100m 的电缆沟或电缆隧道，均应采取防止电缆火灾蔓延的阻燃或分隔措施（防火隔墙或防火门），其耐火极限不应低于 4h，电缆沟每隔一定距离（60m）采取防火隔离措施。

② 电缆沟结构：

a. 电缆沟结构平整密实，排水坡度正确，无积水、杂物，变形缝处理符合设计要求，无泥水渗入。

b. 电缆沟转弯处满足电缆弯曲半径要求。

③ 电缆沟盖板：

a. 电缆沟盖板铺设平整、顺直，无响声，盖板合模无探头板、异形板。

b. 沟盖板色泽均匀、美观，铺设平整，缝隙均匀。

c. 盖板表面平整，无损伤、脱皮、露筋、裂缝、起砂等质量缺陷。

④ 电缆沟压顶：电缆沟压顶沟沿（顶）高于地平面，其尺寸符合设计要求，平直无裂缝。

⑤ 电缆沟支架及接地：

a. 支架安装稳固，间隔满足设计要求。

b. 接地扁铁焊接和防腐满足规范要求，遇沉降缝处预弯。

（5）照明验收。

1）可研初设审查。

① 变电站应设置正常照明和事故应急照明，事故应急照明包括备用应急照明和疏散应急照明。

② 变电站屋内场所，以及在夜间需要进行工作和经常有运输、行人的露天地区，应装设正常照明。

③ 主要场所（如主控室、配电室等）应装设事故应急照明。

④ 变电站室内外事故照明配置应满足应急检修及人员疏散照明的要求。

⑤ 室内外照明宜采用规格统一的照明灯具，优先采用 LED 型节能灯。

2）竣工（预）验收。

① 照明配置验收：

a. 主控室、配电室、保护室、通信室、电缆层、蓄电池室等生产用房均设正常照明和事故应急照明。

b. 辅助房间配置正常照明。

c. 疏散通道、安全出口应设置符合规定的消防安全疏散指示和应急照明设施。

② 灯具验收：

a. 灯具安装应牢固、美观，线路、孔洞不外露，且便于更换。

b. 灯具设置合理，运行正常，亮度符合要求。

c. 主控制室和通信室、备用应急照明采用荧光灯或节能灯。

d. 疏散应急照明采用自带蓄电池的应急灯具，应急灯的连续放电时间按 2h 计算。

e. 疏散应急照明灯具和消防疏散指示标识灯具应配玻璃或不燃烧材料制作的保护罩。

f. 蓄电池室、油处理室等易燃易爆物品存放地点的照明灯具应采用防爆型，如 LED 防爆灯或防爆金卤灯，阀控式密封铅酸蓄电池室内的照明可不考虑防爆。

g. 水泵房采用防潮灯具或带防水灯头的开启式灯具。

h. 道路、屋外配电装置优先采用 LED 灯或节能灯，也可采用高压钠灯或金属卤化物灯。

i. 室外照明灯具及控制开关应为防水型，防护等级不低于 IP65。

j. 气体放电灯（高压钠灯、金属卤化物灯）应装设补偿电容器。

③ 室内灯具布置验收：

a. 主控制室和通信室采用嵌入式（有吊顶时）或吊杆式（无吊顶时）荧光灯光带。

b. 荧光灯、金属卤化物灯、高压钠灯的安装高度符合室内照明要求。

c. 备用照明灯具设置在墙面或顶棚上。

d. 安全出口标识灯具宜设置在安全出口的顶部。

e. 疏散走道的疏散指示标识灯具，设置在走道及转角处距地面 1m 以下墙面上、柱上或地面上。

f. 灯具安装位置与带电设备保持足够安全距离，便于维护。

④ 室外灯具布置验收：

a. 站区道路照明灯具布置应与总布置相协调，采用单列布置。

b. 站前区入站干道采用双列布置。

c. 交叉路口或岔道口应有照明。

d. 设备区用灯柱或安装于地面的泛光照明，投光照明安装于屋顶。

e. 灯具与带电设备必须有足够的安全距离，满足安全检修条件。

f. 进站大门处设局部照明。

⑤ 照明灯杆、开关插座的选择和安装：

a. 照明灯杆完好，无歪斜、锈蚀，基础完好，接地良好。

b. 照明灯杆避开上下水道、管沟等地下设施，并与消防栓保持 2m 距离，灯杆高度适宜，灯杆（柱）距路边的距离为 1～1.5m。

c. 蓄电池室内不装设开关及插座，或装设防爆型开关及插座。

d. 面积较大的房间设置双控照明开关，照明开关安装在便于操作的出入口。

e. 配电箱、空气断路器、熔断器、插座等设置满足要求，各级电源开关的额定电流级差配合合理。

f. 照明电源箱完好，无损坏，封堵严密。

g. 开关防雨罩应完好，无破损；照明灯具、控制开关标识清晰。

⑥ 照明线路验收：

a. 低压回路线缆选择和敷设符合规范，导线和电缆的允许载流量不小于回路上熔丝的额定电流或自动空气断路器脱扣器的整定电流。

b. 三相四线电路中相导线截面积不大于 16mm^2（铜）时，中性线截面积与相线截面积相同。

c. 线路绝缘试验合格。

d. 正常照明分支回路中性线上，不应装设熔断器和开关设备。

⑦ 事故照明：

a. 事故照明设施，如开关、应急灯应有明确的标识。

b. 当正常照明因故障熄灭后，事故照明、备用应急照明、疏散应急照明均能正常启动。

c. 应急灯的连续放电时间满足要求。

⑧ 照明网络接地：

a. 照明网络的工作中性线（N 线）两端接地。

b. 照明配电箱或配电屏（包括专用屏）的工作中性线（N 线）母线就近接入接地网。

c. 各配电箱和配电屏旁应预留接地扁钢，并与接地装置可靠相连。

3. 工作结束

（1）根据验收情况准确判断问题性质，得出验收结论，并提出整改措施。

（2）工器具整理归位。

（3）完善验收标卡，记录缺陷。

（4）清理现场，工作结束，离场。

7.2.2.6 技能等级认证标准（评分表）

新（改）建变电站土建工程考核评分记录表如表 7–16 所示。

表 7–16 新（改）建变电站土建工程考核评分记录表

姓名： 准考证号： 单位：

序号	项目	考核要点	配分	评分标准	得分	备注
1	准备工作					
1.1	着装穿戴	规范着装	5	（1）未穿工作服、绝缘鞋，未戴安全帽，每处扣 2 分； （2）着装穿戴不规范，每处扣 1 分，最多扣 2 分		

续表

序号	项目	考核要点	配分	评分标准	得分	备注
1.2	作业准备	检查工器具和技术资料准备齐全	5	（1）工器具选择不齐全、缺少或不符合要求，每件扣1分，最多扣3分； （2）未正确检查和使用安全工器具、常用工器具，每处扣1分，最多扣3分； （3）未使用或错误选择标准化验收作业卡，每处扣2分，最多扣4分		
2	验收步骤					
2.1	大门验收	变电站大门应符合施工工艺，满足消防通道和运行检修工作的要求	15	（1）未能发现大门高度低于2m、宽度不足（大型设备无法进出），每处扣2分； （2）未能发现变电站大门不是实体的，且未留用小门，扣2分； （3）未能发现门扇或轨道有变形或损伤不能正常开启，扣2分； （4）未能发现不能大门闭合严密，扣5分； （5）未能发现大门有锈蚀、砌体或面砖开裂，每处扣1分，最多3分； （6）未能发现电动伸缩门限位器或遥控器失灵，扣2分； （7）未能发现门框和副框在砌体上使用了射钉固定，扣5分； （8）未发现其他不满足相关管理要求的问题，视情况扣1～5分，最多扣7分		
2.2	道路验收	变电站道路应符合施工工艺，满足消防通道和运行检修工作的要求	15	（1）未能发现站外道路与市政道路未有效连接，220kV变电站宽度不足4.5m，扣2分； （2）未能发现站内主干道宽度不足（主干道一般为4m，220kV变电站可加宽至4.5m，330kV及以上变电站可加宽至5.5m），扣2分； （3）未能发现站内巡视小道路面宽度低于0.6m，且无防滑措施，扣2分； （4）未能发现路面和巡视小道出现裂缝、脱皮、起砂、积水、损坏、沉降等现象，每处扣1分，最多扣5分； （5）未能发现路缘石有缺失、破损现象，每处扣1分； （6）未能发现道路缩缝间距不满足标准（道路缩缝间距不大于4m，宽度5～6mm，锯切槽口深度应为混凝土面层厚度的1/3，胀缝留设间距以30～50m为宜），每处扣1分，最多扣5分； （7）未能发现未做胀缝（在道路与建构筑物衔接处，道路交叉处、路面厚度变化处、幅宽及坡度变化处，必须做胀缝，缝宽20mm，道路混凝土应全断开），每处扣1分，最多扣5分； （8）未发现其他不满足相关管理要求的问题，视情况扣1～5分，最多扣7分		
2.3	给排水验收	变电站给排水系统应符合施工工艺，满足消防和运行检修工作的要求	15	（1）未能发现给供排水管道有破损、漏水，排水沟内有淤积物或沟壁（底）有破损，每处扣2分，最多扣6分； （2）未能发现雨水口盖或井盖有缺失或破损，扣2分； （3）未能发现阀门有严重锈蚀、卡涩、渗水，扣2分； （4）未能发现蓄水池（箱）有破损导致漏水、液位位置指示错误，每处扣2分； （5）未能正确完成水泵启动试验，扣5分；		

续表

序号	项目	考核要点	配分	评分标准	得分	备注
2.3	给排水验收	变电站给排水系统应符合施工工艺，满足消防和运行检修工作的要求	15	（6）未能发现排水不畅的原因（检查并疏通排污管道、雨水箅、地漏、雨水井、建筑物落水管），扣 2 分； （7）未查看给水系统水压试验、给水管道通水试验、排水干管通球试验记录，每缺一处扣 1 分； （8）未能正确完成消防泵试验并发现水压不足，扣 5 分； （9）未发现其他不满足相关管理要求的问题，视情况扣 1～5 分，最多扣 7 分		
2.4	电缆沟验收	变电站电缆沟应符合施工工艺，满足消防和运行检修工作的要求	15	（1）未能发现电缆沟排水坡度错误，扣 2 分； （2）未能发现盖板有破损，电缆沟内有积水、杂物、沟壁明显裂缝，每处扣 1 分，最多扣 5 分； （3）未能发现防火墙墙体破损或编号缺失，每处扣 2 分，最多扣 4 分； （4）未能发现电缆竖井、进入开关间或开关柜的孔洞处未用防火堵料封堵，每处扣 2 分； （5）未能发现涂防火涂料未涂刷至防火墙两端各 1m，扣 2 分； （6）未能发现电缆沟每隔 60m 未采取防火隔离措施，扣 2 分； （7）未发现其他不满足相关管理要求的问题，视情况扣 1～5 分，最多扣 7 分		
2.5	照明验收	室内外照明设置合理，满足日常运行和安全疏散的要求	15	（1）未能发现灯具未接地、损坏、歪斜、锈蚀、基础破损、封堵不严、标识牌缺失、室外灯具及开关无防水措施等情况，每处扣 1 分，最多扣 5 分； （2）未能发现非阀控式密封铅酸蓄电池室灯具未采用防爆型，扣 1 分； （3）未能发现室内低于 2.5m 的灯具无保护罩，每处扣 1 分，最多扣 5 分； （4）未能正确完成事故照明切换试验，扣 5 分； （5）未能发现疏散通道和安全出口未设置消防安全疏散指示，每处扣 2 分； （6）未能发现安全疏散指示已高于地面 1.0m 以上，每处扣 0.5 分； （7）未能发现疏散应急灯具未自带蓄电池，扣 1 分； （8）未能正确回答主控室、配电室、保护室、通信室、电缆层、蓄电池室应配置事故应急照明，每处扣 1 分； （9）未能发现灯具与不同电压等级带电设备之间安全距离不足，每处扣 3 分； （10）未能发现室外照明灯具及控制开关的选用低于 IP65 防护等级，扣 2 分； （11）未发现其他不满足相关管理要求的问题，视情况扣 1～5 分，最多扣 7 分		
3	工作结束					
3.1	验收结论	准确判断缺陷性质	7	（1）未发现缺陷、未下验收结论，每处扣 2 分，扣完为止； （2）未判断缺陷性质或判断不准确，每处扣 2 分，扣完为止； （3）未提出整改措施每处扣 2 分，措施无针对性，每处扣 1 分，最多扣 5 分		
		记录规范	5	（1）记录书写不规范、填写不完整，每处扣 1 分，扣完为止； （2）验收卡未填写变电站名称、设备名称编号、制造厂家、出厂编号、验收单位、验收日期、验收人，每处扣 1 分，扣完为止； （3）缺陷未记入验收及整改记录，每处扣 1 分； （4）重大缺陷未记入重大问题反馈联系单，每处扣 2 分		

续表

序号	项目	考核要点	配分	评分标准	得分	备注
3.2	作业终结	作业终结	3	（1）资料、器具未整理归位，每处扣 2 分； （2）未清理作业现场，扣 1 分		
		总分	100	合计得分		

否定项说明：1. 违反电力安全工作规程相关规定；2. 违反职业技能鉴定考场纪律；3. 造成设备重大损坏；4. 发生人身伤害事故

考评员：　　　　　　　　　　　　　　　　　　　　年　　月　　日

7.2.3 新（改）建变电站投运方案及启动操作票审核

7.2.3.1 培训目标

了解新（改）建变电站送电流程、基本原则及要求，学会解读及审核新（改）建变电站送电方案、掌握送电方案的危险点分析及预控措施的编制。

7.2.3.2 培训场所及设施

1. 培训场所

变电综合实训场（或仿真系统）。

2. 培训设施

培训工具及器材如表 7–17 所示。

表 7–17　培训工具及器材（每个工位）

序号	名称	规格型号	单位	数量	备注
1	仿真系统	—	套	1	现场准备
2	送电方案	—	份	1	现场准备
3	考评用技术资料	竣工报告、定值通知单等	套	1	现场准备
4	空白预控措施卡	—	份	1	现场准备

7.2.3.3 培训方式及时间

1. 培训方式

教师现场讲解、示范，学员技能操作训练，培训结束后进行理论考核与技能测试。

2. 培训与考核时间

（1）培训时间。

新（改）建变电站送电方案解读：2h；

新（改）建变电站送电操作注意要点：1h；

设备新投原理与要求：1h；

技能测试：4h；

合计：8h。

（2）考核时间：45min。

7.2.3.4 基础知识

（1）对新（改）建变电站送电方案进行解读及审核。

（2）对新（改）建变电站送电操作实施中的危险点进行分析及制订预控措施。

7.2.3.5 技能培训步骤

1. 准备工作

阅读送电方案，清楚送电范围，了解工作内容。

2. 操作步骤

（1）审核新（改）建变电站送电方案。

1）检查投运工作安排是否合理、职责分工是否明确、操作危险点分析及预控措施有无遗漏、有无编制事故预案（操作异常处理），检查设备带电后的二次设备带负荷测试和核相方案。

2）检查方案中设备送电前具备的条件是否完善：

① 应有调度同意的新设备投运申请手续。

② 现场设备已按调度文件完成统一命名编号，无差异。

③ 检查变电站竣工报告，确定全站一、二次设备和辅助设施验收合格，同时具备启动和运行条件。

④ 检查现场设备保护已按调度下达的定值通知（或命令）整定，可以投入运行。

⑤ 检查待送电设备已实测参数并报调度。

⑥ 检查现场除进线线路的线路接地开关保持合上状态外，其他待启动投运设备的断路器、隔离开关、接地开关均已拉开并锁好。

⑦ 检查现场整洁，无妨碍运行操作及影响投运设备安全的杂物。

⑧ 启动委员会、相关调度机构同意启动投运。

（2）编制危险点分析并制订预控措施。

1）电网风险：非同期并列、系统解列、保护未按要求投入、其他可造成电网风险的危险点。

2）设备风险：误分合断路器、带负荷拉合隔离开关、带电挂（合）地线（接地开关）、带地线（接地开关）合闸、其他可能造成设备风险的危险点。

3）人身风险：触电、误入带电间隔、设备故障高坠伤人、不按要求使用安全工器具、室内GIS含氧量不足、长时间操作、操作高风险设备（如有倾覆风险的开关柜、GW7C−252型等）其他可能造成人身风险的危险点，新设备充电发生故障造成人身伤害。

3. 工作结束

整理送电情况，完成相应记录，做好后续安排。

7.2.3.6 技能等级认证标准（评分表）

新（改）建变电站投运方案及启动操作票审核考核评分记录表如表7−18所示。

表 7-18　新（改）建变电站投运方案及启动操作票审核考核评分记录表

姓名：　　　　　　　　　　　　　　准考证号：　　　　　　　　　　　　　　单位：

序号	项目	考核要点	配分	评分标准	得分	备注
1	准备工作					
1.1	作业准备	正确着装，正确选取资料，检查作业条件	5	（1）着装穿戴不规范，每处扣 1 分； （2）未能根据给定的工作任务正确选取资料，每少一处扣 1 分； （3）未检查天气情况满足室外操作条件，扣 2 分； （4）未检查操作人员的精神状态，扣 2 分		
2	工作步骤					
2.1	审核新（改）建变电站送电方案	能审核给定的新站送电方案，查找不合格内容	40	（1）未发现投运方案未签字盖章，扣 2 分； （2）未发现方案中设备送电前具备的条件不完善，每处扣 2 分； （3）未发现方案中投运工作安排及职责分工不明确或不完善，扣 3 分； （4）未发现方案中操作危险点分析及预控措施有遗漏或无针对性，每处扣 3 分； （5）未发现方案中事故预案（操作异常处理）编制不到位，每处扣 3 分； （6）设备带电后不安排二次设备带负荷测试，不安排核相，每处扣 5 分		
2.2	编制危险点分析及制订预控措施	根据给定的送电操作票编制危险点分析及制订预控措施	45	（1）未针对人身、电网、设备风险开展危险点分析，每处扣 5 分； （2）危险点分析不到位，每处扣 3 分； （3）未制订预控措施，每处扣 5 分； （4）预控措施没有针对性，每处扣 3 分		
3	工作结束					
3.1	送电后工作	整理送电情况，完成相应记录、做好后续安排	10	（1）未检查现场所有设备运行正常、无告警，扣 2 分； （2）未检查现场工器具已清洁归位，扣 2 分； （3）未完善相关作业记录，扣 2 分； （4）未组织操作人员开展操作小结，扣 2 分； （5）未安排人员在 72h 内对新投变电站开展特殊巡视和抄录关键数据，扣 2 分		
	总分		100	合计得分		

否定项说明：1. 违反电力安全工作规程相关规定；2. 违反职业技能鉴定考场纪律；3. 造成设备重大损坏；4. 发生人身伤害事故

考评员：　　　　　　　　　　　　　　　　　　　　　　　　　年　　月　　日

7.3 设备评价

7.3.1 变电设备状态评价

7.3.1.1 培训目标

通过职业技能培训，使学员具备分析变电站电气设备状态评价信息并进行自评价，按照评价结果，制订、完善设备巡视及维护工作方案，针对评价中出现的问题制订整改措施的能力。

7.3.1.2 培训场所及设施

1. 培训场所

变电综合实训场。

2. 培训设施

培训工具及器材如表 7-19 所示。

表 7-19 培训工具及器材（每个工位）

序号	名称	规格型号	单位	数量	备注
1	计算机	—	台	1	现场准备
2	投影仪	—	台	1	现场准备
3	打印机	—	台	1	现场准备
4	打印纸	A4	包	1	现场准备
5	中性笔	—	支	2（每人）	考生自备
6	工作服	—	套	1（每人）	考生自备

7.3.1.3 培训方式及时间

1. 培训方式

教师现场讲解、示范，学员技能操作训练，培训结束后进行理论考核与技能测试。

2. 培训与考核时间

（1）培训时间。

变电设备状态评价理论知识：2h；

变电设备状态评价案例讲解：1h；

分组技能操作训练：2h；

技能测试：1h；

合计：6h。

（2）考核时间：30min。

7.3.1.4 基础知识

（1）分析变电站电气设备状态评价信息并进行自评价。

（2）按照评价结果，制订、完善设备巡视及维护工作方案。

（3）能针对评价中出现的问题制订整改措施。

7.3.1.5 技能培训步骤

1. 准备工作

（1）准备多媒体教室 1 间，具备现场教学条件，场地清洁，无干扰。

（2）准备计算机、投影仪、打印纸等材料。

2. 操作步骤

（1）选择评价部件。根据给出的设备状态信息，选择正确的评价部件。

（2）选择评价状态量。分析影响设备状态的参量，确定参与评价的状态量。设备状态量信息主要来源于巡检、运行和检修试验，包括以下方面内容：

1）出厂资料（包括型式试验报告、出厂试验报告、性能指标等）。

2）交接验收资料。

3）历次修试记录。

4）周围环境和污区划分资料。

5）运行记录。

6）在线监测记录（包括油中溶解气体、主变压器铁心夹件接地电流、主变压器声纹振动、主变压器特高频局部放电、主变压器套管介质损耗、SF_6 气体密度、避雷器泄漏电流、GIS 特高频局部放电、开关柜触头温度等在线监测记录）。

（3）评价部件扣分。评价部件状态量的重要程度，从轻到重分为四个等级，分别为 1 级、2 级、3 级、4 级，其影响因子为 1、2、3、4，如表 7–20 所示。其中 1 级、2 级与一般状态量对应，3 级、4 级与重要状态量对应。

表 7–20　状态量影响程度分级表

重要程度	1 级	2 级	3 级	4 级
影响因子	1	2	3	4

状态量的劣化程度从轻到重分为四级，分别为Ⅰ级、Ⅱ级、Ⅲ级和Ⅳ级，对应的基本扣值为 2、4、8、10，如表 7–21 所示。

表 7–21　状态量劣化程度分级表

劣化程度	Ⅰ级	Ⅱ级	Ⅲ级	Ⅳ级
基本扣分值	2	4	8	10

定量状态量的劣化程度还可根据状态量的大小取区间级，基本扣分值采用线性插值方法确定。具体计算方法如下：已知某状态量为 x_0、x_1 时的基本扣分值分别为 y_0、y_1，当该状态量为 x_0、x_1 之间的 x 时，其基本扣分值 y 按式（7–1）计算。

$$y=(x-x_0)(y_1-y_0)-(x_1-x_0)+y_0 \qquad (7-1)$$

状态量的扣分值由状态量重要程度和劣化程度共同决定，即状态量的扣分值等于该状态量的基本扣分值乘以影响因子，见式（7–2）。状态量正常时不扣分。

$$\text{状态量的扣分值}=\text{基本扣分值}\times\text{影响因子} \qquad (7-2)$$

当评价状态量（尤其是多个状态量）变化，且不能确定其变化原因或具体部件时，应进行分析诊断，判断状态量异常的原因，确定扣分部件及扣分值。经过诊断仍无法确定状态量异常原因时，应根据最严重情况确定扣分部件及扣分值。

评价部件应同时考虑单项状态量扣分和部件合计扣分情况。

（4）评价部件状态。根据各设备状态评价导则中部件评价标准，评价部件状态评价为正常、注意、异常、严重等四种状态。

（5）整体评价。整体评价应综合各部件的评价结果，当所有部件评价为正常状态时，整体评价为正常状态；当任一部件状态为注意状态、异常状态或严重状态时，整体评价应为其中最严重的状态。

（6）制订方案措施。根据整体评价结果，制订差异化巡视维护方案及问题整改措施。

3. 工作结束

（1）评价材料整理归位。

（2）清理现场，工作结束，离场。

4. 评价案例——某遭受短路冲击变压器状态评价

（1）设备状态信息。某 SFPSZ9－180000－220 型三绕组变压器，电压组合为 220kV/110kV/35kV，2010 年 12 月投运，厂家对该变压器给出的允许短路电流保证值为 8000A。2018 年 11 月 7 日，由于外部短路，该设备遭受低压侧三相对称短路电流冲击，短路电流值为 7857A，短路时间为 90ms，重合成功后，未做诊断性试验。该变压器未遭受其他短路冲击，其他状态量正常。

（2）设备状态评价。

1）选择评价部件。根据设备状态信息，变压器本体遭受短路冲击，选择变压器本体为评价部件。

2）选择评价状态量。选择“短路电流、短路次数、短路冲击累计次数”为评价状态量。

3）评价部件扣分。该变压器本体“短路电流、短路次数”评价状态量扣 20 分（见表 7－22），扣分依据为短路冲击电流达到厂家保证允许短路电流 90%以上。该变压器本体“短路冲击累计”状态量扣 4 分（见表 7－22），扣分依据为短路冲击电流达到厂家保证允许短路电流 90%以上，但持续时间未超过 0.5s 只统计一次。

表 7－22　变压器（电抗器）本体状态量评价标准表

<table>
<tr><th rowspan="2">序号</th><th colspan="2">评价状态量</th><th rowspan="2">劣化程度</th><th rowspan="2">基本扣分</th><th rowspan="2">判断依据</th><th rowspan="2">影响因子</th><th rowspan="2">扣分值（基本扣分值×影响因子）</th><th rowspan="2">备注</th></tr>
<tr><th>分类</th><th>状态量名称</th></tr>
<tr><td>1</td><td rowspan="4">运行</td><td rowspan="3">短路电流、短路次数</td><td>Ⅰ</td><td>2</td><td>短路冲击电流在允许短路电流的 50%～70%，次数累计达到 6 次及以上</td><td>2</td><td>—</td><td rowspan="3">按本表要求安排绕组损坏相关测试时，本项不扣分；测试结果按相关项目（色谱、频率响应、短路阻抗、绕组电容量等）标准扣分</td></tr>
<tr><td>2</td><td>Ⅱ</td><td>4</td><td>短路冲击电流在允许短路电流的 70%～90%，按次扣分</td><td>2</td><td>—</td></tr>
<tr><td>3</td><td>Ⅳ</td><td>10</td><td>短路冲击电流达到允许短路电流 90%以上，按次扣分</td><td>2</td><td>20</td></tr>
<tr><td>4</td><td>短路冲击累计</td><td>Ⅰ</td><td>2</td><td>短路冲击电流达到允许短路电流 90%以上，按次扣分</td><td>2</td><td>4</td><td>短路冲击的持续时间每超过 0.5s，应增加一次统计次数</td></tr>
</table>

4）评价部件状态。该变压器本体合计扣分 24 分，但单项状态量最大扣分 20 分，依据表 7－23，评价为异常状态。

表 7-23　变压器部件评价标准表

部件	部件状态评价标准					
	正常状态		注意状态		异常状态	严重状态
	合计扣分	单项扣分	合计扣分	单项扣分	单项扣分	单项扣分
本体	<30	<12	≥30	[12，20)	[20，30)	≥30
套管	<20	<12	≥20	[12，20)	[20，30)	≥30
冷却系统	<20	<12	≥20	[12，20)	[20，30)	≥30
分接开关	<20	<12	≥20	[12，20)	[20，30)	≥30
非电量保护和在线监测装置	<20	<12	≥20	[12，20)	[20，30)	≥30

5）整体评价。该变压器本体评价为异常状态，其他部件无异常，整体评价为异常状态。

6）制订方案措施。

① 制订巡视维护方案：结合远程视频巡视，增加变压器巡视频次，及时发现设备隐患，并尽快安排消缺。

② 制订问题整改措施：增加变压器红外测温频次，结合在线监测（油中溶解气体、主变压器铁心夹件接地电流、主变压器声纹振动、主变压器特高频局部放电、主变压器套管介质损耗等）和例行试验数据，判断主变压器运行状态，适时安排停电检修。

7.3.1.6　技能等级认证标准（评分表）

变电设备状态评价考核评分记录表如表 7-24 所示。

表 7-24　变电设备状态评价考核评分记录表

姓名：　　　　　　　　　　　　　　准考证号：　　　　　　　　　　　单位：

序号	项目	考核要点	配分	评分标准	得分	备注
1	工作准备					
1.1	着装穿戴	穿工作服	5	（1）未穿工作服，扣 5 分； （2）着装穿戴不规范，每处扣 1 分，最多扣 2 分		
2	工作过程					
2.1	选择评价部件	根据给出的设备状态信息，选择正确的评价部件	15	（1）部件选择不正确，每处扣 5 分，最多扣 15 分； （2）漏选部件，每处扣 5 分，最多扣 15 分		
2.2	选择评价状态量	根据给出的设备状态信息，选择正确的评价状态量	15	漏选或错选评价状态量，每处扣 5 分，最多扣 15 分		
2.3	评价部件扣分	依据状态量评价标准表计算部件扣分值	20	扣分值计算不正确，每处扣 5 分，最多扣 20 分		
2.4	评价部件状态	依据部件评价标准表，判断部件状态	15	部件状态判断错误，每处扣 5 分，最多扣 15 分		
2.5	整体评价	综合各部件的评价结果，对设备进行整体评价	10	设备整体评价结果不正确，扣 10 分		

续表

序号	项目	考核要点	配分	评分标准	得分	备注
2.6	制订方案措施	根据整体评价结果，制订差异化巡视维护方案及问题整改措施	10	（1）未制订方案、措施，每处扣 5 分，最多扣 10 分； （2）方案、措施不具备针对性的，每处扣 2 分，最多扣 4 分		
3	工作结束					
3.1	整理现场	汇报结束前，评价材料整理归位	10	（1）出现不安全行为，每项扣 5 分； （2）作业完毕，现场未清理恢复扣 5 分，清理不彻底扣 2 分； （3）损坏相关设备，每件扣 5 分		
总分			100	合计得分		
否定项说明：1. 违反电力安全工作相关规程；2. 违反职业技能鉴定考场纪律；3. 造成设备重大损坏；4. 发生人身伤害事故						

考评员： 年 月 日

7.3.2 变电运维管理评价

7.3.2.1 培训目标

通过职业技能培训，使学员具备分析变电站运行维护管理工作并进行评价，按照评价结果，制订、完善运维管理工作方案的能力。

7.3.2.2 培训场所及设施

1. 培训场所

变电综合实训场。

2. 培训设施

培训工具及器材如表 7–25 所示。

表 7–25 培训工具及器材（每个工位）

序号	名称	规格型号	单位	数量	备注
1	计算机	—	台	1	现场准备
2	投影仪	—	台	1	现场准备
3	打印机	—	台	1	现场准备
4	打印纸	A4	包	1	现场准备
5	中性笔	—	支	2（每人）	考生自备
6	工作服	—	套	1（每人）	考生自备

7.3.2.3 培训方式及时间

1. 培训方式

教师现场讲解、示范，学员技能操作训练，培训结束后进行理论考核与技能测试。

2. 培训与考核时间

（1）培训时间。

变电运维管理规定讲解：1h；

变电运维管理评价案例讲解：1h；

分组技能操作训练：2h；

技能测试：1h；

合计：5h。

（2）考核时间：30min。

7.3.2.4 基础知识

（1）分析变电站运行维护管理工作并进行自评价。

（2）按照评价结果，制订、完善运维管理工作方案。

7.3.2.5 技能培训步骤

1. 准备工作

（1）准备多媒体教室1间，具备现场教学条件，场地清洁，无干扰。

（2）准备计算机、投影仪、打印纸等材料。

2. 操作步骤

（1）评价项目选择。变电运维管理评价包括变电站分类、运维班管理、生产准备、运行规程管理、设备巡视、倒闸操作、工作票管理、设备缺陷管理、设备维护、带电检测、标准化作业、运维分析、仪器仪表及工器具、外来人员管理、技术培训、表单记录规范性等16项评价项目。学员根据给出的变电运维管理问题，选择正确的评价项目。

（2）评价小项选择。变电运维管理评价项目分别由相应的评价小项组成，根据变电运维管理评价细则，见表7-26，选择正确的评价小项。

表7-26 变电运维管理评价细则

<table>
<tr><th>序号</th><th colspan="2">评价项目</th><th>评价小项</th><th>检查方式</th><th>扣分原则</th><th>扣分值</th></tr>
<tr><td>1</td><td colspan="2">变电站分类</td><td>按照变电站分类标准，每年及时调整各类变电站目录，并报上级部门备案</td><td>查阅变电站分类目录清单及备案情况</td><td>（1）未按要求分类每处扣1分，最多扣2分；
（2）未及时调整和上报备案，扣1分</td><td></td></tr>
<tr><td rowspan="2">2</td><td rowspan="2">运维班管理</td><td>交接班</td><td>交接班方式与值班方式保持一致，交接班主要内容应正确齐全，应包括运行方式、缺陷异常、两票、维护检修、工器具仪表备品备件、其他任务</td><td>查阅变电运维工作日志或系统记录</td><td>内容不齐全、不规范，每处扣1分，最多扣2分</td><td></td></tr>
<tr><td>运行计划</td><td>变电运维室（分部）、运维班应根据上级要求制订年度计划、月度计划及周计划；计划执行中应明确每项具体工作责任人和时限</td><td>查阅公司停电计划、运维室及班组年度计划、月度计划、周计划</td><td>（1）无相应的运维计划，扣1分；
（2）计划内容不齐全，每处扣0.1分，最多扣0.2分</td><td></td></tr>
<tr><td rowspan="2">3</td><td colspan="2" rowspan="2">生产准备</td><td>编制生产准备工作方案，一类变电站由省公司运检部组织编制并报上级部门审核批准；二类变电站由运维单位组织编制，报省公司运检部审核批准；三、四类变电站由地市公司、省检修公司运检部组织编制并实施</td><td>查阅生产准备工作方案</td><td>（1）未编制审批，扣1分；
（2）方案内容不齐全，每处扣0.1分，最多扣0.2分</td><td></td></tr>
<tr><td>结合工程情况对生产准备人员进行培训</td><td>查阅培训过程记录</td><td>（1）未开展培训，扣1分；
（2）培训无针对性，每处扣0.1分，最多扣0.2分</td><td></td></tr>
</table>

续表

序号	评价项目	评价小项	检查方式	扣分原则	扣分值
3	生产准备	接收和妥善保管工程建设单位移交的专用工器具、备品备件及设备技术资料	查阅专用工器具及备品备件移交清单	（1）无清单、无工具，扣1分；（2）专用工器具、备品备件及设备技术资料不全，每处扣0.1分，最多扣0.2分	
		工程投运前应配备足够数量的仪器仪表、工器具、安全工器具、备品备件等，做好检验、入库，建立台账	查阅资料和现场检查	（1）没有配备，扣1分；（2）配备不全，每处扣0.1分，最多扣0.2分	
		工程投运前，应完成现场专用规程的编写、审核与发布，现场相关生产管理制度、规范、规程、标准配备齐全	查阅资料和现场检查	（1）没有完成现场专业规程编写、审核与发布，扣1分；（2）缺少相关生产管理制度、规范、规程、标准，每处扣0.1分，最多扣0.2分	
		工程投运前，设备台账、主接线图等信息应录入系统	查阅资料或系统记录	（1）设备台账、主接线图未录入系统，扣1分；（2）录入不完善，每处扣0.1分，最多扣0.2分	
		工程投运前，完成现场标识牌、相序牌、警示牌的制作和安装	现场检查	（1）未完成现场的标识牌、相序牌、警示牌的制作和安装，扣1分；（2）标识牌、相序牌、警示牌内容不正确、不齐全，每处扣0.1分，最多扣0.2分	
4	运行规程管理	站内保存有省公司发布的变电站现场运行通用规程，命名形式、内容符合要求	查阅资料	（1）缺少规程，扣5分；（2）名称、内容不符合规范要求，每处扣0.1分，最多扣0.2分	
		站内保存有本公司发布的变电站现场运行专用规程，命名形式、内容符合要求			
		新建变电站（改、扩建间隔设备）投运前一周应具备变电站现场运行规程，之后每年应进行一次复审、修订，每五年进行一次全面的修订、审核并印发。变电站现场运行规程编制（修订）审批表应与现场运行规程一同存放，编号规则符合规定		不符合要求，每处扣1分，最多扣2分	
		编制、修订与审批流程及相应的人员资格符合规定要求		不符合要求，每处扣0.1分，最多扣0.2分	
5	设备巡视	按规定开展巡视工作，巡视次数符合要求	查阅近一年巡视作业卡及巡视记录（或系统）	（1）未按要求开展相关巡视，扣1分；（2）巡视记录不规范，每处扣0.01分，最多扣0.02分	
		巡视项目和标准按照各单位审定的标准化巡视作业卡执行；标准化巡视作业卡执行应规范			
6	倒闸操作	运维班操作票应按月装订，保存期至少为一年	查阅近一年资料	（1）未按月装订，扣1分；（2）保存期限不符合要求，扣1分	
		倒闸操作应遵守相关安规、调规、现场运行规程和本单位补充规定等要求进行，操作票填写、执行应符合规范，合格率达到100%		操作票不符合要求，填写不规范，每处扣0.5分，最多扣1分	
		大型操作应有危险点分析与相应的预控措施		缺少大型操作危险点分析与预控措施，每处扣0.5分，最多扣1分	

续表

<table>
<tr><th>序号</th><th colspan="2">评价项目</th><th>评价小项</th><th>检查方式</th><th>扣分原则</th><th>扣分值</th></tr>
<tr><td rowspan="3">7</td><td rowspan="3" colspan="2">工作票管理</td><td>工作票应遵循电力安全工作规程中的有关规定，填写和执行应符合规范</td><td rowspan="3">查阅近一年资料</td><td>工作票不符合要求，填写不规范，每处扣0.5分，最多扣1分</td><td></td></tr>
<tr><td>工作票应按月装订，保存期至少为一年</td><td>(1)未按月装订，扣1分；
(2)保存期限不符合要求，扣1分</td><td></td></tr>
<tr><td>运维专职安全管理人员每月至少应对30%的已执行工作票进行抽查</td><td>不符合要求，每处扣0.5分，最多扣1分</td><td></td></tr>
<tr><td rowspan="3">8</td><td rowspan="3" colspan="2">设备缺陷管理</td><td>设备缺陷及时发现、及时建档、上报、及时汇报处理、验收，各个环节应分工明确、责任到人，实现全过程闭环管理</td><td rowspan="3">查阅系统缺陷记录中本年发现及上年遗留缺陷；根据缺陷情况，严重及以上缺陷分析、预控措施及应急预案</td><td>(1)未在系统中及时登记，或登记缺陷内容不完整、不准确，扣1分；
(2)未实现全过程闭环，每处扣0.5分，最多扣1分</td><td></td></tr>
<tr><td>严重及以上缺陷未消除前，根据缺陷情况，运维单位应组织制订预控措施和应急预案；对可能会改变一、二次设备运行方式或影响集中监控的危急、严重缺陷情况应向相应上级人员汇报，缺陷未消除前，运维人员应加强设备巡视</td><td>无缺陷预控措施及应急预案，未加强巡视，内容不完整、不正确，每处扣0.5分，最多扣1分</td><td></td></tr>
<tr><td>及时消除设备缺陷：一般缺陷可不停电处理的不超过三个月，需要停电处理的不超过一个例行试验检修周期；严重缺陷不超过一个月；危急缺陷不超过24h。缺陷定性准确</td><td>(1)危急、严重缺陷超周期消缺，每条扣1分，最多扣2分；
(2)一般缺陷超周期消缺，每条扣1分，最多扣2分；
(3)缺陷定性不准确，每条扣0.5分，最多扣1分</td><td></td></tr>
<tr><td rowspan="4">9</td><td rowspan="4">设备维护</td><td rowspan="2">日常维护</td><td>制订适合本站的设备日常维护计划</td><td rowspan="2">查阅日常维护表、近一年标准化作业卡及维护记录（或系统）</td><td>(1)未制订适合本站的日常维护表，扣1分；
(2)周期不满足要求，每处扣0.5分，最多扣1分</td><td></td></tr>
<tr><td>根据本站设备日常维护计划编制标准化作业卡并严格执行</td><td>(1)作业卡不全或未执行，每处扣0.5分，最多扣1分；
(2)作业卡不完善，每处扣0.1分，最多扣0.2分</td><td></td></tr>
<tr><td rowspan="2">设备定期轮换试验</td><td>制订适合本站设备的定期轮换试验维护计划</td><td rowspan="2">查阅定期轮换试验维护表、近一年标准化作业卡及维护记录（或系统）</td><td>(1)未制订适合本站的定期轮换试验维护表，扣1分；
(2)周期不满足要求，每处扣0.5分，最多扣1分</td><td></td></tr>
<tr><td>根据本站设备定期轮换试验维护计划编制标准化作业卡并严格执行</td><td>(1)作业卡不全或未执行，每处扣0.5分，最多扣1分；
(2)执行不规范，每处扣0.1分，最多扣0.2分</td><td></td></tr>
<tr><td>10</td><td colspan="2">带电检测</td><td>编制适合本站的带电检测计划</td><td>查阅带电检测周期表、近一年标准化作业卡及检测记录（或系统）</td><td>(1)未制订适合本站的带电检测计划表，扣1分；
(2)周期不满足要求，每处扣0.5分，最多扣1分</td><td></td></tr>
</table>

续表

序号	评价项目		评价小项	检查方式	扣分原则	扣分值
10	带电检测		根据本站设备带电检测计划编制标准化作业卡并严格执行	查阅带电检测周期表、近一年标准化作业卡及检测记录（或系统）	（1）作业卡不全或未执行，每处扣 0.5 分，最多扣 1 分；（2）作业卡内容不完整、不规范，每处扣 0.1 分，最多扣 0.2 分	
11	标准化作业		标准作业卡的格式符合模板要求，任务单一、步骤清晰	查阅资料	不符合模板要求的，每处扣 0.5 分，最多扣 1 分	
			标准作业卡执行规范，填写内容正确，数据记录、签名手续齐全规范	查阅资料	不符合要求的，每处扣 0.5 分，最多扣 1 分	
			已执行作业卡编号规范、唯一，保存一年	查阅资料	不符合要求的，每处扣 0.5 分，最多扣 1 分	
12	运维分析	综合分析	综合分析每月开展 1 次，由运维班班长组织全体运维人员参加。综合分析内容齐全、正确，记录规范	查阅系统或运维记录	（1）缺少综合分析，每处扣 0.5 分，最多扣 1 分；（2）综合分析内容不完善，每处扣 0.1 分，最多扣 0.2 分	
		专题分析	专题分析应根据需要有针对性开展。专题分析由班长组织有关人员进行，内容齐全、正确，记录规范	查阅系统或运维记录	（1）无专题分析，每处扣 0.5 分，最多扣 1 分；（2）专题分析内容不完善，每处扣 0.1 分，最多扣 0.2 分	
13	仪器仪表及工器具		配置充足、合格的仪器仪表及工器具进行定置存放，放置地点和仪器仪表、工器具，均应同时标明名称和编号	查阅资料	配备不齐全，或未进行编号、定置摆放，扣 0.5 分	
			建立仪器仪表及工器具台账记录。仪器仪表、工器具应存放在专用橱柜内	查阅资料	未建立台账或台账与实际不符，扣 1 分	
			各设备室的温湿度计应定置管理，安装地点应设置温湿度计标识	现场检查	未定置管理或未设置标识，扣 0.5 分	
			仪器仪表等应按照有关规定，由具备资质的检测机构定期检测，试验合格后方可使用，校验合格的装备上应有明显的检测试验合格证	现场检查和查阅资料	（1）有超期使用的仪器仪表，每处扣 1 分，最多扣 2 分；（2）试验报告或检测合格证欠缺，每处扣 0.5 分，最多扣 1 分；（3）报告或合格证不完善，每处扣 0.1 分，最多扣 0.2 分	
14	外来人员管理		进入变电站工作的临时工、外来施工人员应由安全监察部门进行安全培训和考试合格后，在工作负责人的带领下，方可进入变电站	查阅资料	（1）未进行安全培训和考试的，每处扣 0.5 分，最多扣 1 分；（2）培训内容、考试不完善的每处扣 0.1 分，最多扣 0.2 分	
15	技术培训		运维人员每月至少进行一次变电运维相关技术、技能培训	查阅资料	（1）缺少变电运维技术、技能培训，扣 0.5 分；（2）培训内容不完善的，每处扣 0.1 分，最多扣 0.2 分	

续表

序号	评价项目	评价小项	检查方式	扣分原则	扣分值
15	技术培训	运维班应每月开展一次事故预想，每季度开展一次反事故演习	查阅资料或系统记录	（1）缺少事故预想或反事故演习，每处扣 0.5 分，最多扣 1 分； （2）记录不完善的，每处扣 0.1 分，最多扣 0.2 分	
16	表单记录规范性	各类变电站目录	查阅资料或系统记录	（1）记录表单应与运维通用管理规定附录模板一致，不一致扣 1 分； （2）填写不规范，每处扣 0.1 分，最多扣 0.2 分	
		专用工器具及备品备件移交清单			
		变电站现场运行规程编制（修订）审批表			
		相关变电站现场运行通用规程			
		变电站现场专用规程			
		标准化作业卡			
		安全工器具试验计划表			
		仪器仪表及工器具台账记录			
		变电运维工作日志	查阅资料或系统记录	（1）查询系统记录，每缺一项扣 0.5 分，最多扣 1 分； （2）系统中无法记录的内容可通过纸质或其他记录形式予以补充，纸质记录表单应与运维通用管理规定附录模板一致，不一致扣 1 分，填写不规范每处扣 0.1 分，最多扣 0.2 分	
		设备巡视记录			
		设备缺陷记录			
		电气设备检修试验记录			
		继电保护及安全自动装置工作记录			
		断路器跳闸记录			
		调控指令记录			
		避雷器动作及泄漏电流记录			
		设备测温记录			
		运维分析记录			
		反事故演习记录			
		解锁钥匙使用记录			
		蓄电池检测记录			
		事故预想记录			

（3）评价扣分。根据变电运维管理问题，依据变电运维管理评价细则中扣分原则，计算扣分值。

（4）评价结果。变电运维管理评价满分为 50 分，采用扣分计算方式，扣完为止。评价结果分为三档：

1）不合格：得分 40 分以下。

2）合格：得分 40～45 分（包括 40 分）。

3）优秀：得分 45～50 分（包括 45 分）。

（5）完善运维管理方案。根据变电运维管理评价结果，制订、完善运维管理方案。

3. 工作结束

（1）评价材料整理归位。

（2）清理现场，工作结束，离场。

4. 评价案例

（1）运维管理检查问题。对某运维班管理工作进行检查，发现该班组存在以下问题：

1）未将所辖变电站进行分类 2 处。

2）未按要求开展相关巡视工作 2 处。

3）操作票填写不规范 3 处。

4）未制订适合某站的日常维护表 1 处。

5）工作票未按月进行装订 1 处。

（2）变电运维管理评价。依据变电运维管理评价细则，选择相应的评价项目、评价小项，变电运维管理评价扣分表如表 7–27 所示。

表 7–27 变电运维管理评价扣分表

序号	评价项目	评价小项	问题	扣分值
1	变电站分类	按照变电站分类标准，每年及时调整各类变电站目录，并报上级部门备案	未将所辖变电站进行分类 2 处	2
2	设备巡视	按规定开展巡视工作，巡视次数符合要求	未按要求开展相关巡视工作 2 处	1
3	倒闸操作	倒闸操作应遵守相关安规、调规、现场运行规程和本单位补充规定等要求进行，操作票填写、执行应符合规范，合格率达到 100%	操作票填写不规范 3 处	1
4	设备维护	制订适合本站的设备日常维护计划	未制订适合某站的日常维护表 1 处	1
5	工作票管理	工作票应按月装订，保存期至少为一年	工作票未按月进行装订 1 处	1
合计				6

经过评价，该班组变电运维管理评价得分为 44 分，评价为合格。根据变电运维管理评价结果，完善变电站分类、设备巡视、倒闸操作、设备维护、工作票管理等运维管理工作方案。

7.3.2.6 技能等级认证标准（评分表）

变电运维管理评价考核评分记录表如表 7–28 所示。

表 7–28 变电运维管理评价考核评分记录表

姓名：　　　　准考证号：　　　　单位：

序号	项目	考核要点	配分	评分标准	得分	备注
1	工作准备					
1.1	着装穿戴	穿工作服	5	（1）未穿工作服，扣 5 分； （2）着装穿戴不规范，每处扣 1 分，最多扣 2 分		
2	工作过程					
2.1	评价项目选择	根据给出的变电运维管理问题，选择正确的评价项目	10	未选择评价项目或选择不正确，每处扣 2 分，最多扣 10 分		

续表

序号	项目	考核要点	配分	评分标准	得分	备注
2.2	评价小项选择	根据给出的变电运维管理问题，选择正确的评价小项	15	未选择评价小项或选择不正确，每处扣5分，最多扣15分		
2.3	评价扣分	依据变电运维管理评价细则中扣分原则，计算扣分值	25	扣分值计算错误，每处扣5分，最多扣25分		
2.4	评价结果	根据扣分值计算评价得分，给出评价结果	20	（1）评价结果得分计算错误，扣10分； （2）评价结果不正确，扣20分		
2.5	完善方案	根据变电运维管理评价结果，制订、完善运维管理方案	15	（1）未制订运维管理方案，扣15分； （2）运维管理方案不完善，每处扣2分，最多扣4分		
3	工作结束					
3.1	整理现场	汇报结束前，评价材料整理归位	10	（1）出现不安全行为，每项扣5分； （2）作业完毕，现场未清理恢复，扣5分，恢复不彻底扣2分； （3）损坏相关设备，每件扣5分		
总分			100	合计得分		
否定项说明：1. 违反电力安全工作规程相关规定；2. 违反职业技能鉴定考场纪律；3. 造成设备重大损坏；4. 发生人身伤害事故						

考评员：　　　　　　　　　　　　　　　　　　　　　　　年　　月　　日

7.4 技术管理及培训指导

7.4.1 技术管理

7.4.1.1 培训目标

熟练掌握变电站设计、技改方案编制、审核，对新投运变电站启动方案有组织培训能力，具备审核新变电站的运行规程、事故预案、典型操作票审核能力，具备组织技术难题分析及整改以及全面质量管理活动组织能力。

7.4.1.2 培训场所及设施

1. 培训场所

变电运维综合实训场。

2. 培训设施

培训工具及器材如表 7－29 所示。

表 7－29　培训工具及器材（每个工位）

序号	名称	规格型号	单位	数量	备注
1	计算机	—	台	1	现场准备
2	打印机	—	台	1	现场准备
3	中性笔	—	支	2	考生自备
4	工作服	—	套	1	考生自备

7.4.1.3 培训方式及时间

1. 培训方式

教师现场讲解、示范，学员技能操作训练，培训结束后进行理论考核与技能测试。

2. 培训与考核时间

（1）培训时间。

变电站相关方案及图纸审核方法讲解：1h；

新投运变电站启动方案培训、技术资料审核讲解：1h；

组织分析会及全面质量管理活动要点讲解：1h；

分组技能操作训练：3h；

技能测试：2h；

合计：8h。

（2）考核时间：40min。

7.4.1.4 基础知识

（1）能对变电站设计方案、技改工程方案、施工图纸进行审核并提出改进方案。

（2）能组织新投运变电站的启动方案培训及学习，审核新变电站的运行规程、事故预案、典型操作票。

（3）能组织值班人员对运行维护中出现的技术难题进行分析，并制订整改方案，组织变电站人员开展全面质量管理活动（QC）。

7.4.1.5 技能培训步骤

1. 工作准备

现场准备：必备 4 个工位，变电设备场地。场地清洁，无干扰。

2. 工作过程

（1）熟悉现场运行设备。

（2）审阅变电站设计方案、技改工程方案、施工图纸设计方案，包括原始资料、电气主接线、配电装置及电气设备的配置与选择、二次回路部分、站用电的设计、防雷保护等。

（3）审核技改工程方案，其中包括变电站改造需求分析、改造的总体设计、改造的主要内容、土建部分、工程设计、主要电气设备选择、施工改造方案设计、全站改造工作量、10kV负荷转移方案、工程特点、施工组织措施、施工现场组织原则、施工现场总平面图布置、施工技术和资料准备、编制施工技术文件要求和施工组织设计、施工技术交底要求、工程档案管理、施工机具准备、主要工序的施工方法、施工的质量管理、安全管理。

（4）审核所提供施工图纸，对图纸中问题进行记录。

（5）根据系统图及设备参数表制订新投运变电站启动方案，包括调度命名和调度管辖划分、新设备投运范围、投运条件、投运步骤、注意事项等。

（6）根据现场设备提出运行维护中可能存在的技术难题。

（7）根据发现的技术难题制订整改方案。

（8）根据现场设备拟定课题制订全面质量管理活动方案，包括小组概况、选题理由、现状调查、设定目标、要因分析、要因确认、制订对策、实施对策、效果检查及效益分析、巩固措施、下一步规划等。

3. 工作终结

清理工位，工作结束，离场。

7.4.1.6 技能等级认证标准（评分表）

技术管理及培训指导考核评分记录表如表 7-30 所示。

表 7-30 技术管理及培训指导考核评分记录表

姓名： 准考证号： 单位：

序号	项目	考核要点	配分	评分标准	得分	备注
1	工作过程					
1.1	设计方案审核	审核变电站设计方案，发现其中错误并提出改进方案	10	（1）发现错误有遗漏或错误，每处扣 2 分； （2）提出的改进方法有遗漏或错误，每处扣 1 分		
1.2	技改方案审核	审核技改工程方案，发现其中错误并提出改进方案	10	（1）发现错误有遗漏或错误，每处扣 2 分； （2）提出的改进方法有遗漏或错误，每处扣 1 分		
1.3	图纸审核	审核所提供施工图纸，对图纸中问题进行记录。对发现的问题制订改进方案	10	（1）记录问题有误，每处扣 1 分； （2）记录问题存在遗漏，每处扣 1 分 （3）根据方案制定情况酌情扣分，最高扣 8 分		
1.4	方案编制	根据系统图及设备参数表制订新投运变电站启动方案	15	（1）启动方案编制有错误，每处扣 1 分； （2）启动方案与现场设备情况不符，每处扣 1 分； （3）启动方案内容缺失，每处扣 1 分		
1.5	方案教学	对启动方案进行讲解	10	（1）教学讲解存在设备遗漏，每处扣 2 分； （2）教学讲解出现内容错误，每处扣 1 分		
1.6	技术难题分析	根据现场设备提出运行维护中可能存在的技术难题，打印	15	问题分析错误，每处扣 2 分		
1.7	制订整改方案	根据发现的技术难题制订整改方案，打印	10	（1）整改方案编制有错误，每处扣 2 分； （2）整改方案与现场设备情况不符，每处扣 1 分		
1.8	QC 组织	根据现场设备拟定课题制订全面质量管理活动方案，打印	10	（1）活动方案编制有错误，每处扣 5 分； （2）活动方案与现场设备情况不符，每处扣 5 分； （3）活动方案有缺项，每处扣 5 分		
2	工作终结验收					
2.1	方案验收	汇报结束前，所有编制方案打印完毕，摆放到指定位置	10	（1）方案未打印，每处扣 1 分； （2）方案未摆放到指定位置，每处扣 1 分		
	总分		100	合计得分		

否定项说明：1. 违反电力安全工作规程相关规定；2. 违反职业技能鉴定考场纪律；3. 造成设备重大损坏；4. 发生人身伤害事故

考评员： 年 月 日

7.4.2 培训

7.4.2.1 培训目标

掌握培训及讲义编制、项目开发方法。

7.4.2.2 培训场所及设施

1. 培训场所

变电运维综合实训场。

2. 培训设施

培训工具及器材如表 7–31 所示。

表 7–31 培训工具及器材（每个工位）

序号	名称	规格型号	单位	数量	备注
1	计算机	—	台	1	现场准备
2	打印机	—	台	1	现场准备
3	中性笔	—	支	2	考生自备
4	工作服	—	套	1	考生自备

7.4.2.3 培训方式及时间

1. 培训方式

教师现场讲解、示范，学员技能操作训练，培训结束后进行理论考核与技能测试。

2. 培训与考核时间

（1）培训时间。

在设备场地对技师应具备技能进行讲解演示：1h；

培训讲义编制方法讲解：1h；

培训项目开发方法及要点讲解：1h；

分组技能操作训练：3h；

技能测试：2h；

合计：8h。

（2）考核时间：35min。

7.4.2.4 基础知识

（1）能对变电站值班员技师及以下等级的技能人员进行培训。

（2）能编制培训讲义。

（3）能进行培训项目开发并组织实施。

7.4.2.5 技能培训步骤

1. 工作准备

现场准备：必备 4 个工位，变电设备场地。场地清洁，无干扰。

2. 工作过程

（1）熟悉现场运行设备。

（2）在设备场地，根据二级工应具备技能对技能人员进行讲解。

（3）根据设备情况，编制变电运行培训项目提纲，包括培训需求预测、培训项目策划、培训项目开发方案审定、培训总体计划制订、培训计划制订等。

（4）依据生产实践教育法并结合现场实际情况编制变电运行值班员培训讲义。以设备巡视为例，应包括设备巡视的意义和作用、设备巡视的基本要求、设备巡视检查的内容、设备巡视的基本方法等。

（5）制订变电运维培训项目方案，包括培训现场安排、培训资源、培训通知、培训指南、编制项目预算等。

3. 工作终结

清理工位，工作结束，离场。

7.4.2.6 技能等级认证标准（评分表）

培训考核评分记录表如表 7–32 所示。

表 7–32 培训考核评分记录表

姓名：　　　　　　　　　　　　　　准考证号：　　　　　　　　　　　　　　单位：

序号	项目	考核要点	配分	评分标准	得分	备注
1	工作过程					
1.1	现场培训	根据二级工应具备技能，选取 2 项进行现场讲解	20	（1）技能培训讲解有误，每处扣 2 分； （2）技能培训讲解知识点遗漏，每处扣 1 分		
1.2	编制提纲	根据设备情况，编制变电运行培训项目提纲，打印	20	（1）培训项目提纲编制有错误或内容缺失，每处扣 2 分； （2）培训项目提纲与现场设备情况不符，每处扣 2 分		
1.3	编制讲义	根据设备情况，编制变电运行值班员培训讲义，打印	25	（1）培训讲义编制有错误，每处扣 2 分； （2）培训讲义与现场设备情况不符，每处扣 2 分； （3）培训讲义内容缺失，每处扣 2 分		
1.4	制订方案	制订变电运维培训项目方案，打印	25	（1）资料编制有错误，每处扣 2 分； （2）培训流程与准备工作有误或缺失，每处扣 2 分		
2	工作终结验收					
2.1	方案验收	汇报结束前，所有编制方案打印完毕，摆放到指定位置	10	（1）方案未打印，每处扣 1 分； （2）方案未摆放到指定位置，每处扣 1 分		
总分			100	合计得分		
否定项说明：1. 违反电力安全工作规程相关规定；2. 违反职业技能鉴定考场纪律；3. 造成设备重大损坏；4. 发生人身伤害事故						

考评员：　　　　　　　　　　　　　　　　　　　　　　　　　　年　　月　　日

7.4.3 指导

7.4.3.1 培训目标

能够指导解决变电运维实践中产生的技术难题并组织技能练兵。

7.4.3.2 培训场所及设施

1. 培训场所

变电运维综合实训场。

2. 培训设施

培训工具及器材如表 7-33 所示。

表 7-33　培训工具及器材（每个工位）

序号	名称	规格型号	单位	数量	备注
1	计算机	—	台	1	现场准备
2	打印机	—	台	1	现场准备
3	中性笔	—	支	2	考生自备
4	工作服	—	套	1	考生自备

7.4.3.3　培训方式及时间

1. 培训方式

教师现场讲解、示范，学员技能操作训练，培训结束后进行理论考核与技能测试。

2. 培训与考核时间

（1）培训时间。

变电运维技术难点分析及处理方法讲解：1h；

变电运维技能练兵流程、方法讲解：1h；

分组技能操作训练：4h；

技能测试：2h；

合计：8h。

（2）考核时间：40min。

7.4.3.4　基础知识

（1）能指导解决变电运维实践中产生的技术难题。

（2）能组织开展变电运维技能练兵。

7.4.3.5　技能培训步骤

1. 工作准备

现场准备：必备 4 个工位，变电设备场地。场地清洁，无干扰。

2. 工作过程

（1）熟悉现场运行设备。

（2）结合现场设备，对变电运维实践中可能产生的技术难题进行列举讲解，如变电线路开关故障中的应用、直流操作危险点应对措施、对设备的状态进行跟踪、在接地线路安装中的应用。

（3）依据变电运维相关技术导则，制订技术难题解决方案并讲解。

（4）建立变电运维技能练兵流程。制订变电运维“岗位大练兵，技能大比武”活动实施方案，包括活动思路、活动目标、活动安排，进行桌面演练。

3. 工作终结

清理工位，工作结束，离场。

7.4.3.6 技能等级认证标准（评分表）

指导考核评分记录表如表 7－34 所示。

表 7－34 指导考核评分记录表

姓名：　　　　　　　　　　　　准考证号：　　　　　　　　　　　　单位：

序号	项目	考核要点	配分	评分标准	得分	备注
1	工作过程					
1.1	提出技术难题	结合现场设备，对实践中可能产生的技术难题进行列举，打印	25	（1）技术难题列举不符合现场实际，每处扣 2 分； （2）技术难题列举数量不足 2 项，每少一处扣 5 分； （3）技术难题列举有错误，每处扣 2 分		
1.2	方案讲解	编制技术难题解决方案，并讲解	20	（1）未提出解决方案，每处扣 2 分； （2）解决方案不合理，每处扣 2 分		
1.3	制订活动方案	结合现场设备，制订变电运维“岗位大练兵，技能大比武”活动实施方案，打印，讲解	25	（1）活动方案不符合现场实际，每处扣 2 分； （2）活动方案存在技术错误，每处扣 2 分		
1.4	桌面演练	对活动方案进行桌面演练	20	桌面演练不连贯，每处扣 2 分		
2	工作终结验收					
2.1	方案验收	汇报结束前，所有编制方案打印完毕，摆放到指定位置	10	（1）方案未打印，每处扣 1 分； （2）方案未摆放到指定位置，每处扣 1 分		
总分			100	合计得分		
否定项说明：1. 违反电力安全工作规程相关规定；2. 违反职业技能鉴定考场纪律；3. 造成设备重大损坏；4. 发生人身伤害事故						

考评员：　　　　　　　　　　　　　　　　　　　　　　　　年　　月　　日

7.5 安全管理

7.5.1 变电站黑启动方案编制及实施

7.5.1.1 培训目标

通过职业技能培训，以实际技能操作为主线，使学员掌握变电站黑启动相关方案编制的基础知识，能够准确分析变电站全停原因，并掌握变电站应急处理措施，提升变电站重大事故的应急处理能力。

7.5.1.2 培训场所及设施

1. 培训场所

实训室。

2. 培训设施

培训工具及器材如表 7－35 所示。

表 7－35 培训工具及器材（每个工位）

序号	名称	规格型号	单位	数量	备注
1	变电站运行方式、主接线图、交直流系统图等	—	份	1	现场准备

续表

序号	名称	规格型号	单位	数量	备注
2	变电站全停应急处置及黑启动方案样例	—	份	1	现场准备
3	桌子	—	张	1	现场准备
4	凳子	—	把	1	现场准备
5	答题纸	A4	张	若干	现场准备
6	签字笔	黑色	支	1	现场准备

7.5.1.3 培训方式及时间

1. 培训方式

培训师现场进行理论教学讲解，使学员掌握变电站全停原因分析及应急处置能力等相关技能，并根据培训师设置模拟场景开展实训，培训结束后进行现场作业安全措施制订技能考核与测试。

2. 培训与考核时间

（1）培训时间。

变电站全停原因分析讲解：1h；

变电站全停应急处置措施讲解：1h；

变电站黑启动方案编制讲解：1h；

变电站黑启动方案实施流程讲解：1h；

理论及实操技能考核评价：1h；

合计：5h。

（2）考核时间：60min。

7.5.1.4 基础知识

（1）编制变电站全停时应急处理方案。

（2）编制变电站黑启动方案并组织实施。

7.5.1.5 技能培训步骤

1. 工作准备

（1）变电站运行方式、主接线图、交直流系统图等基础信息。

（2）培训工具和器材齐全。

（3）变电站模拟操作系统。

2. 工作过程

（1）编制变电站全停应急处理方案。

1）变电站全停原因分析：

① 根据不同变电站的性质，开展适当的故障信息收集工作，确保各类故障信息收集详尽、准确，为变电站全停故障分析做可靠依据。根据事故现象、断路器跳闸、保护动作、表计指示变化等特征，迅速准确地判断（故障设备、故障性质、故障范围、故障原因等），并掌握主要情况。

② 沉着、冷静、有序进行断路器动作情况、潮流变化情况、信号报警情况、保护及自动装置动作情况、设备异常运行情况等动作信息收集工作并做好详细记录，避免漏查、漏记信号，影响对事故的正确判断。

③ 根据监控系统报送的断路器变位情况、保护动作信息、实时电流电压表计指示等信息及全站保护的相互配合和保护范围，充分利用保护和自动装置提供的信息，初步分析和判断事故的范围和性质。

④ 组织人员对站内一、二次设备、保护装置等进行设备实际工况信息收集，依据收集结果综合分析故障原因。为准确分析事故原因和进行故障查找，在不影响事故处理和停送电的情况下，应尽可能保留事故现场和事故设备的原状。

2）变电站直流、站用电源外接方式及运行方式。站用交直流系统是变电站正常运行、操作、监控、通信的保障。交直流系统异常会造成失去保护自动装置、操作系统、通信系统、变压器冷却系统电源，使得故障处理更困难。若短时间内交直流系统不能恢复正常运行，会使故障范围扩大，甚至造成电力系统事故和大面积停电事故。因此，事故处理时，应设法保证交直流系统正常运行。

① 确认故障后站内交直流系统供电情况，对存在全部失电或部分失电设备是否可通过外接电源或其他方式恢复供电。

② 在对站内交直流系统恢复供电前应做好设备检查，确保不会对设备造成二次伤害。对于无法确认是否会造成设备损坏的，应考虑逐级进行试送。

③ 对于不影响站内主设备恢复供电站用交直流系统部分，可待站内主设备恢复供电后再考虑恢复供电。

④ 当发现站内交直流系统运行异常时，应查明原因，并进行有效隔离，确保不威胁人身安全后恢复变电站主设备供电。

3）变电站全停应急处置措施。

① 明确各级人员职责，各级当值调度是领导事故处理的指挥者，应对事故处理的准确性、及时性负责。运维站（变电站）运维值班负责人（当值班长）是现场事故处理的负责人，应对汇报信息和事故操作处理的准确性负责。

② 必须严格遵守相关安全工作规程、调度规程、现场运行规程等相关安全工作规定，服从各级调度控制中心指挥，正确执行调度命令。当对调度命令产生疑问时，应立即指出并作必要说明；当调度坚持原命令时，运行值班人员应立即执行；当调度命令威胁人身或设备安全时，可拒绝执行，并逐级上报。

③ 恢复送电应在调度的统一指挥下进行，运行人员应根据调度命令，考虑运行方式变化时本站自动装置、保护的投退和定值的更改，以满足新运行方式的要求操作，同时要考虑不同电源系统的操作顺序。

④ 如果在交接班时发生事故，而交接班手续未完成，交班人员应留在自己的岗位上进行事故处理，接班人员可在上值班长的领导下协助处理事故。

⑤ 故障初步判断后，应到相应的设备处进行仔细查找和检查，找出故障点和导致故障发生的直接原因。若出现着火、持续异味等危及设备或人身安全的情况，应迅速进行处理，防

止事故的进一步扩大。

⑥ 当站内设备故障造成变电站全停时，运维值班负责人（当值班长）根据站内设备故障情况、变电站电源线路、负荷线路等综合分析，制订有效隔离故障点及变电站恢复供电操作流程。

⑦ 恢复送电过程中加强监视故障后的线路、变压器的负荷状况，发现异常及时汇报调度，防止因故障后设备内部受损造成设备二次发生故障失电。

（2）编制变电站黑启动方案并组织实施。

1）编制变电站黑启动方案。

① 明确变电站黑启动目的及意义，编制变电站黑启动工作组织机构，并明确各级人员职责。

② 根据不同变电站性质，了解地区电网、电厂性质等信息，以及变电站直流、站用电源外接方式及运行方式，掌握具备自启动功能的机组明细，确定最合适的黑启动电源。

③ 掌握变电站黑启动的编制原则，利用所辖具备自启动能的机组恢复供电的方式完成变电站黑启动。

④ 熟悉变电站黑启动过程的要求。

⑤ 确定变电站黑启动的任务及注意事项。

⑥ 合理编制变电站黑启动的步骤。

⑦ 掌握需黑启动变电站负荷分配情况及重要负荷明细，按重要程度依次恢复供电。

2）组织实施变电站黑启动方案。

① 熟练掌握变电站黑启动方案。

② 核实确认变电站需进行且满足黑启动条件。

③ 按照变电站黑启动方案工作组织机构人员职责，履行相应职责。

④ 严格按照变电站黑启动方案中启动步骤，完成变电站黑启动。

⑤ 按照重要负荷明细，依次恢复供电。

3. 工作终结

（1）所有物品摆放整齐，无不规范行为。

（2）清理现场，将资料整理整齐、桌面恢复原状。

7.5.1.6 技能等级认证标准（评分表）

变电站黑启动方案编制及实施考核评分记录表如表7－36所示。

表7－36 变电站黑启动方案编制及实施考核评分记录表

姓名： 准考证号： 单位：

序号	项目	考核要点	配分	评分标准	得分	备注
1	工作准备					
1.1	着装穿戴	穿工作服、绝缘鞋	5	工作服、绝缘鞋未穿戴规范，扣5分		
2	工作过程					

续表

序号	项目	考核要点	配分	评分标准	得分	备注
2.1	原因分析	变电站全停原因分析	20	（1）故障信息收集不全、内容描述不清楚，每处扣2分； （2）故障信息整理，报送缺失，每处扣2分； （3）变电站全停原因未分析全面，扣10分； （4）变电站全停原因分析错误，扣20分； （5）关键词书写不正确，每处扣1分		
2.2	方案编制	变电站全停应急处理方案、变电站黑启动方案内容符合要求	40	（1）应急处理方案、黑启动方案中未考虑变电站直流、站用电源外接方式及运行方式或存在错误，扣10分； （2）应急处理方案、黑启动方案中缺少章节，每处扣10分； （3）应急处理方案、黑启动方案中变电站直流、站用电源外接方式及运行方式不全，每处扣2分； （4）应急处理方案、黑启动方案中应急措施或黑启动流程存在缺失，每处扣10分； （5）应急处理方案、黑启动方案中应急措施或黑启动流程存在误操作，扣40分； （6）应急处理方案、黑启动方案内容不准确、不全面，或出现文字错误、语句不通顺，每处扣2分		
2.3	变电站事故处理的一般程序	熟悉处理事故的程序；对处理程序应逻辑清晰，明确事故原理	10	叙述不准确、不全面，每处扣1分		
2.4	变电站事故处理的注意事项	变电站事故处理的注意事项	10	应急处理方案、黑启动方案叙述不准确、不全面，每处扣3分		
2.5	组织实施	实施变电站黑启动流程	10	（1）未掌握变电站黑启动原则，扣5分； （2）黑启动流程叙述不准确、不全面，每处扣1分； （3）黑启动流程存在错误，扣10分		
3	工作结束					
3.1	工作区域整理	汇报工作结束前，清理工作现场，桌面及现场恢复原状，无不规范行为	5	（1）资料、器具未恢复原样，每项扣2分； （2）现场遗留纸屑等未清理，扣1分		
		总分	100	合计得分		

否定项说明：1. 违反电力安全工作规程相关规定；2. 违反职业技能鉴定考场纪律；3. 造成设备重大损坏；4. 发生人身伤害事故

考评员：　　　　　　　　　　　　　　　　　　　　　　　　　年　　月　　日

7.5.2 重大人身伤亡、火灾事故防范措施制订

7.5.2.1 培训目标

通过职业技能培训，使学员掌握变电站防范重大人身伤亡、火灾事故安全措施的基础知识，掌握具体安全措施制订适用范围和内容，提升排查事故隐患的能力，达到能够准确制订防止人身伤亡和火灾事故安全措施、对变电站（所）事故隐患提出改进措施的水平。

7.5.2.2 培训场所及设施

1. 培训场所

实训室。

2. 培训设施

培训工具及器材如表 7-37 所示。

表 7-37 培训工具及器材（每个工位）

序号	名称	规格型号	单位	数量	备注
1	变电站设备基础信息、设备运维信息	—	份	1	现场准备
2	作业范围及内容	—	份	1	现场准备
3	桌子	—	张	1	现场准备
4	凳子	—	把	1	现场准备
5	答题纸	A4	张	若干	现场准备
6	签字笔	黑色	支	1	现场准备

7.5.2.3 培训方式及时间

1. 培训方式

教师现场讲解、示范，学员进行实际操作训练，培训结束后进行重大人身伤亡、火灾事故防范措施制订技能考核与测试。

2. 培训与考核时间

（1）培训时间。

基础知识学习：1h；

措施制订介绍：1h；

安全措施制订讲解、示范：1h；

技能测试：2h；

合计：5h。

（2）考核时间：40min。

7.5.2.4 基础知识

（1）制订防止人身伤亡、火灾事故安全措施。

（2）对变电站（所）事故隐患提出改进措施。

7.5.2.5 技能培训步骤

1. 安全措施及危险点分析

（1）防止高处坠落的安全措施。

1）高处作业应穿工作服、防滑鞋，并设专人监护。高处作业人员配备的安全帽、安全带、安全绳、攀登自锁器、防坠器等应检验合格并符合要求；使用前应检查确认，并正确佩戴使用。安全带、安全绳必须系在牢固物件上，防止脱落；作业人员应随时检查安全带、安全绳是否拴牢，在转移作业位置时不得失去安全保护。高处作业应使用工具袋。禁止将工具及材料上下投掷，应用绳索拴牢传递。

2）作业现场常设洞口应设盖板并盖实、表面刷黄黑相间的安全警示线或装设栏杆护板；临时洞口或洞口盖板掀开后，应装设刚性防护栏杆，悬挂安全标识牌，夜间应装设红灯警示。

3）作业现场使用移动高处作业平台四周应设置保护栏杆、护脚板或其他保护设施，作业平台表面应防滑、支撑稳定，不得超载。

4）作业现场使用的梯子应合格，并有防滑保护装置（如防滑套、挂钩等），梯阶的距离不应大于 30cm，并在距梯顶 1m 处设限高标识。使用单梯工作时，梯子与地面的倾斜角度为 65°～75°，梯子应有人扶持，以防失稳坠落。

（2）防止触电的安全措施。

1）凡从事电气作业的人员应正确佩戴合格的个人防护用品，使用合格的安全工器具。高压绝缘鞋（靴）、绝缘手套等必须符合国家或行业相关标准。作业时，应穿全棉长袖工作服，戴安全帽，穿绝缘鞋（靴），根据作业需要佩戴绝缘手套。

2）使用绝缘安全用具（绝缘操作杆、验电器、携带型短路接地线等）必须经过定期试验合格，使用前必须检查安全工器具结构完整、性能良好，在检验有效期内。使用的手持电动工器具和电气机具应定期检验合格，使用前应进行检查，并按工器具类型在使用中佩戴绝缘手套，配备剩余电流动作保护器或隔离电源。

3）电气设备的金属外壳应有良好的接地装置，使用中不得将接地装置拆除或对其进行任何工作。

4）高压设备停电检修时，应采取停电、验电、接地、悬挂标识牌和装设遮栏（围栏）等措施，作业人员应在接地装置的保护范围内作业。禁止作业人员擅自移动或拆除接地线、遮栏（围栏）、标识牌。

5）带电作业主要采取等电位、中间电位、地电位三种方式。等电位作业时，作业人员须穿屏蔽服，与带电部位保持电位相同；中间电位和地电位作业时，作业人员需使用绝缘工器具对带电部位进行操作。

6）因临近带电设备或工作地段有临近、平行、交叉跨越及同杆塔架设带电线路，导致检修设备（线路）可能产生感应电压时，应加装工作接地线或使用个人保安线。

7）电缆及电容器检修前应逐相充分放电，并可靠接地；试验后的电缆及电容器应充分放电。

（3）防止物体打击的安全措施。

1）进入生产现场人员必须掌握相关安全防护知识，正确佩戴合格的安全帽。工作场所井、坑、孔、洞或沟道、缝隙等，应覆以与地面齐平的坚固盖板，作业平台临边必须装设踢脚板。建（构）筑物或设备设施上的搁置物、悬挂物必须采取防止脱落、掉落措施。

2）高处临边原则上不得堆、放物件，必须堆、放时应采取防止物件掉落措施。在格栅式平台上堆、放小型物件时，应铺设木板或胶皮等，采取确保物件不掉落的措施。高处场所的废弃物应及时清理，清理前应做好防止物件掉落的措施。

（4）防止火灾事故的安全注意措施。

1）配备符合要求的消防设施、消防器材及正压式消防空气呼吸器，灭火剂的选用应根据灭火的有效性、设备、人身和环境的影响等因素确定。

2）动火作业后，必须对现场进行检查，确认无火灾隐患后，动火操作人员方可离开。

3）氧气瓶与乙炔、丙烷气瓶的工作间距不得小于 5m，气瓶与明火作业点的距离不得小于 10m。乙炔瓶应安装灵敏可靠的回火防止器。

（5）电力安全隐患治理的注意事项。

1）电力企业负隐患排查治理主体责任，按照相关规定开展隐患排查治理工作。国家能源局及其派出机构、地方电力管理部门依据相关法律法规和相关规定负隐患监督管理责任，在职责范围内按照相关规定对电力企业隐患排查治理工作开展相关监督管理。

2）电力企业应当定期组织安全生产管理人员、专业技术人员和其他相关人员排查本单位的隐患，对排查出的隐患应当进行登记。登记信息应当包括排查对象、时间、人员、隐患级别、隐患具体描述等内容，经隐患排查工作责任人审核确认后妥善保存。

3）电力企业要建立隐患管理台账，制订切实可行的治理方案，落实治理责任、治理资金、治理措施和治理期限，限期将隐患整改到位。在隐患治理过程中，应当加强监测，采取有效的预防措施，确保安全，必要时应制订应急预案，开展应急演练。

（6）防止接地网和过电压事故的安全注意事项。

1）各设备与主接地网的连接必须可靠，扩建接地网与原接地网间应为多点连接。接地线与主接地网的连接应用焊接，接地线与电气设备的连接宜用螺栓，且设置防松螺母或防松垫片。

2）变压器中性点应有两根与接地网主网格的不同边连接的接地引下线，并且每根接地引下线均应符合热稳定校核的要求。主设备及设备架构等应有两根与主接地网不同干线连接的接地引下线，并且每根接地引下线均应符合热稳定校核的要求。接地引下线应便于定期进行检查测试。

3）投运 10 年及以上的非地下变电站接地网，应定期开挖（间隔不大于 5 年），抽检接地网的腐蚀情况，每站抽检 5～8 个点。铜质材料接地体地网整体情况评估合格的不必定期开挖检查。

4）严禁利用避雷针、变电站构架和带避雷线的杆塔作为低压线、通信线、广播线、电视天线的支柱。

5）每年雷雨季节前应开展以下项目：

① 接地电阻测试，对不满足要求的杆塔及时进行降阻改造。

② 定期（不大于 5 年）对接地装置开挖抽查。

③ 定期（不大于 5 年）检查线路避雷器，每年雷雨季节前记录避雷器计数器读数。

6）切合 110kV 及以上有效接地系统中性点不接地的空载变压器时，应先将该变压器中性点临时接地。

7）对于低压侧有空载运行或者带短母线运行可能的变压器，宜在变压器低压侧装设避雷器进行保护。对中压侧有空载运行可能的变压器，中性点有引出的可将中性点临时接地，中性点无引出的应在中压侧装设避雷器。

8）不接地和谐振接地系统发生单相接地时，应按照就近、快速隔离故障的原则尽快切除故障线路或区段。尤其对于与 66kV 及以上电压等级电缆同隧道、同电缆沟、同桥梁敷设的纯电缆线路，应全面采取有效防火隔离措施，并开展安全性与可靠性评估，应尽量缩短切除故障线路时间，降低发生弧光接地过电压的风险。

9）依据生产运行实际，避雷器运行中持续电流检测（带电）每年检测1次，宜在每年雷雨季节前进行。测试数据应包括全电流及阻性电流，且不超过DL/T 393—2021《输变电设备状态检修试验规程》允许值。

（7）防止污闪事故的安全注意事项。

1）对外绝缘配置不满足运行要求的输变电设备应进行治理。防污闪措施包括增加绝缘子片数、更换防污绝缘子、涂覆防污闪涂料、更换复合绝缘子、加装辅助伞裙等。

2）绝缘子上方金属部件严重锈蚀造成绝缘子表面污染，或绝缘子表面覆盖藻类、苔藓等可能造成闪络时，应及时进行处理。

3）在大雾、毛毛雨、覆冰（雪）等易污闪条件下，宜加强特殊巡视，且可采用红外热成像、紫外成像等辅助判定外绝缘运行状态。

（8）防止变电站全停事故的安全注意事项。

1）禁止将全厂所有厂高变高压侧断路器的控制及保护电源接入同一段直流母线，防止该段直流母线故障造成断路器同时跳闸。

2）对于双母线接线方式的变电站（升压站），在一条母线停电检修及恢复送电过程中，必须做好各项安全措施。对检修或事故跳闸停电的母线进行试送电时，具备空余线路且线路后备保护满足充电需求时应首先考虑用外来电源送电。

3）对双母线接线方式下间隔内一组母线侧隔离开关检修时，应将另一组母线侧隔离开关的电机电源及控制电源断开。

4）双母线接线方式下，一组母线电压互感器退出运行时，应加强运行电压互感器的巡视和红外测温，避免故障导致母线全停。

5）定期对变电站（升压站）内及周边飘浮物、塑料大棚、彩钢板建筑、风筝及高大树木等进行清理，大风前后应进行专项检查，防止异物飘浮造成设备短路。

6）采用两组蓄电池供电的直流电源系统，其每组蓄电池组的容量应能满足同时带两段直流母线负荷的运行要求，且满足在正常运行中两段母线切换时不中断供电的要求。在切换过程中，两组蓄电池应满足标称电压相同，电压差小于规定值，且直流电源系统处于正常运行状态，允许短时并联运行。禁止在两个系统都存在接地故障情况下进行切换。

7）直流电源系统馈出网络应采用集中辐射或分层辐射供电方式，严禁采用环状供电方式。断路器储能电源、隔离开关电机电源、35（10）kV开关柜内顶部可采用每段母线辐射供电方式。

8）直流母线采用单母线供电时，应采用不同位置的直流开关，分别带控制用负荷和保护用负荷。

9）直流电源系统除蓄电池组出口保护电器外，应使用直流专用断路器。蓄电池组出口回路保护用电器宜采用熔断器，也可采用具有选择性保护的直流断路器。

10）直流高频模块和通信电源模块应加装独立进线断路器。

11）加强直流断路器上、下级之间的级差配合的运行维护管理。新建或改造的发电机组、变电站、升压站的直流电源系统，设计资料中应提供全站直流电源系统上下级差配置图和各级断路器（熔断器）级差配合参数。投运前，应进行直流断路器的级差配合试验。

12）直流电源系统的电缆应采用阻燃电缆，两组蓄电池的电缆应分别铺设在各自独立的通道内，避免与交流电缆并排铺设，在穿越电缆竖井时，两组蓄电池电缆应分别加穿金属套管。对不满足要求的应采取防火隔离措施。

13）一组蓄电池配一套充电装置或两组蓄电池配两套充电装置的直流电源系统，每套充电装置应采用两路交流电源输入，且具备自动投切功能。

14）新安装的阀控密封蓄电池组，应进行全核对性放电试验。以后每隔 2 年进行一次核对性放电试验。运行了 4 年以后的蓄电池组，每年做一次核对性放电试验。

15）浮充电运行的蓄电池组，除制造厂有特殊规定外，应采用恒压方式进行浮充电。浮充电时，严格控制单体电池的浮充电压上、下限，每个月至少一次对蓄电池组所有的单体浮充端电压进行测量记录，防止蓄电池因充电电压过高或过低而损坏。

16）严防交流窜入直流故障。变电站内端子箱、机构箱、智能控制柜、汇控柜等屏柜内的交直流接线，不应接在同一段端子排上。严禁从控制箱、端子箱内引接检修电源。控制箱、端子箱内要装设加热驱潮装置并保证运行状态良好，防止受潮、凝露引发直流接地、交窜直等故障。试验电源屏交流电源与直流电源应分层布置。

17）及时消除直流电源系统接地缺陷，同一直流母线段，当出现同时两点接地时，应立即采取措施消除，避免由于直流同一母线两点接地，造成继电保护或开关误动故障。当出现直流电源系统一点接地时，应及时消除。

18）充电、浮充电装置在检修结束恢复运行时，应先合交流侧开关，再带直流负荷。

19）设计资料中应提供全站交流电源系统上下级差配置图和各级断路器（熔断器）级差配合参数。新建变电站交流电源系统在投运前，应完成断路器上下级级差配合试验，核对熔断器级差参数，合格后方可投运。

20）110（66）kV 及以上电压等级变电站应至少配置两路站用电源。装有两台及以上主变压器的 330kV 及以上变电站和地下 220kV 变电站，应配置三路站用电源。站外电源应独立可靠，不应取自本站作为唯一供电电源的变电站。

21）当任意一台站用变压器退出时，备用站用变压器应能自动切换至失电的工作母线段，继续供电。

22）站用交流母线分段的，每套站用交流不间断电源装置的交流主输入、交流旁路输入电源应取自不同段的站用交流母线。两套配置的站用交流不间断电源装置交流主输入应取自不同段的站用交流母线，直流输入应取自不同段的直流电源母线。

23）双机单母线分段接线方式的站用交流不间断电源装置，分段断路器应具有防止两段母线带电时闭合分段断路器的防误操作措施。手动维修旁路断路器应具有防误操作的闭锁措施。

24）两套分列运行的站用交流电源系统，电源环路中应设置明显断开点，禁止合环运行。

25）正常运行中，禁止两台不具备并联运行功能的站用交流不间断电源装置并列运行。

2. 操作步骤

（1）工作准备。

1）工作现场准备：变电站设备基础信息、设备运维信息齐全，各类作业的范围、内容准确。培训工具和器材齐全。

2）工具器材及使用材料准备：对工器具进行检查，确保能正常使用，并整齐摆放于工位上。

（2）工作过程。

1）熟悉变电站设备运行情况、现场图纸和现场作业内容、范围等情况。

2）分析对应作业存在的人身伤亡、火灾事故危险点，研判现场设备存在的安全事故隐患。

3）针对人身伤亡、火灾事故风险制订具体的安全措施，针对事故隐患提出具体的改进措施。

4）填写相应的安全措施或改进措施。

5）复核具体措施的准确性、合理性、适用性。

3. 工作终结

（1）所有物品摆放整齐，无不规范行为。

（2）清理现场，将资料整理整齐、桌面恢复原状。

7.5.2.6 技能等级认证标准（评分表）

重大人身伤亡、火灾事故防范措施制订考核评分记录表如表 7–38 所示。

表 7–38　重大人身伤亡、火灾事故防范措施制订考核评分记录表

姓名：　　　　　　　　　　　　准考证号：　　　　　　　　　　单位：

序号	项目	考核要点	配分	评分标准	得分	备注
1	工作准备					
1.1	着装穿戴	穿工作服、绝缘鞋	5	工作服、绝缘鞋未穿戴规范，扣 5 分		
2	工作过程					
2.1	熟悉资料	现场作业范围、内容描述清楚，作业设备的名称描述准确。变电站设备运行方式、维护现状描述清楚，相关设备的名称描述准确	20	（1）未正确描述现场作业范围、内容，每处扣 2 分； （2）未正确描述作业设备的名称，每处扣 2 分； （3）未正确书写关键词，每处扣 2 分； （4）变电站设备运行方式、维护现状描述不正确，每处扣 2 分； （5）设备的名称及关键词填写不规范、不正确，每处扣 2 分		
2.2	危险点分析	危险点分析齐全、清楚，针对不同类型、不同设备的现场作业准确分析存在的高处坠落、触电、物体打击、机械伤害、起重伤害、坍塌伤害、中毒窒息等危险点	10	分析内容不全面、不正确，每处扣 2 分		
2.3	制订安全措施	针对分析出的作业危险点，研判出人身伤亡、火灾事故相关风险，逐项列出对应的安全防控措施，措施要具有针对性，符合作业类型和设备类型，简洁清晰，具有可操作性	20	（1）未正确制订安全措施，扣 5 分； （2）制订的安全措施不符合作业或设备实际，或不具备较强可操作性，扣 5 分； （3）制订的安全措施不具有较强针对性，未针对危险点制订防控措施，扣 5 分； （4）制订的安全措施不全面、不准确、不规范，每处扣 2 分		
2.4	填写安全措施	安全措施填写规范、准确	10	（1）填写格式错误、顺序错误，每处扣 2 分； （2）内容存在涂改痕迹，每处扣 1 分，最多扣 5 分		

续表

序号	项目	考核要点	配分	评分标准	得分	备注
2.5	薄弱环节分析	事故隐患分析齐全、清楚，针对不同类型设备的现状和运维情况分析存在的安全事故隐患	10	分析内容不全面、不正确，每处扣 2 分		
2.6	制订改进措施	针对分析研判出的安全事故隐患，逐项列出对应的改进措施，措施要具有针对性，符合设备类型和规定要求，简洁清晰，具有可操作性	10	（1）制订的改进措施不正确、不符合设备实际，或不具有较强可操作性，扣 5 分； （2）未针对性制订改进措施，对应薄弱环节未制订正确、全面的改进措施，扣 5 分		
2.7	填写改进措施	改进措施填写规范、准确	10	（1）填写格式错误、顺序错误，每处扣 2 分； （2）内容存在涂改痕迹，每处扣 1 分，最多扣 5 分		
3	工作结束					
3.1	工作区域整理	汇报工作结束前，清理工作现场，桌面及现场恢复原状，无不规范行为	5	（1）资料、器具未恢复原样，扣 2 分； （2）现场遗留纸屑未清理干净，扣 2 分； （3）存在不安全、不规范行为，扣 2 分		
总分			100	合计得分		

否定项说明：1. 违反电力安全工作规程相关规定；2. 违反职业技能鉴定考场纪律；3. 造成设备重大损坏；4. 发生人身伤害事故

考评员： 年 月 日

第8章 技术前沿

8.1 一键顺控

8.1.1 一键顺控简介

智能变电站的一键顺控是指智能变电站的高级应用功能中利用智能变电站的顺控功能，将变电站的常见操作根据一定的“五防”逻辑在智能变电站的监控后台上编制成操作模块按钮，操作人员在操作时不需要编制内容复杂的操作票，只需要根据操作任务名称调用“一键顺控”按钮对应的操作票进行操作即可。

一键顺控操作是先进的倒闸操作模式，可实现操作票预制、操作任务生成、设备状态自动判别、防误联锁智能校核、操作步骤一键启动、操作过程自动顺序执行等智能化应用，在保障操作安全的前提下，可有效缩短操作和停电时间，降低经济损失，减少对生产生活造成的不便，还能够有效降低倒闸操作误操作的概率，从而降低电网事故率，防止大面积停电，避免造成恶劣的社会负面效应。

一键顺控近两年已广泛应用于国内的变电站自动化系统中，特别是一些升级改造的变电站都引入了一键顺控操作来实现变电站主设备的状态转换。

8.1.2 一键顺控的优点

（1）一键顺控不需要运行人员现场编写操作票，不需要进行图板模拟，不需要常规变电站操作前的“五防”检验（一键顺控采用操作过程中校验），节省了操作的准备时间。

（2）采用模块化的操作票，只需在编制一键顺控操作票时加强操作票审查和现场实际操作传动试验，就能够保证操作票内容的完善性、正确性，避免了由于操作人员技术素质高低和对设备认识情况不同导致的对运行操作安全性和正确性的影响，避免了操作人员现场编制操作票时可能产生的误操作。

（3）采用监控后台顺序控制，由计算机按照程序自动执行操作票的遥控操作和状态检查，不会出现操作漏项、缺项，操作速度快、效率高，节省了操作时间，降低了操作人员的劳动强度，也提高了变电站操作的自动化水平。

（4）可视化、操作简便，可以使集控站或调度远方操作成为可能，在一定程度上节约了人力资源，解决了运行人员不足的问题。

8.1.3 一键顺控的技术实现

电气设备远方操作判断位置时，至少应有两个非同样原理或非同源的指示发生变化，且这些确定的指示均已同时发生对应变化，方可确认该设备已操作到位。因此，对于一键顺控，电气设备在操作中位置变化的双确认环节是必不可少的。

一键顺控中隔离开关位置双确认主判据采用合、分双辅助触点的位置信号。辅助判据可采用与合、分双辅助触点非同源的分合闸位置指示信号如微动开关信号、磁感应信号等，也可配置视频分析终端，基于深度学习算法进行图像识别，实现一键顺控双确认辅助判据。由此，一键顺控衍生出视频双确认型、微动开关双确认型、磁感应双确认型等主流方案。

（1）视频双确认型。将视频监控智能识别技术用于识别变电站设备运行状态，由摄像头拍摄隔离开关实时运行状态，把相关对象的视频图像传输至图像处理服务器，基于模糊识别、深度学习、图像识别等算法，通过分析隔离开关相关部位特征参量，达到识别、判断和研究变电站设备状态的目的。

（2）微动开关双确认型。微动开关传感器安装在隔离开关机构箱内传动机构的运动部分和固定部位之间或安装在靠近隔离开关本体位置侧，当传动机构运动部分到位后，作用于动作簧片上，快速接通动、静触头并上传位置信号。GIS 微动开关一般安装于机构箱内部机构的旋转轴上。微动开关位置信号通过硬接点输出直接接入测控装置或智能终端，上传至站控层网络。

（3）磁感应双确认型。在隔离开关传动部位加装磁感应装置，隔离开关相对位置变化会引起磁场变化输出信号。

8.2 远程智能巡检

8.2.1 远程智能巡检简介

变电站远程智能巡检兼顾安全、质量和效率，以“高清视频+机器人+无人机”开展设备外观和红外巡视，以“在线监测+数字化表计”开展设备内部运行状态监测，构建设备“外部状态可观、内部状态可测”的全方位智能巡视体系，为班组减负赋能，提升设备运维质效，夯实本质安全基础，推动变电专业数字化转型和高质量发展，助力公司现代设备管理体系建设。

远程智能巡检系统由巡视主机、智能分析主机、机器人、无人机、摄像机、声纹监测装置等组成，实现数据采集、自动巡视、智能分析、实时监控、智能联动、远程操作等功能。

8.2.2 远程智能巡检的优点

远程智能巡视系统的使用策略，简要地说就是两个原则，一是内容上“例行替代，全巡瘦身”，给人工减负；二是周期上合理提高频次，总体上达到“提质增效”的目标，实现“替代人工、提高频次、智能判别”。

1. 巡视分类

（1）变电站巡视方式分为人工巡视和远程智能巡视。

（2）人工巡视方式包括例行巡视、全面巡视、特殊巡视、熄灯巡视、专业巡视。

（3）远程智能巡视是指由智巡系统开展的红外巡视、表计抄录等巡视工作。远程智能巡视方式包括例行巡视、全面巡视和特殊巡视。

（4）当远程智能巡视系统运行正常时，人工例行巡视无须开展。

2. 远程智能巡视要求

（1）巡视设备本体、接头、套管、引线等重点部位的红外图谱。

（2）检查 SF_6 压力表、开关动作次数计数器、避雷器泄漏电流表、避雷器动作次数表、油温表、绕组温度表、液压表、有载调压挡位表、各类油位计、设备室内温湿度表等表计示数。

（3）智巡系统巡视任务结束后，应及时在系统中自动上传巡检数据，对巡视发现的异常在系统醒目位置进行推送，由运维人员对巡检结果进行确认后，生成巡检报告。

（4）每次巡视结束后，运维人员应对巡视异常结果进行确认，必要时进行人工复核，每日集中对当日所有正常结果进行统一确认。

（5）巡视结果判断为设备异常时，应初步对设备异常进行定性，属于设备缺陷的，按照设备缺陷处理流程进行逐级汇报，安排检修处理计划，必要时要及时形成缺陷分析报告，根据需要对重点缺陷编制专项巡视任务跟踪缺陷发展情况。

8.2.3 远程智能巡检的建设应用原则

（1）坚持统筹规划。加强顶层设计，遵循统一制订的技术路线，充分发挥“业务+技术”双牵头作用，统筹新一代集控系统、一键顺控、变电移动作业、数字化特高压变电站等建设工作，深化高清摄像机、无人机等终端设备协同建设与共享应用。

（2）坚持因地制宜。结合各单位网络通道等软硬件资源及投资能力，按“先特高压后超高压、先充油设备后全站设备”原则，超特高压站按站部署，中低压变电站按区域部署，科学合理制订实施规划，确保目标按期完成。

（3）坚持实用高效。服务基层班组智能巡视需求，提升高清摄像机、巡检机器人、无人机、在线监测等终端运行可靠性，减少运维工作量。规范智能巡视与作业流程，实现巡视作业数字化、线上化，避免数据重复录入，提升工作效率。

（4）坚持应用驱动。强化主、辅设备状态监测数据应用，有效融合设备运行状态数据、时空数据和外部巡视数据，精准评价设备运行状态，开展趋势诊断分析和异常主动预警，指导设备全生命周期管理，提高设备管理精度、细度和强度。

8.3 五级五控

贯彻安全生产工作部署，践行“人民至上、生命至上”理念，进一步加强生产现场作业风险管控，提升现场作业安全水平，深刻吸取近年来安全事故教训，聚焦人身风险，综合考虑设备、电网风险，坚持“源头防范、分级管控”，构建生产现场作业“五级五控”风险防控体系（即Ⅰ～Ⅴ级作业风险；总部、省公司、地市级单位、县公司级单位、班组及供电所五级管控），持续提升生产现场作业安全水平，全面提高作业人员安全意识、作业风险辨识能力和现场安全管控水平，确保不发生生产作业现场人身伤亡事故、恶性误操作事件以及运维检修管理责任的设备故障跳闸（临停）事件（即“三提高三不发生”）。

8.3.1 倒闸操作作业风险分级

1. 建立单一设备操作典型风险库

针对单一设备、倒闸操作流程，基于设备类型、结构形式、接线方式等，分析不同类型设备操作存在的个性化风险、操作流程各环节的共性风险、需综合考虑的特殊风险。分析变压器等一次设备、二次保护、消防设施等 21 类设备，9 个倒闸作关键环节，5 种电网风险、恶劣天气等特殊场景，制订差异化预控措施，形成变电倒闸操作典型风险库，为倒闸操作风险基础定级提供支撑，为现场倒闸操作作业风险分析预控提供依据。

2. 建立倒闸操作任务风险分级表

将倒闸操作任务进行分类，对每类操作任务，基于风险库，综合考虑倒闸操作任务的操作复杂度、人身和设备风险、操作对电网影响等风险评价因素，确定倒闸操作风险基础等级（Ⅰ～Ⅴ级）。按倒闸操作任务及范围，分为全站停送电、新设备启动投运、母线停复役、主变压器或线路旁路代、倒母线、变压器停复役、线路停复役、开关停复役、开关柜停复役、电容器停复役、电抗器停复役、电压互感器停复役、站用电停复役、保护投退等 14 类操作任务，编制倒闸操作风险基础分级表，用于指导倒闸操作作业风险差异化管控工作。

8.3.2 关键项目操作管控要求

1. 消防设施操作

（1）主设备倒闸操作涉及的消防操作。

1）固定灭火系统，主变压器（高压电抗器）停电后，应将其固定灭火系统控制回路电源断开、自动投入改手动投入，防止检修过程中误动作；检修后、送电前，应及时恢复。

2）消防报警系统，主变压器（高压电抗器）送电前，应检查消防报警系统运行状态正常、信号已复归、火警消声功能已复位。

3）变压器应急排油装置，主变压器停复役前后，应检查排油装置控制电源已拉开、启动压板已退出、“解/联锁”把手在联锁位置。结合主变压器停电，开展排油装置电动球阀遥控操作试验。试验前，需关闭检修球阀，防止误排油；试验后，应检查电动球阀在“常闭”位置并断开其电源，开启检修球阀。

4）排油注氮系统，结合主变压器停电，开展排油注氮装置模拟试验。试验前，应断开控制屏上“氮气阀”“排油阀”的连接线、关闭检修阀，防止误动；试验后，应及时恢复。

（2）消防系统巡视维保。

1）固定灭火系统，维护检修前，应做好取下启动氮气瓶电磁阀等安全措施；检修结束后，应装好电磁阀，恢复消防报警系统屏蔽信号。固定灭火系统启动逻辑、回路有修改时，需进行逻辑验证工作，做好防误喷措施，试验后及时恢复。

2）消防报警系统，结合巡视维保，检查消防主机故障、感温电缆、火焰探测器本体或相关模块、线缆、控制开出模块等运行情况。

3）应急排油装置，结合巡视维保，检查应急排油装置控制柜各项功能完好，对松动、损坏的配件及时修复，控制把手位置、指示灯正确；检查管路及零部件，发现的渗漏点及时处理。

4）排油注氮，结合巡视维保，重点检查控制柜运行正常，断流阀、充氮阀、排油阀、排气塞位置正确、无渗漏。

2. 监控操作

（1）监控联调操作。新建和改扩建间隔点表在联调前应经过严格的全面性、正确性审核。联调时确保每个信息点调试到位，防止运行中“漏监误控”。改扩建间隔遥控联调前，应将非调试设备改为测控就地控制，防止误控运行设备。联调结束后，应立即恢复。

（2）监控远方遥控及一键顺控操作。监控远方遥控操作，严格执行操作监护制和唱票复诵制，防止误控；操作过程中做好异常信息监视，发现异常信号应立即暂停操作，查明原因并消除后方可继续。一键顺控操作，每项操作票均应经过正确性验收，典型操作票库应做好权限分级设置管理，禁止擅自更改典型顺控操作票。顺控操作时，应加强位置检查，如顺控操作异常，应及时转由现场人员操作。

（3）监控转令及日常运行监视。监控转令操作，调度预令转发前，应按电网运行方式、停役申请单等审核操作预令。调度正令转发时，应严格核对转令顺序，防止错转令。日常运行监视，对频繁动作复归而影响正常监视的告警信息，可采取封锁、抑制等临时措施，并立即向现场移交监控职责，防止“漏监”。设备信号正常后应及时解除封锁、抑制等临时措施，并及时收回监控职责。

3. 设备巡视

（1）隐患跟踪巡视。有故障风险的隐患设备（特别是充油、充气、避雷器等），优先采用远程智能巡视、工业视频、机器人等技术手段开展特殊巡视。必须人工巡视的，应采取合理规划巡视路线、装配高倍相机等措施确保人身安全。

（2）室内空间巡视。进入 SF_6 配电装置室前应做好通风、检测，确保气体含量在正常范围内；巡视时发生气体外溢故障，应迅速撤离现场，同时开启强排风，气体含量合格前禁止入内，避免窒息。

（3）极端天气巡视。雷雨天气巡视室外高压设备应穿绝缘靴，不准靠近避雷器和避雷针；高温天气应做好防暑措施，保障人员身体状态。

4. 事故紧急处理

事故应急处理期间的倒闸操作作业，其风险等级、到岗到位、远程督查等均应提一级管控。对提级后为Ⅰ～Ⅲ风险级别的事故紧急处理操作，必要时超高压（地市）公司运检部应增派检修、保护等专业人员参与。

8.3.3 作业方式转变

1. 推进一键顺控应用

全面推进一键顺控替代现场人工倒闸操作，替代人工操作时拟票、审票、执行、检查等各环节，降低设备异常导致的人身伤害、误操作、错入间隔等各类人工倒闸操作风险，提高倒闸操作作业效率及现场作业安全性。

2. 推广远程智能巡视系统

应用远程智能巡视系统替代现场人工例行巡视，能够提高巡视频次，及时发现设备缺陷并跟踪其发展情况，提高设备运维保障能力。设备故障时，运维人员可利用远程智能巡视系统进行远程检查，提高设备故障原因预判和紧急响应能力，降低运维人员现场作业危险性。